人工智能引论

吴飞　潘云鹤　编著

中国教育出版传媒集团

高等教育出版社·北京

内容提要

本书是计算机领域本科教育教学改革试点工作计划（"101计划"）系列教材之一。本书按照"厚算法基础、养伦理意识、匠工具平台、促赋能应用"的培养目标，以表达与推理、搜索与优化、建模与学习和伦理与安全为核心，按照如下内容进行组织：第1章绪论、第2章知识表达与推理、第3章搜索探寻与问题求解、第4章机器学习、第5章神经网络与深度学习、第6章强化学习、第7章人工智能博弈、第8章人工智能伦理与安全、第9章人工智能架构与系统、第10章人工智能应用。

本书可作为高等学校人工智能专业及信息技术相关专业人工智能课程的教材，也可供对人工智能技术感兴趣的读者及相关从业人员参考。

人工智能引论

1　计算机访问 https://abooks.hep.com.cn/61731 或手机微信扫描下方二维码进入新形态教材网。

2　注册并登录后，计算机端进入"个人中心"，点击"绑定防伪码"，输入图书封底防伪码（20位密码，刮开涂层可见），完成课程绑定；或手机端点击"扫码"按钮，使用"扫码绑图书"功能，完成课程绑定。

3　在"个人中心"→"我的学习"或"我的图书"中选择本书，开始学习。

人工智能引论

吴飞　潘云鹤　编著

出版单位　高等教育出版社

开始学习　　收藏

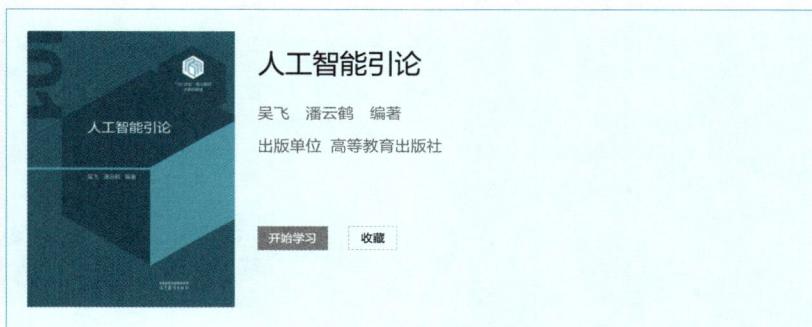

受硬件限制，部分内容可能无法在手机端显示，请安照提示通过计算机访问学习。如有使用问题，请直接在页面点击答疑图标进行咨询。

扫描二维码
访问新形态教材网
小程序

出版说明

为深入实施新时代人才强国战略，加快建设世界重要人才中心和创新高地，教育部在 2021 年底正式启动实施计算机领域本科教育教学改革试点工作（简称"101 计划"）。"101 计划"以计算机类专业教育教学改革为突破口与试验区，从教育教学的基本规律和基础要素着手，充分借鉴国际先进资源和经验，首批改革试点工作以 33 所计算机类基础学科拔尖学生培养基地建设高校为主，探索建立核心课程体系和核心教材体系，提高课堂教学质量和水平，引领高校人才培养质量的整体提升。

核心教材体系建设是"101 计划"的重要组成部分。"101 计划"系列教材基于核心课程体系的建设成果，以计算概论（计算机科学导论）、数据结构、算法设计与分析、离散数学、计算机系统导论、操作系统、计算机组成与系统结构、编译原理、计算机网络、数据库系统、软件工程、人工智能引论等 12 门核心课程的知识体系为基础，充分调研国际先进课程和教材建设经验，汇聚国内具有丰富教学经验与学术水平的教师，成立本土化"核心课程建设及教材写作团队"，由 12 门核心课程负责人牵头，组织教材调研、确定教材编写方向以及把关教材内容。工作组成员高校教师协同分工，一体化建设教材内容、课程教学资源和实践教学内容，打造一批具有"中国特色、世界一流、101 风格"的精品教材。

在教材内容上，"101 计划"系列教材确立了如下的建设思路和特色：坚持思政元素的多元性，积极贯彻《习近平新时代中国特色社会主义思想进课程教材指南》，落实立德树人根本任务；坚持知识体系的系统性，构建核心课程的知识图谱，系统规划教学内容；坚持融合出版的创新性，规划"新形态教材＋网络资源＋实践平台＋案例库"等多种出版形态；坚持能力提升的导向性，借助"虚拟教研室"组织形式、"导教班"培训方式等多渠道开展师资培训，提升课堂教学水平，提高学生综合能力；坚持产学协同的实践性，遴选一批领军企业参与，为教材的实践环节及平台建设提供技术支持。总体而言，"101 计划"系列教材将探索适应专业知识快速更新的融合教材，在体现爱国精神、科学精神和创新精神的同时，推进教学理念、教学内容和教学手段方面的有效提升，为构建高质量教材体系提供建设经验。

本系列教材在教育部高等教育司的精心指导下，由高等教育出版社牵头，联合机械工业出版社、清华大学出版社、北京大学出版社等共同完成系列教材出版任务。"101 计划"工作组从项目启动实施至今，联合参与高校、教材编写组、参与出版社，经过多次协调研讨，确定了教材出版规划和出版方案。同时，为保障教材质量，工作组邀请 23 所高校的 33 位院士和资深专家完成了规划教材的编写方案评审工作，并由 21 位院士、专家组成了教材主审专家组，对每本教材的撰写质量进行把关。

感谢"101 计划"工作组 33 所成员高校的大力支持，感谢教育部高等教育司的悉心指导，感谢北京大学郝平书记、龚旗煌校长和学校教师教学发展中心、教务部等相关部门对"101 计划"从酝酿、启动到建设全过程给予的悉心指导和大力支持。感谢各参与出版社在教材申报、立项、评审、撰写、试用等出版环节的大力投入与支持，也特别感谢 12 位课程建设负责人和各位教材编写教师的辛勤付出。

"101 计划"是一个起点，其目标是探索适合中国本科教育教学的新理念、新体系和新方法。"101 计划"系列教材将作为计算机类专业 12 门核心课程建设的一个里程碑，与"101 计划"建设中的课程体系、知识点教案、课堂提升、师资培训等环节相辅相成，有力推动我国计算机领域本科教育教学改革，全面促进课堂教学效果的进一步提升。

"101 计划"工作组

前　言

　　人工智能是引领科技革命和产业变革的战略性技术和重要驱动力量，具有多学科交叉综合、渗透力和支撑性强、高度复杂等特点，呈现技术属性和社会属性高度融合特色。

　　认知是人类智能的重要表现，其基石和燃料是规范化的知识（如概念、属性和关系等），基于规范化知识就可形成对学习对象的理解和分类。早在 13 世纪末，加泰罗尼亚（现西班牙境内）的拉蒙·柳利（Ramon Llull）就提出了对知识范畴进行规范化描述的"知识树"（tree of knowledge）概念，这是目前已知最早一种知识规范化努力，类似于莱布尼茨稍后提出的"人类思想字母表"（alphabet of human thought）思路。为了更好地理解人工智能所蕴含的磅礴内容，本书按照"厚算法基础、养伦理意识、匠工具平台、促赋能应用"的培养目标，以连贯、紧凑的知识点为主线形成了主体内容：从可计算理论和图灵机模型溯源人工智能发展，按照从逻辑推理到问题求解、从策略搜索到数据建模、从浅层学习到深层学习、从单次式标注到序贯式奖励、从最优解到均衡解的思路来介绍人工智能算法模型，从架构与系统和伦理与安全两个方面来介绍人工智能的技术属性和社会属性，最后介绍人工智能赋能之用。

　　具体而言，本书内容组织如下：第 1 章绪论，第 2 章知识表达与推理，第 3 章搜索探寻与问题求解，第 4 章机器学习，第 5 章神经网络与深度学习，第 6 章强化学习，第 7 章人工智能博弈，第 8 章人工智能伦理与安全，第 9 章人工智能架构与系统，第 10 章人工智能应用。

人工智能历史是由一个个小细节构成的，事中有理、理中有事，须弥芥子，大千一苇。本书每一章末尾提供了如下"延伸阅读"内容，以方便读者从历史、当下和未来等不同角度对该章内容做进一步了解：当前是从过去拔萃出来的投影、推理即计算、突破组合爆炸之难与陷入地平线问题之困、二战中德军每个月生产多少辆坦克、爬上树梢与攀登月球、最优化之策与试错术之谏的姻缘结合、规避随机性与命运——骰子占卜到算法博弈、人有人的用处、咸与维新——计算机体系架构的黄金时代、人工智能效应之奇怪悖论等。

为了对人工智能高阶知识学习起到桥梁作用，本书在附录中以"卡片式"风格介绍了 Ada Boosting 算法、非负矩阵分解、主题建模、隐马尔可夫模型、朴素贝叶斯概率图模型、生成式对抗学习、图神经网络和多智能体博弈等进阶知识点。

本书每章包含选择题、思考题、计算题和证明题等习题。同时，本书以数字化形式提供了编程实践题目，以培养锻炼实践能力。浙江大学联合高等教育出版社等单位发布了面向人工智能教育领域的大模型"智海 – 三乐"（"三乐"出自《孟子》"得天下英才而教育之，三乐也"），为本教材内容提供智能问答、试题生成、学习导航和教学评估等服务，形成数字化和智能化的教学基座能力，提供个性化的教育教学体验。

本书是教育部计算机领域本科教育教学改革试点工作计划（简称"101 计划"）核心课程"人工智能引论"的配套教材，来自 15 所高校的 40 余位教师参与了本书知识点讨论，他们是（按姓氏拼音为序）：鲍军鹏、陈静远、高岳、何琨、黄河燕、焦李成、况琨、李文新、李建民、李侃、李文、李阳阳、李钦策、李海峰、刘若辰、刘洋、刘家瑛、毛先领、苗夺谦、慕彩红、彭敏、邱锡鹏、史树敏、宋井宽、宋睿华、王东辉、王俊丽、魏平、危辉、武妍、谢榕、相明、辛景民、许莹、杨洋、赵洲、张圣宇、张宇、张丽清、张红云、赵才荣、朱晓燕。图灵奖获得者、康奈尔大学教授约翰·霍普克罗夫特（John Edward Hopcroft）对本书撰写极为关心，在本书知识点构成和教学方式等方面提出了许多宝贵建议，加州大学伯克利分校教授斯图尔特·拉塞尔（Stuart Russell）和康奈尔大学教授巴特·塞尔曼（Bart Selman）对本书知识点构成进行了指导。

由于书中各章内容相对独立，教师可根据课程计划和专业需要选择讲授内容。本书课程教学时数一般为 32~48 学时。为了方便学习，"智海 –Mo 平台"发布了与本书内容配套的课件资源，以供教学所需。本书是在爱课程网中国大学 MOOC 平台上开设的在线开放课程"人工智能：模型与算法"（首批国家级一流本科课程）的主讲教材。

感谢上海交通大学施鹏飞教授、清华大学孙茂松教授、南京航空航天大学陈松灿教授、复旦大学薛向阳教授和天津大学韩亚洪教授对本书进行的仔细审阅，提出的宝贵修改建议。感谢周乐夔、廖彬兵、林宇箫、段新宇、蒋胤傑、方宏波、张圣宇、吴安鹏、吴韬、李孟择、甘磊磊、孙杰等研究生为本书所做的贡献。

笔者曾参与国家和教育部有关人工智能规划的编撰工作，主持建设了首批国家级线上一流课程"人工智能：模型与算法"，主编了普通高中信息技术教材《人工智能初步》，出版了数字有声读物《走进人工智能》，撰写了中国科协 2022 年科普中国创作出版扶持计划读物《走进人工智能》，编写了新一代人工智能系列教材《人工智能：模型与算法》，在这些过程中深感人工智能人才培养颇为重要，希望本书能够为人工智能人才和"人工智能 +"人才的培养贡献微薄之力。

笔者勤勤恳恳，在教材写作中不敢有丝毫懈怠。深夜航班舷窗外皎洁的月光、假日宁静校园办公室中键盘敲击的旋律、风驰电掣高铁外掠过的暮色壮美山河、互联网中探索知识海洋的喜悦、七尺讲台上经历的春夏秋冬之时光，以及日常忙碌中家人的体谅照顾，这些点滴岁月都是本人曾经和正在经历的感动、热爱和坚强的时刻。由于水平有限，书中内容难免会存在不足，欢迎教师和读者提出宝贵意见。

E-mail: wufei@zju.edu.cn。

吴 飞

2023 年 8 月于求是园

教材介绍

目　录

第 1 章

绪论

"我们必须知道，我们必将知道。"

——大卫·希尔伯特（David Hilbert）

人工智能（artificial intelligence，AI）是以机器为载体所展示出来的人类智能，因此人工智能也被称为机器智能（machine intelligence）。

人类一直在不懈努力，让机器模拟人类在视觉、听觉、语言和行为等方面的某些功能，以提升生产能力，帮助人类完成更为复杂或有危险的工作，从而更好地造福人类社会。对人类智能的模拟，可通过以符号主义为核心的逻辑推理、以问题求解为核心的探寻搜索、以数据驱动为核心的机器学习、以行为主义为核心的强化学习、以博弈对抗为核心的群体智能（两人及以上）等方法来实现。符号主义人工智能将概念（如命题等）符号化，从若干判断（前提）出发得到新判断（结论）；问题求解的探寻搜索依据已有信息来寻找满足约束条件的待求解问题的答案；数据驱动的机器学习方法则是从数据出发，从数据中发现数据所承载语义（如概念）的内在模式，利用学习得到的内在模式完成识别和分类等任务；以行为主义为核心的强化学习根据环境所提供的奖罚反馈来学习所处状态可施加的最佳行动，在"探索（未知空间）–利用（已有经验）"（exploration-exploitation）之间寻找平衡，完成某个序列化任务，具备自我学习能力；博弈对抗则推动机器学习从"数据拟合"优化解的求取向"均衡解"的求取迈进。

"工欲善其事，必先利其器。"逻辑推理、搜索求解、机器学习和强化学习均是一种"计算"，需要通过具体的计算载体实现。20 世纪初，可计算思想的提出促进了原始递归函数、λ 演算和图灵机等"计算载体"的诞生，同时推动了相关技术和理论的发展。其中，图灵机以机械自动的方式进行"计算"，为现代计算机理论模型奠定了基础，宣示着自动计算时代的到来，为人工智能领域提供了"机器载体"。

当前，以数据建模和学习为核心的人工智能通过整合数据、模型和算力，在计算机视觉、自然语言、语音识别等特定领域取得了显著进展，研制的若干人工智能系统（如谷歌公司的围棋程序 AlphaGo、卡内基梅隆大学的扑克对弈系统 Libratus 及 IBM 公司的内容理解系统 Watson）及基础模型系统（如 OpenAI 公司的内容合成系统 GPT）等在挑战人类智力方面取得了巨大进步，这些人工智能算法或系统尚属于"领域人工智能"（domain-specific AI）、"弱人工智能"（narrow AI）或"通用人工智能"（artificial general intelligence）的研究范畴。现有算法和系统还无法通过自身思考达到更高层次的智能，它们与具有从数据和经验中进行高度自我学习、直觉推理、自适应等特点的人类智能相比，依然存在差距。目前，任何智能程度的机器都还无法完全取代人类。

当前，人工智能这一通用使能技术在赋能社会进步和经济发展的过程中，带来的伦理学讨论不再只是人与人之间的关系，也不是人与自然界既定事实之间的关系，而是人类与自己所发明的一种产品在社会中所构成的关联。因此，人工智能具有技术性和社会性双重属性，人与机、机与机及人机共融所形成的社会形态应遵守道德伦理，以及确保安全防护。

人类一直在探索智能的道路上矢志前行。"我们必须知道，我们必将知道"，大卫·希尔伯特 1930 年喊出的与"不可知论主义"相对的话语，会激励人类探索未知世界的决心和信心。

1.1 人工智能的起源

人工智能算法主流模型

1955 年 8 月，约翰·麦卡锡（John McCarthy，时任达特茅斯学院数学系助理教授，1971 年图灵奖获得者）、马文·明斯基（Marvin Lee Minsky，时任哈佛大学数学系和神经学系初级研究员，1969 年图灵奖获得者）、克劳德·香农（Claude Shannon，时任贝尔实验室数学家，信息理论之父）和纳撒尼尔·罗切斯特（Nathaniel Rochester，时任 IBM 公司信息研究主管，第一代通用计算机 701 的主设计师）四位学者在一份题为 "A Proposal for the Dartmouth Summer Research Project on Artificial Intelligence" 的项目建议书中，首次使用了 artificial intelligence（人工智能）这个术语，从此人工智能开始登上了人类历史舞台（McCarthy et al.，1955）。

在这份项目建议书中，四位学者希望美国洛克菲勒基金会（Rockefeller Foundation）能够提供一笔研究经费，资助一批学者于 1956 年夏天在达特茅斯（Dartmouth）学院开展"让机器能像人那样认知、思考和学习，即用计算机模拟人的智能"这样的前沿研究。

这份项目建议书列举了人工智能需要研究的七个方面的问题，分别是自动计算模拟人脑高级功能、使用通用语言进行计算机编程以模仿人脑推理、神经元相互连接形成概念、对计算复杂性的度量、算法自我提升、算法的抽象能力和随机性与创造力。

从那个时代开始，人工智能沿着模拟人类某方面功能（如感知、推理和运动等）而不断发展，如计算机视觉算法识别特定对象、自然语言理解算法进行人机问答、无人驾驶汽车在特定场景中行进等。

从人工智能的计算性和智能性角度而言，可给出如下的人工智能定义：人工智能是以机器为载体实现的人类智能或生物智能。

这里就产生了两个问题：承载计算之能的器械如何产生，如何利用计算之器来模拟人类智能。对前一个问题的研究使得人类从手工计算时代迈入了自动计算时代，对后一个问题的研究形成了符号逻辑（以推理为核心）、联结主义（以统计机器学习为手段）和行为学派（从环境交互过程中进行策略学习）等不同的人工智能研究方法。

1.2 可计算载体：形式化与机械化

早期的数学概念（如公理或定理）一般通过自然语言来描述，如《庄子·天下篇》中"一尺之棰，日取其半，万世不竭"对极限思想的描述，以及亚里士多德在《逻辑学》中所阐述的"由于人都会死"及"苏格拉底是人"而得出"苏格拉底是要死的"的三段式推理。

但是，自然语言在很大程度上难以精确表达数学概念，为了解决这一问题，研究人员开始用符号来表达数学概念，即通过形式化语言来刻画数学概念。例如，"任意一个直角三角形的两条直角边的平方和等于斜边的平方"可形式化表示如下：$\forall \triangle \in$ 直角三角形，x、y 和 z 分别是 $\triangle$ 的两条直角边和斜边，则 $x^2 + y^2 = z^2$。

如果所有的数学概念都可以被形式化描述，则在给定一组推理规则后，就可以从已有知识（如公理、定理和命题等）出发，根据推理规则，得到众多先前未定义的知识。这样的系统被称为形式化系统。

如果已有知识和推理规则都是正确的，则形式化系统可源源不断地得到所有可以被推导出来的知识。为了保证形式化系统的有效性，其需要具有如下性质：

完备性：所有能够从某形式化系统推导出来的知识，都可以从这个形式化系统推导出来。

一致性：所有可推导出来的知识不会同时推导出来其否定，如推导得到 A ≥ 0，则不会同时推导得到 A < 0。也就是说，形式化系统是自洽的（self-consistent）、非矛盾的。

可判定性：对于形式化系统推导得到的任何知识，存在算法可在有限步内判定其为真或为假。

上述问题就是 1900 年德国数学家大卫·希尔伯特在巴黎举行的第二届国际数学会议上以"数学问题"为题所作的演讲中提出的 23 个重要数学难题的第二个问题，即证明算术公理的相容性（the compatibility of the arithmetical axioms）。希尔伯特希望构建起有效的形式化大厦，使得推理这一过程能够"自动计算"。

可计算理论

1931 年，库尔特·弗雷德里希·哥德尔（Kurt Friedrich Gödel）发表了一篇影响深远的论文《论数学原理及有关系统中不可判定命题》，提出了著名的"哥德尔不完全性定理"。"哥德尔不完全性定理"指出：任何表达力足够强的形式化系统（递归可枚举）都不可能同时具有一致性和完备性，而且这个系统本身的一致性不能在系统内被证明。

"哥德尔不完全性定理"触及了不可计算这一难题，即有些数学问题是不可求解的（不可判定问题），如费马大定理（当整数 n 大于 2 时，方程 $x^n + y^n = z^n$ 没有整数解）是不可计算的。

哥德尔通过原始递归函数、阿朗佐·丘奇（Alonzo Church，1903—1995）通过 λ 演算（λ-calculus）分别从数学角度和数理逻辑角度研究了可计算问题。显然，原始递归函数和 λ 演算无法成为人工智能的"机器载体"。

1937 年，图灵（Alan Turing，1912—1954）发表了《论数字计算在决断难题中的应用》论文，提出了现代计算机的理论模型"图灵机模型"。

图灵机模型是一个抽象的机械式计算装置，它有一条两端无限长的纸带，纸带上有一个个可擦写的小方格，小方格中可放入某个计算任务所需的数据、程序指令或者置空。在图灵机模型中，程序控制器事先存储了若干指令集，读写控制指针从左到右，依次从纸带方格中读入相应信息，触发程序控制器中指令集的对应指令执行某一操作，并将计算结果写入纸带方格。上述步骤周而复始，直至计算结束。一旦计算结束（即图灵停机），纸带上所记载的信息就是计算结果。

图 1.1 所示为图灵机模型进行"gcd (24，16) × 10 + 17"这一计算任务的示意。gcd( ) 为求两个数的最大公因数的函数。这样，这一计算任务意味着 24 和 16 的最大公因数与 10 相乘的结果再与 17 相加。

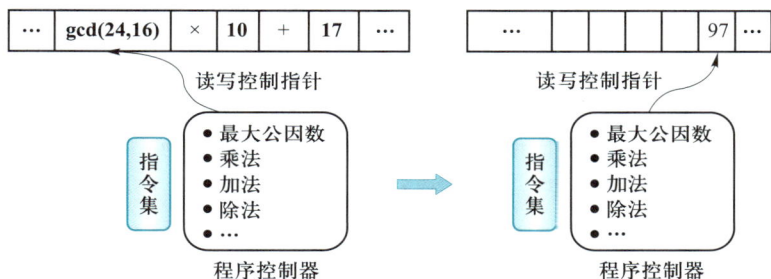

图 1.1　图灵机模型进行计算的示意

在计算这一任务时，图灵机首先读入 gcd (24，16) 这一信息，触发最大公因数这一指令，得到 24 和 16 的最大公因数 8，然后分别触发乘法指令和加法指令操作，最终在纸带方格中留下 97 这一计算结果后，图灵机停止工作。可以看出，当"gcd (24，16) × 10 + 17"这一任务被计算完毕后，在原来数字 17 的方格中出现了 97 这一结果，其他数字或程序信息均被擦写掉了。

图灵机在执行上述任务时仅用了有限步骤即停机，因此可以说这一任务是可计算的。

丘奇－图灵论题（Church–Turing thesis, computability thesis）指出：凡是可计算的函数都可以用图灵机计算。现在已经知道，原始递归函数、λ 演算和图灵机在功能上是等效的，即任何可计算函数均可通过三种方式完成计算，任何不可计算函数均无法通过三种方式完成计算。

如前所述，原始递归函数和 λ 演算通过形式化方法进行"计算"，图灵机模型则通过机械化机制进行"计算"，因此，图灵机模型成为现代计算机理论模型，推动了自动计算时代的到来，为人工智能领域提供了"机器载体"。由于这一伟大贡献，图灵被誉为理论计算机之父。计算机学界最高奖图灵奖就以其名字命名。

1.3　智能计算方法

以机器为载体来模拟人类智能的某一方面，可通过以符号主义为核心的逻辑推理、以问题求解为核心的探寻搜索、以数据驱动为核心的机器学习、以行为主义为核心的强化学习、以博弈对抗为核心的决策智能等方法实现。下面对这些方法进行简要介绍。

1. 以符号主义为核心的逻辑推理

推理是进行思维模拟的基本形式之一，是从一个或几个已知的判断（前提）推出新判断（结论）的过程。推理、搜索和约束满足并称为人工智能问题求解中的三大方法。在人工智能发展初期，脱胎于数理逻辑的符号主义人工智能（symbolic AI）是人工智能研究的一种主流学派。

推理只有建立在一套高度概括、抽象、严格化和精确化的符号系统中，才能得到飞跃发展。因此，在符号主义人工智能中，概念（命题等）不再是用自然语言来描述，而是通过定义的"符号"及符号之间的关系来表示，所解决的问题就是构造一个证明来阐释其成立或者不成立（证伪）。

例如，使用 $human(x)$ 和 $immortal(x)$ 分别表示 x 是人及 x 是不朽的，同时使用 $\neg immortal(x)$ 表示 x 不是不朽的。这样"凡人均不是不朽的"这一命题可表示如下：$human(x) \rightarrow \neg immortal(x)$。由于"苏格拉底是人"这一命题是正确的，即存在 $human(Socrates)$。于是下述推导成立：$\forall x(human(x) \rightarrow \neg immortal(x)) \wedge human(Socrates) \rightarrow \neg immortal(Socrates)$，即从"凡人均不是不朽的"和"苏格拉底是人"这两个命题推导出"苏格拉底不是不朽的"。上述逻辑推导过程就是亚里士多德（Aristotle，公元前 384—前 322）提出的三段论（syllogism）推导方法。当然，亚里士多德在他那个时代是通过命题逻辑来解释三段论的，而不是通过上述谓词逻辑来进行阐述的。

一般而言，推理包括归纳（inductive）推理、演绎（deductive）推理和因果（causality）推理等主流方法。

归纳推理是从个别事实出发，推演出一般性知识作为结论的推理过程，即从特殊到一般、由具体到抽象、由现象到本质。如从"汉语、英语和法语是联合国工作语言""俄语、阿拉伯语与西班牙语是联合国工作语言"和"没有其他语言是联合国工作语言"可以推导出"联合国工作语言为汉语、英语、法语、俄语、阿拉伯语与西班牙语六种语言"。

与归纳推理相反，演绎推理是从一般性前提出发，通过推导即"演绎"，得出具体陈述或个别结论的过程。如上述亚里士多德三段论，以及由"所有的金属都会导电"和

"铜是一种金属"推导演绎出"铜会导电"。

人类并不总是从概率角度来思考，而是从因果关系的角度进行思考。在哲学上，现象之间所存在的"引起和被引起"关系被称为因果关系。其中，导致某种现象产生的现象称为原因，而由某种现象引发的现象称为结果。因果推理用来判断事物间发生的原因和结果之间的关系，即因果关系，这是一种重要的推理方法。因果推理中存在两种主要模型，分别是结构因果模型（structural causal model，SCM）和潜在结果模型框架（potential outcome framework）（Neyman，1923；Rubin，1974；Pearl，1995）。

图灵奖获得者朱迪亚·珀尔（Judea Pearl）将推理按照由易到难的程度分成以下三个层次（Pearl，2013，2018）：

（1）关联（association）：直接可从数据中计算得到的统计相关。

（2）干预（intervention）：无法直接从观测数据得到关系，如"某个商品涨价会产生什么结果"这个问题不仅与新价格有关，而且与客户的购买行为、用户收入等因素相关。

（3）反事实（counterfactual）：某个事情已经发生，则在相同环境中，这个事情不发生会带来怎样的新结果。

这里可使用"反事实"这个概念来定义事物间的因果关系（Lewis，1968，1973）。反事实最早可追溯到耶日·内曼（Jerzy Neyman）在 1923 年用波兰语撰写的论文中提出的"潜在结果"（potential outcome）这一概念（Neyman，1923）。之后，唐纳德·鲁宾（Donald Rubin）发展了"潜在结果"这一概念，并将其和缺失数据的理论联系在一起，形成了潜在结果框架，也称为 Neyman-Rubin 因果模型（Rubin，1974）。事实是指在某个特定变量（A）的影响下可观测到的某种状态或结果（E）。"反事实"是指对该变量（A）施加修改，将其改变为（A'）后可观测到的状态或结果（B'）。条件变量 A 对于结果变量 B 的因果性就是 A 成立时 B 的状态与 A 改为 A' 后"反事实"状态（B'）之间的差异。如果这种差异存在且在统计上是显著的，则说明条件变量与结果变量之间存在因果关系。

表 1.1 给出了归纳推理、演绎推理和因果推理之间的差异描述，其中 A、B 和 A_i 是不同的命题。

表 1.1　不同推理方法的差异描述

推理方法	推理方式	说明
归纳推理	如果 A_i（i 为若干取值），那么 B	从若干事实出发推理出一般性规律
演绎推理	如果 A，那么 B	A 是 B 的前提，但不是唯一前提，因此 A 是 B 的充分条件。当然，在特殊情况下，A 也可为 B 的充分必要条件
因果推理	因为 A，所以 B	A 是 B 的唯一前提，因此"如果没有 A，那么没有 B"也成立

在表 1.1 中，归纳推理从若干个具体观测结果 A_i 得出一般性结论 B，由于 A_i 可能无法涵盖全量数据，因此只能说 A_i 与 B 之间存在概率性而不是必然性。

演绎推理完成了"如果 A，那么 B"的推导，这里 A 是 B 的充分条件。A 是 B 的充分条件意味着 A 蕴含 B，即 B 是 A 的子集。"如果 A，那么 B"成立也等同于"如果没有 B，那么没有 A"（即原命题成立，则逆否命题成立）。在演绎推理中，只要前提是正确的，推理规则也是正确的，则推理得到的结论一定是有效的。

因果推理则完成了"因为 A，所以 B"的推导，其对应于"如果没有 A，那么没有 B"。要注意的是，因果性与相关性不是同一个概念。例如，"公鸡鸣叫（A）"与"太阳升起（B）"具有相关性，但是不具有因果性，因为"公鸡不鸣叫，太阳依然升起"（即如果没有 A，那么没有 B 是不成立的）。

本节讨论了充分条件等知识，可用如下描述来刻画这些知识的内涵：有之必然，无之未必不然，是谓充分条件；有之未必然，无之必不然，是谓必要条件；有之必然，无之必不然，是谓充要条件。

逻辑推理在人工智能领域的应用推动了专家系统（expert system）的产生。专家系统中存储了问题求解所需的领域知识，诸如事实、规则和其他信息等，可根据用户提交的问题，应用相应推理规则得到问题的解决方案。

2. 以问题求解为核心的探寻搜索

现实世界中许多问题都可以通过搜索的方法来求解，例如最佳出行线路的计算推荐或是寻找合理安排的课程表。搜索是人工智能求解中的一种主要技术，它依据已有信息来寻找满足约束条件的待求解问题答案。搜索算法一般可以包括无信息（uninformed）搜索、有信息（informed）搜索和对抗搜索（adversarial search）。

无信息搜索是一种盲目搜索方法。按照所利用的搜索策略中扩展被搜索空间中结点次序的不同可分为广度优先搜索和深度优先搜索等搜索方法。

有信息搜索也称为启发式搜索，这种方法在搜索过程中可利用与所求解问题相关的辅助信息，代表性算法为贪婪最佳优先搜索（greedy best-first search）和 A^* 搜索。

对抗搜索也称为博弈搜索（game search），指在一个竞争的环境中，智能体（agent）之间通过竞争实现相反的利益，一方最大化这个利益，另外一方最小化这个利益。代表性算法包括最小最大搜索（minimax search）、alpha-beta 剪枝搜索（pruning search）和蒙特卡洛树搜索（Monte Carlo tree search）。最小最大搜索是对抗搜索中最为基本的一种计算最优策略的方法；alpha-beta 剪枝搜索改进了最小最大搜索需要遍历搜索空间所有状态这一不足，在搜索过程中可剪除无须搜索的分支结点，且不影响搜索结果；蒙特卡洛树搜索通过采样机制来选择合理的结果，而非采用穷举方法来实现搜索。

3. 以数据驱动为核心的机器学习

与逻辑推理直接定义公理、命题和规则不同，数据驱动（data-driven）方法是从数据出发，从承载表达某一概念的数据中直接学习该概念所涉及的模式，然后基于学习得到的模式对未知数据进行分类或识别。如果说逻辑推理可视为"从知识到知识"，那么机器学习就完成了"从数据到知识"的过程。

按照学习算法对数据利用方式的不同，机器学习算法可分为监督学习、无监督学习和半监督学习等。以分类模型为例，在监督学习中，收集 n 个标注数据作为训练数据集，数据集中的样本数据及其标注信息记为 $(X, Y) = \{(x_i, y_i), i = 1, \cdots, n\}$，其中，第 i 个样本数据或者其特征表达记为 x_i，y_i 为 x_i 所对应的类别等标注信息。这里的 x_i 可以是图像或文档等数据，y_i 为所对应的人脸、汽车或情感等语义类别信息。

为了得到 x_i 中所蕴含语义信息的模式，监督学习基于训练数据，从假设空间（hypothesis space）这一学习范围中学习得到一个最优映射函数 f（也称为决策函数）。映射函数 f 将数据映射到语义标注空间，实现数据的分类和识别。记映射函数 f 对 x_i 的映射结果为 $f(x_i)$，显然，一个良好的监督学习算法就是使得 $f(x_i)$ 与 y_i 之间的差值越小越好，即模型学会了如何将 x_i 映射为其所表达的高层语义。一旦训练得到了映射函数 f，就可以利用映射函数 f 来对未知数据进行识别和分类。

除了从训练数据中直接学习映射函数外，也可以通过概率模型来进行识别和分类。如在判别式学习方法中，可从训练数据中学习条件概率分布 $P(y_i|x_i)$，进而根据这一取值来判断数据 x_i 属于 y_i 的概率，以实现对 x_i 的分类和识别。又如在生成式学习方法中，学习数据和类别标签的联合概率分布 $P(X, Y)$，再通过贝叶斯理论来求后验概率，完成识别和分类。

赫布理论（Hebbian theory）指出，"神经元之间持续、重复的经验刺激可导致突触传递效能增加"（neurons that fire together, wire together），"神经元之间突触的强弱变化是学习与记忆的生理学基础"理论为联结主义人工智能研究提供了认知神经心理学基础（Hebb，1949）。作为联结主义方法的代表，深度学习是近期在许多领域取得显著效果的一种监督学习方法，与其他监督学习算法利用手工构造特征（hand-crafted feature，如直方图、纹理或形状等）学习构造分类映射函数或条件概率分布函数不同，深度学习算法一般通过构造逐层抽象的"端到端"（end-to-end）机制来学习隐含在数据内部的隐含模式，得到具有更强表达力和泛化能力的特征表达，然后将深度学习得到的特征用于识别和分类等任务（Hinton，2006；Lecun，2015）。如卷积神经网络（convolutional neural network，CNN）通过卷积层、池化层（pooling）、激活函数（activation）和全连接层（fully connected）来构造深度模型，辅以误差反向传播（error back-propagation）等机制学习模型参数，得到输入数据具有更丰富语义信息的特征表达（Werbos，1974，1990；Rumelhart，1986）。

与监督学习不同，顾名思义，无监督学习指数据本身不包含标注信息，半监督学习指一部分数据有标注信息而一部分数据没有标注信息。

监督学习算法还包括回归分析、提升算法（boosting）、支持向量机和决策树等判别式学习方法，也包括隐狄利克雷分布（latent Dirichlet allocation，LDA）和隐马尔可夫链等生成式学习方法。无监督学习则包括聚类、降维（如主成分分析）和最大期望（expectation maximization，EM）算法等。

4. 以行为主义为核心的强化学习

人工智能领域的一个主要研究目标是实现完全自主的智能体，该智能体能与其所处环境进行交互，根据环境所提供的奖励反馈或惩罚反馈来学习所处状态可施加的最佳行动（如碰墙后折返），通过运用"尝试 – 试错"（trial and error）与平衡"探索（未知空间）– 利用（已有经验）"（exploration—exploitation）等机制不断进步，改进行动策略。强化学习（reinforcement learning，RL）是一种赋予智能体自监督学习能力，使其能够自主与环境交互，做出序列决策，完成序列化任务的模型，并且向着"学会学习"（learning to learn）这一能力塑造目标而努力（Sutton，2017）。

强化学习起源于行为主义理论，即智能体如何在环境刺激和反馈下做出适当回应。当该回应满足智能体预期时，则说明该智能体已经学习到了某种知识。强化学习就是智能体通过不断与环境交互，利用环境给出的奖惩来不断地改进策略的一种模型。与前面所介绍的学习算法不同，强化学习解决的是序贯决策优化问题，即智能体与环境不断交互，在某个状态采取某一行为后进入一个新的状态，根据环境给出的奖励或惩罚反馈（reward）来改进策略（即在某个状态下应该采取什么动作），以求获得最大的累积奖励（accumulated reward）。

表 1.2 给出了监督学习、无监督学习和强化学习在学习依据、数据来源、决策过程和学习目标等几个方面的差异。

表 1.2　监督学习、无监督学习和强化学习的差异描述

差异类型	学习类型		
	监督学习	无监督学习	强化学习
学习依据	基于监督信息	基于对数据结构的假设	基于评价（evaluative）
数据来源	一次性给定（含标注信息）	一次性给定（无标注信息）	在序列交互（interactive）中产生，且只有在一个序列结束后才会反馈明确的奖惩值
决策过程	根据标注信息做出单步静态决策（one-shot）	无	根据环境给出的滞后回报做出序列决策（sequential）
学习目标	样本空间到高级语义空间的映射	同一类数据的分布模式	选择能够获取最大收益的状态到动作的映射

由于强化学习是一种针对序列优化的学习方法，因此其与马尔可夫决策过程（Markov decision process，MDP）息息相关。MDP 刻画了当前状态采取某一行动后进入后续状态，且因为采取了这一行动而从环境获得一定的奖励反馈或惩罚反馈的机制。

在强化学习中，有一个重要的概念叫 Q 学习（Q-learning）（Watkins et al.，1992）。Q-learning 被用来学习智能体的 q 函数。q 函数记录了某个状态下采取某一动作所能够收到的奖励值或惩罚值。Q-learning 可以为智能体构造一个状态 – 行为效用（state-action utility）矩阵（表格），矩阵的行和列分别代表状态和行为，矩阵的行列值为某一状态下采取某个行为所能够获得的回报。这样，完成训练后可得到一张 Q 表格，智能体可根据这一表格来查找当前状态下效用值较大的动作，从而完成任务。有趣的是，最早提出 Q-learning 算法的沃特金斯（Watkins）在回忆时指出，之所以选择 Q 作为函数名，是借用了"质量"（quality）首字母之意。

但是在实际环境中，智能体所处的状态和可采取的行为可能异常庞大，如果一个状态在训练中从未出现过，则 Q-learning 是无法处理的，这使得 Q-learning 的预测能力和泛化能力较弱。一个可行的思路是将 q 函数参数化（parametrize），用神经网络来拟合 q 函数，这就是深度学习与强化学习结合而形成的深度强化学习（deep reinforcement learning，DRL）（Mnih et al.，2015）。

5. 以博弈对抗为核心的决策智能

博弈论（game theory）是经济学的一个分支，但是随着计算机科学的发展，人工智能技术越来越多地应用于博弈论研究，传统博弈论与人工智能的深度融合闪烁着决策智能的光芒。

现代博弈论的思想起源于 1944 年，冯·诺依曼（John von Neumann）与奥斯卡·摩根斯特恩（Oskar Morgenstern）合著了《博弈论与经济行为》（von Neumann et al.，1944）。这本书以数学形式阐述了博弈论及其应用。将博弈论发扬光大的是约翰·纳什（John Forbes Nash Jr.）于 1950 年在其博士论文中提出的"非合作博弈"（non-cooperative games）及"均衡解一定存在"这一纳什均衡思想（Nash，1950a，1950b），纳什本人因为这一贡献于 1994 年获得诺贝尔经济学奖。

博弈行为是多个带有相互竞争性质的主体，为了达到各自的目标和利益，采取的带有对抗性质的行为，即"两害相权取其轻，两利相权取其重"。现代博弈论主要研究博弈行为中最优的对抗策略及其稳定局势，协助对弈者在一定规则范围内寻求最合理的行为方式，推动机器学习从"数据拟合"过程中以"求取最优解"为核心向博弈对抗过程中"求取均衡解"为核心的转变。

上述人工智能方法各有千秋、各有优劣，如：逻辑推理方法解释性强，但难以拓展；搜索方法在已有答案中进行查找，但梏于机械式匹配；数据驱动模型善于预测识别，但是其过程难以理解；强化学习手段能对未知空间进行探索，但依赖于策略学习；博弈对抗在完全信息条件下表现优良，但难以找到非完全信息条件下的通用框架。因此，需要有机协调知识指导下演绎、数据驱动中归纳、行为强化内规划等不同人工智能方法和手段，建立集知识、数据和反馈于一体的人工智能理论和模型，这是目前人工智能研究的重点。

应当指出，在解决现实生活中的实际问题时，一般会综合使用多种机器学习算法，如 Deepmind 公司研制的 AlphaGo 通过深度学习来构造黑白相间棋盘的特征表达，通过强化学习来进行自我博弈以提高智能体学习能力，通过蒙特卡洛树搜索来寻找较佳落子（Silver et al.，2016）。

近年来，由于脑科学、神经科学和认知科学、信息科学等学科的进步，科学家们已能在微观尺度上观测基因和蛋白质结构，在介观尺度上研究细胞、神经环路和网络结构，在宏观尺度上研究脑区结构及认知行为。因此，模拟、仿真大脑结构和功能的类脑计算（也称为脑启发计算）成为一个研究热点（Hassabis et al.，2017）。

类脑计算是受脑功能和脑神经网络连接机制启发的一种计算架构，它以神经形态计算的模式来部分模拟大脑功能与其结构的对应关系和反馈连接，即通过仿真、模拟和借鉴大脑生理结构及信息处理过程的装置、模型和方法，在结构层次模拟人脑，在器件层次逼近大脑等。

1.4　新一代人工智能

回顾人工智能的发展历程不难发现，当人工智能与信息环境的变化趋势不符时，人工智能的发展往往就会遭遇羁绊。促使人工智能发展变化的动力既有来自人工智能研究的内部驱动力，也有来自信息环境与社会需求的外部驱动力，两者都很重要。但是相比较而言，往往后者的动力更加强大。正如恩格斯所说："社会一旦有技术上的需要，这种需要就会比十所大学更能把科学推向前进。"

当前，人工智能发展的信息环境已发生巨大而深刻的变化，社会对人工智能的需求急剧扩大，以及人工智能的目标和理念正发生大的转变，使得人工智能发展迎来新机（Pan，2016）。

随着移动终端、互联网、传感器网、车联网、穿戴设备等的流行，计算与感知已经遍布世界，与人类密切相伴。网络不但遍布世界，更史无前例地连接着个体和群体，开始快速反应与汇聚人们的意见、需求、创意、知识和能力。世界已从二元空间结构

(physics，human society，PH）演变为"信息空间 – 物理世界 – 人类社会"三元空间结构（cyber space，physics world，human society，CPH）。

社会对人工智能的需求急剧扩大。人工智能的研究正从过去的学术牵引迅速转化为需求牵引。智能城市、智能医疗、智能交通、智能物流、智能机器人、无人驾驶、智能手机、智能游戏、智能制造、智能社会、智能经济等都迫切需要人工智能的新发展。在这些需求中，人工智能算法在围棋对决的 AlphaGo、蛋白质结构预测的 AlphaFold 和人机对抗的 AlphaDogFight 等案例中战胜了人类选手，引发新一轮人工智能研究热潮。

人工智能的目标和理念正发生大的转变。人工智能的目标正从"用计算机模拟人的智能"拓展为"机器 + 人"（用机器与人结合成增强的混合智能系统）、"机器 + 人 + 网络"（用机器、人、网络结合组成新的群体智能系统）、"机器 + 人 + 网络 + 物"（用人、机器、网络和物结合组成智能城市等更复杂的智能系统）。人工智能正从"造人制脑"走向"赋能社会"，强大应用驱动下的一系列智能技术正处于蓬勃发展中。

为了构筑我国人工智能的先发优势，中国工程院于 2015 年 12 月批准启动了"中国人工智能 2.0 发展战略研究"重大咨询研究项目，该项目旨在研究人工智能作用于我国创新发展的意义与途径。2016 年 5 月，项目组上报《建议我国启动"中国人工智能 2.0"重大科技计划》报告，受到国家高度重视。

2017 年 7 月，国务院印发《新一代人工智能发展规划》，这是 20 世纪以来中国发布的第一份人工智能系统性战略规划，这一规划提出了面向 2030 年我国新一代人工智能发展的指导思想、战略目标、重点任务和保障措施。《新一代人工智能发展规划》提出了人工智能的五种技术形态，即从数据到知识到决策的大数据智能、从处理单一类型媒体数据到不同模态（视觉、听觉和自然语言等）综合利用的跨媒体智能、从"个体智能"研究到聚焦群智涌现的群体智能、从追求"机器智能"到迈向人机混合的增强智能和从机器人到智能自主系统。

1.5　本书知识点脉络与教学内容安排

人工智能具有"至小有内"内涵和"至大无外"外延的双重特点，作为一种使能技术，它与其他学科如计算机科学、机器人学和认知科学有天然的交叉性，并且在科学、工业和社会学等领域应用广泛。

本书主要从数据智能这一角度来介绍人工智能，主要内容如下（见图 1.2）：

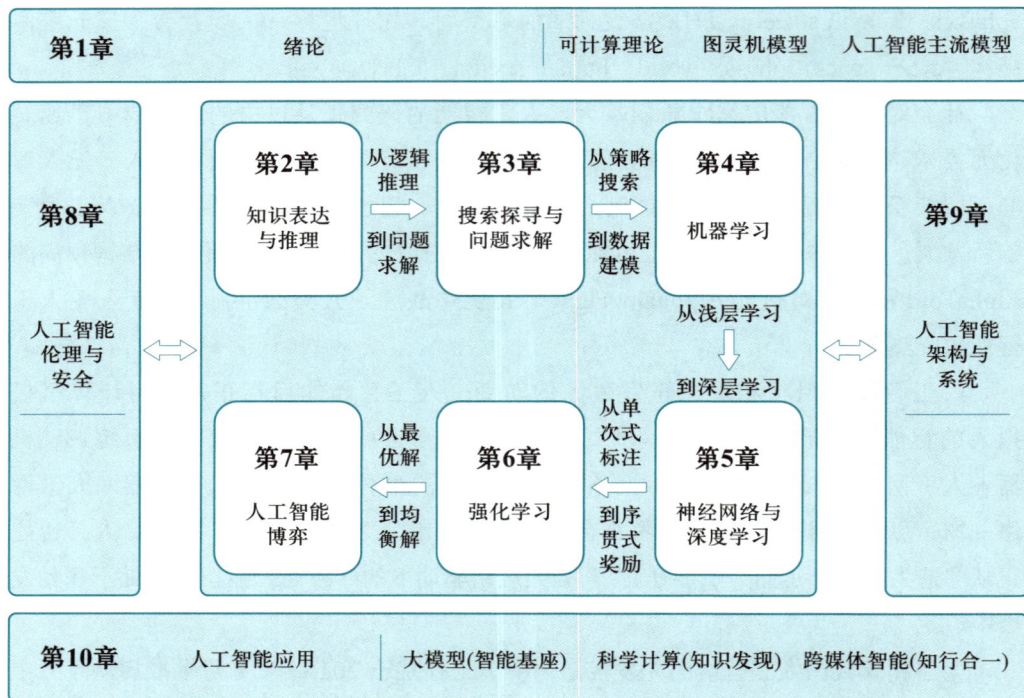

图 1.2　知识点构成与关系

第 1 章"绪论"主要介绍人工智能起源、可计算理论和图灵机模型、人工智能基本算法概略及新一代人工智能等内容。

第 2 章"知识表达与推理"主要介绍知识表示方法、命题逻辑和谓词逻辑及其推理方法、知识图谱推理、贝叶斯网络与概率推理、因果推理等内容。

第 3 章"搜索探寻与问题求解"主要介绍贪婪最佳优先搜索、A* 搜索、最小最大搜索、alpha-beta 剪枝搜索和蒙特卡洛树搜索等内容。

第 4 章"机器学习"主要介绍机器学习模型评估与参数估计、回归模型、决策树、聚类、特征降维和演化学习等内容。

第 5 章"神经网络与深度学习"主要介绍感知机模型、梯度下降和误差反向传播算法、卷积神经网络、循环神经网络、注意力机制、神经网络优化与正则化等内容。

第 6 章"强化学习"主要介绍马尔可夫决策过程、贝尔曼方程、基于表格求解法的策略评估与优化、强化学习中探索与利用的平衡、基于近似求解法的策略评估与优化，以及基于策略的强化学习等内容。

第 7 章"人工智能博弈"主要介绍博弈论概念与纳什均衡、虚拟遗憾最小化算法、Gale-Shapely 算法等内容。

第 8 章"人工智能伦理与安全"主要介绍可信公平人工智能、人工智能可解释性和算法攻击与防守等内容。

第 9 章 "人工智能架构与系统" 主要介绍人工智能算法支撑技术链、人工智能芯片（GPU、XPU 和类脑芯片等）和分布式深度学习优化等内容。

第 10 章 "人工智能应用" 主要介绍基础模型（大模型）构造、自然语言中的机器翻译、视觉理解中的图像分类、语音识别与合成、机器人中的行为控制及科学计算等内容。

为了帮助读者更加全面地了解人工智能的热点和难点，本书在附录中以 "卡片式" 风格介绍了 Ada Boosting 算法、非负矩阵分解、主题建模、隐马尔可夫模型、朴素贝叶斯概率图模型、生成式对抗学习、图神经网络和多智能体博弈等进阶知识点。

上述内容贯穿了三条主线：

（1）历史发展主线：从可计算思想萌芽发展中介绍从手工计算到自动计算的进程，溯源以机器为载体实现 "人工化" 智能的起点。

（2）算法模型主线：从逻辑推理到问题求解、从策略搜索到数据建模、从浅层学习到深层学习、从单次式标注到序贯式行为奖励、从最优解到均衡解，抽丝剥茧般逐层介绍人工智能算法与模型。

（3）赋能应用主线：介绍人工智能赋能的架构和系统，阐明人工智能的 "能" 与 "不能"，促进算法向上向善。

人工智能这门课程在不同高校一般被安排为 32 个教学学时或 48 个教学学时。本书主体内容按照 48 个教学学时设计，每个知识点相对自成一体，在 48 个学时授课中可按照实际情况调整安排如下知识点内容：第 4 章机器学习中监督学习和无监督学习，第 5 章神经网络与深度学习中循环神经网络，第 6 章强化学习中基于策略的强化学习及在人工智能中的若干应用。

对于安排了 32 个教学学时的课程，建议以下内容不纳入教学学时：第 4 章机器学习中 4.5 节（含 4.5 节，下同）之后的内容；第 5 章神经网络与深度学习中 5.5 节之后的内容；第 6 章强化学习中 6.3 节之后的内容。同时，可选择第 10 章中的若干应用进行介绍。

在上述教学学时安排下，可适当额外安排 16 个实训学时，以让学生进一步体会人工智能在不同场景下的应用。

一般而言，人工智能包括机器学习、深度学习和强化学习等研究范畴，通过对本书的学习，可对从数据中学习和优化模型（机器学习）、层层递进和逐层抽象模式下神经网络构造（深度学习）、与环境通过行为交互以最大化奖励信号进行决策（强化学习）等内容进行基本了解，为后续机器学习、深度学习、强化学习等课程的深入学习打下基础。

本书提供全部教学内容 PPT、知识点讲解微视频、习题作业、实训题目资源及实训平台，可扫描相关二维码获取上述信息。

1.6　小结

1955 年提出人工智能这一概念时，人工智能的"初心"是"仿真"人类行为。经过长期发展，人们逐渐意识到，在脑科学和神经科学等尚未厘清人脑功能机理的前提下，难以用机器直接实现人脑功能。物理学家理查德·费曼（Richard Feynman）曾经说过，"What I cannot create，I do not understand."（不可造者，未能知也）。如果把这个说法用于机器"复制"人脑功能这一语境，则意味着需要全面了解神经进化（neuroevolution）（Stanley et al.，2019）机理，这一方面的研究仍然需要付出巨大的努力。

经典人工智能理论框架建立在以递归可枚举为核心的演绎逻辑和语义描述基础方法之上，由于先决条件问题（qualification problem，即枚举描述促发某一行为发生的所有前提条件）和隐性分支问题（ramification problem，即枚举刻画某个行为可能导致的所有后续潜在结果）的存在，使得人们难以事先拟好智能算法能够处理的所有情况，因此智能算法在处理不确定性、开放性和动态性等问题时难以发挥作用。

当前，以"数据是燃料、模型是引擎、算力是加速器"为驱动的人工智能在自然语言、视觉、语音和动画等特定领域取得了显著进展，但是这些进步与"学会学习"的人工智能初心相距甚远。虽然以 GPT（generative pre-trained transformer，基于转换器的生成式预训练模型）为代表的基础模型（语言大模型）在迈向通用人工智能的道路上取得了巨大进展，但是现有算法或系统还无法通过自身思考达到更高层次的智能，它们与具有自我学习、直觉推理、自适应和能力迁移等特点的通用人工智能依然存在差距，也与人类在摄食、情绪和感情等方面所展示的行为具有明显区别，但是这些在特定领域取得成功的研究为人们探索与发展新一代人工智能提供了重要的借鉴和新的方法（Tenenbaum et al.，2011；Ghahramani，2015；Jordan et al.，2015；Pan，2016）。

理解人类认知并建立可计算认知模型，需要厘清从行为到神经系统，从神经回路再到细胞核分子不同层面的因果关联，因此，理解人类认知的神经基础是促进人工智能取得长足发展一个很有吸引力但遥远的目标。

当前，人工智能计算载体图灵机模型所能够完成的可计算任务都是可递归的（可递归意味着可枚举和有序），然而人类面临的许多现实问题具有不确定性、脆弱性和开放性等特点；此外，人类也是智能机器的服务对象和最终"价值判断"的仲裁者，因此，需要将人类智能与机器智能进行有效协同。目前，建立在演绎逻辑、语义描述和计算观测数据与假设空间之间置信度的贝叶斯理论的基础方法之上的机器智能还无法完全取代人类智能，因此迫切需要将人的作用或人类认知模型引入人工智能系统中，形成混合 - 增强智能形态（hybrid-augmented intelligence），这种形态是人工智能或机器智能可行的、重要的成长模式（Zheng et al.，2017），也是发展人工智能的可行之道。

哲学家丹尼尔·丹尼特（Daniel Dennett）曾经说过："提出更好的问题，打破旧的设问习惯与传统是人类认识自身、认识世界这一宏伟事业中非常困难的一部分。"

"其作始也简，其将毕也必巨"，人工智能必将影响和推动人类社会的深刻变化。"我们必须知道，我们必将知道"（Wir müssen wissen，wir werden wissen），相信大卫·希尔伯特在1930年所持有的"可认知"乐观主义态度将鼓舞人工智能研究者和实践者不断探索（吴飞，2022）。

延伸阅读：当前是从过去拔萃出来的投影

费孝通先生在《乡土中国》中曾写道，人的"当前"中包含着从"过去"拔萃出来的投影，即时间的选择累积。在远古时代，人们往往以神话故事来解释大自然中发生原因未知的风暴、日食、洪水和地震等现象；好比古代先人用神话寓言来寄托人类对于自身之外智能追求的梦想，古希腊诗人荷马（Homer）在长篇叙事诗《伊利亚特》（*Iliad*）中首次使用机器人偶（automaton）这一单词来寄托古人对人类自身之外的智能追求。

如果将古希腊哲学家毕达哥拉斯提出的"万物皆数"这一思想比喻为"数字化时代"来临，那么20世纪30年代"可计算思想"的产生就吹响了人类迈向"自动化生产"的号角，而"图灵机模型"的提出则是声声号角中的最强音。1955年，四位学者在一份申请召开达特茅斯讨论会的项目建议书中首次使用了"人工智能"这一单词，提出了如何用计算机来模拟人类智能的宏伟目标。从历史发展来看，可计算思想、图灵机模型、达特茅斯会议、人工智能的三起两落曲折发展，以及□国政府提出的新一代人工智能和内容合成的基础模型（大模型），一起绘就了人类对智能行为模拟和构造的壮美接力画卷。

人工智能历史是由一个个小细节构成的，事中有理、理中有事，须弥芥子，大千一苇，如拉蒙·柳利（Ramon Llull）对知识进行规范化描述的"知识树"（tree of knowledge），莱布尼茨（Leibniz）对创造思维由组合而生的"人类思想字母表"（alphabet of human thought），李世石对弈AlphaGo唯一获胜的一场中第78步落子所揭示的搜索算法遭遇的地平线问题之困，魏国宰相李悝犹如决策树思维的"谷贱伤农，谷贵伤民"的"平籴法"，诺贝尔物理学奖获得者费米讲述的"四个参数画大象"的故事，加州大学伯克利分校招生录取率之谜背后的辛普森悖论等。

"不辨积微之为量，讵晓百亿于大千。"人们今天在享受内容合成、语音会议、在线支付、地图导航和拍照识别等 APP 所带来的巨大便利时，是否会想到这些都是人工智能先驱者在一次次尝试、失败和奋斗后所带来的胜利果实呢？

本章习题

1. 为保证形式化系统的有效性，下面哪个选项不是形式化系统需要具有的性质（　　）。

A. 完备性　　　　　　　　　　　B. 可靠性

C. 一致性　　　　　　　　　　　D. 可判定性

2. Deepmind 公司研制的 AlphaGo 算法没有使用的人工智能方法是（　　）。

A. 强化学习　　　　　　　　　　B. 深度学习

C. 蒙特卡洛树搜索　　　　　　　D. 逻辑推理

3. 图灵奖获得者米迪亚·珀尔将推理按照由易到难的程度分成三个层次:（　　）。

A. 干预、关联、反事实　　　　　B. 关联、干预、反事实

C. 反事实、干预、关联　　　　　D. 关系、干预、反事实

4. 以下属于启发式搜索方法的是（　　）。

A. 广度优先搜索　　　　　　　　B. 蒙特卡洛树搜索

C. 深度优先搜索　　　　　　　　D. A* 搜索

5. 以下不属于监督学习算法的是（　　）。

A. 隐马尔可夫链　　　　　　　　B. 支持向量机

C. 聚类　　　　　　　　　　　　D. 决策树

6. 以下方法的学习目标是学习同一类数据的分布模式的是（　　）。

A. 监督学习　　　　　　　　　　B. 无监督学习

C. 强化学习　　　　　　　　　　D. 博弈对抗

7. 以机器为载体来模拟人类智能的某一方面，可通过以符号主义为核心的逻辑推理、以问题求解为核心的探寻搜索、以数据驱动为核心的机器学习、以行为主义为核心的强化学习、以博弈对抗为核心的决策智能等方法来实现。试比较上述不同人工智能方法的优劣。

8. 参考图 1.1，画出使用图灵机模型计算 $(5+2)\times 3$ 的过程示意图。

9. 推理方法在生活中无处不在，试针对归纳推理、演绎推理和因果推理分别举出实际的例子。

10. 监督学习和强化学习在做出预测后，都需要某种"反馈信息"来提升学习性能。试描述

两种学习方法在利用"反馈信息"方面的不同。

11. 目前，人工智能在大多数任务上所体现出的性能与人类智能仍存在不小差距。机器智能和人类智能之间进行相互协同所形成的人机混合增强是推动人工智能发展的务实之路。"假舆马者，非利足也，而致千里；假舟楫者，非能水也，而绝江河"，人类可以通过外界帮助来提升能力。试列举若干人机混合增强的例子。

本章参考文献

第 2 章

知识表达与推理

擢虑不疑，说在有无。

——墨子《墨子·经下》

"逻辑"指进行正确推理和充分论证的研究（the study of correct reasoning and good arguments），其关心的是从一个或若干前提出发，是否存在一个有效的论证或推理来支持所得到的结论，也就是说，在前提和结论之间架构逻辑结构的桥梁。逻辑是研究推理的一门科学。"逻辑"这一单词起源于希腊单词 logos，表示原因、话语和演讲，其内涵非常类似汉语的"道"，本意都和说话有关，引申出"道理"之义。

逻辑与推理是人工智能的核心问题。人类思维活动的一个重要功能就是设定一些逻辑规则，然后进行分析，如通过归纳和演绎等手段对现有观测现象由果溯因（归纳）或由因溯果（推理），从观测现象中得到结论。

关于逻辑与推理的研究由来已久。古希腊学者亚里士多德被誉为"逻辑学之父"，他的逻辑理论完全是以演绎推理的方式架构而成的，其中就包含著名的"三段论"方法。亚里士多德的逻辑理论自提出以来一直主导着逻辑学界，直到 19 世纪布尔提出了数理逻辑理论，才取代了其在逻辑学界的支配地位。

墨翟（后世尊称为墨子）被认为是东方逻辑学的奠基人。他提出了名、辞、说三种基本思维形式和由骨、理、类三物构成的逻辑推理。《墨子·经下》中有著名的描述归纳推理的句子：擢虑不疑，说在有无。这里的"擢"即抽引，表示从一个典型、个别的事例中抽引出一个一般命题（虑），这种归纳推理的方式不用怀疑，因为推理过程中所依据的证据来源于已有典型案例。

在人工智能发展初期，人工智能研究的主流学派——符号主义人工智能就脱胎于逻辑推理。在符号主义人工智能中，所有概念均可通过人类可理解的符号及符号之间的关系来表示，通过对符号进行逻辑推理，从而实现对符号所描述内容的辨析。

逻辑是探索、阐述和确立有效推理原则的现代意义上的学科研究。本章将从命题逻辑、谓词逻辑、知识图谱和因果推理四个部分介绍逻辑与推理。命题逻辑和谓词逻辑都是数理逻辑的一部分。命题逻辑（propositional logic）是应用一套形式化规则对以符号表示的描述性陈述（称为命题）进行推理的系统。命题逻辑以原子命题为基本单位，无法对其进行进一步分解而析取出主语和谓语等概念。为了实现更强大的逻辑表示能力，需要引入谓词逻辑（predicate logic）。

有了命题逻辑和谓词逻辑这两种工具之后，可以将人类的知识转换成计算机能读懂的图的形式——知识图谱，并在知识图谱上进行推理，得到新知识。因果推理是一种重要的推理方法，被用来判断事物间存在的原因和结果这样的关系，即因果关系。

2.1 知识表示方法

知识表示方法

认知是人类智能的重要表现，其基石和燃料是规范化的知识（如概念和关系等），基于规范化知识形成对感知对象的辨识和分类，为进一步智能活动提供了基础。cognition（认知）这个单词来源于拉丁语 cognitio，表示学习和知识。古希腊哲学认为，人类理解世界的途径源于"学习技能"和"解释已得知识"两种途径，从而"开始知道"。

认知最重要的一种表现是分类，分类反映的是一个人的认知水平。一个人对周围事物的分类越细致、周全，明晰事物之间的边界和联系，那么认知就越清晰。为了正确分类，需要将不同知识概念有序组织起来，这涉及知识概念分类体系的规范化表示研究。早在 13 世纪末，加泰罗尼亚（现西班牙境内）诗人、哲学家、逻辑学家拉蒙·柳利就提出了对知识进行规范化描述的"知识树"或"科学树"（tree of science），这是目前最早的一种对知识进行规范化表示的努力。这种知识树的表示方法深刻影响了莱布尼茨所提出的"人类思想字母表"，即对规范化表达的知识按照规则进行组合等操作，就可构造思想机器，实现思维的计算。

现代意义上的知识表达可理解为将实体世界中的信息表示为计算机可以利用的内容，以胜任复杂任务的处理。目前，代表性知识表达方法有命题逻辑、谓词逻辑、产生式规则（production rule）、框架（frame）表示法及知识图谱等。

命题逻辑、谓词逻辑和知识图谱是本章后续介绍的重点内容，这里不赘述。一个产生式系统（production system）是推理规则的集合，一条推理规则包含前提（IF）和动作（THEN）两部分。框架知识表示由明斯基（Minsky）于 1974 年提出。框架知识表示基于如下思想：人们对现实世界中各种事物的认识都是以一种类似于框架的结构存储在记忆中，在面对一个新事物时，就从记忆中找出一个合适的框架，并根据实际情况对其细节加以修改、补充，从而形成对当前事物的认识。框架是描述对象（事物、事件或概念等）属性的结构数据。一个框架由若干个"槽"（slot）结构组成，每个槽又可分为若干个"侧面"（facet）：槽描述某一方面的属性，侧面描述相立属性的一个方面，通常是一个属性值。

2.2 命题逻辑

命题逻辑与谓词逻辑

在数理逻辑中，为了表达概念，陈述理论和规则，常常需要用语言进行描述。但是日常使用的自然语言叙述时往往不够准确，易产生二义性，因此需要引入一种目标语言。这种目标语言由表达判断的一些语言汇集而成，它和一些公式符号相结合，就形成了数理逻辑的形式符号体系。命题逻辑是数理逻辑的基础。

定义 2.1　**命题**：命题是一个能确定为真或为假的陈述句。

命题通常用小写符号来表示，如 p 或者 q。命题总是具有一个"真值"，它只有两种可能性：真或假，分别用符号 T（true）和 F（false）表示。只有具有确定真值的陈述句才是命题，无法判断真或假的描述性句子不能作为命题。

例 2.1　判断下列句子是否为命题。

（1）北京是中国的首都。

（2）请出去。

（3）您去开会吗？

（4）13 能被 6 整除。

（5）这座山真高啊！

（6）我正在说谎。

本例中：（1）和（4）是命题，且（1）是真命题，（4）是假命题；（2）是祈使句，（3）是疑问句，（5）是感叹句，这 3 个句子都无法从现有条件中判断真假，因此不是命题；（6）既不能为真，也不能为假，是悖论，所以（6）不是命题。悖论不是命题，在本书中不做过多讨论。

定义 2.2　**原子命题**：原子命题指不包含其他命题作为其组成部分的命题，又称简单命题。

可通过命题联结词对已有命题进行组合，从而得到新命题。这些通过命题联结词得到的命题称为复合命题。

定义 2.3　**复合命题**：复合命题指包含其他命题作为其组成部分的命题。

表 2.1 介绍了 5 种主要的命题联结词。

表 2.1　5 种主要的命题联结词

命题联结词	表示形式	意义
与（and）	$p \land q$	命题合取（conjunction），即"p 且 q"
或（or）	$p \lor q$	命题析取（disjunction），即"p 或 q"
非（not）	$\neg p$	命题否定（negation），即"非 p"
条件（conditional）	$p \rightarrow q$	命题蕴涵（implication），p 称为前件，q 称为后件，即"如果 p，则 q"
双向条件（biconditional）	$p \leftrightarrow q$	命题双向蕴涵（bi-implication），即"p 当且仅当 q"

例 2.2 若干复合命题的例子。

（1）如果今天天气晴朗，三年级二班同学就去春游。

（2）如果计算机机房停电，那么今天的实验将无法进行。

（3）艾伦·图灵不仅是一名数学家，而且是一名逻辑学家。

复合命题的真假可通过真值表来计算。表 2.2 介绍了 5 种主要联结词构成的复合命题的真值表。

表 2.2   5 种主要联结词构成的复合命题的真值表

p	q	$\neg p$	$p \wedge q$	$p \vee q$	$p \rightarrow q$	$p \leftrightarrow q$
F	F	T	F	F	T	T
F	T	T	F	T	T	F
T	F	F	F	T	F	F
T	T	F	T	T	T	T

值得注意的是，条件命题联结词中前件为假时，无论后件取值如何，复合命题均为真。"如果 p，则 q"（$p \rightarrow q$）定义的是一种蕴涵关系，也就是命题 q 包含命题 p（p 是 q 的子集）。p 不成立相当于 p 是一个空集，而空集是任何集合的子集。因此，当 p 不成立时，"如果 p，则 q"（$p \rightarrow q$）恒为真。

定义 2.4 **逻辑等价**：给定命题 p 和命题 q，如果 p 和 q 在所有情况下都具有相同的真假结果，那么 p 和 q 在逻辑上等价，一般用 $\equiv$ 来表示，即 $p \equiv q$。

逻辑等价为命题进行形式转换带来了可能。基于命题转换，不再需要通过逐一列出 p 和 q 的真值表来判断两者是否在逻辑上等价，而可以直接根据已有逻辑等价公式来判断 p 和 q 在逻辑上是否等价。

表 2.3 和表 2.4 分别给出了一些逻辑等价的例子及其解释。

表 2.3   一些逻辑等价的例子

$\alpha \wedge \beta \equiv \beta \wedge \alpha$（$\wedge$ 的交换律）	$(\alpha \rightarrow \beta) \equiv \neg \alpha \vee \beta$（蕴涵消除）
$\alpha \vee \beta \equiv \beta \vee \alpha$（$\vee$ 的交换律）	$(\alpha \leftrightarrow \beta) \equiv (\alpha \rightarrow \beta) \wedge (\beta \rightarrow \alpha)$（双向消除）
$(\alpha \wedge \beta) \wedge \gamma \equiv \alpha \wedge (\beta \wedge \gamma)$（$\wedge$ 的结合律）	$\neg(\alpha \wedge \beta) \equiv (\neg \alpha \vee \neg \beta)$（德摩根定律）
$(\alpha \vee \beta) \vee \gamma \equiv \alpha \vee (\beta \vee \gamma)$（$\vee$ 的结合律）	$\neg(\alpha \vee \beta) \equiv (\neg \alpha \wedge \neg \beta)$（德摩根定律）
$\neg(\neg \alpha) \equiv \alpha$（双重否定）	$(\alpha \wedge (\beta \vee \gamma)) \equiv (\alpha \wedge \beta) \vee (\alpha \wedge \gamma)$（$\wedge$ 对 $\vee$ 的分配律）
$(\alpha \rightarrow \beta) \equiv \neg \beta \rightarrow \neg \alpha$（逆否命题）	$(\alpha \vee (\beta \wedge \gamma)) \equiv (\alpha \vee \beta) \wedge (\alpha \vee \gamma)$（$\vee$ 对 $\wedge$ 的分配律）

表 2.4   若干逻辑等价的解释

$(\alpha \rightarrow \beta) \equiv \neg\beta \rightarrow \neg\alpha$（逆否命题）	秋天天气变凉→大雁南飞越冬≡大雁没有南飞越冬→秋天天气没有变凉
$(\alpha \rightarrow \beta) \equiv \neg\alpha \lor \beta$（蕴涵消除）	α 为假，则命题恒为真；α 为真，命题与 β 真值相同
$\neg(\alpha \land \beta) \equiv (\neg\alpha \lor \neg\beta)$（德摩根定律）	
$\neg(\alpha \lor \beta) \equiv (\neg\alpha \land \neg\beta)$（德摩根定律）	

定义逻辑关系之后，可以基于逻辑关系进行推理。逻辑推理是根据某种特定策略，从前提出发推出结论的过程。在本书中用符号 $\Rightarrow$ 表示推理过程，$\Rightarrow$ 的左侧表示推理的前提，$\Rightarrow$ 的右侧表示推理的结论。以下是一些命题逻辑中常见的推理规则。

（1）假言推理（modus ponens）：$\alpha \rightarrow \beta$，$\alpha \Rightarrow \beta$。

（2）与消解（and-elimination）：$\alpha_1 \land \alpha_2 \land \cdots \land \alpha_n \Rightarrow \alpha_1$，$\alpha_2$，$\cdots$，$\alpha_n$。

（3）与导入（and-introduction）：α_1，α_2，$\cdots$，$\alpha_n \Rightarrow \alpha_1 \land \alpha_2 \land \cdots \land \alpha_n$。

（4）双重否定（double-negation elimination）：$\neg\neg\alpha \Rightarrow \alpha$。

（5）单项消解或单项归结（unit resolution）：$\alpha \lor \beta$，$\neg\beta \Rightarrow \alpha$。

（6）消解或归结（resolution）：$\alpha \lor \beta$，$\neg\beta \lor \gamma \Rightarrow \alpha \lor \gamma$。

例 2.3   已知以下命题成立，应用归结法证明命题 γ 成立。

（a）$\alpha \lor \beta$。

（b）$\alpha \rightarrow \gamma$。

（c）$\beta \rightarrow \gamma$。

解   应用归结法证明如下：

（1）$\alpha \lor \beta$（已知）。

（2）$\neg\alpha \lor \gamma$（（b）进行蕴涵消除）。

（3）$\neg\beta \lor \gamma$（（c）进行蕴涵消除）。

（4）$(\neg\alpha \lor \gamma) \land (\neg\beta \lor \gamma)$（由（2）和（3））。

（5）$(\neg\alpha \land \neg\beta) \lor \gamma$（（4）使用分配律）。

（6）$\neg(\alpha \vee \beta) \vee \gamma$（（5）使用德摩根定律）。

（7）γ（（1）和（6）进行归结）。

上面这个结论也可将归结法和反证法结合起来，通过如下步骤进行证明。

解 应用归结法和反证法证明如下：

（1）$\alpha \vee \beta$（已知）。

（2）$\neg\alpha \vee \gamma$（（b）进行蕴涵消除）。

（3）$\neg\beta \vee \gamma$（（c）进行蕴涵消除）。

（4）$\neg\gamma$（假设命题 γ 不成立）。

（5）$\beta \vee \gamma$（（1）和（2）进行归结）。

（6）$\neg\alpha$（（2）和（4）进行归结）。

（7）$\neg\beta$（（3）和（4）进行归结）。

（8）γ（（5）和（7）进行归结）。

（9）（4）和（8）矛盾，假设不成立，因此命题 γ 成立。

例 2.4 应用归结法证明以下命题集是不可满足的。

（a）$\alpha \vee \gamma$。

（b）$\neg\beta \vee \gamma$。

（c）$\neg\gamma \vee \alpha$。

（d）$\neg\alpha \vee \beta$。

（e）$\neg\alpha \vee \neg\gamma$。

解 应用归结法证明如下：

（1）$\alpha \vee \gamma$（已知）。

（2）$\neg\beta \vee \gamma$（已知）。

（3）$\neg\gamma \vee \alpha$（已知）。

（4）$\neg\alpha \vee \beta$（已知）。

（5）$\neg\alpha \vee \neg\gamma$（已知）。

（6）α（（1）和（3）进行归结）。

（7）β（（4）和（6）进行归结）。

（8）γ（（2）和（7）进行归结）。

（9）$\neg\alpha$（（5）和（8）进行归结）。

（10）（6）和（9）矛盾，因此原命题集是不可满足的。

2.3　谓词逻辑

命题逻辑是数理逻辑的一部分。在命题逻辑中，原子命题是最基本的单位。由原子命题出发，通过使用命题联结词，构成复合命题。命题逻辑只能把复合命题分解为简单命题（即原子命题），无法对原子命题所包含的丰富语义（如个体、部分或全体等）进行刻画。因此，命题逻辑无法表达局部与整体、一般与个别的关系。

例 2.5　以下是著名的苏格拉底三段论：

α：所有的人都是要死的。

β：苏格拉底是人。

γ：苏格拉底是要死的。

可以看到，虽然苏格拉底论断是正确的，但无法通过命题逻辑来进行推理判断（$\alpha \wedge \beta \rightarrow \gamma$）。其中的原因是上述的原子命题蕴涵了个体（苏格拉底）、群体（所有的人）和关系（都是要死的）等内在丰富语义，命题逻辑无法表现这种内在丰富语义。因此，需要引入更加强大的逻辑表示方法，分离其主语（个体或群体）和谓语（关系），这就是谓词逻辑。

在谓词逻辑中，原子命题被进一步细化，分解出个体、谓词和量词，以表达个体与总体的内在联系和数量关系，这就是谓词逻辑的研究内容。

定义 2.5　**个体**：个体是指所研究领域中可以独立存在的具体或抽象的概念。

其中，具体或特定的个体称为个体常量，用于表示个体常量的符号称为常量符号，如"张三""李四""1""2""3"；抽象或泛指的个体称为个体变量，用于表示个体变量的符号称为变量符号，通常用小写字母表示，如 x、y、z。所有个体对应的集合称为个体域。个体域可以是有穷集合，如 {"湖北"，"山东"，"山西"，"河南"，"天津"，"北京"}，也可以是无穷集合，如实数集合。

定义 2.6　**谓词**：谓词是用来刻画个体属性或者描述个体之间关系存在性的元素，其值为真或为假。

其中，包含一个参数的谓词称为一元谓词，表示一元关系，通常用于刻画个体是否包含特定的属性，如 $P(x)$：x 是质数，表示某个数是否是质数；包含多个参数的谓词称为多元谓词，用于表示个体之间的多元关系，通常用于描述个体之间是否存在特定的关联，如 $Father(x, y)$ 表示 x 是 y 的父亲。

需要注意函数与谓词的区别。函数中的个体变量用个体常量（来自定义域）代入后结果仍是个体（值域），如定义函数 $f(x) = x + 10$，则 $f(2) = 12$；谓词中个体变量用个体常量带入后就变成了命题，如定义谓词 $car(x)$：x 是车，这个谓词中的 x 用吉普车代替，则 car（吉普车）是命题。函数是从定义域到值域的映射；谓词是从定义域到

{true, false} 的映射。

例 2.6 将下列客观事实符号化。

（1）Richard 是国王。

（2）Lucy 和 Lily 是姐妹。

（3）北京是中国的首都。

解 （1）*King*（Richard）。其中，Richard 是一个个体常量，*King* 是一个描述"国王"这个一元关系的谓词。

（2）*Sister*（Lucy, Lily）。其中，Lucy 和 Lily 是两个个体常量，*Sister* 是一个描述"姐妹"这个二元关系的谓词。

（3）*Capital*（北京，中国）。其中，北京和中国是两个个体常量，*Capital* 是一个描述"首都"这个二元关系的谓词。

虽然使用个体和谓词的组合可以描述简单的客观事实，但是在某些复杂的情况下，需要对某一对象集合的共同属性进行描述。而对每个对象的属性特征进行一一列举太过冗余，量词的引入可以有效地解决这一问题。

定义 2.7 **全称量词**：全称量词表示一切的、所有的、凡是、每一个等，用符号 $\forall$ 表示。

定义 2.8 **存在量词**：存在量词表示存在、有一个、某些等，用符号 $\exists$ 表示。

$\forall x$ 表示定义域中的所有个体，$(\forall x)\,P(x)$ 表示定义域中的所有个体具有性质 P；$\exists x$ 表示定义域中存在一个或若干个个体，$(\exists x)\,P(x)$ 表示定义域中存在一个或若干个个体具有性质 P。如谓词 $P(x)$：x 能够制造工具，则 $(\forall x)\,P(x)$ 表示定义域中的所有个体都能够制造工具，$(\exists x)\,P(x)$ 表示定义域中的某个/某些个体能够制造工具，$P($小王$)$ 表示小王能够制造工具（该命题或者为真，或者为假）。

全称量词和存在量词统称为量词。只包含个体谓词和个体量词的谓词逻辑称为一阶谓词逻辑。一阶谓词逻辑无法对谓词和量词进行量化，需要高阶谓词和高阶量词来对其进行量化。包含高阶谓词和高阶量词的谓词逻辑称为高阶谓词逻辑。本书只讨论一阶谓词逻辑。

定理 2.1 全称量词的描述形式可以用相应的存在量词的描述形式替换，即任意用全称量词描述的事实都存在对应的用存在量词描述的形式。

设 $P(x)$ 是谓词，则全称量词和存在量词存在如下关系：

(1) $(\forall x)\,P(x) \equiv \neg\,(\exists x)\,\neg P(x)$。

(2) $(\forall x)\,\neg P(x) \equiv \neg\,(\exists x)\,P(x)$。

(3) $\neg\,(\forall x)\,P(x) \equiv (\exists x)\,\neg P(x)$。

(4) $\neg\,(\forall x)\,\neg P(x) \equiv (\exists x)\,P(x)$。

定义 2.9 **约束变元**：在全称量词或存在量词的约束条件下的变量符号称为约束

变元。

定义 2.10   **自由变元：** 不受全称量词或存在量词约束的变量符号称为自由变元。

定理 2.2   自由变元既可以存在于量词的约束范围之内，也可以存在于量词的约束范围之外。

设 $A(x)$ 是包含变元 x 的公式，B 是不包含变元 x 的谓词公式，则如下逻辑等价关系成立：

（1）$(\forall x)(A(x) \vee B) \equiv (\forall x)A(x) \vee B$。

（2）$(\forall x)(A(x) \wedge B) \equiv (\forall x)A(x) \wedge B$。

（3）$(\exists x)(A(x) \vee B) \equiv (\exists x)A(x) \vee B$。

（4）$(\exists x)(A(x) \wedge B) \equiv (\exists x)A(x) \wedge B$。

定理 2.3   在约束变元相同的情况下，量词的运算满足分配律。

设 $A(x)$ 和 $B(x)$ 是包含变元 x 的谓词公式，则可得出如下逻辑关系：

（1）$(\forall x)(A(x) \vee B(x)) \equiv (\forall x)A(x) \vee (\forall x)B(x)$ 不成立。

反例：如果 $A(x)$ 表示 x 是奇数，$B(x)$ 表示 x 是偶数，那么，对于任意整数 x，x 要么是偶数，要么是奇数，所以 $(\forall x)(A(x) \vee B(x))$ 是成立的；然而，当考虑 $(\forall x)A(x) \vee (\forall x)B(x)$ 时，这个表达式的意思是所有的 x 都是偶数，或者所有的 x 都是奇数。这显然是不成立的，因为整数中既有偶数也有奇数。

（2）$(\forall x)(A(x) \wedge B(x)) \equiv (\forall x)A(x) \wedge (\forall x)B(x)$ 成立。

（3）$(\exists x)(A(x) \vee B(x)) \equiv (\exists x)A(x) \vee (\exists x)B(x)$ 成立。

（4）$(\exists x)(A(x) \wedge B(x)) \equiv (\exists x)A(x) \wedge (\exists x)B(x)$ 不成立。

反例：如果 $A(x)$ 表示 x 是奇数，$B(x)$ 表示 x 是偶数，那么，右边表示存在一个 x 使得 x 是偶数，且存在一个 x 使得 x 是奇数，所以 $(\exists x)A(x) \wedge (\exists x)B(x)$ 是成立的，因为整数中同时存在偶数和奇数；然而，当考虑 $(\exists x)(A(x) \wedge B(x))$ 时，这个表达式的意思是存在一个 x，使得 x 既是偶数又是奇数。这显然是不成立的。

例 2.7   使用全称量词或存在量词描述下列事实。

（1）所有的国王都是人。

（2）所有的国王都头戴皇冠。

解   （1）"所有的国王都是人"表示的含义为"对于所有的 x，如果 x 是国王，那么 x 是人"，其符号化表示为 $(\forall x)(King(x) \rightarrow Person(x))$。其中：$x$ 是变量符号，由于 x 受到全称量词的约束，因此 x 是约束变元；$King(x)$ 是一个一元谓词，表示 x 是国王；$Person(x)$ 是一个一元谓词，表示 x 是人。

（2）"所有的国王都头戴皇冠"表示的含义为"对于所有的 x，如果 x 是国王，那么 x 头戴皇冠"，其符号化表示为 $(\forall x)(King(x) \rightarrow Head\_On(Crown,x))$。其中：$x$ 是变量符号，由于 x 受到全称量词的约束，因此 x 是约束变元；Crown 是一个常量符号，表示皇冠；$King(x)$ 是一个一元谓词，表示 x 是国王；$Head\_On(Crown, x)$ 是一个二元谓词，表示 x 头戴皇冠。

定理 2.4 当公式中存在多个量词时，若多个量词都是全称量词或者存在量词，则量词的位置可以互换；若多个量词中既有全称量词又有存在量词，则量词的位置不可以随意互换。

设 $A(x, y)$ 是包含变元 x、y 的谓词公式，则如下关系成立：

(1) $(\forall x)(\forall y) A(x, y) \Leftrightarrow (\forall y)(\forall x) A(x, y)$

(2) $(\exists x)(\exists y) A(x, y) \Leftrightarrow (\exists y)(\exists x) A(x, y)$

(3) $(\forall x)(\forall y) A(x, y) \Rightarrow (\exists y)(\forall x) A(x, y)$

(4) $(\forall x)(\forall y) A(x, y) \Rightarrow (\exists x)(\forall y) A(x, y)$

(5) $(\exists y)(\forall x) A(x, y) \Rightarrow (\forall x)(\exists y) A(x, y)$

(6) $(\exists x)(\forall y) A(x, y) \Rightarrow (\forall y)(\exists x) A(x, y)$

(7) $(\forall x)(\exists y) A(x, y) \Rightarrow (\exists y)(\exists x) A(x, y)$

(8) $(\forall y)(\exists x) A(x, y) \Rightarrow (\exists x)(\exists y) A(x, y)$

定义 2.11 **项**：项是描述对象的逻辑表达式，被递归定义如下：

（1）常量符号和变量符号是项。

（2）若 $f(x_1, x_2, \cdots, x_n)$ 是 n 元函数符号，$t_1, t_2, \cdots, t_n$ 是项，则 $f(t_1, t_2, \cdots, t_n)$ 是项。

（3）有限次数地使用上述规则产生的符号串是项。

定义 2.12 **原子谓词公式**：若 $P(x_1, x_2, \cdots, x_n)$ 是 n 元谓词，$t_1, t_2, \cdots, t_n$ 是项，则称 $P(t_1, t_2, \cdots, t_n)$ 是原子谓词公式，简称原子公式。

定义 2.13 **合式公式**：合式公式是由逻辑联结词和原子公式构成的用于陈述事实的复杂语句，又称谓词公式，由以下规则定义：

（1）命题常项、命题变项、原子谓词公式是合式公式。

（2）如果 A 是合式公式，则 $\neg A$ 也是合式公式。

（3）如果 A 和 B 是合式公式，则 $A \wedge B$、$A \vee B$、$A \rightarrow B$、$B \rightarrow A$、$A \longleftrightarrow B$ 都是合式公式。

（4）如果 A 是合式公式，x 是个体变项，则 $(\exists x) A(x)$ 和 $(\forall x) A(x)$ 也是合式公式。

（5）有限次数地使用上述规则构成的表达式是合式公式。

例 2.8 使用合式公式描述下列事实。

（1）Tom 不仅喜欢踢足球，还喜欢打篮球。

（2）Tom 的所有同学都喜欢他。

（3）不是所有的男生都喜欢打篮球。

（4）一个人是华侨，当且仅当他在国外定居并且具有中国国籍。

（5）男生都爱看世界杯。

解　（1）$Like(\text{Tom}, \text{Football}) \wedge Like(\text{Tom}, \text{Basketball})$。其中，$Like(\text{Tom}, x)$ 表示 Tom 喜欢 x，Football 和 Basketball 分别表示踢足球和打篮球。

（2）$(\forall x)(Classmate(\text{Tom}, x) \rightarrow Like(x, \text{Tom}))$。其中，$Classmate(\text{Tom}, x)$ 表示 x 是 Tom 的同学，$Like(x, \text{Tom})$ 表示 x 喜欢 Tom。

（3）$\neg(\forall x)(Boy(x) \rightarrow Like(x, \text{Basketball}))$。其中，$Boy(x)$ 表示 x 是男生，$Like(x, \text{Basketball})$ 表示 x 喜欢打篮球。

（4）$(\forall x)(Overseas\_Chinese(x) \longleftrightarrow (Overseas(x) \wedge Chinese(x)))$。其中，$Overseas\_Chinese(x)$ 表示 x 是华侨，$Overseas(x)$ 表示 x 在国外定居，$Chinese(x)$ 表示 x 具有中国国籍。

（5）$(\forall x)(Boy(x) \rightarrow Like(x, \text{WorldCup}))$。其中，$Boy(x)$ 表示 x 是男生，$Like(x, \text{WorldCup})$ 表示 x 喜欢看世界杯。

可以利用谓词逻辑来进行推理。设 $A(x)$ 是谓词公式，x、y 是变元，c 是常量符号，以下是一些谓词逻辑中的推理规则：

一阶逻辑推理

（1）全称量词消去（universal instantiation，UI）：$(\forall x)A(x) \Rightarrow A(y)$。

（2）全称量词引入（universal generalization，UG）：$A(y) \Rightarrow (\forall x)A(x)$。

（3）存在量词消去（existential instantiation，EI）：$(\exists x)A(x) \Rightarrow A(c)$。

（4）存在量词引入（existential generalization，EG）：$A(c) \Rightarrow (\exists x)A(x)$。

例 2.9　已知 $(\forall x)(P(x) \rightarrow Q(x))$，$(\forall x)(Q(x) \rightarrow R(x))$，试证明 $(\forall x)(P(x) \rightarrow R(x))$。

解　（1）$(\forall x)(P(x) \rightarrow Q(x))$。

（2）$(P(x) \rightarrow Q(x))$（全称量词消去）。

（3）$(\forall x)(Q(x) \rightarrow R(x))$。

（4）$Q(x) \rightarrow R(x)$（全称量词消去）。

（5）$P(x) \rightarrow R(x)$（由（2）和（4）知）。

（6）$(\forall x)(P(x) \rightarrow R(x))$（全称量词引入）。

例 2.10　已知 $(\forall x)(F(x) \rightarrow (G(x) \wedge H(x)))$，$(\exists x)(F(x) \wedge P(x))$，试证明 $(\exists x)(P(x) \wedge H(x))$。

解　（1）$(\forall x)(F(x) \rightarrow (G(x) \wedge H(x)))$。

（2）$(\exists x)(F(x) \wedge P(x))$。

（3）$F(a) \wedge P(a)$（（2）的存在量词消去）。

（4）$F(a) \rightarrow (G(a) \wedge H(a))$（（1）的全称量词消去）。

（5）$F(a)$（由（3）知）。

（6）$G(a) \land H(a)$（由（4）和（5）的假言推理）。

（7）$P(a)$（由（3）知）。

（8）$H(a)$（由（6）知）。

（9）$P(a) \land H(a)$（（7）和（8）的合取）。

（10）$(\exists x)(P(x) \land H(x))$（（9）的存在量词引入）。

为了对自然语言所描述的内容进行精确表达，可通过逻辑语言对自然语言进行形式化。

例2.11 证明苏格拉底三段论"所有人都是要死的，苏格拉底是人，所以苏格拉底是要死的"。

解 设 $F(x)$：x 是人，$G(x)$：x 是要死的，a 是苏格拉底。

前提：$(\forall x)(F(x) \to G(x))$，$F(a)$。

结论：$G(a)$。

证明：（1）$(\forall x)(F(x) \to G(x))$。

（2）$F(a) \to G(a)$（（1）的全称量词消去）。

（3）$F(a)$。

（4）$G(a)$（（2）和（3）的假言推理）。

例2.12 已知每架飞机或者停在地面或者飞在天空，且并非每架飞机都飞在天空，试证明有些飞机停在地面。

解 设 $plane(x)$：x 是飞机；$on\_ground(x)$：x 停在地面；$in\_sky(x)$：x 飞在天空。

前提：$(\forall x)(plane(x) \to on\_ground(x) \lor in\_sky(x))$，$\neg(\forall x)(plane(x) \to in\_sky(x))$。

结论：$(\exists x)(plane(x) \land on\_ground(x))$。

证明：（1）$\neg(\forall x)(plane(x) \to in\_sky(x))$。

（2）$(\exists x)\neg(plane(x) \to in\_sky(x))$。

（3）$(\exists x)\neg(\neg plane(x) \lor in\_sky(x))$。

（4）$(\exists x)(plane(x) \land \neg in\_sky(x))$。

（5）$plane(a) \land \neg in\_sky(a)$（存在量词消去）。

（6）$plane(a)$（由（5）知）。

（7）$\neg in\_sky(a)$（由（5）知）。

（8）$(\forall x)(plane(x) \to on\_ground(x) \lor in\_sky(x))$。

（9）$plane(a) \to on\_ground(a) \lor in\_sky(a)$（全称量词消去）。

（10）$on\_ground(a) \lor in\_sky(a)$（（6）和（9）的假言推理）。

（11）$on\_ground(a)$（由（7）和（10）知）。

（12）$plane(a) \land on\_ground(a)$（由（6）和（11）知）。

（13）（∃x）（plane(x)∧on_ground(x)）（存在量词引入）。

有了逻辑推理这个工具，可以对知识进行表示和推理，从而构建这样一个系统，该系统可以模拟领域专家才能解决的复杂问题，这就是早期人工智能的一个重要分支——专家系统（expert system）。一般来说，专家系统由知识库和推理机组成。先对某个领域的自然语言、文本语句等信息进行逻辑化表示形成知识库，在给定新的问题时，对该问题也进行逻辑化表示，并将该问题表示输入推理机中，推理机根据已有的知识库和问题表示进行推理，从而输出答案。比较著名的专家系统有第一个商用专家系统 EXSYS、智能语音专家系统 Siri、智能诊断系统 MYCIN 等。

2.4 知识图谱推理

知识图谱推理

知识图谱（knowledge graph）由有向图（directed graph）构成，被用来描述现实世界中实体及实体之间的关系，是人工智能中进行知识表达的重要方式。在知识图谱中，每个结点表示客观世界中的一个实体，两个结点之间的连线表示结点具有某一关系。知识图谱中存在连线的两个实体可表达为形如 <left_node, relation, right_node> 的三元组形式，这种三元组也可以表示为一阶逻辑（first order logic, FOL）的形式，从而为基于知识图谱的推理创造了条件。

关系推理是统计关系学习研究的基本问题，也是当前知识图谱领域研究的热点问题。对实体之间存在的关系进行推理，能够从现有知识中发现新的知识，在实体间建立新关联，从而扩充和丰富现有知识库（Nickel et al., 2016）。例如，从 < 奥巴马，出生地，夏威夷 > 和 < 夏威夷，属于，美国 > 两个三元组，可推理得到 < 奥巴马，国籍，美国 >。

图 2.1 所示为一个简单的家庭关系知识图谱。其中，结点代表实体，即家庭成员，边代表家庭成员之间的关系。可利用一阶谓词来表达刻画知识图谱中结点之间存在的关系，如图 2.1 中形如 <James, *Couple*, David> 的关系可用一阶逻辑的形式来描述，即 *Couple* (James, David)。其中，*Couple* (x, y) 是一阶谓词，*Couple* 是图 2.1 中实体之间具有的关系，x 和 y 是谓词变量，可由知识图谱中的实体将其实例化。很显然，从图 2.1 的已有关系可推知 David 和 Ann 具有父女关系，但这一关系在图 2.1 的初始图中并不存在，是需要推理的目标。

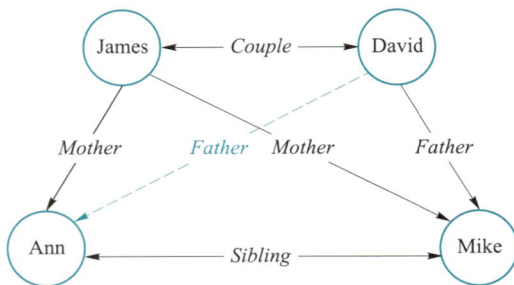

图 2.1   一个简单的家庭关系知识图谱

如果定义如下推理规则：$(\forall x)(\forall y)(\forall z)(Mother(z, y) \wedge Couple(x, z) \rightarrow Father(x, y))$，就可在现有知识 $Mother$(James, Ann) 和 $Couple$(James, David) 的基础上进行推理，得到新的知识 $Father$(David, Ann)，即补充了 David 和 Ann 的关系，从而对原来的知识图谱进行了完善，扩展了实体之间的关系。

本节将介绍知识图谱推理中具有代表性的两个方法：归纳逻辑程序设计（inductive logic programming，ILP）和路径排序算法（path ranking algorithm，PRA）（Lao et al.，2010）。

2.4.1　FOIL 归纳推理

归纳逻辑程序设计是机器学习和逻辑程序设计交叉领域的研究内容。戈登·普洛特金（Gordon Plotkin）和埃胡德·夏皮罗（Ehud Shapiro）推动了在形式逻辑框架下进行归纳机器学习，为 ILP 的研究打下了理论基础（Plotkin，1970；Shapiro，1981）。ILP 使用一阶谓词逻辑进行知识表示，通过修改和扩充逻辑表达式对现有知识进行归纳，完成推理任务。

作为 ILP 的代表性方法，FOIL（first order inductive learner，一阶归纳学习器）通过序贯覆盖学习推理规则（Quinlan，1990），其算法流程如表 2.5 所示。

表 2.5　FOIL 算法

FOIL 算法
输入：目标谓词 P、目标谓词 P 的训练样例（正例集合 E^+ 和反例集合 E^-）及其他背景知识样例。 输出：可得到目标谓词 P 这一结论的推理规则。
（1）将目标谓词作为所学习推理规则的结论。 （2）将其他谓词逐一作为前提约束谓词加入推理规则，计算所得到推理规则的 FOIL 信息增益值，选取可带来最大信息增益值的前提约束谓词加入原来的推理规则，得到新的推理规则，并将训练样例集合中与该推理规则不符的样例去掉。 （3）重复过程（2），直到所得到的推理规则不覆盖任何反例。

FOIL 算法需要给定目标谓词 P，在图 2.1 中，假设目标谓词是 $Father(x, y)$，$Father$ 在知识图谱中表达了两个家庭成员之间的关系，x 和 y 在分别取值 David 和 Mike 时，$Father(x, y)$ 为真。

在 FOIL 算法中，目标谓词是需要推断规则的结论，也称为规则头。在给定推理结论后，FOIL 算法学习得到使得结论满足的前提条件，即目标谓词作为结论的推理规则。

为了学习推理规则，需要构造目标谓词 P 的训练样例，训练样例包含正例集合 E^+ 和反例集合 E^-。当目标谓词 P 为 $Father(x, y)$ 时，从图 2.1 可知，目标谓词 P 只有一

个正例 *Father*(David, Mike)。反例在知识图谱中一般不会显式给出，但可从知识图谱中构造出来。如从知识图谱中已知 *Couple*(David, James) 成立，则 *Father*(David, James) 可作为目标谓词 *P* 的一个反例，记为 ¬*Father*(David, James)。需要注意的是，只有在已知两个实体之间存在关系且确定这一关系与目标谓词相悖时，才能将这两个实体用于构建目标谓词的反例（从而保证所构造的反例与该两个实体之间已知关系是相悖的），而不能在不知两个实体是否满足目标谓词前提下将它们用于构造目标谓词的反例。例如，不能用 David 和 Ann 来构建目标谓词的反例，因为从现有知识中不能确定这两个实体之间是否存在 *Father* 这一关系，即 *Father*(David, Ann) 有可能是正例。而在本例中，两者恰恰存在目标谓词所指定的关系，虽然 David 和 Ann 所具有的 *Father* 这一关系在知识图谱中暂时未能显式刻画。

此外，在推理中还需要其他背景知识，这些背景知识来自知识图谱中目标谓词以外的其他谓词实例化结果，如 *Sibling*(Ann, Mike) 和 *Couple*(David, James) 等。

可以这样理解 FOIL 算法：它从一般到特殊，逐步添加目标谓词的前提约束谓词，直到所构成的推理规则不覆盖任何反例。从一般到特殊指的是对目标谓词或前提约束谓词中的变量赋予具体值，如将 $(\forall x)(\forall y)(\forall z)(Mother(z, y) \wedge Couple(x, z) \rightarrow Father(x, y))$ 这一推理规则中目标谓词 *Father*(x, y) 所包含的 x 和 y 分别赋值为 David 和 Ann，进而进行推理。

在推理过程中，添加前提约束谓词后所得推理规则的质量好坏由信息增益值（information gain）这一评估准则来判断。在 FOIL 算法中，信息增益值的计算方法如下：

$$FOIL\_Gain = \widehat{m_+} \cdot \left(\log_2 \frac{\widehat{m_+}}{\widehat{m_+} + \widehat{m_-}} - \log_2 \frac{m_+}{m_+ + m_-} \right)$$

其中，$\widehat{m_+}$ 和 $\widehat{m_-}$ 是增加前提约束谓词后所得新推理规则能够覆盖的正例和反例数目，m_+ 和 m_- 是原推理规则所覆盖的正例和反例数目。

例 2.13 从图 2.1 给出的知识图谱中通过 FOIL 算法学习得到如下规则：

$$(\forall x)(\forall y)(\forall z)(Mother(z, y) \wedge Couple(x, z) \rightarrow Father(x, y))$$

在给定目标谓词 *Father*(x, y) 之后，可如表 2.6 所示构造背景知识样例和训练样例。

表 2.6 目标谓词 *Father*(x, y) 对应的样例

背景知识 样例集合	*Sibling*(Ann, Mike) *Couple*(David, James) *Mother*(James, Ann) *Mother*(James, Mike)	目标谓词 训练样例 集合	*Father*(David, Mike) ¬*Father*(David, James) ¬*Father*(James, Ann) ¬*Father*(James, Mike) ¬*Father*(Ann, Mike)

注：本例仅考虑以上 4 项样例作为背景知识，忽略了其他可作为背景知识的样例，如 *Couple*(James, David) 等。

按照表 2.5 中 FOIL 算法所列步骤依次将每个候选前提约束谓词加入推理规则，并计算得到新的推理规则对应的 FOIL 增益值，基于计算得到的 FOIL 增益值来确定最佳前提约束谓词。表 2.7 给出了添加前提约束谓词后信息增益的计算结果。

表 2.7　添加前提约束谓词所得信息增益值计算过程

推理规则		推理规则涵盖的正例和反例数		FOIL 信息增益值
目标谓词	前提约束谓词	正例	反例	信息增益值
$Father(x, y) \leftarrow$	空集	$m_+ = 1$	$m_- = 4$	/
	$Mother(x, y)$	$\widehat{m_+} = 0$	$\widehat{m_-} = 2$	NA
	$Mother(x, z)$	$\widehat{m_+} = 0$	$\widehat{m_-} = 2$	NA
	$Mother(y, x)$	$\widehat{m_+} = 0$	$\widehat{m_-} = 1$	NA
	$Mother(y, z)$	$\widehat{m_+} = 0$	$\widehat{m_-} = 1$	NA
	$Mother(z, x)$	$\widehat{m_+} = 0$	$\widehat{m_-} = 1$	NA
	$Mother(z, y)$	$\widehat{m_+} = 1$	$\widehat{m_-} = 3$	0.32
	$Sibling(x, y)$	$\widehat{m_+} = 0$	$\widehat{m_-} = 1$	NA
	$Sibling(x, z)$	$\widehat{m_+} = 0$	$\widehat{m_-} = 1$	NA
	$Sibling(y, x)$	$\widehat{m_+} = 0$	$\widehat{m_-} = 0$	NA
$Father(x, y) \leftarrow$	$Sibling(y, z)$	$\widehat{m_+} = 0$	$\widehat{m_-} = 1$	NA
	$Sibling(z, x)$	$\widehat{m_+} = 0$	$\widehat{m_-} = 0$	NA
	$Sibling(z, y)$	$\widehat{m_+} = 1$	$\widehat{m_-} = 2$	0.74
	$Couple(x, y)$	$\widehat{m_+} = 0$	$\widehat{m_-} = 1$	NA
	$\boldsymbol{Couple(x, z)}$	$\widehat{m_+} = 1$	$\widehat{m_-} = 1$	1.32
	$Couple(y, x)$	$\widehat{m_+} = 0$	$\widehat{m_-} = 0$	NA
	$Couple(y, z)$	$\widehat{m_+} = 0$	$\widehat{m_-} = 0$	NA
	$Couple(z, x)$	$\widehat{m_+} = 0$	$\widehat{m_-} = 2$	NA
	$Couple(z, y)$	$\widehat{m_+} = 0$	$\widehat{m_-} = 1$	NA

给定目标谓词 $Father(x, y)$，此时推理规则只有目标谓词，因此推理规则所覆盖正例和反例样本数分别是训练样本中正例和反例的数目，即 1 和 4，因此 $m_+ = 1$，$m_- = 4$。

如果将 $Mother(x, y)$ 作为前提约束谓词加入推理规则，可得到 $Mother(x, y) \rightarrow Father(x, y)$。在表 2.6 所提供背景知识样例集合中，$Mother(x, y)$ 有两个实例，即 $Mother$(James, Ann) 和 $Mother$(James, Mike)。对于 $Mother$(James, Ann) 这一实例，$x =$ James，$y =$ Ann，将 x 和 y 代入 $Father(x, y)$ 得到 $Father$(James, Ann)，从表 2.6 所提供的训练样例集合可知，$Father$(James, Ann) 是一个反例；对于 $Mother$(James, Mike) 这一实例，$x =$ James，$y =$ Mike，将 x 和 y 代入 $Father(x, y)$ 得到 $Father$(James, Mike)，从表 2.6 所提供的训练样例集合可知，$Father$(James, Mike) 是一个反例。因此，推理规则

$Mother(x, y) \rightarrow Father(x, y)$ 所覆盖的正例和反例数量分别为 0 和 2，即 $\widehat{m_+}=0$，$\widehat{m_-}=2$。由于 $\widehat{m_+}=0$，代入 $FOIL\_Gain$ 公式时会出现负无穷的情况，此时 $FOIL\_Gain$ 记为 NA（not available）。

类似地，可将背景知识样例中出现的所有谓词（$Mother(\cdot, \cdot)$、$Sibling(\cdot, \cdot)$ 和 $Couple(\cdot, \cdot)$）依次作为前提约束加入推理规则，如上计算得到推理规则的 $FOIL\_Gain$ 取值。

如果将 $Couple(x, z)$ 作为前提约束谓词加入推理规则，可得到 $Couple(x, z) \rightarrow Father(x, y)$ 推理形式。在背景知识样例中，$Couple(x, z)$ 只有一个实例 $Couple(David, James)$，即 $x=David$，$z=James$，将其代入 $Father(x, y)$ 得到 $Father(David, y)$。在训练样例中存在正例 $Father(David, Mike)$ 及反例 $\neg Father(David, James)$，因此 $Couple(x, z) \rightarrow Father(x, y)$ 所覆盖的正例和反例数目均为 1，$FOIL\_Gain = \widehat{m_+} \cdot \left(\log_2 \dfrac{\widehat{m_+}}{\widehat{m_+}+\widehat{m_-}} - \log_2 \dfrac{m_+}{m_+ + m_-} \right) = 1 \cdot \left(\log_2 \dfrac{1}{1+1} - \log_2 \dfrac{1}{1+4} \right) = 1.32$。

一旦将 $Couple(x, z)$ 作为前提约束谓词加入，所得新推理规则对应的 $FOIL\_Gain$ 取值最大，因此选择将 $Couple(x, z)$ 加入推理规则，得到 $Couple(x, z) \rightarrow Father(x, y)$ 这一新的推理规则，并将训练样例集合中与该推理规则不符的样例去掉。此时，训练样例集合中就只有正例 $Father(David, Mike)$ 和反例 $\neg Father(David, James)$ 两个实例了。注意，这里不符的含义是当 $Couple(x, z)$ 中 x 取值为 David 时，与 $Father(David, \cdot)$ 或 $\neg Father(David, \cdot)$ 无法匹配的实例。

接着，再用相同方法继续将其他谓词逐一作为前提约束谓词加入推理规则进行考察，用 FOIL 增益值来判断选取最优推理规则，如表 2.8 所示。

表 2.8   继续添加前提约束谓词所得信息增益值计算过程

推理规则		推理规则涵盖的正例和反例数		FOIL 信息增益值
现有规则	拟加入前提约束谓词	正例	反例	信息增益值
$Father(x, y) \leftarrow Couple(x, z)$		$m_+=1$	$m_-=4$	/
	$\wedge\ Mother(x, y)$	$\widehat{m_+}=0$	$\widehat{m_-}=1$	NA
	$\wedge\ Mother(x, z)$	$\widehat{m_+}=0$	$\widehat{m_-}=0$	NA
	$\wedge\ Mother(y, x)$	$\widehat{m_+}=0$	$\widehat{m_-}=0$	NA
$Father(x, y) \leftarrow Couple(x, z)$	$\wedge\ Mother(y, z)$	$\widehat{m_+}=0$	$\widehat{m_-}=0$	NA
	$\wedge\ Mother(z, x)$	$\widehat{m_+}=0$	$\widehat{m_-}=0$	NA
	$\wedge\ \boldsymbol{Mother(z, y)}$	$\widehat{m_+}=1$	$\widehat{m_-}=0$	1
	$\wedge\ Sibling(x, y)$	$\widehat{m_+}=0$	$\widehat{m_-}=0$	NA

续表

推理规则		推理规则涵盖的正例和反例数		FOIL 信息增益值
现有规则	拟加入前提约束谓词	正例	反例	信息增益值
Father (x, y) ← *Couple* (x, z)	∧ *Sibling* (x, z)	$\widehat{m_+} = 0$	$\widehat{m_-} = 0$	NA
	∧ *Sibling* (y, x)	$\widehat{m_+} = 0$	$\widehat{m_-} = 0$	NA
	∧ *Sibling* (y, z)	$\widehat{m_+} = 0$	$\widehat{m_-} = 0$	NA
	∧ *Sibling* (z, x)	$\widehat{m_+} = 0$	$\widehat{m_-} = 0$	NA
	∧ *Sibling* (z, y)	$\widehat{m_+} = 0$	$\widehat{m_-} = 0$	NA
	∧ *Couple* (x, y)	$\widehat{m_+} = 0$	$\widehat{m_-} = 1$	NA
	∧ *Couple* (x, z)	$\widehat{m_+} = 1$	$\widehat{m_-} = 1$	0
	∧ *Couple* (y, x)	$\widehat{m_+} = 0$	$\widehat{m_-} = 0$	NA
	∧ *Couple* (y, z)	$\widehat{m_+} = 0$	$\widehat{m_-} = 0$	NA
	∧ *Couple* (z, x)	$\widehat{m_+} = 0$	$\widehat{m_-} = 0$	NA
	∧ *Couple* (z, y)	$\widehat{m_+} = 0$	$\widehat{m_-} = 0$	NA

从表 2.8 可知，当将 *Mother* (z, y) 作为前提约束谓词加入推理规则后，*FOIL_Gain* 值最大，因此将 *Mother* (z, y) 加入，得到新的推理规则 *Mother* (z, y) ∧ *Couple* (x, z) → *Father* (x, y)。当 x =David、y =Mike、z =James 时，该推理规则覆盖表 2.6 中训练样例集合的正例 *Father* (David，Mike) 且不覆盖任意反例，因此算法学习结束。

当学习得到 (∀x) (∀y) (∀z) (*Mother* (z, y) ∧ *Couple* (x, z) → *Father* (x, y)) 这一推理规则后，由于从图 2.1 给出的知识图谱中已知 *Mother* (James，Ann) 和 *Couple* (David，James)，因此可推理得到新的知识 *Father* (David，Ann)。

从上面这个学习过程可知，给定目标谓词，FOIL 算法从实例（正例、反例、背景知识样例）出发，不断测试所得推理规则是否还包含反例，一旦不包含，则学习结束，由此充分展示了"归纳学习"的能力。在学得推理规则后，再给推理规则中的变量赋予具体实例，经过"演绎"得到新的知识，如图 2.2 所示。

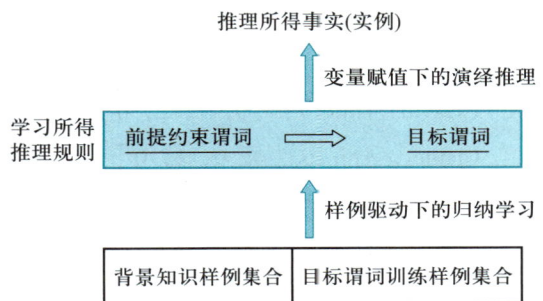

图 2.2 结合归纳学习和演绎推理的 FOIL 模型

2.4.2　路径排序推理

与 FOIL 算法不同，路径排序算法的基本思想是将实体之间的关联路径作为特征来学习得到目标关系的分类器。路径排序算法的工作流程主要分为以下三步：

（1）特征抽取。生成并选择路径特征集合。生成路径的方式有随机游走（random walk）、广度优先搜索、深度优先搜索等。

（2）特征计算。计算每个训练样例的特征值 $P(s \to t; \pi_j)$。该特征值可以表示从实体结点 s 出发，通过关系路径 π_j 到达实体结点 t 的概率；也可以表示为布尔值，表示实体 s 到实体 t 之间是否存在路径 π_j；还可以是实体 s 和实体 t 之间路径出现的频次、频率等。

（3）分类器训练。根据训练样例的特征值，为目标关系训练分类器。当训练好分类器后，即可将该分类器用于推理两个实体之间是否存在目标关系。

例 2.14　对图 2.1 中的知识图谱应用路径排序算法。

（1）目标关系：*Father*。

（2）对于目标关系 *Father*，生成四组训练样例，一个为正例、三个为负例：

正例：（David，Mike）。

负例：（David，James），（James，Ann），（James，Mike）。

（3）从知识图谱采样得到路径，每一路径链接上述每个训练样例中的两个实体：

（David，Mike）对应路径：*Couple* → *Mother*。

（David，James）对应路径：*Father* → *Mother*$^{-1}$（*Mother*$^{-1}$ 与 *Mother* 为相反关系）。

（James，Ann）对应路径：*Mother* → *Sibling*。

（James，Mike）对应路径：*Couple* → *Father*。

（4）对于每一个正例 / 负例，判断上述四条路径可否链接该正例或负例所包含的两个实体，将可链接（记为 1）和不可链接（记为 0）作为特征，于是每一个正例 / 负例得到一个四维特征向量。如 *Mother* → *Sibling* 路径和 *Couple* → *Father* 路径都链接了（James，Mike），则（James，Mike）这个负例所对应的四维特征向量中的第三维和第四维分别取值为 1。按照这样的思路，每一个正例 / 负例所得到的四维特征向量表示如下：

（David，Mike）：$\{[1, 0, 0, 0], 1\}$。

（David，James）：$\{[0, 1, 0, 0], -1\}$。

（James，Ann）：$\{[0, 0, 1, 0], -1\}$。

（James，Mike）：$\{[0, 0, 1, 1], -1\}$。

（5）依据（4）中的训练样本，训练分类器 M。

（6）预测。对于图 2.1 中形如（David，Ann）的样例，得到其特征值为 $[1, 0, 0, 0]$，将特征向量输入分类器 M，如果分类器 M 给出分类结果为 1，则 *Father*（David，

Ann）成立。

2.4.3 分布式表示下的知识推理

随着深度学习应用的进展，在自然语言处理（natural language processing，NLP）中，通过无监督学习将一个单词表示成一个隐向量（latent vector）的分布式表示方法取得了良好效果。研究者将知识图谱中的结点和结点之间的关系均映射到连续数值空间中（即分布式表示，distributed representation），同时对映射过程进行约束，使得知识图谱中结点之间的拓扑结构得以保留，从而有效地对知识图谱进行表示和推理（Bordes et al.，2013）。

如给定图 2.1 中 *Father*（David，Mike）这个样例知识，可首先学到 David 和 Mike 的分布式表达（向量表达）**David** 和 **Mike**，以及谓词 *Father* 的分布式表达 *Father*，然后再学习一个度量函数 ψ，使得 **David** + *Father* 的结果与 **Mike** 很接近，即 ψ（**David** + *Father*，**Mike**）取值最小（也即 **David** + *Father* $\approx$ **Mike**）。于是，给定所有 <left_node，relation，right_node> 形式的样例知识，即可学习度量函数 ψ，俾得 ψ（**left_node**，**relation**，**right_node**）取值最小。

一旦学习得到度量函数 ψ，就可用其判断任意两个结点之间是否具有某一关系。

2.5 概率推理

概率推理

在工业生产、社会治理和在线经济等领域不断涌现的大数据，因能够刻画各种关系而形成了图式结构的数据。在图数据中，如果两个结点之间存在连边，则可视为这两个结点之间具有概率依赖关系而相互影响。在这类图中，可用概率描述两个相连结点之间的关联，而不是假设结点之间的影响一定会百分之百发生。这种图称为概率图（probabilistic graph），而基于概率图进行的推理称为概率推理。显然，概率推理反映了推理过程中存在的不确定性特点。

概率图模型一般分为贝叶斯网络（Bayesian network）和马尔可夫网络（Markov network）两大类（Domingos et al.，2004；Richardson et al.，2006）。贝叶斯网络用一个有向无环图（directed acyclic graph）表示，有向边表示结点和结点之间的单向概率依赖；马尔可夫网络用一个无向图表示，无向边表示结点和结点之间的相互概率依赖。一般认为概率图模型还包括朴素贝叶斯模型、最大熵模型、隐马尔可夫模型、条件随机场、主题模型等，概率图模型在机器学习的诸多场景中都有着广泛应用。

2.5.1   贝叶斯网络

图 2.3 给出了一个贝叶斯网络的示例，刻画了多云、洒水车、下雨和路湿四个因素之间的相互影响。图中以概率形式给出了四个因素之间的相互影响，例如，多云情况下有 10% 的概率会出动洒水车和 80% 的概率会下雨，在有洒水车和不下雨的情况下有 10% 的概率路面不湿。

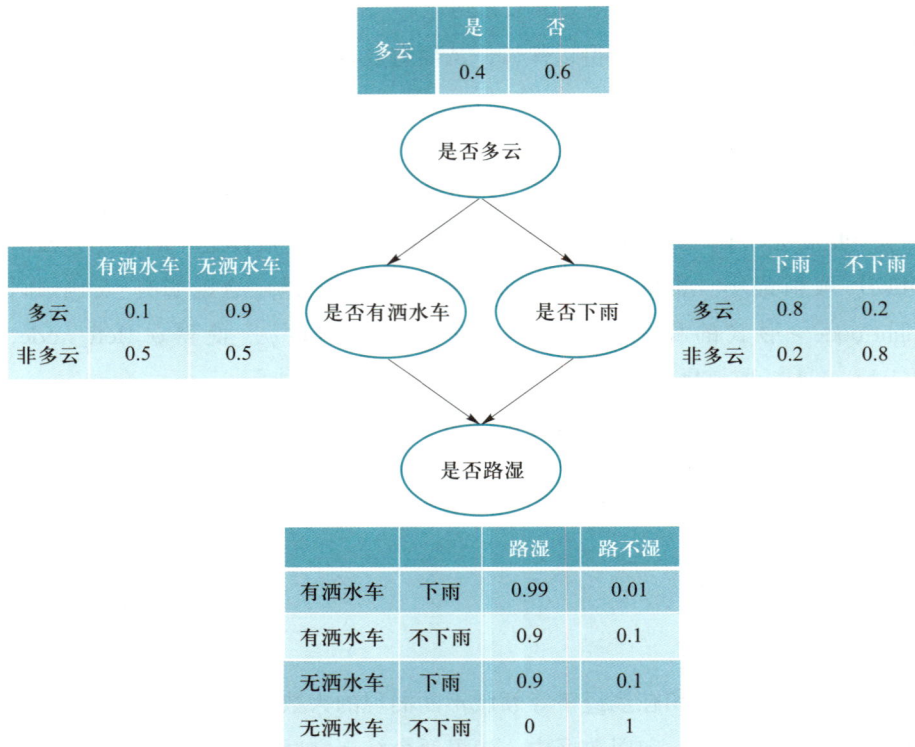

多云	是	否
	0.4	0.6

是否多云

	有洒水车	无洒水车
多云	0.1	0.9
非多云	0.5	0.5

是否有洒水车   **是否下雨**

	下雨	不下雨
多云	0.8	0.2
非多云	0.2	0.8

是否路湿

		路湿	路不湿
有洒水车	下雨	0.99	0.01
有洒水车	不下雨	0.9	0.1
无洒水车	下雨	0.9	0.1
无洒水车	不下雨	0	1

图 2.3   贝叶斯网络示例

贝叶斯网络满足局部马尔可夫性（local Markov property），即在给定一个结点的父结点的情况下，该父结点有条件地独立于它的非后代结点（non-descendant）。在图 2.3 中，局部马尔可夫性意味着 P(洒水车 | 多云, 下雨) $=P$(洒水车 | 多云)，因为在给定多云的前提下，是否出动洒水车与其非子结点下雨无关。这个性质使得人们可以用更为简洁的形式来计算某个结点与其他结点的概率依赖。例如，图 2.3 贝叶斯网络中所有因素的联合分布等于所有结点的 P（结点 | 父结点）的乘积，如下所示：

P（多云、下雨、洒水车、路湿）$= P$（多云）P（洒水车 | 多云）P（下雨 | 多云）P（路湿 | 洒水车，下雨）

　　基于图 2.3，一个有趣的推理任务是求在给定观测变量的前提下，相关变量发生的概率。例如，需要计算 P（下雨、洒水车，路湿 | 多云）的概率，可以通过

$$P（下雨，洒水车，路湿|多云）= \frac{P（下雨，洒水车，路湿，多云）}{P（多云）}$$

$$= \frac{P（多云）P（洒水车|多云）P（下雨|多云）P（路湿|洒水车，下雨）}{P（多云）}$$

$$= \frac{0.4 \times 0.1 \times 0.8 \times 0.99}{0.4} = 0.079\,2$$

计算 P（路湿 | 非多云，下雨）的概率，可以通过

$$P（路湿|非多云，下雨）= \frac{P（路湿，非多云，下雨）}{P（非多云，下雨）}$$

$$= \frac{P（路湿，非多云，下雨，洒水车）+ P（路湿，非多云，下雨，无洒水车）}{P（下雨|非多云）P（非多云）}$$

$$= \frac{\begin{array}{c}P（非多云）P（洒水车|非多云）P（下雨|非多云）P（路湿|洒水车，下雨）+ \\ P（非多云）P（无洒水车|非多云）P（下雨|非多云）P（路湿|无洒水车，下雨）\end{array}}{P（下雨|非多云）P（非多云）}$$

$$= \frac{0.6 \times 0.5 \times 0.2 \times 0.99 + 0.6 \times 0.5 \times 0.2 \times 0.9}{0.2 \times 0.6} = 0.945$$

2.5.2　马尔可夫逻辑网络

　　多明戈斯（Domingos）和理查森（Richardson）首次提出了马尔可夫逻辑网络（Markov logic networks，MLNs），它是马尔可夫网络与一阶逻辑相结合的一种统计关系学习模型，并进一步引入了概率来刻画推理过程不确定性（Domingos et al.，2004；Richardson et al.，2006）。

　　多明戈斯和理查森从以下方面论证了马尔可夫逻辑网络作为关系推理学习统一框架的可能性：从概率统计的角度来看，马尔可夫逻辑网络不仅简洁明了地描述了马尔可夫网络中所存在信息之间的关联，还因在马尔可夫网络中引入谓词逻辑而融入了结构化知识；从一阶谓词逻辑的角度来看，马尔可夫逻辑网络在一阶谓词逻辑中添加了不确定性而对严格推理进行了松绑，更好地反映了客观世界的复杂性（Richardson et al.，2006）。

　　马尔可夫逻辑网络在自然语言处理、复杂网络、信息抽取、计算机视觉等领域都有重要的应用前景。给定一个由若干规则构成的集合，给集合中的每条推理规则赋予一定的权重，则可如下计算某个断言 x 成立的概率：

$$P(X=x) = \frac{1}{Z}\exp\left(\sum_i w_i n_i(x)\right) = \frac{1}{Z}\prod_i \phi_i(x_{\{i\}})^{n_i(x)}$$

其中，$n_i(x)$ 是在推导 x 中所涉及第 i 条规则的逻辑取值（1 或 0），w_i 是该规则对应的权重，Z 是一个固定的常量，可由下式计算：

$$Z = \sum_{x \in \mathcal{X}} \exp\left(\sum_i w_i n_i(x)\right)$$

图 2.4 给出了一组推理规则及其对应权重，用来计算新生开学典礼在室内举行或室外举行的推理结果概率。

一阶谓词逻辑	内容描述	规则的权重取值
r_1: $indoor \vee outdoor$	在室内举行或者在室外举行	1（不特别重要）
r_2: $\neg(indoor \wedge outdoor)$	不能既在室内举行，又在室外举行	9（特别重要，因为不能同时发生）
r_3: $rain \to indoor$（等同于：$\neg rain \vee indoor$）	如果下雨，则在室内举行	5（重要）
r_4: $lightshow \to outdoor$（等同于：$\neg lightshow \vee outdoor$）	如果有灯光秀，则在室外举行	7（很重要，因为学生热切盼望）

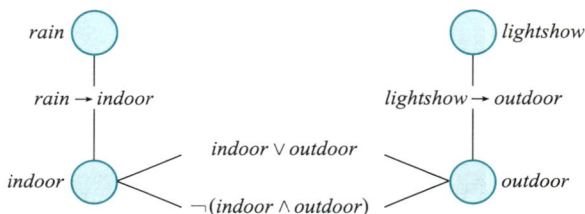

图 2.4　马尔可夫逻辑网络示例

基于图 2.4 所给出的推理规则和规则权重，可以计算得到"如果下雨（且无论是否有灯光秀），在室外而不是室内举行开学典礼"的概率取值：

$$P(outdoor \wedge \neg indoor)$$
$$= \frac{1}{Z}\exp\left(1\times(indoor \vee outdoor) + 9\times\neg(indoor \wedge outdoor) + \right.$$
$$\left. 5\times(\neg rain \vee indoor) + 7\times(\neg lightshow \vee outdoor)\right)$$
$$= \frac{1}{Z}\exp(1\times1 + 9\times1 + 5\times0 + 7\times1) = \frac{1}{Z}\exp(17)$$

同理，可以计算得到"如果有灯光秀（且无论是否下雨），在室内而不是室外举行开学典礼"的概率取值：

$$P\left(indoor \wedge \neg \; outdoor\right)$$

$$= \frac{1}{Z} \exp \left(1 \times \left(indoor \vee outdoor\right) + 9 \times \neg \left(indoor \wedge outdoor\right) + \right.$$

$$\left. 5 \times \left(\neg \; rain \vee indoor\right) + 7 \times \left(\neg \; lightshow \vee outdoor\right)\right)$$

$$= \frac{1}{Z} \exp \left(1 \times 1 + 9 \times 1 + 5 \times 1 + 7 \times 0\right) = \frac{1}{Z} \exp \left(15\right)$$

可见，上述推理过程将所有成立的规则取值进行加权累加，给出了某个结论发生的概率值（而不是为 0 或为 1 的二值结果），因此马尔可夫逻辑网络将不确定性（概率）融入了推理过程。1705 年，雅各布·伯努利（Jakob Bernoulli）曾说出一句概率名言：“在类似条件下，一件事情未来的发生（或不发生）频率将会与过去得出的情况保持一致。”在推理中引入概率不确定性是对严格推理过程的一种松绑。

需要注意的是，马尔可夫逻辑网络和贝叶斯网络都通过图来刻画信息之间的结构关系，但是马尔可夫逻辑网络是无向图（刻画了谓词命题之间的组合），而贝叶斯网络是有向图（刻画了依赖关系）。

2.6　因果推理

因果推理基本概念

亚里士多德认为自然界有一种“原因”关系的存在。这种“原因”观念不同于近代以来的“因果”观念，“原因”与“为什么”相对应，并不与“结果”相对应。

哲学上把现象和现象之间“引起和被引起”的关系叫作因果关系，其中引起某种现象产生的现象叫作原因，被某种现象引起的现象叫作结果，如“力　形之所以奋也”。因果推理是一种重要的推理手段，是人类智能的重要组成部分。回答者如“吸烟是否导致癌症”和“某个广告发布是否导致了某个商品销量上涨”等问题时，往往需要因果推理的能力。

2.6.1　辛普森悖论

为了说明数据中存在因果关系，先来看一个有趣的例子。表 2.9 列出了某组患者在是否尝试新药以后的恢复情况：不用药患者的恢复率高于用药患者的恢复率（Pearl et al.，2016）。

然而，当对所有患者按照性别分组后，可得到表 2.10。当比较安性别分组的两类患者的恢复率时，却发现用药患者的恢复率均高于不用药患者的恢复率，这与表 2.9 的统计结果恰恰相反。这就是著名的辛普森悖论（Simpson's paradox），其指出在总体样本上成立的某种关系在分组样本中却不一定成立甚至相反。

表 2.9　某组患者在是否尝试新药以后的恢复情况

比较项	不用药	用药
恢复人数	289	273
总人数	350	350
恢复率 /%	83	78

表 2.10　以性别分组的某组患者在是否尝试新药以后的恢复情况

比较项	不用药		用药	
	男性	女性	男性	女性
恢复人数	234	55	81	192
总人数	270	80	87	263
恢复率 /%	87	69	93	73

从数学角度而言，上述悖论可写成初等数学不等式 $\dfrac{b}{a} < \dfrac{d}{c},\ \dfrac{b'}{a'} < \dfrac{d'}{c'},\ \dfrac{b+b'}{a+a'} > \dfrac{d+d'}{c+c'}$。这样的例子在现实生活中经常出现，如加州大学伯克利分校的著名统计学家彼得·比克尔（Peter Bickel）教授于 1975 年在《科学》（*Science*）杂志上发表了一篇论文，报告了伯克利研究生院男女录取率的差异。他发现，总体层面上男性录取率高于女性，然而按照不同专业分组后，却发现女性录取率反而高于男性（Bickel et al.，1975）。

辛普森悖论表明，在某些情况下，忽略潜在的"第三个变量"（本例中性别就是用药与否和恢复率之外的第三个变量）可能会改变已有的结论，而人们常常忽略这一因素。从观测结果中寻找引发结果的原因，考虑数据生成的过程，由果溯因，就是本节要介绍的因果推理（Pearl，2009，2016，2018）。

事实上，辛普森悖论的主要原因是"第三变量"导致了用药与否和恢复率之间的虚假关联。复杂数据中变量之间的关联关系有三种来源（Elwert et al.，2014；Cui et al.，2022）：因果关联（causation）、混淆关联和选择关联，如图 2.5 所示。

因果关联：数据中的两个变量，如果一个变量是另一个变量的原因，则这两个变量之间存在因果关联。如图 2.5（a）所示，变量 T 是变量 Y 的原因，即变量 T 和 Y 之间存在因果关联。在日常生活中，人们常说"下雨会导致地面湿"，其中下雨就是地面湿的原因。也就是说，下雨和地面湿是变量，它们之间存在因果关系。

混淆关联：数据中待研究的两个变量之间存在共同的原因变量，如图 2.5（b）所

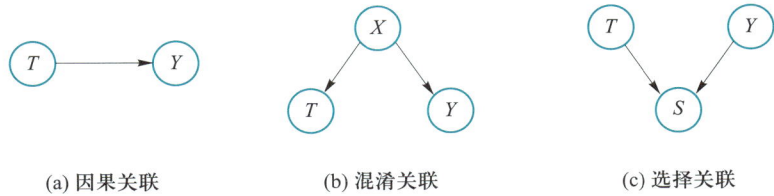

(a) 因果关联   (b) 混淆关联   (c) 选择关联

图 2.5   关联关系的三种来源

示，变量 T 和 Y 存在共同的原因变量 X，即 X 是 T 的原因，同时也是 Y 的原因。如果忽略掉 X，那么 T 和 Y 在数据中会存在虚假关联。由于该关联是混淆偏差导致的，因此称之为混淆关联。例如，用 X 表示下雨，T 表示地面湿，Y 表示行人撑伞，那么在数据中会发现地面湿和行人撑伞十分相关。但这种相关会随着数据、环境、时间等变化而发生变化，如炎热的夏天也会有很多行人撑伞，但地面很干燥。表 2.9 和表 2.10 中介绍的辛普森悖论示例其实也是混淆关联，其中性别会影响到患者用药与否及其恢复率。在表 2.9 中，如果忽略性别，那么用药与否和恢复率之间的关系就存在混淆关联。

选择关联：数据中待研究的两个变量之间存在共同的结果变量，如图 2.5（c）所示，变量 T 和 Y 存在共同的结果变量 S，即 T 是 S 的原因，Y 也是 S 的原因。如果基于特定 S 的取值来选择一部分变量进行研究，那么 T 和 Y 在数据中就会存在虚假关联。由于该关联是选择偏差导致的，因此称之为选择关联。例如，在收集图片数据时，有意或无意选择了许多狗在草地上的图片（即"草地"和"狗的特征"导致收集的图片是狗在草地上）。本来草地和狗之间不相关，但当选择了大量狗在草地上的图片时，草地和狗之间就十分相关了。这种相关也会随着数据、环境、时间等变化而发生变化，如选择大量狗在沙滩上的图片，草地和狗之间可能就负相关或者不相关了。

如何从复杂数据中甄别因果关联，发现因果关系，实现从关联到因果的跨越，是因果推理的核心任务。因果推理主要使用两种模型。一种模型是潜在结果框架（potential outcome framework），也称为 Neyman–Rubin 因果模型。潜在结果框架模型最早见于耶日·内曼在 1923 年提出的"潜在结果"（potential outcome）的概念（Neyman，1923），这一概念后被唐纳德·鲁宾进一步发展（Rubin，1974）。

另外一种模型是结构因果模型（structure causal model，SCM）。因果图（causal diagram）（Pearl，1995）是由朱迪亚·珀尔于 1995 年提出的。一般而言，结构因果图是一种有向无环图。有向无环图指的是一个无回路的有向图，即从图中任意一个结点出发，经过任意条边，均无法回到该结点。有向无环图刻画了图中所有结点之间的依赖关系。有向无环图可用于描述数据的生成机制。这种描述变量联合分布或者数据生成机制的模型称为"贝叶斯网络"。本书介绍因果推理采用因果图这一结构。

采用因果图的好处是可以有效地表示联合概率分布。对于任意的有向无环图模型，

模型中 d 个变量的联合概率分布由每个结点与其父结点之间条件概率 P（child|parents）的乘积给出：

$$P(x_1, x_2, \cdots, x_d) = \prod_{j=1}^{d} P(x_j | x_{pa(j)})$$

其中，$x_{pa(j)}$ 表示结点 x_j 的父结点集合（所有指向 x_j 的结点，部分结点的父结点集合可以为空），这一式子包含了变量之间某种普遍成立的独立性假设。

例如，对于一个简单的链式图（即有向无环图）$X \to Y \to Z$，其联合概率分布可直接写成

$$P(X = x, Y = y, Z = z) = P(X = x) P(Y = y | X = x) P(Z = z | Y = y)$$

在对该模型生成的数据集进行联合概率分布估计时，只需对 x、$(y|x)$、$(z|y)$ 这三个元组进行计数即可，而无须统计所有可能出现的元组，从而节省了大量的时间和空间。也就是说，图模型上的独立性假设将一个"高维"的估计问题转换成了一个"低维"的概率分布问题。如果结构因果模型包含许多变量，但数据量不足，且变量之间的图结构未知，那么估计其联合概率分布将变得非常困难。这就是所谓的"维度灾难"（curse of dimensionality）。

例 2.15 考虑链式图（有向无环图）$X \to Y \to Z$，其中 X 表示气候好，Y 表示水果产量高，Z 表示水果价格低，给出 P（气候好，水果产量高，水果价格低）的联合概率。

解 可将 P（气候好，水果产量高，水果价格低）转换为

P（气候好）P（水果产量高 | 气候好）P（水果价格低 | 水果产量高）

根据常识，假设 P（气候好）$=0.5$，当然也可设置为更低或更高的取值。类似地，在气候好时水果应该生长得比较好，产量会比较高，因此假设 P（水果产量高 | 气候好）$=0.8$。同样，由于市场机制，水果产量高的时候，水果价格会比较低，设 P（水果价格低 | 水果产量高）$=0.9$。因此计算出 P（气候好，水果产量高，水果价格低）$=P$（气候好）P（水果产量高 | 气候好）P（水果价格低 | 水果产量高）$=0.5 \times 0.8 \times 0.9 = 0.36$。

例 2.16 给出图 2.6 所示因果图 H 中 8 个变量的联合概率。

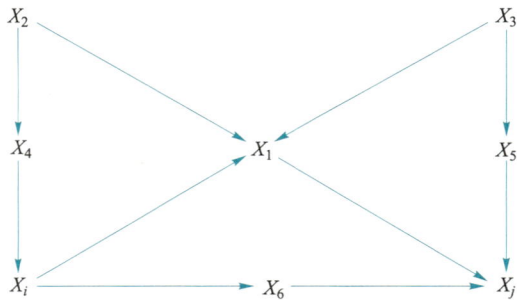

图 2.6   因果图 H

解

$$P(X_1, X_2, X_3, X_4, X_5, X_6, X_i, X_j)$$
$$= P(X_2) \times P(X_3) \times P(X_1|X_2, X_3, X_i) \times P(X_4|X_2) \times P(X_5|X_3) \times P(X_6|X_i) \times$$
$$P(X_i|X_4) \times P(X_j|X_1, X_5, X_6)$$

2.6.2　因果干预与 do 算子

因果推理基本算法

统计学中的名言"相关性不是因果性"（correlation is not causaticn）指出：两个变量之间的相关性并不足以说明其中一个变量是另一个变量的原因。最著名的例子是，冰淇淋销量上升与犯罪率上升之间存在相关性，但这并不意味着冰淇淋销量的增加导致了犯罪率的上升。实际上，这两者之间的关联可能是由第三个变量，如天气所引起的。夏天天气炎热，人们更可能购买冰淇淋，同时，犯罪率也可能因为更多的人在户外活动而上升。因此，随机对照试验（randomized controlled trial）成为统计学中的黄金标准。在随机对照试验中，影响结果变量的输入变量只有一个是随机变化的，其他均保持不变，因此，若结果变量发生变化，则一定是由该输入变量引起的。

然而，现实世界中很多问题都无法采用随机对照试验。例如：人们无法随意控制天气，研究天气对犯罪率的影响；人们无法随意控制人群吸烟，研究吸烟对人们健康的影响；人们无法随意控制股市，研究某些因素对股票价格的影响。

改变明确存在关联关系的某变量取值，研究变量取值改变对结果变量的影响，就是因果推理中常用的"干预"（intervention）手段。例如：在已知商品价格和销售量存在关联关系的情况下，将商品价格提高一倍后，研究销售量会发生怎样的变化；在已知吸烟频率和患癌症概率存在关联关系的情况下，研究人们放弃吸烟后，患癌症概率会发生怎样的变化。为了从因果分析角度实现这一任务，图灵奖获得者朱迪亚·珀尔提出了 do 算子（do-calculus），计算当系统中一个变量取值发生变化，其他变量保持不变时，系统输出结果是否变化，这样可判断改变取值的变量是否是系统中起决定作用的"原因要素"。

do 算子起到了医学上经常采用的"双盲测试"的作用。在双盲测试中，患者被分为两组，给一组患者服用真正需要检测疗效的药品，给另一组患者服用安慰剂，然后比较两组患者在病症上的恢复效果，从而判定药品的功效。

具体而言，干预过程中固定（fix）系统中的其他变量，然后改变某一变量的取值，观察其他变量的变化。为了与 X 的自然取值 x 进行区分，在对 X 进行干预时，引入 do 算子，记作 $do(X=x)$。因此，$P(Y=y|X=x)$ 表示的是当发现 $X=x$ 时，$Y=y$ 的概率；而 $P(Y=y|do(X=x))$ 表示的是对 X 进行干预，固定其值为 x 时，$Y=y$ 的概率。用统计学的术语来说，$P(Y=y|X=x)$ 反映的是在取值为 x 的个体 X 上 Y 的总体分布；

而 $P\left(Y=y\,|\,do\left(X=x\right)\right)$ 反映的是当将每一个 X 取值都固定为 x 时，Y 的总体分布。

2.6.3　因果效应差

以本节最开始提到的辛普森悖论为例，其因果图可以用图 2.7 表示，其中，X 表示用药情况（1 表示用药，0 表示不用药），Y 表示患者的恢复情况（1 表示恢复，0 表示未恢复），Z 表示性别（1 表示男性，0 表示女性）。为了比较患者用药与否的恢复情况，可以对患者的用药情况进行干预，即将患者随机划分成用药患者和不用药患者来给药。不妨令 $do\left(X=1\right)$ 和 $do\left(X=0\right)$ 表示给药干预来研究效应差：

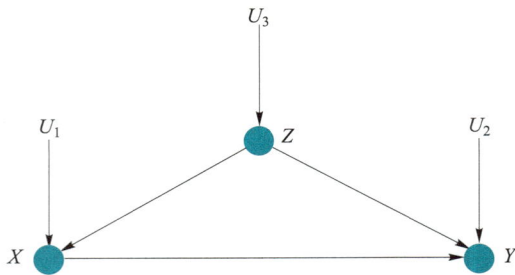

图 2.7　辛普森悖论的因果图

$$P\left(Y=1\,|\,do\left(X=1\right)\right)-P\left(Y=1\,|\,do\left(X=0\right)\right)$$

上式称为"因果效应差"（causal effect difference）或"平均因果效应"（average causal effect，ACE），$P\left(Y=y\,|\,do\left(X=x\right)\right)$ 称为因果效应。对用药情况 X 进行干预并固定其值为 x 时，可将所有指向 X 的边移除，则因果效应 $P\left(Y=y\,|\,do\left(X=x\right)\right)$ 等价于图 2.8 所示的引入干预的操纵图模型（manipulated model）中的条件概率 $P_m\left(Y=y\,|\,X=x\right)$。

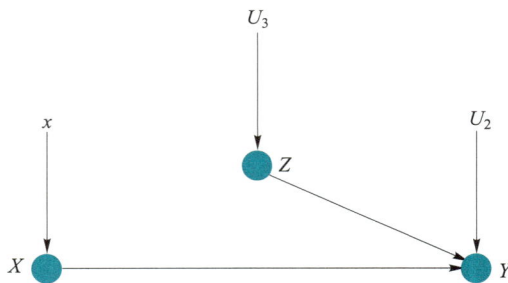

图 2.8　引入干预的操纵图模型

计算因果效应的关键在于计算操纵概率（manipulated probability）P_m。P_m 与正常（无干预，见图 2.7）条件下的概率 P 有两个相同的重要性质：① 边缘概率 $P\left(Z=z\right)$ 不随干预而变化，因为 Z 的取值不会由于去掉从 Z 到 X 的箭头而变化；② 条件概率 $P\left(Y=y\,|\,X=x,\,Z=z\right)$ 不变，因为 Y 关于 X 和 Z 的函数 $f_Y=\left(X,\right.$

$\left.Z,\,U_2\right)$ 并未改变。因此，有如下等式：

$$P_m\left(Y=y\,|\,X=x,\,Z=z\right)=P\left(Y=y\,|\,X=x,\,Z=z\right),\ P_m\left(Z=z\right)=P\left(Z=z\right)$$

在操纵图模型中，X 和 Z 是 $D-$ 分离的，即 $P_m\left(Z=z\,|\,X=x\right)=P_m\left(Z=z\right)=P\left(Z=z\right)$。将三个等式组合在一起，则因果效应

$$P\left(Y=y\,|\,do\left(X=x\right)\right)=P_m\left(Y=y\,|\,X=x\right)$$

$$= \sum_z P_m (Y = y \mid X = x, \, Z = z) \, P_m (Z = z \mid X = x)$$

$$= \sum_z P_m (Y = y \mid X = x, \, Z = z) \, P_m (Z = z)$$

上式第一行来源于定义，第二行来源于贝叶斯公式，第三行来源于 X 和 Z 在操纵图模型中的独立性。最后，得到如下正常（无干预）条件下的概率表示的因果效应：

$$P (Y = y \mid do (X = x)) = \sum_z P (Y = y \mid X = x, \, Z = z) \, P (Z = z)$$

上式称为调整公式（adjustment formula），对于 Z 的每一个取值 z，该式计算 X 和 Y 的条件概率并取均值。这个过程称为 "Z 调整"（adjusting for Z）或 "Z 控制"（controlling for Z）。上式右侧只包含正常（无干预）条件下的概率 P，即可用正常（无干预）条件下的条件概率来计算干预后的条件概率。

下面将调整公式用于本节最开始提到的辛普森悖论，其中 $X = 1$ 表示用药，$Y = 1$ 表示患者恢复，$Z = 1$ 表示男性，$Z = 0$ 表示女性，则有

$$P (Y = 1 \mid do (X = 1))$$
$$= P (Y = 1 \mid X = 1, Z = 1) \, P (Z = 1) + P (Y = 1 \mid X = 1, Z = 0) \, P (Z = 0)$$

代入表 2.10 的数据，则将患者干预为用药患者的因果效应为

$$P (Y = 1 \mid do (X = 1))$$

$$= 0.93 \times \frac{87 + 270}{350 + 350} + 0.73 \times \frac{263 + 80}{350 + 350} = 0.832$$

类似地，将患者干预为不用药患者的因果效应为

$$P (Y = 1 \mid do (X = 0))$$

$$= 0.87 \times \frac{87 + 270}{350 + 350} + 0.69 \times \frac{263 + 80}{350 + 350} = 0.781 \, 8$$

在分别计算完用药患者和不用药患者的干预因果效应后，再计算其因果效应差：

$$\text{ACE} = P (Y = 1 \mid do (X = 1)) - P (Y = 1 \mid do (X = 0)) = 0.832 - 0.781 \, 8 = 0.050 \, 2$$

说明用药患者的恢复率高于不用药患者的恢复率，即该新药能帮助治愈患者。

在上面的例子中，通过将 Z 放入调整公式，能够利用正常（无干预）条件下的条件概率计算出干预后的因果效应。那么，哪些变量（或变量集合）可以放入调整公式中呢？在进行干预时，由于要将 X 固定，并将所有指向 X 的箭头都去掉，即使得 X 的父结点失效，因此，应该将 X 的父结点放入调整公式中。令 X 的父结点集合为 $PA (X)$，则有如下定理：

定理 2.5 因果效应：给定因果图 G，PA 表示 X 的父结点集合，则 X 对 Y 的因果效应为

$$P\left(Y=y \mid do\left(X=x\right)\right)=\sum_{z} P\left(Y=y \mid X=x, \ PA=z\right) P\left(PA=z\right)$$

其中，z 是 PA 的具体取值。

2.6.4　反事实推理

反事实推理是因果分析中使用的另外一种手段。在反事实推理中，如果某个结果已经出现，在假设导致结果出现的某个或某些条件不具备的情况下，这个结果还会出现吗？例如，一位吸烟长达 8 年的男性得了肺癌，一个关心的问题是他罹患肺癌是由吸烟导致的概率有多大，进一步需要反思的问题是：假如该男性不吸烟，是否还会患肺癌？。这就是反事实推理问题。反事实推理问题在很多需要归因溯源的场景下十分常见，如疾病诊断、犯罪惩罚、安全故障等。晚唐诗人杜牧曾经对赤壁之战结果感叹道："东风不与周郎便，铜雀春深锁二乔。"虽然历史不容假设，但是人们也会如杜牧一样，对"东风不与周郎便"这一假设如果发生，历史发展所存在的其他可能结果进行遐想。

应该说，寻找事物之间的关联关系改变了人们看世界的角度，而干预和反事实推理则改变了世界本身。历史是过去的存在，但以科学方法进行历史研究永远是一门"现在"的学问。

人的一生就是在不断地随环境变化而做出选择。唐朝大书法家、诗人颜真卿在《劝学》中写道："三更灯火五更鸡，正是男儿读书时。黑发不知勤学早，白首方悔读书迟。"南宋词人陆游也曾说过"书到用时方恨少"。正如诗仙李白在《秋风词》中写到"早知如此绊人心，何如当初莫相识"，人们经常会听到周围的人或自己抱怨——"早知道是这样，我当初就（不）该……""如果当时……，现在就……"。

这种类似"如果当时……，现在就……"的语句就是本节将要讨论的反事实（counterfactual），也称为"虚拟事实"或"平行世界"，其中，"如果"后面的语句称为假设条件（hypothetical condition）或前件（antecedent）。

大卫·刘易斯（David Lewis）等人在哲学领域对反事实条件进行了深入研究（Lewis，1973），朱迪亚·珀尔和唐纳德·鲁宾进一步发展了"反事实"这一概念，将反事实模型作为推断因果关系的标准（Rubin，1974）。反事实描述的是：假设存在一个虚拟的平行世界，其中的所有因素与现实世界一模一样，两个相同的个体他和"他"，分别在现实世界和平行世界中同时同地做了不同的选择，现在已经知道了现实世界中他的结果，他想知道平行世界中的那个"他"的选择所带来的结果。然而，现有的科学手段无法判断平行世界的存在性，更无法对其进行观测，无从获取平行世界中"他"的结果。因此，需要通过设计反事实来推演另一个"他"的选择所带来的结果。

若用符号 $U=u$ 表示张三的生长环境，X 表示张三的身高变量，则 $X\left(u\right)$ 表示张三的身高。反事实语句"在环境 $U=u$ 下，若 $X=x$，则 $Y=y$"可表示成 $Y_x(u)=y$，其中 Y 和 X 是 U 中的两个变量。考虑如下的因果模型 M：

$$X = aU + 1$$

$$Y = bX + U + 2$$

首先计算反事实 $Y_x(u)$，即在环境 $U=u$ 时，若 $X=x$，Y 应如何取值。将 $X=x$ 代入第一个等式中，则有"修正"（modified）模型 M_x：

$$X = x$$

$$Y = bX + U + 2$$

将 $U=u$ 和 $X=x$ 代入第二个等式，则有

$$Y_x(u) = bx + u + 2$$

该结果与预期一致，即"Y 的值本来就应该为 X 的 b 倍加上 u，再加上常数 2"。另一个不明显的结果是反事实 $X_y(u)$，即"在环境 $U=u$ 下，若 $Y=y$，则 $X=x$"。将 $Y=y$ 代入模型 M，则有修正模型 M_y：

$$X = aU + 1$$

$$Y = y$$

再将 $U=u$ 代入 M_y 的第一个等式，此时有 $X_y(u)=au+1$，即"若 $Y=y$，X 的取值不变"。X 在反事实条件下的不变性表明，"对未来结果的假设并不会改变过去的选择"，即"早知如此，依旧当初"。

上述的模型 M 中包含多种反事实。不妨设 U 的取值范围为 $\{1, 2, 3\}$，$a=1$，$b=2$，则在不同 x 和 y 的取值情况下，$X(u)$、$Y(u)$ 及反事实 $Y_x(u)$ 和 $X_y(u)$ 的取值情况如表 2.11 所示。

表 2.11　因果模型 M 中 $X(u)$、$Y(u)$、$Y_x(u)$ 和 $X_y(u)$ 的取值情况

u	$X(u)$	$Y(u)$	$Y_1(u)$	$Y_2(u)$	$Y_3(u)$	$X_1(u)$	$X_2(u)$	$X_3(u)$
1	2	7	5	7	9	2	2	2
2	3	10	6	8	10	3	3	3
3	4	13	7	9	11	4	4	4

从上面的例子中可以看出反事实与前述干预的区别：干预计算的是概率分布，它的计算结果是一个概率；反事实计算的是在假设 $X=x$ 的情况下 Y 的取值，它的计算结果是一个值。从实验者的角度来看，干预描述的是总体的行为，反事实描述的是在环境 $U=u$ 下某个个体的行为。

下面介绍反事实在个体行为推理时的作用。图 2.9 所示是求知欲望与知识渊博程度的因果图。其中，X 表示求知欲望程度，Z 表示看书数量，Y 表示知识渊博程度。为了

表示方便，将三个变量均进行归一化，即它们的均值均为 0，方差均为 1。

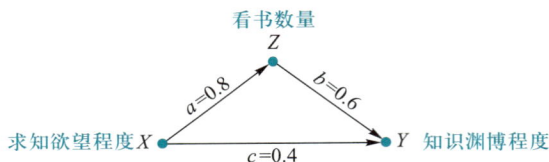

图 2.9　求知欲望与知识渊博程度因果图

不妨设图 2.9 所示的因果模型为

$$X = U_1$$
$$Z = aX + U_2$$
$$Y = bZ + cX + U_3$$

其中：$U_i (i = 1, 2, 3)$ 为外生变量，它们相互独立；a、b、c 的取值可从统计数据中进行估计，不妨设 $a = 0.8$，$b = 0.6$，$c = 0.4$。设有一个叫张三的同学，发现其 $X = 0.3$，$Z = 0.4$，$Y = 0.5$，那么，如果张三将其看书的数量提高一倍，他的知识渊博程度为多少呢？

在该因果模型中，变量的值由系数和外生变量决定，且其中的外生变量将作用于所有个体。因此，可将张三的观测值 $X = 0.3$，$Z = 0.4$，$Y = 0.5$ 作为证据 E，反推外生变量的值。即有如下等式：

$$U_1 = 0.3$$
$$U_2 = 0.4 - 0.8 \times 0.3 = 0.16$$
$$U_3 = 0.5 - 0.6 \times 0.4 - 0.4 \times 0.3 = 0.14$$

接下来，用 $Z = 0.8$ 表示张三的看书数量提升一倍，修正后的模型如图 2.10 所示，则反事实

$$Y_{Z=0.8}(U_1 = 0.3,\ U_2 = 0.16,\ U_3 = 0.14) = 0.6 \times 0.8 + 0.4 \times 0.3 + 0.14 = 0.74$$

即，若将张三的看书数量提升一倍，则他的知识渊博程度将由 0.5 变为 0.74。

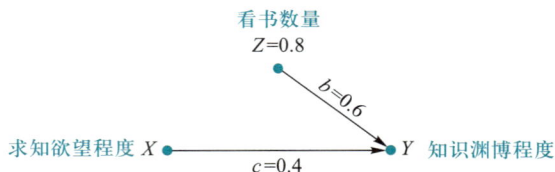

图 2.10　将看书数量提升一倍后的反事实模型图

由以上的例子，可以得出反事实计算的三个步骤：

（1）溯因（abduction）：利用现有的证据 E 确定环境 U。

（2）动作（action）：对模型 M 进行修改，移除等式 X 中的变量并将其替换为

$X=x$，得到修正模型 M_x。

（3）预测（prediction）：利用修正模型 M_x 和环境 U 计算反事实 $Y_x(U)$ 的值。

朱迪亚·珀尔把因果分析分类为如表 2.12 所示的层次化（Pearl，2018），包括从可观测结果中得到的数据关联、对观测结果进行干预介入后的决策问题和对已经发生的结果进行否定的反事实推理。

在表 2.12 中，A 可视为一种观测变量，y 和 y' 可视为一种结果。

表 2.12 因果模型的层次化

可观测问题	What if we see A（what is?）	$P(y\|A)$	关联（association）：可直接从数据中计算得到的统计相关
决策行动问题	What if we do A（what if?）	$P(y\|do(A))$（如果采取 A 行为，则 y 将如何）	干预（intervention）：无法直接从观测数据得到关系，如"某个商品涨价会产生什么结果"
反事实问题	What if we did things differently（why?）	$P(y'\|A)$（如果 A 为真，则 y' 将如何）	反事实（counterfactual）：若某个事情已经发生，则在相同环境中，这个事情不发生会带来怎样的新结果

图 2.11 给出了对反事实推理的一种图示解释。一旦收集到了表示生活习惯（如吸烟和熬夜等）的数据，就可对这些数据建模，对身体健康状态进行推理。

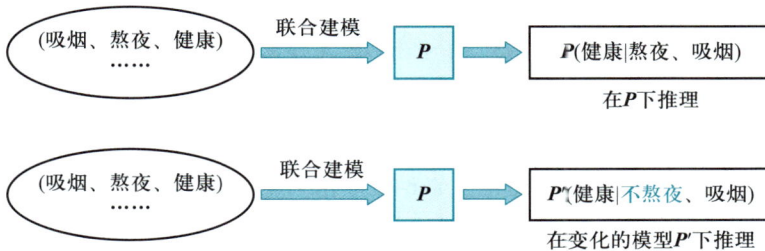

图 2.11 统计关联学习与反事实推理区别示意

在反事实推理中，人们往往会改变某个变量，使得训练好的推理模型发生变化。如图 2.11 所示，从收集的观测数据中已经训练优化得到一个数据联合发布模型 P，但在反事实推理中，因为模型变量出现了变化，因此需要在一个新的模型 P' 下进行分析。从这个角度来看，反事实推理的确变得更困难。

应该指出，因果在很大程度上是客观世界中的现象折射到人类自身认知体系的一种文化现象，是人类对于客观世界的现象关联做出的一种自认为合理的解释，这种解释需要建立在可靠的论证基础上。

2.7 小结

逻辑与推理具有一定的区别。逻辑本身不承载推理的使命，而是研究什么是推理，以及提出一些一般性的原则来保证推理结果的正确性，如归结法等。

推理的方法有很多种，如演绎推理、归纳推理和因果推理等，在实际任务中，一般是多种推理方法叠加协同使用以完成特定任务。

延伸阅读：推理即计算

爱因斯坦曾说过，"所有科学中最重大的目标就是从最少数量的假设和公理出发，用逻辑演绎推理的方法解释最大量的经验事实"。逻辑推理是早期人工智能进行问题求解所采用的主要方法。

把知识规范化（如逻辑化）后，就可通过推理规则从已知出发，用"计算"方式来模拟人类思辨，最后得出对应的推理结果。这好比托马斯·霍布斯（Thomas Hobbes）在其著作《利维坦》（*Leviathan*）中所书内容：哲学"是通过真正的推理而获得的关于事物原因和结果的知识"，我所谓的"推理"是指计算。

"推理就是计算"（reason is nothing but reckoning）意味着推理和计算这两个概念在霍布斯的研究中具有逻辑上的等价关系，因此计算即推理也是成立的。莱布尼茨深信人类大量的推理可由一系列计算实现，由于计算结果是唯一的，因此大家对问题所具有不同看法的差异自然就消除了。"矫正推理（rectify reasoning）的唯一方式是使其同数学一样切实有形（tangible），这样我们就能一眼找出推理的错误所在。在人们有争议之时，我们可以简单地说，让我们来计算（calculemus）一下，而无须进一步的忙乱（ado），就可知孰对孰错。"

1975 年，赫伯特·西蒙（Herbert A. Simon）和艾伦·纽厄尔（Allen Newell）在获得图灵奖颁奖仪式上联合发表题为"计算机科学是经验探索的科学：符号和搜索"（Computer Science as Empirical Inquiry: Symbols and Search）的演讲。这是图灵奖首次同时授予两位学者，西蒙和纽厄尔是师生关系（西蒙是纽厄尔的老师）。在这个演讲中，两位图灵奖获得者认为现实世界中存在的客观对象和演变过程都可以用符号来描述和解释，从而使得各种各样的"问题"都能通过推理和搜索获得答案。

本章习题

1. p 和 q 均是原子命题，"如果 p，那么 q" 是由 p 和 q 组合得到的复合命题。下面对 "如果 p，那么 q" 这一复合命题描述不正确的是（　　）。

A. "如果 p，那么 q" 定义的是一种蕴涵关系（即充分条件）

B. "如果 p，那么 q" 意味着命题 q 包含命题 p，即 p 是 q 的子集

C. 无法用真值表来判断 "如果 p，那么 q" 的真假

D. 当 p 不成立时，"如果 p，那么 q" 恒为真

2. 下面不成立的逻辑等价关系是（　　）。

A. $\forall x \neg P(x) \equiv \neg \exists x P(x)$ 　　　　　　B. $\neg \forall x P(x) \equiv \exists x \neg P(x)$

C. $\forall x P(x) \equiv \neg \exists x \neg P(x)$ 　　　　　　D. $\exists x P(x) \equiv \neg \forall x P(x)$

3. 下面对一阶归纳推理（FOIL）中信息增益值（information gain）的阐释不正确的是（　　）。

A. 信息增益值用来判断向推理规则中加入的前提约束谓词的质量

B. 在算法结束前，每次向推理规则中加入一个前提约束谓词，该前提约束谓词得到的新推理规则具有最大的信息增益值

C. 在计算信息增益值的过程中，需要利用所得到的新推理规则和旧推理规则分别涵盖的正例和反例数目

D. 信息增益值大小与背景知识样例数目直接相关

4. 下面描述的问题不属于因果分析的内容是（　　）。

A. 如果商品价格涨价一倍，预测销售量的变化

B. 如果广告投入增长一倍，预测销售量的变化

C. 如果放弃吸烟，预测癌症的概率

D. 购买了一种商品的顾客是否会购买另外一种商品

5. 判断下列句子是否为命题。

（a） $x > 2$。

（b） 今天的天气真好啊！

（c） 浙江大学始创于 1897 年。

6. 应用归结法证明以下命题集是不可满足的。

（a） $\alpha \lor \beta$。

（b） $\beta \rightarrow \gamma$。

（c） $\neg \alpha \land \neg \gamma$。

7. 使用全称量词或存在量词描述下列事实。

（a） 不是所有的篮球运动员的身高都超过 1.8 m。

（b） 所有实数的平方都大于或等于 0。

8. 已知 $(\forall x)(F(x) \to (G(x) \lor H(x)))$，$\neg(\forall x)(F(x) \to G(x))$，试证明 $(\exists x)(F(x) \land H(x))$。

9. 如果将图 2.1 中 James 和 Ann 之间的 *Mother* 关系去掉，同时添加 David 和 Ann 之间的 *Father* 关系，则得到题图 2.1。试运用 FOIL 算法推出 James 和 Ann 的 *Mother* 关系。

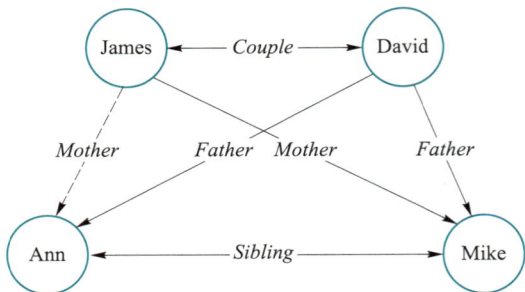

题图 2.1　家庭关系

10. 如题图 2.1 所示，试运用路径排序算法推出 James 和 Ann 的 *Mother* 关系。

11. 题表 2.1 给出了某所大学不同系别在录取学生过程中申请人数、申请人性别及录取人数的统计数据。请对这些数据进行分析，解释其在录取过程中是否存在所谓的"歧视女生"问题。

题表 2.1　申请人数与录取人数数据

系别	男性申请者人数	录取人数	录取比例 /%	女性申请者人数	录取人数	录取比例 /%
英语	825	512	62	108	89	82
俄语	560	353	63	25	17	68
西班牙语	417	138	33	375	131	35
意大利语	373	22	6	341	24	7
总计	2 175	1 024	47	849	261	31

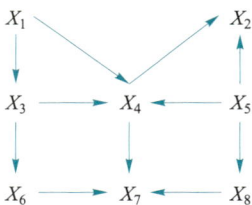

题图 2.2　因果图 H

12. 题图 2.2 给出了不同变量之间的依赖关系。试写出因果图 H 中 8 个变量之间的联合概率形式，并区分哪些变量是内生变量、哪些变量是外生变量。

13*. 给出 5 个可能的限定集 Z，使其阻塞题图 2.2 中的结点 X_6 和结点 X_8。

本章参考文献

第 3 章

搜索探寻与问题求解

故记诵者，学问之舟车也。

——清·章学诚《文史通义》

早期人工智能算法进行问题求解的典型过程是在给定具体问题后，在问题所对应的解空间中进行搜索，得到与问题相对应、满足一定约束条件的最佳答案，即寻找一条从初始状态（问题所处状态）到目标状态（答案所处状态）的最佳路径。

如果将人工智能算法看作一个智能体，在基于搜索方式的问题求解中，智能体从初始状态出发，在每一个当前状态，会根据一定的约束条件从类似记忆体的已知信息空间中搜寻问题解决之道。在现实场景中，基于搜索的问题求解手段非常常见，如最短路径搜索、对抗博弈中的搜寻最优行动等。

在搜索过程中，如果搜索空间有限或可控，智能算法会采取穷尽（exhaustive）搜索或剪枝（pruning）搜索；反之，如果搜索空间极大（如围棋等），一般采取采样（sampling）搜索策略。

本章在介绍搜索基本算法基础上，重点介绍了贪婪最佳优先搜索、A* 搜索、最小最大搜索、alpha-beta 剪枝搜索和蒙特卡洛树搜索等基本算法。如果要更加深入了解本章探讨的内容，可参考相关文献（Russell et al.，2016；Browne et al.，2012）。

3.1 搜索基本概念

3.1.1 搜索基本问题和求解

搜索算法广义来说是探索特定问题所对应解的一种算法。根据搜索问题的不同性质，相应的求解方法不尽相同。本节以城市间最短路径搜索为例来介绍基本概念，以此展开对搜索算法的讨论。

图 3.1 所示为某地区城市之间的交通网络图。图中每个结点对应一个城市，每一条边上的数字表示其所连接两个城市之间的列车行驶时间。求最短路线，如寻找从城市 A 到城市 K 之间一条行驶时间最短的路线，正是搜索算法要解决的一个典型问题。

为了更好地介绍最短路径搜索，下面定义若干术语。

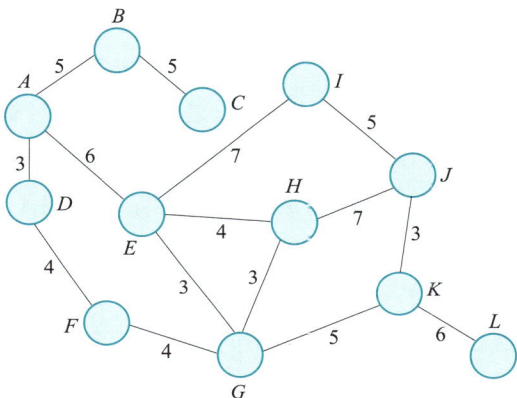

图 3.1 某地区的交通网络图

状态（state）。广义来说，状态是对搜索算法和搜索环境当前所处情形的描述信息。为了简化求解过程，常常会剔除一些与问题求解无关的细节描述（例如每个城市的人口情况等），只保留一些对求解模型产生作用的信息。在图 3.1 中，搜索算法要从城市 A 出发找到一条到城市 K 的最短路线，影响其下一步行动的信息只有算法当前所位于的城市，因此每个城市即为一个状态。搜索算法刚开始所在状态（即城市 A）称为初始状态，完成任务时所在状态（即城市 K）称为终止状态。

动作（action）。为了完成最短路径的探索，算法需要不断从一个状态转移到下一个状态。算法从一个状态转移到另外一个状态所采取的行为称为动作。在这个问题中，动作即为乘坐一趟列车从当前城市到下一城市。显然在这个问题中，任何状态下可选择的动作都是离散的而非连续的，这个性质也适用于本章讨论的所有问题。

状态转移（state transition）。算法选择了一个动作之后，其所处状态也会发生相应变化，这个过程称为状态转移。如算法在当前城市 A 选择乘坐开往邻接城市 D 的列车，那么将发生从状态 A 到状态 D 的状态转移。本节中讨论的所有搜索算法均假设状态转移是确定的。

路径（path）**和代价**（cost）。以任何一个状态为起点，搜索算法执行一系列动作后，将会在不同状态之间不断转移。将这个过程中经历的状态记录下来，可以得到一个状态序列，这个状态序列称为一条路径。如从状态 A 出发，经过状态 E、G，最终到达状态 K，就形成了 $A \rightarrow E \rightarrow G \rightarrow K$ 这一路径。每条路径对应一个代价，图中路径的代价就是通过该路径的时间开销。如果一条路径对应的状态序列长度为 2，那么这条路径的代价也被称为单步代价，图中每条边上的数值即为单步代价取值。下文如不特别说明，一般假定单步代价取值非负。

目标测试（goal test）。目标测试函数 goal_test (s) 用于判断状态 s 是否为目标状态。在图中，如果当前状态为 K，那么目标测试通过，否则不通过。目标测试通过意味着搜索算法完成，但是搜索算法完成并不意味着算法已经找到了最短路径。

在最短路径搜索中，搜索算法会不断从当前结点的邻接结点中选择下一个结点，如此循环，直到找到一条从初始状态到终止状态的路径为止。当然，寻找所得的路径（从初始状态到终止状态）是否满足"路径最短"这一约束条件，还需要另行判断。

可以用一棵树来记录算法所探索的路径，如图 3.2 所示，给出了图 3.1 中部分搜索结果。这样一棵树被称为搜索树，树中每个结点用一个状态（城市）标记（即每个状态对应一个城市）。图 3.2 所示搜索树第三层中有三个标号均为 A 的结点，它们在图中分别被圆圈、正方形和三角形框住。虽然这三个标号 A 对应同一个城市，但是这三个结点在搜索树中却表示不同结点，因为它们分别代表了从初始状态出发到达城市 A 的如下三条不同路径：$A \rightarrow B \rightarrow A$、$A \rightarrow D \rightarrow A$ 和 $A \rightarrow E \rightarrow A$。因此需要注意的是，在搜索树中，同一个标号一定表示相同的状态（即城市），其含义为搜索算法所在当前城市，但是同一个标号可能在搜索树中出现多次，不同的结点对应了从初始状态出发的不同路径。

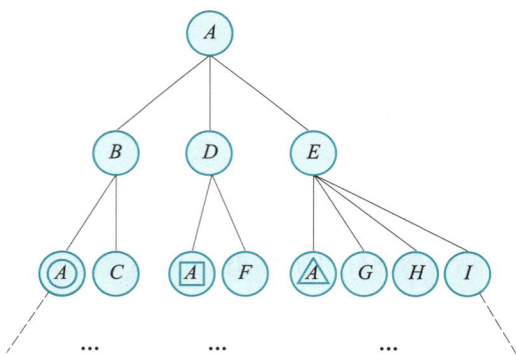

图 3.2　搜索树示例

(注：对应图 3.1 中的路径问题。搜索树第三层中标号为 A 的三
个结点由于具有从初始结点到达的不同路径而属于不同结点)

可见，搜索树记录了从根结点出发到当前结点所有探索过的路径。搜索算法可以看作一个构建搜索树的过程，从根结点（初始状态）开始，不断展开每个结点的后继结点，直到某个结点通过了目标测试。

3.1.2 搜索算法的评价指标

在深入讨论搜索算法之前，有必要先明确搜索算法的评价标准，以便比较不同搜索策略的性能差异。常见的评判标准有如下四个：

完备性：当问题存在解时，算法是否能保证找到一个解，虽然这个解可能不是最优解。

最优性：搜索算法是否能保证找到的第一个解是最优解。

时间复杂度：找到一个搜索路径所需的时间。

空间复杂度：算法运行时所需的内存空间。

完备性和最优性刻画了算法找到解的能力及所求的解的质量，时间复杂度和空间复杂度衡量算法的资源消耗，它们通常用 O 符号（big O notation）来描述。

一般地，时间复杂度将通过扩展的结点数量，空间复杂度将通过算法同时记录的结点数量来衡量。具体而言，搜索算法的复杂度可能与以下变量有关：分支因子 b，即搜索树中每个结点的最大分支数目；目标结点到根结点的最浅深度 d，即搜索树中最早出现的目标结点所在层数；搜索树中路径的最大可能长度 m；状态空间的大小 n。表 3.1 给出了这些变量的含义。

表 3.1　搜索树中用于估计复杂度的变量含义

符号	含义
b	分支因子，即搜索树中每个结点最大的分支数目
d	根结点到最浅的目标结点的路径长度
m	搜索树中路径的最大可能长度
n	状态空间中状态的数量

3.1.3 搜索算法框架

一个简单的搜索算法框架如算法 3.1 所示。在算法中，集合 F 用于保存搜索树中可用于下一步探索的所有候选结点，这个集合称为**边缘**（fringe）**集合**，有时也叫作**开表**（open list）。算法中有两个函数需要进一步说明：函数 pick_from 用于从边缘集合中选出一个结点元素，函数 successor_nodes 用于计算当前结点需要探索的后继结点（孩子结点）。

算法中，第 1 行对边缘集合进行初始化，将根结点作为边缘集合的第一个元素；第 3 行从当前边缘集合中选出结点 n；第 4 行将结点 n 从边缘集合中去除；第 5~7 行判断取出的结点 n 是否通过目标测试，如果通过目标测试，则返回从根结点到该结点的搜索路径。注意，如果此时不停止算法而是继续搜索，有可能花费更多时间找到代价更小的解。第 8 行将结点 n 的后继结点加入边缘集合。第 3~8 行的一系列操作通常称为

对结点 n 进行**扩展**（expand）。某个非目标结点被扩展意味着该结点从边缘集合 F 中被取出（然后将其从该集合中删除），接着将该结点的后继结点放入边缘集合 F。

算法 3.1　简单的搜索算法框架

函数：`TreeSearch`
输入：结点选择函数 `pick_from`，后继结点计算函数 `successor_nodes`
输出：从初始状态到终止状态的路径

```
1    F ← { 根结点 }
2    while F ≠ ∅ do
3        n ← pick_from(F)
4        F ← F-{n}
5        if goal_test(n)then
6            return n.path
7        end
8        F ← F ∪ successor_nodes(n)
9    end
```

函数 pick_from 决定了扩展结点的顺序，函数 successor_nodes 决定了哪些结点可被放入边缘集合供后续被扩展。在这一章的讨论中将会看到，如何扩展结点往往是搜索算法要解决的核心问题。

有多种方法从边缘集合中取出结点进行扩展。当每次均从边缘集合中取出最上层（最浅）的结点时，该算法称为广度优先搜索（breadth first search）；当每次从边缘集合中取出搜索树最下层（最深）的结点时，该算法称为深度优先搜索（depth first search）。除此之外，还有其他取出策略，但这些并不是本章的重点，这里不再赘述。

一个结点的后继结点可如下定义：该结点通过一次状态转移可到达的相邻结点，所找到的每个相邻结点均是该结点对应的后继结点。扩展每个结点的所有后继结点便会得到如图 3.2 所示的搜索树。

实际上，给定当前结点，并不是其所有后继结点都值得被探索。在某些情况下，主动放弃一些后继结点能够提高搜索效率而不会影响最终的搜索结果，甚至能解决无限循环（即算法不停机）问题。放弃扩展部分结点的做法称为**剪枝**（pruning），其对应的搜索算法称为剪枝搜索。

注意到图 3.2 中最左侧的路径为 $A \to B \to A \to B \to \cdots$，这意味着在某些搜索策略（例如深度优先搜索）下，算法可能会沿着搜索树的左侧路径在状态 A 和状态 B 之间陷入无限循环，即出现环路或回路，搜索算法无法终止，这样算法将不具有完备性。

为了解决算法不完备的问题，一个直观办法是对可能产生环路的结点进行剪枝。举例来说，假设某时刻从根结点出发构建得到的搜索树如图 3.3 所示。图中实线结点表示已经被扩展过，虚线结点为边缘集合中的结点（等待后续处理）。

对于图 3.3 中的路径 $A \to E \to G$ 而言，当结点 G 被扩展时，此时结点 G 被从边缘集合中取出并删除，结点 G 的后继结点 $\{E, F, H, K\}$ 被放入边缘集合。对于所得的新边缘集合，第四层最左端的结点 E 不应该被拓展，否则会出现从 E 出发最后回到 E 的环路（$E \to G \to E$）。

该结点不能被
扩展，否则会形成
形如 $E \to G \to E$ 的回路

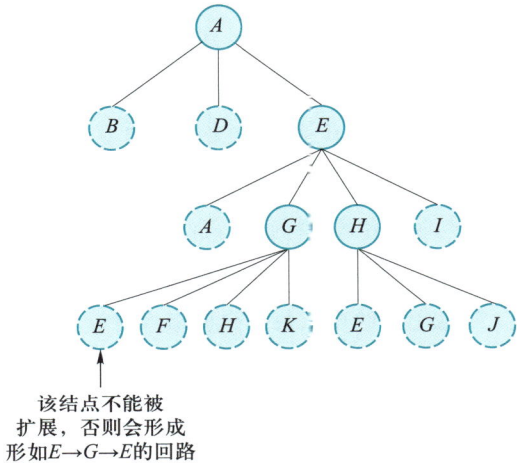

图 3.3 正在构建中的搜索树

(注：图中实线结点表示已被扩展，虚线结点在边缘集合中)

由于不考虑代价为负值的环路，因此给定任意一条包含环路的路径，必然能找到另一条具有同样起点和终点，但是不存在环路的不同路径来代替该路径，且后者具有更小或相同的代价（这里的相同代价意味着存在零值回路），因此排除环路对算法找到最优解不产生任何负面影响。另一方面，如果状态数量有限，那么对于不包含环路的路径而言，其长度也必然是有限的，即搜索树中路径的最大可能长度 m 取值是有限的，可进一步推导出搜索树中的结点个数有限，因此算法必然能够在有限时间内终止。

总的来说，排除环路能够有效地解决算法不停机问题，得到最优解，从而解决因环路存在所产生的不完备问题，且不影响算法得到最优结果。

3.2 贪婪最佳优先搜索

贪婪最佳优先搜索算法

在一些搜索情况下，人们知道一些能够辅助算法做出决策的额外信息。利用这些辅助信息的搜索算法称为**有信息**（informed）**搜索**或**启发式**（heuristic）**搜索**，这些辅助信息称为启发信息。

相对地，像深度优先搜索和广度优先搜索这样不利用额外信息的算法称为**无信息**（uninformed）**搜索**。下面介绍具有代表性的启发式搜索算法：贪婪最佳优先搜索算法（greedy best-first search）（Doran et al.，1966）。

搜索算法对每个结点 n 的选择过程需要用到启发函数和评价函数。**启发函数**（heuristic function）$h(n)$ 用于估计从结点 n 到目标结点还须付出多少代价。启发函数 $h(n)$ 可定义为从结点 n 到目标结点之间的直线距离。**评价函数**（evaluation function）$f(n)$ 被用来决定搜索算法位于当前结点 n 时，下一步应该选择的后继结点。在边缘结点集合中，当前结点的某个相邻后继结点的评价函数取值越小，该相邻后继结点被挑选的优先级越高。

贪婪最佳优先搜索算法将启发函数与评价函数视为同一个函数，即 $f(n) = h(n)$。每次位于当前结点 n 时，贪婪最佳优先搜索算法总是从当前结点的所有相邻结点中，"贪婪地"将离目标结点直线距离最近的结点作为后继结点。令评价函数取值和启发函数取值相等的启发式搜索算法称为贪婪最佳优先搜索算法。

表 3.2 给出了每一个城市到目标城市（即城市 K）的直线距离（即启发函数取值）。启发函数取值可作为额外信息来辅助路径搜索。

表 3.2　每个城市到目标城市的直线距离（启发函数取值）

状态	A	B	C	D	E	F	G	H	I	J	K	L
$h(n)$	13	10	6	12	7	8	5	3	6	3	0	6

根据表 3.2，贪婪最佳优先搜索过程如图 3.4 所示。图中仍然用实线结点表示已经被扩展过的结点，虚线结点表示边缘结点。边缘结点下的数字表示该结点到目标结点的

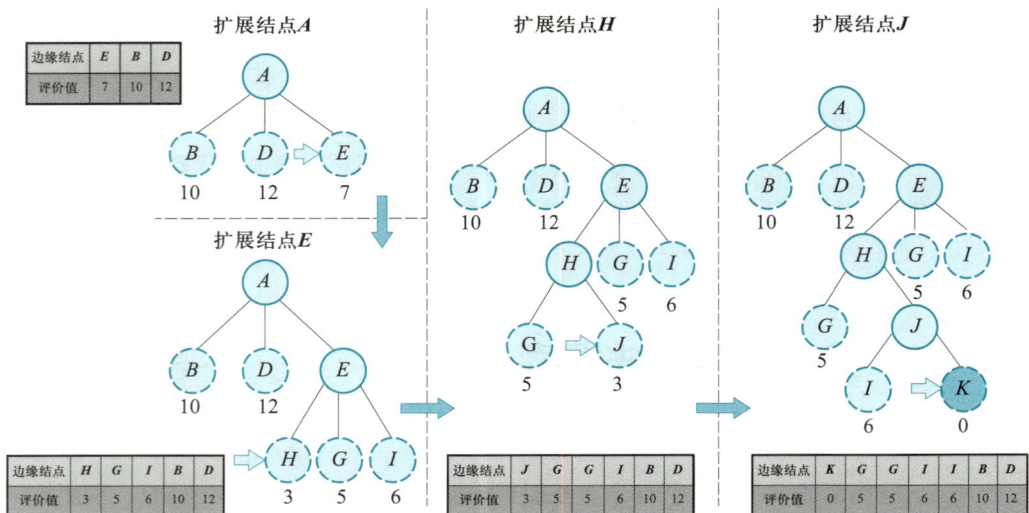

图 3.4　贪婪最佳优先搜索的过程

(注：图中边缘结点下的数字表示其评价函数取值)

直线距离，这一距离取值被用来评价当前结点的后继结点选择。需要注意的是，这一距离取值既是启发函数取值，也是评价函数取值。

搜索算法首先扩展根结点（起始结点）A，得到与 A 相邻的点 E、D 和 E 三个结点作为边缘结点，三个结点的评价函数取值分别为 10、12 和 7。按照评价函数取值最小原则，搜索算法选择离目标结点代价最小的结点 E 进行扩展。然后 E 的相邻结点 H、G 和 I 被加入边缘集合，其评价函数取值为 3、5、6。算法继续选择图中所示边缘集合中评价函数取值最小的 H 结点进行扩展。以此类推，最后算法找到了一条从起始结点到目标结点的路径 $A \to E \to H \to J \to K$，但这条路径并不是最短路径，实际上最短路径为 $A \to E \to G \to K$。

贪婪最佳优先搜索算法采用了排除环路的剪枝方法，因此它是完备的，即总是可以找到一个解。但是该算法并不是最优的，按照图 3.4 的求解过程无法找到最优解。

在最坏的情况下，贪婪最佳优先搜索算法的时间和空间复杂度均为 $O\left(b^m\right)$，其中 b 和 m 分别表示搜索树的分支因子和最大深度（见表 3.1）。当然，如果不排除环路，贪婪最佳优先搜索算法是不完备的。

3.3 A* 搜索

启发式搜索——A* 搜索

贪婪最佳优先搜索算法的问题在于其总是贪婪地扩展与目标结点之间代价最小（直线距离最短）的结点，而不考虑从初始结点到达该结点所需的代价。

在图 3.4 中，虽然第四步扩展的 J 结点距离目标结点的估计代价很小（取值为 3），但从起始结点到达该结点的路径 $A \to E \to H \to J$ 代价为 17，已经超过了实际上最短路径的代价（值为 14），因此路径 $A \to E \to H \to J$ 并不是一个好的探索方向。

为了解决这个问题，一种直观方案是把从起始结点到当前结点的路径代价在评价函数中予以考虑。为此，定义从起始结点到结点 n 的路径代价函数 $g(n)$，在此基础上，评价函数 $f(n)$ 被修改为 $f(n) = g(n) + h(n)$，即评价函数等于从起始结点到达结点 n 的实际代价取值与结点 n 到目标结点估计代价取值之和。根据每个结点的评价函数之值不断选择后继结点的搜索算法称为 A* 算法（Peter et al., 1968）。

$$\underbrace{f(n)}_{\substack{\text{评价函数}\\\text{（选择后继结点）}}} = \underbrace{g(n)}_{\substack{\text{起始结点到结点 }n\text{ 代价}\\\text{（当前最小代价）}}} + \underbrace{h(n)}_{\substack{\text{结点 }n\text{ 到目标结点代价}\\\text{（后续估计最小代价）}}}$$

评价函数可认为是从起始结点到结点 n 的实际最小代价与从结点 n 到目标结点的后续估计最小代价之和，如上式所示。

根据表 3.2 给出的启发函数值，A* 算法的搜索过程如图 3.5 所示。图中用实线结点表示已经被扩展过的结点，虚线结点表示边缘结点。每个边缘结点下方的等式即为 $g(n) + h(n) = f(n)$ 的取值。

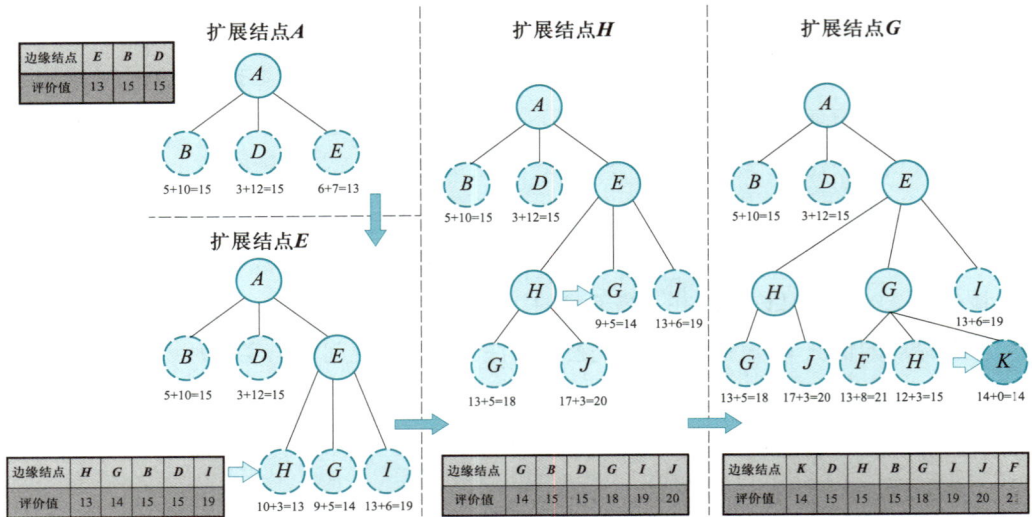

图 3.5   A* 算法的搜索过程，边缘结点下的等式表示 $g(n) + h(n) = f(n)$

算法首先扩展根结点（起始结点）A，得到三个边缘结点 B、D 和 E。其中，路径 $A \to B$ 的实际代价为 5，结点 B 的启发函数取值为 10，因此结点 B 的评价函数取值为 $5 + 10 = 15$。同理，可算出 D 和 E 的评价函数值分别为 15 和 13。算法选择评价函数值最小的 E 结点进行扩展，得到评价函数取值分别为 13、14、19 的三个新的边缘结点 H、G、I。算法从当前边缘集合中选择评价函数值最小的结点 H 进行扩展，得到评价函数值为 18 和 20 的两个结点。到目前为止，算法的流程和贪婪最佳优先搜索保持一致，两者的区别体现在下一步操作上。

不同于贪婪最佳优先搜索选择扩展结点 J，A* 算法选择扩展评价函数值最小的第三层中结点 G（$A \to E \to G$），接着又扩展了评价函数值最小的结点 K，顺利到达终止状态。此处扩展次序的差异使得 A* 算法能够顺利找到最短路径 $A \to E \to G \to K$，而贪婪最佳优先搜索则不能。

值得注意的是，每次从边缘结点集合中扩展的结点并非总是当前结点的相邻后继结点，如在图 3.5 中，所扩展的第三层结点 G（$A \to E \to G$）并不是先前扩展结点 H（$A \to E \to H$）在搜索树中的相邻后继结点。

A* 算法的完备性和最优性取决于搜索问题和启发函数的性质。为了便于详细讨论这个问题，表 3.3 整理了本节中将会使用的一些符号。

表 3.3 本节中使用的若干符号

符号	含义
$h(n)$	结点 n 的启发函数
$g(n)$	从起始结点到结点 n 所对应路径的代价
$f(n)$	结点 n 的评价函数
$c(n, a, n')$	从结点 n 执行动作 a 到达结点 n' 的单步代价
$h^*(n)$	从结点 n 出发到达终止结点的最小代价

设计一个良好的启发函数需要满足如下两种性质。

性质 1：可容性（admissible）[1]

对于任意结点 n，有 $h(n) \leqslant h^*(n)$，如果 n 是目标结点，则有 $h(n) = 0$。如表 3.3 所示，$h^*(n)$ 是从结点 n 出发到达终止结点所付出的最小代价。可以这样理解满足可容性的启发函数，启发函数不会过高估计（over-estimate）从结点 n 到终止结点所应该付出的代价（即估计代价小于或等于实际代价）。在图 3.1 中，对每个结点而言，其状态（城市）到目标状态（城市）K 之间的行驶距离不会小于两城之间的距离，因此列车以最大行驶速度通过直线距离花费的时间必然不会超过实际代价，将该时间作为启发函数值是满足可容性条件的。

性质 2：一致性（consistency）

启发函数的一致性指满足条件 $h(n) \leqslant c(n, a, n') + h(n')$，这里 $c(n, a, n')$ 表示结点 n 通过动作 a 到达其相应的后继结点 n' 的代价。在图 3.1 中，假设结点 n 和 n' 对应的状态（城市）为 s 和 s'，如果将单步代价 $c(n, a, n')$ 重新定义为 s 和 s' 在二维平面上的欧几里得距离（也称"欧氏距离"），则根据欧氏距离三角不等式原则，城市 s 到目标城市 K 之间的直线距离一定小于或等于从城市 s 到其相邻城市 s' 的直线距离与城市 s' 到目标城市 K 之间的直线距离之和，此时，将当前状态（城市）与目标状态（城市）K 之间的直线距离作为启发函数值，则启发函数满足一致性条件。

一致性是一个比可容性更严格的性质，即一个启发函数如果满足一致性条件，那么必然满足可容性条件。这并不难证明。考虑以任意结点 n_1 作为根结点的搜索树子树，如果这棵子树中不存在终止结点，那么可以认为 $h^*(n_1)$ 取值无穷大，因此启发函数在 n_1 上满足可容性。如果这棵子树中存在终止结点，假设能够找出一条从 n_1 到达终止结点代价最小的有限长（状态转移次数有限）路径。注意，有些情况下可能不存在这样的路径，例如存在代价为负值的回路的情形，或最短路径代价有限而长度无限的情形等，

---

① 在许多文献中，可容性要求启发函数值非负，但这个条件对保证 A* 算法性质而言不是必需的。

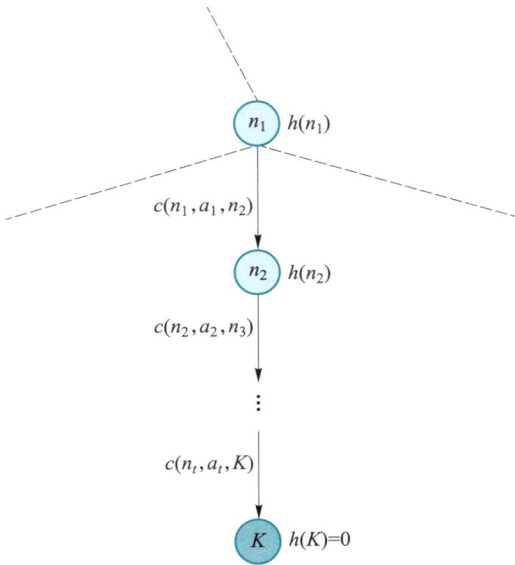

图 3.6   从 n_1 结点到终止结点的最短路径

这些特殊情况此处不予考虑。

如图 3.6 中以 n_1 为根结点的子树，假设从该结点到达终止结点代价最小的路径为 $n_1 \rightarrow n_2 \rightarrow \cdots \rightarrow K$。由于 $h(K)=0$ 且启发函数满足一致性条件，因此存在

$$
\begin{aligned}
h(n_1) &\leq h(n_2) + c(n_1, a_1, n_2) \\
&\leq h(n_3) + c(n_2, a_2, n_3) + \\
&\quad\ c(n_1, a_1, n_2) \\
&\leq \cdots \\
&\leq c(n_1, a_1, n_2) + c(n_2, a_2, \\
&\quad\ n_3) + \cdots + c(n_t, a_t, K) \\
&= h^*(n_1)
\end{aligned}
$$

即满足一致性条件的启发函数一定满足可容性条件。

搜索算法的性能分析

在这些准备知识的基础上，本节对 A* 算法的性能进行详细探讨。在一些常见的搜索问题中，状态数量是有限的，因此一定能够找到一个解。在更普遍的情况下，如果所求解问题和启发函数满足以下条件，则 A* 算法是完备的。

（1）搜索树中的分支数量是有限的，即每个结点的后继结点数量是有限的。

（2）单步代价的下界是一个正数。

（3）启发函数有下界。

接下来的讨论将在 A* 算法是完备的前提下进行，此时最关心的问题是：什么情况下 A* 算法满足最优性？实际上，如果启发函数是可容的，那么 A* 算法满足最优性。下面给出这一证明。

假设 A* 算法找到的第一个终止结点为 n。对于此时边缘集合中的任意结点 n'，根据算法每次扩展时的策略，即选择评价函数取值最小的边缘结点进行扩展，有 $f(n) \leq f(n')$。由于 A* 算法对评价函数定义为 $f(n)=g(n)+h(n)$，且 $h(n)=0$，因此有 $f(n)=g(n)+h(n)=g(n)$，$f(n')=g(n')+h(n')$，综合可得

$$
g(n) \leq g(n') + h(n') \leq g(n') + h^*(n')
$$

其中，$g(n)$ 为从起始结点到结点 n 所对应路径的代价，$g(n')+h^*(n')$ 表示从初始结点出发经过结点 n' 到达终止结点的最小代价。也就是说，此时扩展其他任何一个边缘结点都不可能找到比结点 n 所对应路径代价更小的路径，因此结点 n 对应的是一条最短路径，即算法满足最优性。

3.4 最小最大搜索

　　3.1 和 3.2 两节中所介绍内容是智能体根据环境提供的信息来进行问题求解。在这些算法模型中，智能体本身在一个不变且已知环境中进行搜索。然而在现实中，智能体往往不是孤立存在的，它进行问题求解活动时不能避免与其他智能体打交道。一个简单的例子是在进行多人游戏时，每个角色在求解最佳行动方案时不可能不将其他角色的行动考虑在内。

　　本节和稍后章节将介绍一种特殊情况下的多智能体搜索问题，即在信息确定、全局可观察、竞争对手轮流行动、输赢收益零和（zero-sum）假设下的二人博弈问题。其中，零和是博弈论的一个概念，属非合作博弈范畴，指参与博弈各方在严格竞争下，一方获得收益必然意味着另一方遭受损失，博弈各方收益和损失相加的总和永远为"零"，使得双方不存在合作的可能。

　　求解该问题的算法称为对抗搜索（adversarial search），也称为博弈搜索（game search）。在这个搜索框架中，两个智能体同处于一个竞争的环境，智能体之间通过竞争实现各自相反的目标，即一方想最大化自身的利益，而另一方则想最小化对手的利益。通俗地说，对抗搜索的过程就是两个智能体各自选择对自己有利的策略。

　　与 3.1 节中对问题进行形式化描述一致，对二人博弈问题求解也需要先形式化描述如下元素。

　　状态：状态 s 包括当前的游戏局面和当前行动的智能体。初始状态 s_0 包括初始游戏局面和初始行动的玩家。由于本节讨论的问题假设两个竞争对手轮流行动，因此第 i 步行动的玩家是确定的，函数 player (s) 给出状态 s 下行动的智能体。

　　动作：给定状态 s，动作指的是 player (s) 在当前局面下可以采取的操作 a，记动作集合为 actions (s)。

　　状态转移：给定状态 s 和动作 $a \in$ actions (s)，状态转移函数 result (s, a) 决定了在 s 状态采取 a 动作后所得后继状态。

　　终局状态检测：终止状态检测函数 terminal_test (s) 用于测试游戏是否在状态 s 结束。

　　终局得分：终局得分 utility (s, p) 表示在终局状态 s 时玩家 p 的得分。在二人零和博弈中，两名玩家的终局得分之和应该是固定的，因此算法只需记录其中一人的终局得分为 utility (s)，则另一人的得分可按照零和原则相应算出。

　　可见，对抗搜索与 3.1 节描述的搜索问题基本相符，两者最大的不同在于 3.1 节描述的搜索问题以代价来衡量一条路径的好坏，而对抗搜索则以终局得分来衡量游戏参与者所采取行动的优劣。在 3.1 节的搜索问题中，一条路径往往只有一个代价，在对抗搜索中，有多少玩家就有多少终局得分，因为不同玩家对同一条路径的评价标准是不同的。

最小最大搜索（minimax search）是求解对抗搜索问题的基本算法。该算法交替探索两名玩家的决策，并假设两名玩家在进行决策时总是理性地倾向于最大化自己的得分，这在零和博弈中也等价于最小化对手的得分。

最小最大搜索

这里以一个简单的二人博弈游戏——井字棋（tic-tac-toe）为例来介绍最小最大搜索。井字棋是一个在具有 3×3 个方格所构成棋面上进行的游戏。在游戏中，游戏双方各执一种棋子，分别记为"○"和"×"。双方轮流将一枚棋子落入一个空白方格中，直到有一方的三枚棋子连成一条直线（水平、垂直、对角线）则判为胜利，棋盘方格被填满而无人获胜则判为平局。如图 3.7 所示，给出了执"○"棋子玩家获胜的一种盘面情况。为了方便表示，以下将执"○"棋子玩家简称为玩家 0，将执"×"棋子玩家简称为玩家 1。

图 3.7　井字棋的盘面，此时执"○"棋子的玩家获胜

假设初始行动的玩家为玩家 1。可想而知，如果要交替搜索两名玩家的行动，那么搜索树的第一层为初始状态，玩家 1 在第一层采取行动，第二层对应玩家 1 采取了不同行动而得到的分支；玩家 0 在第二层采取行动，第三层对应玩家 0 采取了不同行动而得到的分支；玩家 1 在第三层采取行动，第四层再次对应玩家 1 采取不同行动而得到的分支，以此类推。

图 3.8 展示了按照玩家交替对决模式所画搜索树的一部分，其中在每一层左侧标出了当前行动的玩家。游戏树中每个结点用当前盘面状况来表示，玩家和当前盘面状况组合在一起即为对抗搜索问题中的完整状态。图 3.8 给出了三种终局状态，从左到右分别对应玩家 1 获胜、平局及玩家 0 获胜。从玩家 1 的角度看，这三种终局状态对应的得分分别为 +1、0 和 −1。

在这个问题定义下，由于每个玩家都想要最大化自己的得分，因此轮到玩家 1 行动时，他总是会选择能够最大化终局得分的搜索树分支，而玩家 0 总是会选择能够最小化终局得分的搜索树分支，最小最大搜索的名字即由此而来。

为了方便推广到其他游戏，不妨把以最大化得分为目标的玩家称为玩家 MAX，把以最小化得分为目标的玩家称为玩家 MIN。然而，一个搜索树分支可能对应多个终局状态，怎样才能取得最大化或最小化的终局得分呢？

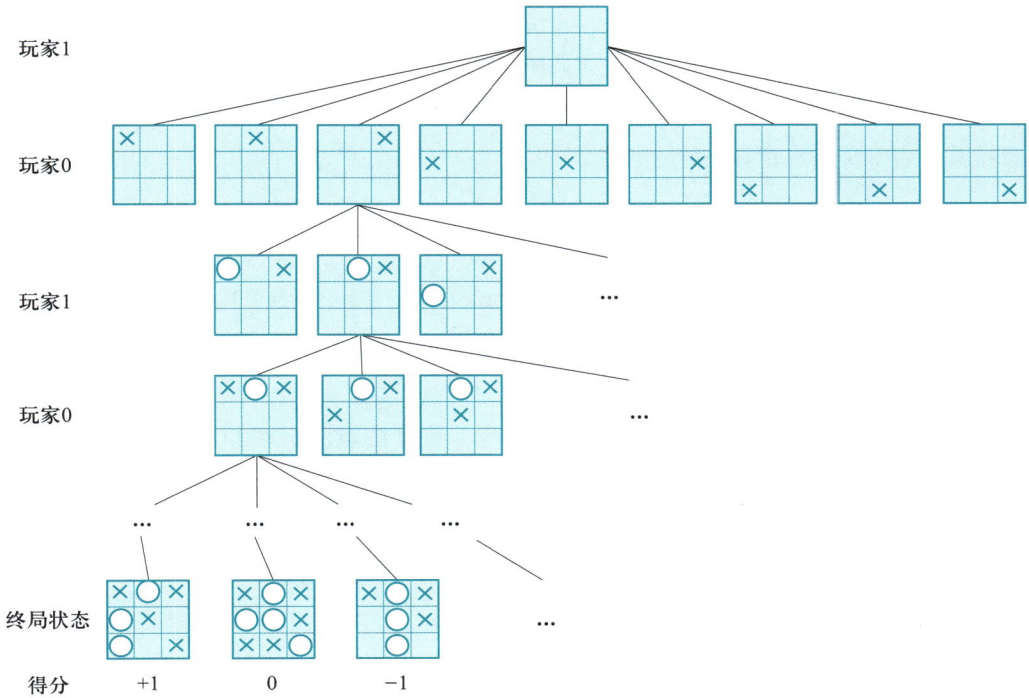

图 3.8　井字棋所对应的对抗搜索树

假设搜索树如图 3.9 所示，叶子结点表示终局状态，其下方的数字表示终局得分。假设在第二层由玩家 MIN 行动，那么他必然选择一个动作，该动作使得终局状态得分最低。例如在 B 结点时，玩家 MIN 会选择 b_1 动作，这样的终局得分为 3，相比于选择动作 b_2 和 b_3，会给玩家 MAX 带来最低的得分。同理，在结点 C 和 D 时，玩家 MIN 会分别选择动作 c_1 和 d_3。这样一来，第二层的每个结点都有了一个分数，这个分数表示玩家 MIN 在第二层结点按照最优策略选择动作后所得终局状态得分。因此，在第一层由玩家 MAX 行动时，他将会选择能够到达第二层中分数最大结点的动作，即玩家 MAX 采取动作 a_1 得到结点 B，于是 A 结点得分和 B 结点得分同样为 3，它表示当两名

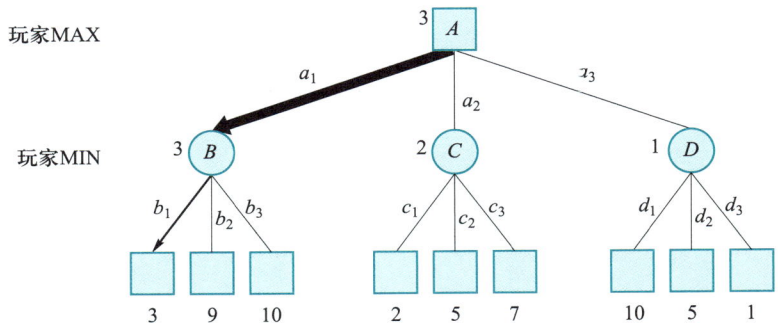

图 3.9　玩家 MAX 和玩家 MIN 在最优策略下采取动作的示意

玩家均按照最优策略行动时，玩家 MAX 能够得到的终局得分。玩家 MAX 和玩家 MIN
交替采取的策略在图 3.9 中由粗箭头方向所示。

对图 3.9 中博弈双方的策略进行归纳，可以根据上文定义的搜索要素，如下定义计
算搜索树中每个结点获得分数的方法：

$$
\text{minimax}(s) = \begin{cases} \text{utility}(s), & \text{if terminal\_test}(s) \\ \max_{a \in \text{actions}(s)} \text{minimax}(\text{result}(s, a)), & \text{if player}(s) = \text{MAX} \\ \min_{a \in \text{actions}(s)} \text{minimax}(\text{result}(s, a)), & \text{if player}(s) = \text{MIN} \end{cases}
$$

最小最大搜索就是在计算搜索树中每个结点的分数之后，每一步由玩家根据自己
的角色来选择使得分数最大或最小的行动。

算法 3.2 给出了最小最大搜索算法的流程，该算法假设玩家 MAX 为初始行动玩
家。这个假设并不会使问题失去一般性，如果实际上执行初始行动的是玩家 MIN，则
可以通过将终局得分取相反数的方法来交换玩家 MIN 和玩家 MAX。函数 MinValue 和
MaxValue 递归求解了每个搜索树结点的分数，函数 MinimaxDecision 根据每个结点的
分数求解玩家 MAX 在当前盘面下所采取的最优动作。

最小最大搜索算法对游戏搜索树执行了一个完整的深度优先搜索。因此，如果搜
索树是有限的，那么最小最大搜索算法必然能在有限时间内终止；如果对手总是理性地
按照最优策略来交替采取行动，那么最小最大搜索算法得到的解是最优的。根据表 3.1
中的定义，如果 m 是游戏树的最大深度，在每个结点最多存在 b 种有效走法，那么最
小最大搜索算法的时间复杂度为 $O(b^m)$，空间复杂度为 $O(bm)$。

算法 3.2   通过最小最大搜索求解最优动作的算法

函数： `MinimaxDecision`
输入： 当前的盘面状态 s
输出： 玩家 MAX 行动下，当前最优动作 a^*

1    $a^* \leftarrow \text{argmax}_{a \in \text{actions}(s)} \text{MinValue}(\text{result}(s, a))$

函数： `MaxValue`
输入： 当前的盘面状态 s
输出： 玩家 MAX 行动下，当前状态的得分 $v = \text{minimax}(s, \text{MAX})$

1   **if** terminal_test(s) **then return** utility(s)
2    $v \leftarrow -\infty$
3   **foreach** $a \in$ actions(s) **do**
4 | $v \leftarrow \max(v, \text{MinValue}(\text{result}(s, a)))$
5   **end**

函数： `MinValue`
输入： 当前的盘面状态 s

输出： 玩家 MIN 行动下，当前状态的得分 $v = \text{minimax}(s, \text{MIN})$

```
1    if terminal_test(s) then return utility(s)
2    v ← +∞
3    foreach a ∈ actions(s) do
4    |    v ← min(v, MaxValue(result(s, a)))
5    end
```

3.5　alpha-beta 剪枝搜索

alpha-beta 剪枝搜索

与深度优先搜索类似，如果搜索树极大，则最小最大搜索无法在合理时间内返回结果。对于比较复杂的游戏如国际象棋等，执行最小最大搜索的时间开销将是巨大的。为了减少时间开销，可在最小最大搜索中采用一种常见的剪枝方法——alpha-beta 剪枝（Samuel，1959；Knuth et al.，1975），以减少搜索空间。

如前对剪枝的定义，alpha-beta 剪枝搜索算法在最小最大搜索中可减少被搜索的结点数，即在保证得到与原最小最大搜索算法同样的搜索结果时，剪去不影响最终结果的搜索分支。

图 3.10 中假设叶子结点不代表终局状态，而是各自代表一棵子树，其中搜索算法尚不知道动作 c_2 和 c_3 所对应子树在游戏结束时能够给玩家 MAX 带来多少收益分数，因此假设收益分数分别为 x 和 y。此时玩家 MAX 在根结点所能得到的分数可如下计算：

$$\text{minimax}(A) = \max(\min(3, 9, 10), \min(2, x, y), \min(10, 5, 1))$$
$$= \max(3, \min(2, x, y), 1)$$

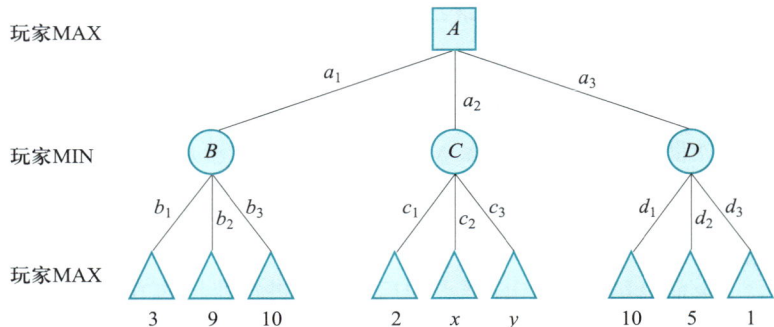

图 3.10　一棵对抗搜索树在搜索过程中某时刻的状态示意

由于 $\min(2, x, y)$ 的值小于或等于 2，所以即使不知道 x 和 y 的值，根结点的分数也可以算出来等于 3。也就是说，算法没有必要计算动作 c_2 和 c_3 对应的两棵子树在游戏结束时所得分数，就能决定在根结点采取动作 a_1 从而在游戏结束时可获得收益 3，

因此动作 c_2 和 c_3 所对应子树可以被剪枝。

为了说明剪枝不影响对抗搜索结果，图 3.11 给出了剪枝过程的示意。剪枝的关键在于算法对每个结点有一个预期的取值范围。例如，在计算出 B 结点的分数为 3 后，算法可以确定根结点 A 的分数不会小于 3。在计算采取了动作 c_1 后所对应子树的分数为 2 后，算法能够判断结点 C 所得分数不会大于 2，于是可将尚未访问的结点 C 的后继结点均剪枝掉而不再访问，因为结点 C 的最终取值不可能影响根结点 A 的取值分数，即玩家 MAX 的最终收益。

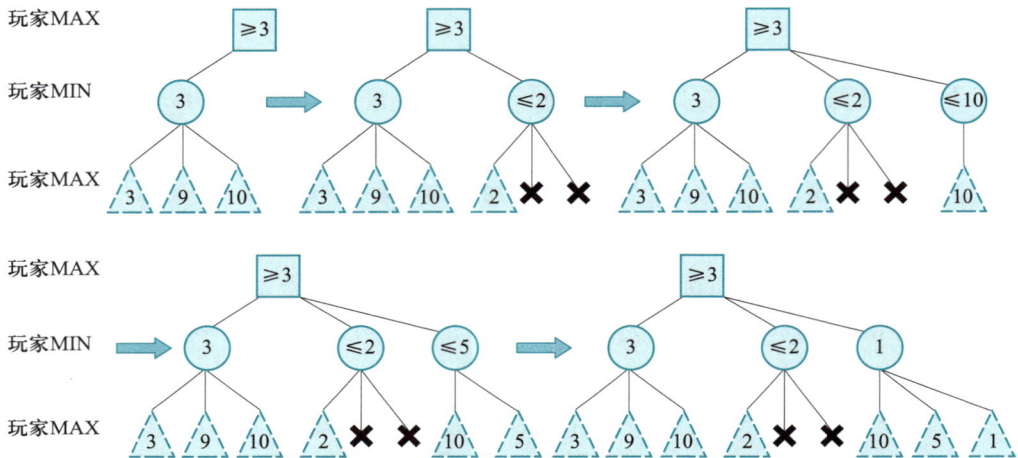

图 3.11   存在剪枝的搜索树部分扩展过程（对应图 3.10 的搜索树）

可把上述剪枝思路推广到一般情况。假设有一个位于 MIN 层的结点 m，已知该结点能够向其上 MAX 结点反馈的收益为 α (alpha)。n 是与结点 m 位于同一层的某个兄弟 (sibling) 结点的后继结点。如果在结点 n 的后继结点被访问一部分后，知道结点 n 能够向其上一层 MAX 结点反馈的收益小于 α，则结点 n 未被访问的后继结点将被剪枝。

如图 3.12 所示，玩家 MAX 在结点 m' 能够从位于其下 MIN 层的结点 m 得到取值至少为 α 的收益，因此结点 n 那些未被访问的后继结点对结点 m' 的取值没有任何影响。

上面介绍了对 MIN 结点的后继结点进行剪枝的方法。下面通过图 3.13 来介绍对 MAX 结点的后继结点进行剪枝的方法。

如图 3.13 所示，考虑位于 MAX 层的结点 m，已知结点 m 能够从其下 MIN 层结点收到的收益为 β (beta)。结点 n 是结点 m 的上层结点 m' 位于 MAX 层的后继结点，如果目前已知结点 n 能够收到的收益大于 β，则不再扩展结点 n 未被访问的后继结点，因为位于 MIN 层的结点 m' 只会选择收益小于或等于 β 的结点来采取行动。

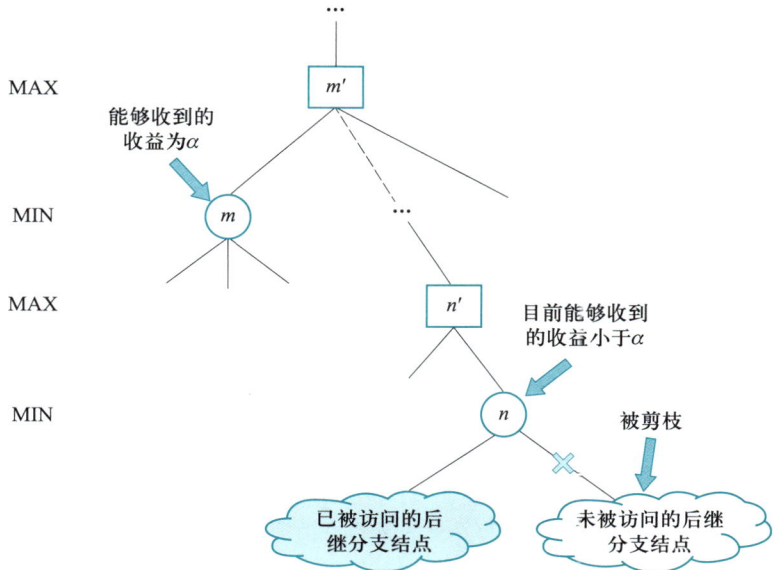

图 3.12 基于 MIN 结点的反馈收益进行剪枝（alpha 剪枝）

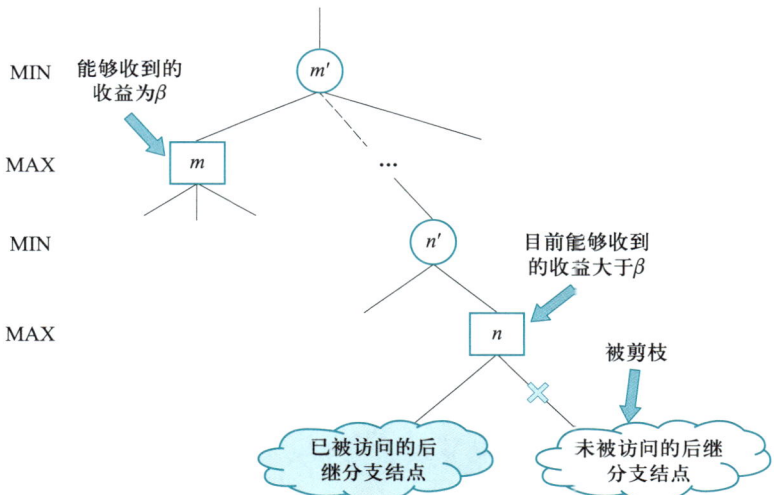

图 3.13 基于 MAX 结点的反馈收益进行剪枝（beta 剪枝）

综合以上两种情况的剪枝方法称为 alpha-beta 剪枝。实际上，在图 3.12 中，结点 m 不仅为 MIN 层结点 n 提供了一个下界，对于例如 n' 的 MAX 层结点，这个下界仍然是有意义的。图 3.13 中情况同理。因此，无论一个结点位于 MIN 层还是 MAX 层，都可以根据图 3.12 和图 3.13 中的情况找到一个下界和一个上界，即可以为每个结点设置一个 α 值和一个 β 值，来判断该结点及其后继结点是否可被剪枝。在设计算法时，没有必要为了计算一个结点的上下界，而枚举所有会影响当前结点 α 值和 β 值的结点，只需继承父结点的 α 值和 β 值，再按照一定的规则加以更新即可。对于 MAX 结点，如果其后继结点（MIN 结点）的收益大于当前的 α 值，则将 α 值更新为该收益；对于 MIN 结点，如果其后继结点（MAX 结点）的收益小于当前的 β 值，则将 β 值更新为该收益。根结点（MAX 结点）的 α 值和 β 值分别被初始化为 $-\infty$ 和 $+\infty$。

随着搜索算法不断被执行，每个结点的 α 值和 β 值不断被更新。大体来说，每个结点的 $[\alpha, \beta]$ 从其父结点提供的初始值开始，取值按照如下形式变化：α 逐渐增大，β 逐渐减小。不难验证，如果一个结点的 α 值和 β 值满足 $\alpha > \beta$ 的条件，则该结点尚未被访问的后继结点就会被剪枝，因而不会被智能体访问。

算法 3.3 给出了 alpha-beta 剪枝对抗搜索流程的伪代码，注意在 MinValue 和 MaxValue 函数的第 5 行，当前结点的初始 α 和 β 值是由父结点提供的。

给定一棵完整的最小最大搜索树（见图 3.14），图 3.15 给出了每个结点的 α 值和 β 值的详细变化过程。图 3.15 中的每幅子图对应了扩展一个终局状态或进行剪枝后的搜索树状态，结点上的数字表示该结点当前的收益分数，结点旁的区间标记了该结点的 α 值和 β 值，每一步中产生变化的 α 值和 β 值用实线框标出。注意，如果一幅子图中有多个结点的 α 值和 β 值被更新，那么必然是靠近叶子结点的更新早于靠近根结点的更新。

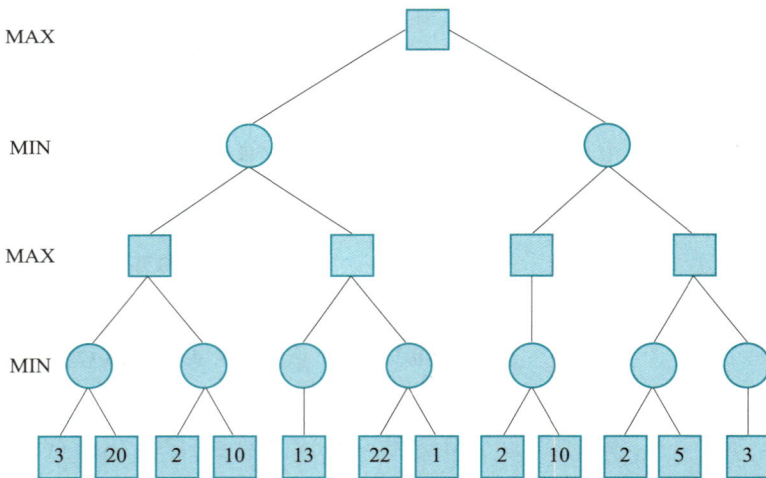

图 3.14   一棵完整的最小最大搜索树

算法 3.3 alpha-beta 剪枝的对抗搜索算法

函数： AlphaBetaDecision
输入： 当前的盘面状态 s
输出： 玩家 MAX 行动下，当前最优动作 a^*

1    $v, a^* \leftarrow \text{MaxValue}(s, -\infty, +\infty)$

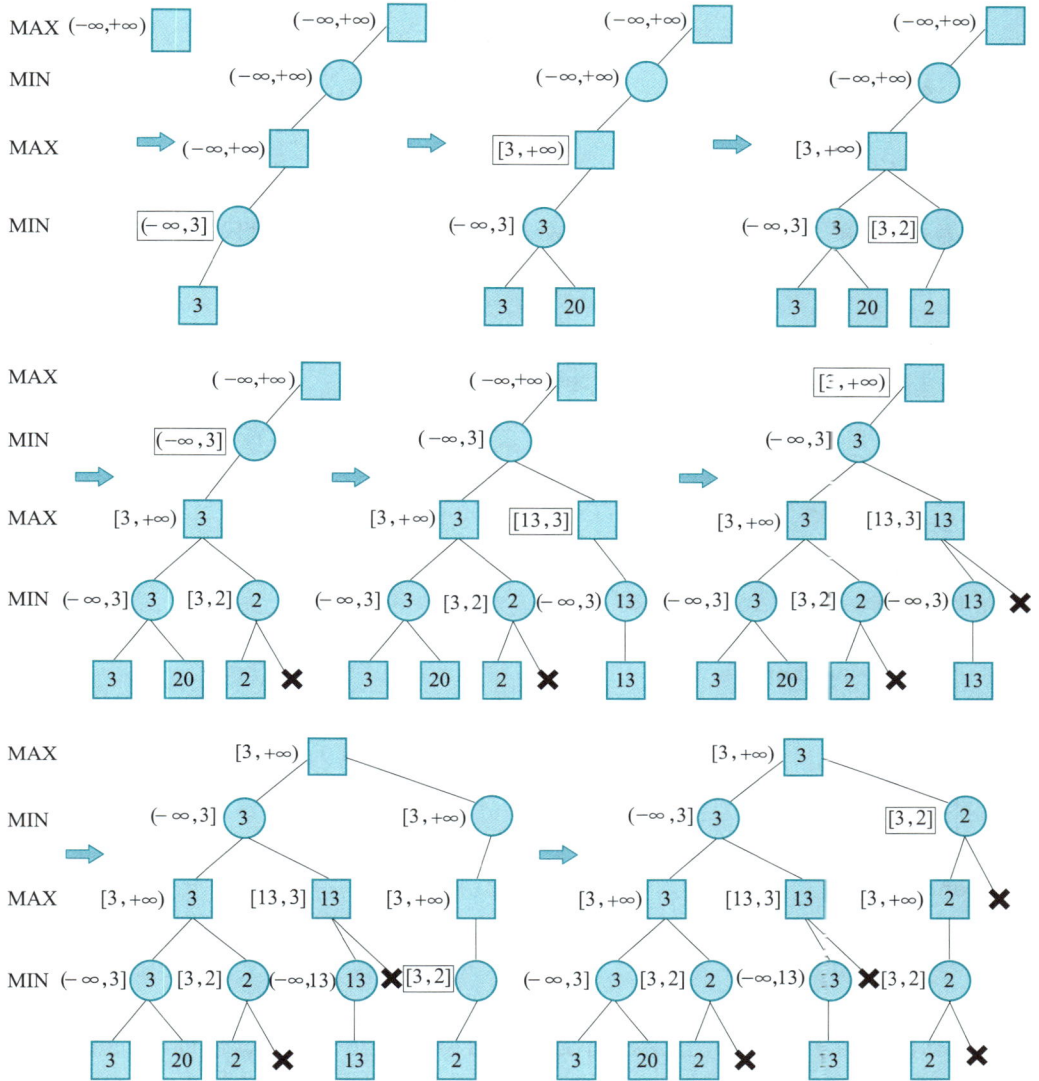

图 3.15 对图 3.14 中搜索树的 alpha−beta 剪枝

函数: MaxValue

输入: 当前的盘面状态 s, 当前结点的下界 α 和上界 β

输出: 玩家 MAX 行动下, 当前状态的得分 $v = \text{minimax}(s, \text{MAX})$ 和最优动作 a^*

前置条件: $\alpha \leqslant \beta$

1 if terminal_test(s) **then return** utility(s), **null**

2 $v \leftarrow -\infty$

3 $a^* \leftarrow$ **null**

4 **foreach** $a \in$ actions(s) **do**

5 $\quad v', a' \leftarrow$ MinValue(result(s, a), α, β)

6 $\quad$ **if** $v' > v$ **then**

```
7       │ │ v ← v′
8       │ │ a* ← a
9       │ end
10      │ α ← max(α, v)
11      │ if α ≥ β then return v, a*
12    end
```

注：第 6 行和第 11 行中对分数相同情况的处理方法与正文中不同，此处只保留一个可行解，而放弃所有分数相同的解

函数： `MinValue`
输入： 当前的盘面状态 s，当前结点的下界 $α$ 和上界 $β$
输出： 玩家 MIN 行动下，当前状态的得分 $v = minimax(s, MIN)$ 和最优动作 a^*
前置条件： $α ≤ β$

```
1    if terminal_test(s) then return utility(s), null
2    v ← +∞
3    a* ← null
4    foreach a ∈ actions(s) do
5       │ v′, a′ ← MaxValue(result(s, a), α, β)
6       │ if v′ < v then
7       │ │ v ← v′
8       │ │ a* ← a
9       │ end
10      │ β ← min(β, v)
11      │ if α ≥ β then return v, a*
12    end
```

注：第 6 行和第 11 行中对分数相同情况的处理方法与正文中不同，此处只保留一个可行解，而放弃所有分数相同的解

根据图 3.14 和图 3.15，原本最小最大搜索树中有 26 个结点，经过 alpha-beta 剪枝后只扩展（访问）了其中 15 个结点，可见 alpha-beta 剪枝技术能够有效地减少搜索树中结点的数目。

3.6　蒙特卡洛树搜索

3.6.1　探索与利用机制的平衡

在有些问题中，智能体对环境并没有完整的认识，它们事先并不知道每种行动的优劣及这些行动造成的不同结果，只有当它们实际尝试过后才能确定。

以经典的多臂赌博机（multi-armed bandit）问题为例。先考虑一个简化问题：假设智能体面前有 K 个赌博机，每个赌博机有一个摇臂。每次摇动一个赌博机摇臂，赌博机会随机吐出一些硬币或不吐出硬币，将每次吐出的硬币的币值表示为收益分数。现在假设给智能体 τ（$\tau > K$）次摇动摇臂的机会，那么智能体如何选择赌博机，如何摇动 τ 次赌博机摇臂，以获得更多的收益分数？

或许可以让智能体先把 K 个赌博机的摇臂依次摇动一遍，观察在摇动每个赌博机摇臂时的收益分数，然后摇动那些收益分数高的赌博机摇臂。但是，由于从每个赌博机获得的收益分数是随机的，一个刚刚给用户带来可观收益分数的赌博机在下一次摇动其摇臂时可能不会继续获得可观的收益分数，因此这一方法不可取。那么是否有方法能够指导智能体高效地获取收益分数呢？在介绍解决这个问题的方法前，先定义如下要素：

状态： 每个被摇动的摇臂即为一个状态，记 K 个状态分别为 $\{s_1, s_2, \cdots, s_K\}$，没有摇动任何摇臂的初始状态记为 s_0。

动作： 动作对应着摇动一个赌博机的摇臂，在多臂赌博机问题中，任意状态下的动作集合都为 $\{a_1, a_2, \cdots, a_K\}$，分别对应摇动某个赌博机的摇臂。

状态转移： 选择动作 a_i（$1 \leqslant i \leqslant K$）后，将状态相应地转换为 s_i。

然而这个问题和前两节讨论的搜索问题的不同之处在于，由于存在随机性，智能体摇动赌博机摇臂若干个 τ 次，任意两个 τ 次的结果可能都不一样，为此引入如下要素：

奖励（reward）： 假设从第 i 个赌博机获得收益分数的分布为 D_i，其均值为 μ_i。如果智能体在第 t 次行动中选择摇动第 l_t 个赌博机摇臂，那么智能体在第 t 次行动中所得收益分数 $\hat{r}_t$ 服从分布 D_{l_t}，$\hat{r}_t$ 称为第 t 次行动的奖励。为了方便对多臂赌博机问题的理论研究，一般假定奖励是有界的，进一步可假设奖励的取值范围为 $[0, 1]$。

悔值（regret）函数： 根据智能体前 T 次动作，可以如下定义悔值函数：

$$\rho_T = T\mu^* - \sum_{t=1}^{T} \hat{r}_t$$

其中，$\mu^* = \max\limits_{i=1, \cdots, K} \mu_i$。显然，为了尽量减少悔恨，在每次操作时，智能体应该总是摇动能够提供最大期望奖励的赌博机摇臂，但这是不现实的，因为智能体并不知道哪个摇臂的奖励期望最大。通过这一公式可知，将 T 次操作中最优策略的期望得分减去智能体的实际得分，就是悔值函数的结果。显然，问题求解的目标为最小化悔值函数的期望，该悔值函数的取值取决于智能体所采取的策略。

为了解决这个问题，智能体采取的方法和前面几节中的方法略有不同，其最大差别在于：智能体不能预先计算好最优策略后实行，而是需要一边探索一边调整自己的策略，争取获得更好的收益。

一种直观的做法是，智能体记录下每次摇动的赌博机摇臂和获得的相应收益分数。

给定第 i $(1 \leqslant i \leqslant K)$ 个赌博机，记在过去 $t-1$ 次摇动赌博机摇臂的行动中，摇动第 i 个赌博机摇臂的次数为 $T_{(i,\,t-1)}$。于是，可以计算得到第 i 个赌博机在过去 $T_{(i,\,t-1)}$ 次被摇动过程中的收益分数平均值 $\bar{x}_{i,\,T_{(i,\,t-1)}}$。这样，智能体在第 t 步，只要选择 $\bar{x}_{i,\,T_{(i,\,t-1)}}$ 值最大的赌博机摇臂进行摇动即可，这是贪心算法的思路。

如图 3.16 所示，假设一共有五台赌博机（即 $K=5$），第 i 台赌博机的得分满足均值为 μ_i、方差为 $1/75$（即支撑区间长度为 0.4）的均匀分布，其中均值 $(\mu_1, \cdots, \mu_5) = (0.3，0.4，0.5，0.6，0.7)$。某个赌博机的摇臂没有被摇动时，因为无法计算其平均收益分数，不妨将这个赌博机的得分均值设定为正无穷大。在计算机上模拟执行 $T=10\,000$ 次的贪心算法来摇动五台赌博机。模拟结果如图 3.17 所示。可见在 10\,000 次模拟中，智能体趋向于摇动 4 号赌博机，其他编号的赌博机被摇动的次数很少。由于其他编号的赌博机被摇动的次数较少，可见对这些赌博机平均收益分数的估计结果与实际均值结果相差很大。

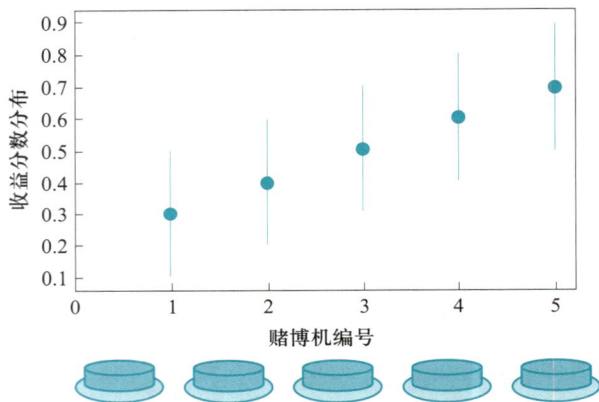

图 3.16　多臂赌博机问题中每台赌博机收益分数的分布情况

需要说明的是，如果重新进行一个 10\,000 次贪心算法的模拟，由于随机性的存在，其结果和图 3.17 会存在不同。例如，在另外一个 10\,000 次模拟中，贪心算法首先选择编号为 2 的赌博机摇臂摇动多次，则会导致后续行动中对编号为 2 的赌博机摇动次数最多，而忽略了其他编号的赌博机。

从上面的实验中可以发现：贪心算法对 4 号赌博机"情有独钟"，很少去摇动其他编号的赌博机。因此，虽然对 4 号赌博机的平均收益分数的估计越来越准确，但是却难以尝试去摇动其他编号赌博机的摇臂，从而无法对其他赌博机的平均收益分数进行准确估计。而这些不准确的分数估计又反过来让智能体错误地认为 5 号赌博机不如 4 号赌博机，因而无法做出更好的选择。

上述困境体现了**探索**（exploration）和**利用**（exploitation）之间存在对立关系。贪心算法基本上是**利用**从已有尝试结果中所得估计来指导后续动作（如图 3.17 中倾向

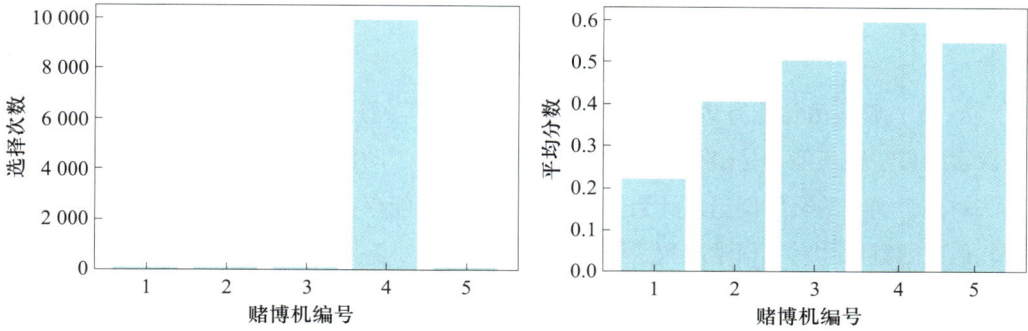

图 3.17 贪心算法选取 10 000 个动作的一次模拟实验结果

于选择 4 号赌博机），但问题是所得估计往往不能准确反映未被（大量）探索过的动作，如图 3.17 中由于很少摇动其他编号的赌博机而无法准确估计其他编号赌博机可能带来的收益分数。因此，需要在贪心算法中增加一个能够改变其"惯性"的内在动力，以使得贪心算法能够访问那些尚未被（充分）访问过的空间。

ϵ- 贪心算法就是这样一种在探索与利用之间进行平衡的搜索算法。在第 t 步，ϵ- 贪心算法按照如下机制来选择摇动赌博机：

$$l_t = \begin{cases} \mathrm{argmax}_i \bar{x}_{i, T(i, t-1)}, & \text{以 } 1-\epsilon \text{ 的概率} \\ \text{随机的 } i \in \{1, 2, \cdots, K\}, & \text{以 } \epsilon \text{ 的概率} \end{cases}$$

即以 $1-\epsilon$ 的概率选择在过去 $t-1$ 次摇动赌博机摇臂的行动中所得平均收益分数最高的赌博机进行摇动，以 ϵ 的概率随机选择一个赌博机进行摇动。

以图 3.17 中的样本为基础，用 ϵ- 贪心算法再选择 10 000 个动作，其中 $\epsilon = 0.1$，用计算机模拟的结果如图 3.18 所示。显然，与图 3.17 相比，ϵ- 贪心算法对估计摇动五个赌博机摇臂所带来的期望分数更加准确了。并且因为编号为 5 的赌博机的平均收益分数最高，算法倾向于选择动作 a_5，与预期相符。这说明在 ϵ- 贪心算法中加入探索机制发挥了作用。但是，如果在图 3.17 的基础上继续使用贪心算法而不引入探索机制，那么算法极有可能继续选择 10 000 个 a_4 动作，而继续忽略其他编号的赌博机。

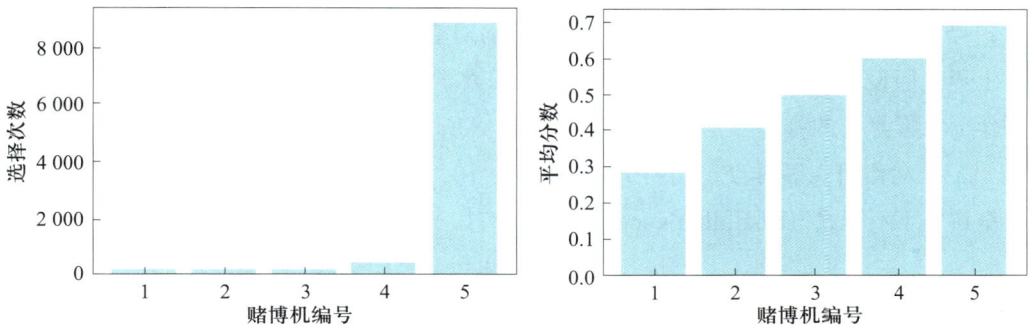

图 3.18 在图 3.17 的基础上再进行 10 000 次 ϵ- 贪心算法的实验结果

3.6.2   上限置信区间算法

ϵ- 贪心算法虽然能有效地促使算法进行探索，但通过这种随机机制来选择动作进行探索的做法很可能不是最优的。直观来看，执行一个动作后所得奖励的样本少，那么算法对这个动作的奖励期望估计会不准确。例如，可能存在一个给出更好奖励期望的动作，但因为智能体对其探索次数少而认为其期望奖励小。因此，需要对那些探索次数少或几乎没有被探索过的动作赋予更高的优先级。

但是 ϵ- 贪心算法没有将每个动作被探索的次数纳入考虑，这似乎是不合理的。另一方面，简单地优先尝试探索次数少的动作也未必合理，因为只需要少量的探索次数，就能够较好估计方差较小的动作的奖励期望。

综上，在探索过程中，应该优先探索估计值不确定度高的动作。另外还应注意到，如果从已有探索样本中知道一个动作的奖励估计值极端偏小，那么即使该动作的估计值不确定度很大，算法也没有必要将其作为优先探索对象。上限置信区间（upper confidence bounds，UCB1）（Auer et al., 2002）算法正是采用了这一思路来进行探索。

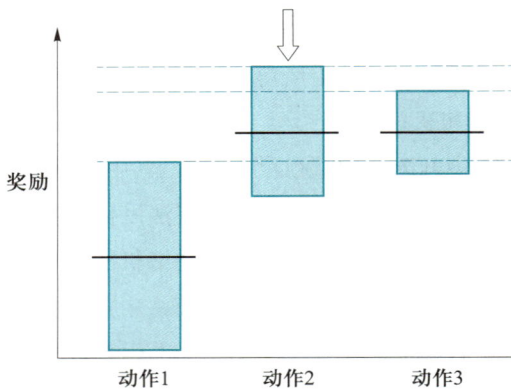

UCB1 算法的策略是：为每个动作的奖励期望计算一个估计范围，优先采用估计范围上限较高的动作。如图 3.19 所示，动作 1 的奖励期望取值的不确定度（估计范围）虽然最大，但是其均值太小，因此 UCB1 算法不优先考虑探索动作 1。动作 2 和动作 3 的奖励期望的均值相同，但是动作 2 的奖励期望取值的不确定度（估计范围）更大，于是置信上界更大，因此动作 2 会被 UCB1 算法优先考虑。

图 3.19   UCB1 算法的策略示意

接下来的问题在于算法应该如何计算奖励期望的估计范围，尤其是奖励期望的置信上界。假设算法在过去 t 次已经对动作 a_i 探索了 $T_{(i,\,t-1)}$ 次，在当前问题中对应摇动了第 i 个赌博机的摇臂 $T_{(i,\,t-1)}$ 次，执行动作 a_i 所得收益分数的均值为 $\bar{x}_{i,\,T_{(i,\,t-1)}}$。这 $T_{(i,\,t-1)}$ 次动作可以看作 $T_{(i,\,t-1)}$ 个取值范围在 [0, 1] 的独立同分布随机变量的样本，根据霍夫丁不等式（Hoeffding's inequality），有如下公式存在：

$$P\left(\mu_i - \bar{x}_{i,\,T_{(i,\,t-1)}} > \delta\right) \leqslant e^{-2T_{(i,\,t-1)}\delta^2}$$

这个不等式的含义是第 i 个动作的奖励期望 μ_i 大于 $\bar{x}_{i,\,T_{(i,\,t-1)}} + \delta$ 的概率不超过 $e^{-2T_{(i,\,t-1)}\delta^2}$，其中 $\delta > 0$。因此只需找到一个 δ，使得上述不等式右侧足够小，即可认为

$\bar{x}_{i,\,T_{(i,\,t-1)}} + \delta$ 是 μ_i 的一个上界。

这里可找到一个随时间增长快速趋近于 0 的函数 t^{-4}，令 $e^{-2T_{(k,\,t-1)}\delta^2} = t^{-4}$，则 $\delta = \sqrt{\dfrac{2\ln t}{T_{(i,\,t-1)}}}$，因此 μ_i 的上界为 $\bar{x}_{i,\,T_{(i,\,t-1)}} + \sqrt{\dfrac{2\ln t}{T_{(i,\,t-1)}}}$。当然，要选择一个随着 t 取值增大而收敛到 0 的函数，未必一定要选 t^{-4}，如果换成关于 t 的其他幂函数，结果将会和当前 δ 取值相差一个常数系数，因此奖励期望的上界也可以写成 $\bar{x}_{i,\,T_{(i,\,t-1)}} + C\sqrt{\dfrac{2\ln t}{T_{(i,\,t-1)}}}$，其中 C 是一个预先指定的超参数，可以理解为用来调节探索和利用两者权重的因子。

UCB1 算法的策略可以描述为，在第 t 次时选择使得上述不等式右侧足够小的动作 a_{l_t}，其中 l_t 由如下公式计算得到：

$$l_t = \text{argmax}_i\ \bar{x}_{i,\,T_{(i,\,t-1)}} + C\sqrt{\frac{2\ln t}{T_{(i,\,t-1)}}} \tag{3.1}$$

文献（Auer，2002）证明：UCB1 算法在经过 T 次测试后，悔惜函数的期望上界为 $O\left(\dfrac{K\ln T}{\Delta}\right)$，其中 $\Delta = \min\limits_{\substack{i=1,\,\cdots,\,K;\\ \mu_i < \mu^*}} \mu^* - \mu_i$。

3.6.3　蒙特卡洛树搜索算法

蒙特卡洛树搜索

无论是一般搜索问题，还是对抗搜索问题，在问题特别复杂时，搜索树可能会变得十分巨大，以至于搜索算法很难在短时间内完全探索整棵搜索树。

为了解决这个问题，前面章节分别探讨了如何利用辅助信息来找到高效的结点扩展顺序，以及可减少不必要扩展的结点数量的 alpha-beta 剪枝算法。

不难发现，对搜索算法进行优化以提高搜索效率基本上是在解决如下两个问题：优先扩展哪些结点和放弃扩展哪些结点，综合来看，也可以概括为如何高效地扩展搜索树。

如果将目标稍微降低，改为求解一个近似最优解，则上述问题可以看作如下探索性问题：算法从根结点开始，每一步动作为选择（在非叶子结点）或扩展（在叶子结点）一个后继结点。可以用执行该动作后所收获的奖励来判断该动作的优劣。奖励可以根据从当前结点出发到达目标路径的代价或游戏终局分数来定义。算法会倾向于扩展获得奖励较高的结点。

算法事先不知道每个结点将会得到怎样的代价（或终局分数）分布，只能通过采样式探索来得到计算奖励的样本。由于这个算法利用蒙特卡洛法通过采样来估计每个结点的价值，因此被称为**蒙特卡洛树搜索**（Monte-Carlo tree search）算法（Kocsis et al.，2006）。

蒙特卡洛树搜索算法分为以下四个步骤。

选择（selection）：选择指算法从搜索树的根结点开始，向下递归选择子结点，直至到达叶子结点或者到达尚未被完全扩展的结点 L，如图 3.20（a）所示。这个向下递归的选择过程可由 UCB1 算法实现，在递归选择过程中记录下每个结点被选择的次数和每个结点得到的奖励均值。

扩展（expansion）：如果结点 L 不是一个终止结点（或对抗搜索的终局结点），则随机扩展它的一个未被扩展过的后继结点 M，如图 3.20（b）所示。

模拟（simulation）：从结点 M 出发，模拟扩展搜索树，直到找到一个终止结点，如图 3.20（c）所示。模拟过程使用的策略和采用 UCB1 算法实现的选择过程并不相同，前者通常会使用比较简单的策略，例如使用随机策略。

反向传播（back propagation）：用模拟所得结果（终止结点的代价或游戏终局分数）回溯更新模拟路径中 M 以上（含 M）结点的奖励均值和被访问次数，如图 3.20（d）所示。

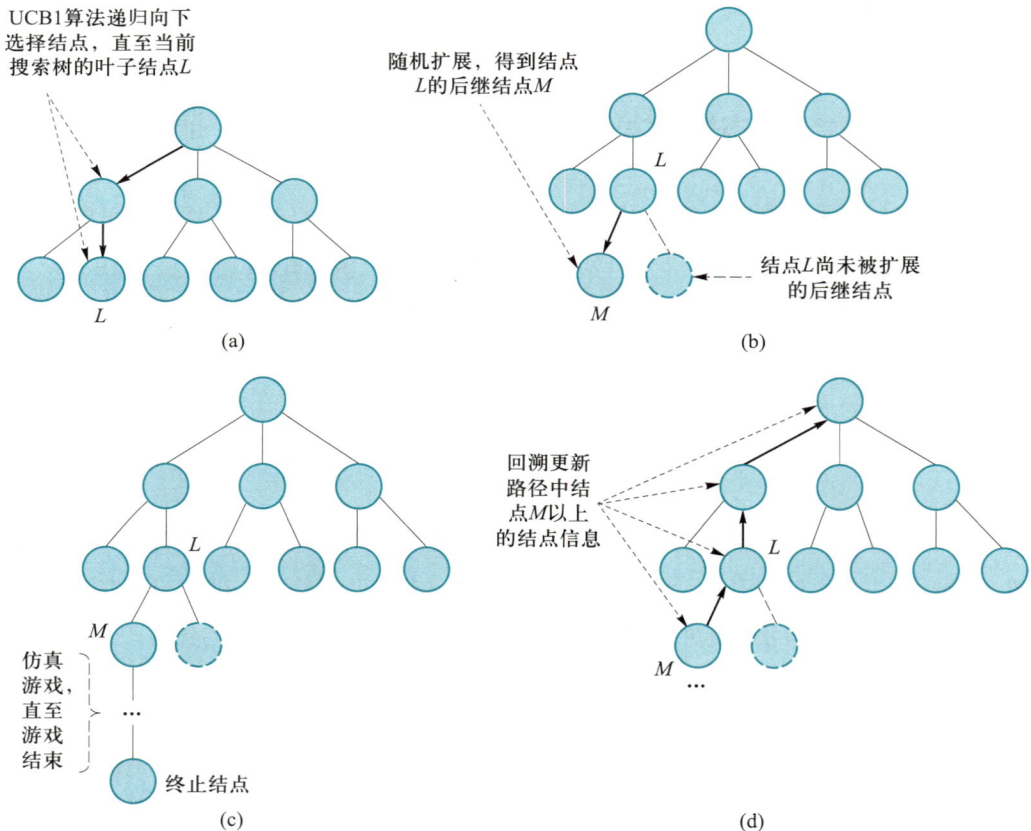

图 3.20   蒙特卡洛树搜索的四个步骤

以最小最大搜索算法为基础的蒙特卡洛树搜索算法也被称为上限置信区间树搜索（upper confidence bounds for trees，UCT）算法。图 3.21 展示了蒙特卡洛树搜索一次迭代中的四个完整步骤，其中结点中的数字记录了经过该结点所得收益分数之和（左侧数字）和访问该结点的次数（右侧数字）。

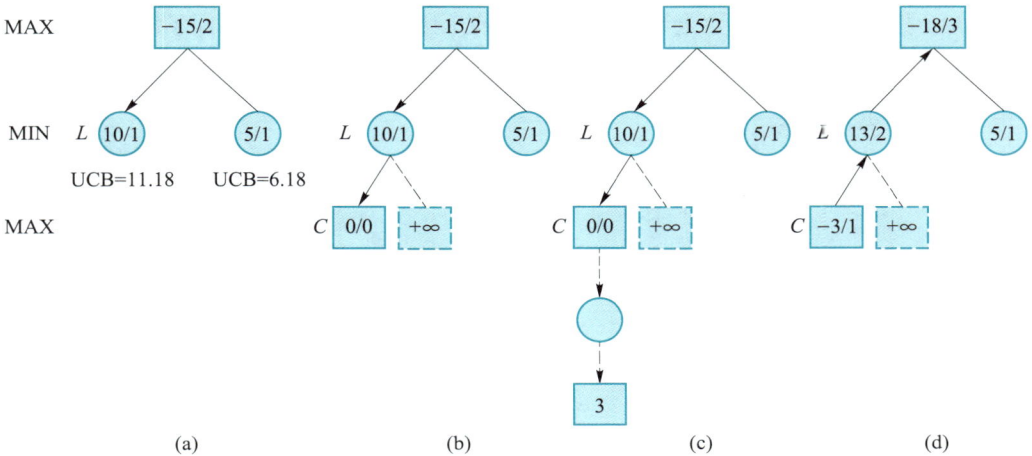

图 3.21　蒙特卡洛树搜索算法

（注：结点中的数字代表总收益分数 / 被访问次数）

在图 3.21（a）中，搜索树中已经有三个结点，注意此时根结点的分数之和为负数，这是用蒙特卡洛树搜索求解对抗搜索问题时的特殊措施，原因将在讨论反向传播步骤时提到。此时，分别计算第二层结点的 UCB 值：左侧结点为 $\dfrac{10}{1} + \sqrt{\dfrac{2\ln 2}{1}} = 11.18$，右侧结点为 $\dfrac{5}{1} + \sqrt{\dfrac{2\ln 2}{1}} = 6.18$，因此算法选择第二层左侧的结点 L，由于该结点有尚未扩展的子结点，因此选择阶段结束。

在图 3.21（b）中，算法随机扩展了 L 的子结点 C，将其总分数和被访问次数均初始化为 0。注意，为了清晰地展示算法选择扩展的结点，图 3.21（b）画出了 L 其他未被扩展的子结点，并标记其 UCB 值为正无穷大，以表示算法下次访问到 L 时必然扩展这些未被扩展的结点。图 3.21（c）中采用随机策略模拟游戏直至完成游戏。当游戏完成时，终局得分为 3。

在图 3.21（d）中，C 结点的总分被更新为 −3，被访问次数被更新为 1；L 结点的总分被更新为 13，被访问次数被更新为 2；根结点的总分被更新为 −18，被访问次数被更新为 3。在更新时，会将 MIN 层结点现有总分加上终局得分，MAX 层结点现有总分减去终局得分。这是因为在对抗搜索中，玩家 MIN 总是期望最小化终局得分，因此在 MIN 层选择其子结点时，其目标并非选取奖励最大化的子结点，而是选择奖励最小化的结点，为了统一使用 UCB1 算法求解，算法将 MIN 层子结点（即 MAX 层结点）的总分记为其相反数。

为了对蒙特卡洛树搜索算法有一个更加清晰的理解，图 3.22 给出了一个更复杂的二人博弈的例子。在这个例子中，博弈的双方分别为黑方和白方，假设黑方希望最大化终局得分而白方希望最小化终局得分，因此令黑方胜时终局得分为 1，白方胜时终局得分为 0。搜索树的每个结点上记录了该结点被访问的总次数，以及访问了该结点时黑方的获胜次数。这个示例有些类似现实中的围棋游戏，只不过围棋的搜索树远比图 3.22 中所展示的更为复杂。

图 3.22（a）展示了选择阶段的过程，这个示例假设 $C=\dfrac{\sqrt{2}}{2}$（参见式（3.1））。在图 3.22（a）的第一步中，第二层三个结点的 UCB 值分别为：左侧结点 $\dfrac{7}{10}+\sqrt{\dfrac{\ln 21}{10}}=1.25$，中间结点 $\dfrac{5}{8}+\sqrt{\dfrac{\ln 21}{8}}=1.24$，右侧结点 $\dfrac{0}{3}+\sqrt{\dfrac{\ln 21}{3}}=1.01$，因此算法选择左侧结点；在图 3.22（a）的第二步中，两个子结点的 UCB 值分别为：左侧结点 $\dfrac{-2}{4}+\sqrt{\dfrac{\ln 10}{4}}=0.259$，右侧结点 $\dfrac{-5}{6}+\sqrt{\dfrac{\ln 10}{6}}=-0.214$，因此算法选择左侧结点；在图 3.22（a）的第三步中，两个子结点的 UCB 值分别为：左侧结点 $\dfrac{1}{3}+\sqrt{\dfrac{\ln 4}{3}}=1.01$，右侧结点 $\dfrac{1}{1}+\sqrt{\dfrac{\ln 4}{1}}=2.18$，因此模型选择右侧结点。至此，模型已经找到了一个结点，其子结点并未被全部扩展，记这个结点为 L。

图 3.22（b）展示了蒙特卡洛树搜索的扩展阶段，此时算法随机扩展结点 L 的一个子结点 C，将其总分和被访问次数均初始化为 0。与上一个例子相同，未被扩展的 L 结点的子结点用虚线标出。图 3.22（c）展示了蒙特卡洛树搜索的模拟阶段，算法以 C 结点为基础随机采样一系列动作直到终局，假设此局白方获得胜利。图 3.22（d）展示了蒙特卡洛树搜索的反向传播阶段，图中箭头所指的路径上的结点信息被更新。由于终局得分为 0，因此这些结点的总得分保持不变，但被访问次数均增加 1。

算法 3.4 给出了蒙特卡洛树搜索在解决对抗问题时的流程，其中 N 表示某个结点被访问的总次数，Q 表示每个结点的累积分数。

总的来说，蒙特卡洛树搜索的优势在于它并非基于穷尽式枚举，而是基于采样来决定搜索树的扩展方式。这样既能保证搜索的效率，同时又能在一定程度上保证准确地评估每个分支的优劣，从而找到近似最优解。

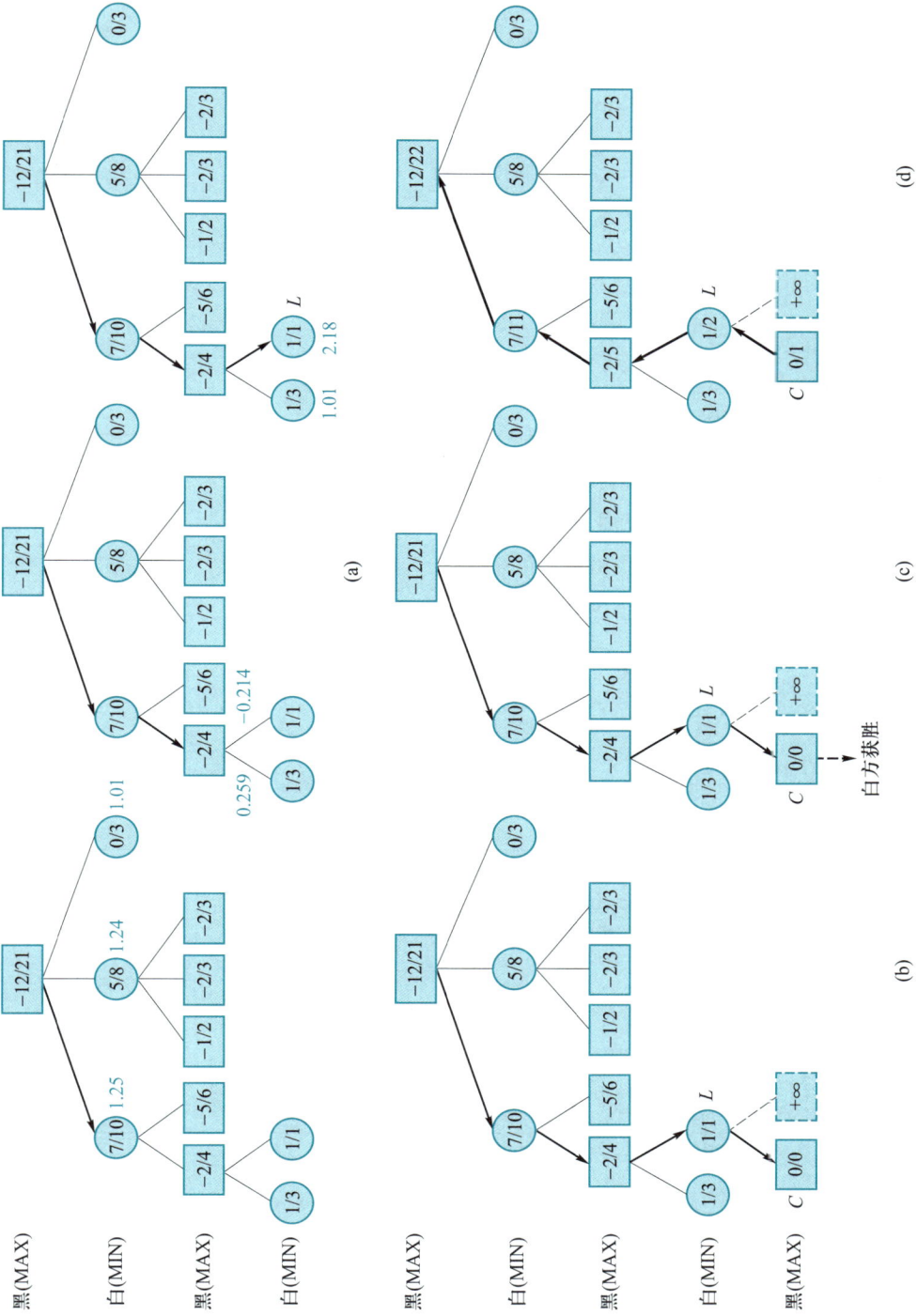

图 3.22 一个更复杂的蒙特卡洛树搜索示例图

(注：UCB 值在对应结点旁标出)

算法 3.4　基于最小最大搜索的蒙特卡洛树搜索算法

函数: `UCTSearch`

输入: 当前状态 s_0

输出: 玩家 MAX 行动下, 当前最优动作 a^*

1　$v_0 \leftarrow$ create_node(s_0)
2　**while** 未达到最大迭代次数 **do**
3　$\mid$　$v_l \leftarrow$ SelectPolicy(v_0)
4　$\mid$　$s_t \leftarrow$ SimulatePolicy$(v_l. state)$
5　$\mid$　BackPropagate(v_l, s_t)
6　**end**
7　$a^* \leftarrow$ UCB1$(v_0, 0)$

函数: `SelectPolicy`

输入: 选择的起始结点 v_0

输出: 选择步骤的结束结点 v

1　$v \leftarrow v_0$
2　**while** not terminal_test$(v. state)$ **do**
3　$\mid$　**if** v 存在未被扩展的子结点 **then**
4　$\mid$　$\mid$　**return** Expand(v)
5　$\mid$　**else**
6　$\mid$　$\mid$　$v \leftarrow$ UCB1(v, C_p)
7　$\mid$　**end**
8　**end**

函数: `SimulatePolicy`

输入: 状态 s_0

输出: 模拟的终止状态 s

1　$s \leftarrow s_0$
2　**while** not terminal_test(s) **do**
3　$\mid$　$a \leftarrow$ 从 actions(s) 中随机采样
4　$\mid$　$s \leftarrow$ result(s, a)
5　**end**

函数: `BackPropagate`

输入: 反向传播更新的起始结点 v, 终局状态 s_t

1　**while** v is not **null do**
2　$\mid$　$v.N \leftarrow v.N + 1$
3　$\mid$　$v.Q \leftarrow v.Q$-utility$(s_t, \text{player}(v. state))$
4　$\mid$　$v \leftarrow v.parent$
5　**end**

函数：Expand
输入：结点 v
输出：未被扩展的后继结点 v'

1　$a \leftarrow \text{actions}(v.state)$ 中随机的未探索动作
2　$v' \leftarrow \text{create\_node}(\text{result}(v.state, a))$
3　$v'.N \leftarrow 0$
4　$v'.Q \leftarrow 0$
5　$v'.parent \leftarrow v$
6　$v'.children \leftarrow \emptyset$
7　$v.children \leftarrow v.children \cup \{v'\}$

函数：UCB1
输入：结点 v，超参数 c
输出：置信上限最大的动作 a^*

1　$a^* \leftarrow \underset{v' \in v.children}{\arg\max} \dfrac{v'.Q}{v'.N} + c\sqrt{\dfrac{2\ln v.N}{v'.N}}$

3.7　小结

　　搜索是根据所设定问题，直接从搜索空间中寻找符合条件的答案。如果搜索空间较大，则需要采取剪枝和采样等手段，前者与搜索树结点出现的位置次序有关，后者则需要对可能结点进行大量仿真模拟。

　　搜索是人工智能智能能力体现的一种手段，匹配式搜索与数据采样式学习相互结合，使得搜索超越了传统匹配计算模式。

> **延伸阅读**：突破组合爆炸之难与陷入地平线问题之困
>
> 　　在国际象棋比赛中，深蓝（IBM 公司开发的国际象棋系统）需要判断某一时刻棋局落子对整个棋局胜负会带来怎样的影响。即基于已知规则，深蓝要从当前棋局出发，尽可能向前搜索更多可能的未来棋局，以便掌握更多信息来对当前落子的优劣进行判断。由于可选棋局众多，尽管深蓝平均每秒能够对 1 亿个棋局进行判断评估，还是无法在规定时间内计算得到当前棋局对胜负的潜在影响。1950 年，香农（Claud Shannon）发表了一篇有关国际象棋编程的论文。在这篇论文中，香农估算国际象棋比赛中落子选择从第一次移动时的 20 种会增加到第二次移动时的 400 种，在第六次移动时可能的落子选择达到 1.19 亿种。香农甚至估算认为国际象棋的落子总数为 10^{120} 种，远远超出 10^{82} 这一宇宙原子总数，这就是国际

象棋中的"组合爆炸"难题。

为了从海量可能的落子方案中选择一种合适的落子方案，以克服组合爆炸挑战，深蓝采用了由 1971 年图灵奖获得者约翰·麦卡锡（John McCarthy）发明的 alpha-beta 剪枝搜索算法。简单来说，该算法主动"剪掉"对胜败不产生任何影响的棋局，减少搜索空间以提高搜索效率，从而解决了组合爆炸难题。可以看到，搜索是一种很重要的人工智能答案求解方法。"你见，或者不见，我就在那里，不悲不喜"，解决某个问题的答案就在那里，需要运用搜索之术来获得。

如前所述，在深蓝打败卡斯帕罗夫之后，图灵奖获得者西蒙和俄亥俄州立大学的人工智能专家 Toshinori Munakata 一起于 1997 年 8 月发表了一篇观点论文《人工智能给我们的教训》（AI Lessons）（Simon et al., 1997），认为深蓝所拥有的卓越计算能力和剪枝搜索的组合无法应对国际象棋巨大答案的搜索。这里的剪枝搜索指将不需要搜索的空间排除掉（即剪枝掉），从而提高搜索效率。

为了弥补这一差距，西蒙等人在《人工智能给我们的教训》中指出，深蓝有效利用了如下三种形态的知识：① 所收集的国际象棋比赛海量数据，基于这些数据，人工智能算法可以评估每一步落子的价值；② 对不同棋局的评估，人工智能程序可以有效区别不同棋局的优劣；③ 不同落子位置之间的差别分析，人工智能程序可以利用这些差别调整搜索过程中对不同落子的选择。

2016 年 3 月，AlphaGo 在首尔以 4∶1 的比分战胜了李世石。李世石在第四局 78 步给出了惊人落子，扭转了乾坤。AlphaGo 无法应对李世石这一步神来落子是搜索算法固有的地平线问题（horizon problem）所致，即搜索算法无法看到远方地平线以下的景象。这可理解为"计算机暴力搜索计算"与"人类直觉顿悟"之间的差异，突破地平线之困依靠搜索之能还有很长的路要走。

考古学家曾经在公元前 1300 年左右的古埃及屋瓦上发现了博弈游戏井字棋的印痕，战国时期著作《世本·作篇》中以"尧造围棋，丹朱善之"来表明尧帝发明围棋来教育培养其儿子丹朱，这些都昭示着古代先人以棋启智的努力。从完全依靠搜索完成的井字棋、搜索策略和知识结合的国际象棋程序深蓝，到搜索策略和机器学习结合的围棋程序 AlphaGo，人工智能不断向前发展。

本章习题

1. 以下关于用搜索算法求解最短路径问题的说法中，不正确的是（　　）。

A. 给定两个状态，可能不存在两个状态之间的路径；也可能存在两个状态之间的路径，但不存在最短路径（如考虑存在负值的回路情况）

B. 假设状态数量有限，当所有单步代价都相同且大于 0 时，深度优先的图搜索是最优的

C. 假设状态数量有限，当所有单步代价都相同且大于 0 时，广度优先的图搜索是最优的

D. 图搜索算法通常比树搜索算法的时间效率更高

2. 以下关于启发函数和评价函数的说法中正确的是（　　）。

A. 启发函数不会过高估计从当前结点到目标结点之间的实际代价

B. 取值恒为 0 的启发函数必然是可容的

C. 评价函数通常是对当前结点到目标结点距离的估计

D. 如果启发函数满足可容性，那么在树搜索 A* 算法中结点的评价函数值按照扩展顺序单调非减；启发函数满足一致性时，图搜索 A* 算法也满足该性质

3. 假如可以对围棋的规则做出如下修改，其中不影响使用本章介绍的最小最大搜索算法求解该问题的修改方案是（　　）。

A. 由双方轮流落子，改为黑方连落两子后白方落一子

B. 双方互相不知道对方落子的位置

C. 由两人对弈改为三人对弈

D. 终局时黑方所占的每目（即每个交叉点）计 1 分，且事先给定白方在棋盘上每个位置取得一目所获取的分数，假设这些分数各不相同，双方都以取得最高分为目标

4. 下列关于探索与利用的说法中，不正确的是（　　）。

A. 在多臂赌博机问题中，过度探索会导致算法很少主动选择比较好的摇臂

B. 在多臂赌博机问题中，过度利用可能导致算法对部分摇臂的奖励期望估计不准确

C. 在 ϵ- 贪心算法中，ϵ 的值越大，表示算法越倾向于探索

D. 在多臂赌博机问题中，某时刻 UCB1 算法选择的摇臂置信上界为 R，则此时任意摇动一个摇臂，得到的硬币数量不会超过 R

5. 下列关于蒙特卡洛树搜索算法的说法中，不正确的是（　　）。

A. 选择过程体现了探索与利用的平衡

B. 算法进入扩展步骤时，当前结点的所有子结点必然都未被扩展

C. 模拟步骤采取的策略不一定要与选择步骤相同

D. 反向传播只需要更新当前路径上已被扩展的结点

6. 如题图 3.1 所示，假设每个结点代表一个状态，结点之间的箭头表示状态转移关系，箭头旁的数字表示状态转移的代价。若使用以下搜索算法寻找从状态 A 到状态 I 的路径，试画出算

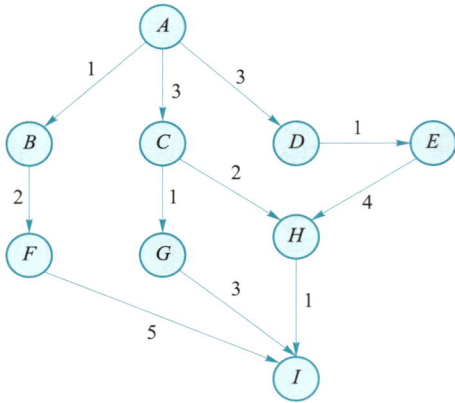

题图 3.1　状态转移图

优先扩展对应路径字典序较小的结点。

　　（1）基于树搜索的贪婪最佳优先搜索。

　　（2）基于图搜索的 A* 算法。

法终止（找到第一条路径）时的搜索树，并在搜索树中标出结点的扩展顺序及找到的路径。若有多个结点拥有相同的扩展优先度，则优先扩展对应路径字典序较小的结点。

　　（1）基于树搜索的广度优先搜索。

　　（2）基于图搜索的深度优先搜索。

　　7. 考虑题图 3.1 中的问题，给定每个状态的启发函数如题表 3.1 所示。若仍以状态 A 为初始状态、状态 I 为终止状态，分别使用以下算法求解从 A 到 I 的路径，并按照第 6 题中的方法画出搜索树。若有多个结点拥有相同的扩展优先度，则

题表 3.1　启发函数的取值

状态	A	B	C	D	E	F	G	H	I
启发函数	5	4	3	2	5	5	2	1	0

　　8. 根据第 7 题中的搜索过程，回答下列问题。

　　（1）贪婪最佳优先搜索和 A* 算法均能找到最短路径，且贪婪最佳优先搜索扩展的结点数更少，这是否与正文中的结论"A* 搜索是在已知信息下同类搜索策略中最优的"相矛盾，为什么？

　　（2）不难验证，第 7 题中给出的启发函数既是可容的也是一致的，从这个角度来说，这是一个"好"的启发函数。显然，这个启发函数并不足够"好"，以至于 A* 算法在该问题中效率低于贪婪最佳优先搜索。那么，怎样的启发函数才能提高搜索效率？搜索效率最高时，启发函数应该如何取值？

　　9. 题图 3.2 展示了一棵 minimax 搜索树，可采用 alpha-beta 剪枝算法进行对抗搜索。假设对于每个结点的后继结点，算法按照从左向右的方向扩展。同时，假设当 alpha 值等于 beta 值时，算法不进行剪枝。回答下列问题。

　　（1）对题图 3.2（a）所示的搜索树进行搜索，画出算法结束时搜索树的状态，用"×"符号标出被剪枝的子树，并计算该算法扩展的结点数量。

　　（2）题图 3.2（b）展示了和题图 3.2（a）完全相同的搜索树，只不过对搜索算法的顺序做了一些调整（扩展顺序交换的结点用虚线框标出）。画出算法结束时搜索树的状态，用"×"符号标出被剪枝的子树，并计算该算法扩展的结点数量。

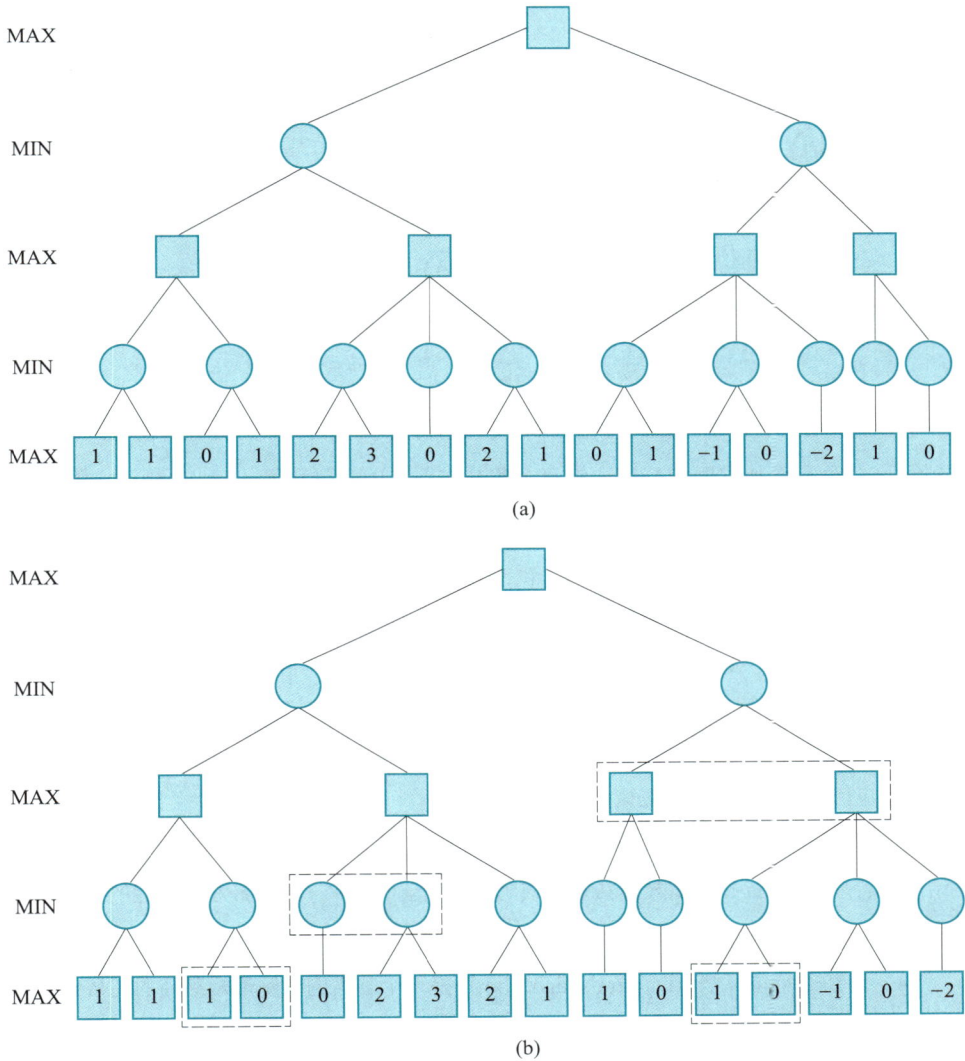

MAX

MIN

MAX

MIN

MAX

1 1 0 1 2 3 0 2 1 0 1 −1 0 −2 1 0

(a)

MAX

MIN

MAX

MIN

MAX

1 1 1 0 0 2 3 2 1 1 0 1 0 −1 0 −2

(b)

题图 3.2　一棵 minimax 搜索树

10. 题图 3.3 展示了一个蒙特卡洛树搜索的例子。其中，每个叶子结点（终止结点）下标出了该结点对应的奖励。为了最大化取得的奖励，可利用蒙特卡洛树搜索求解奖励最大的路径。假设执行若干步骤后，算法的状态如题图 3.3 所示，结点内的数字表示"总奖励／访问次数"，虚线结点表示尚未扩展的结点。算法此时正要开始下一轮选择 – 扩展 – 模拟 – 反向传播的迭代。

（1）假设 UCB1 算法中的超参数 $C = 1$，计算并画出算法选择过程经过的路径。

（2）继续执行扩展、模拟、反向传播步骤，并画出完成后的搜索树状态。（为避免随机性，假设总是扩展最左侧的未扩展结点，模拟总是选择最左侧的路径。）

（3）尝试进行若干次迭代后，算法是否能有效地找到奖励最大的叶子结点（奖励为 9）？进行足够多次迭代后又如何？如果希望提高算法的效率，应该做出怎样的调整？

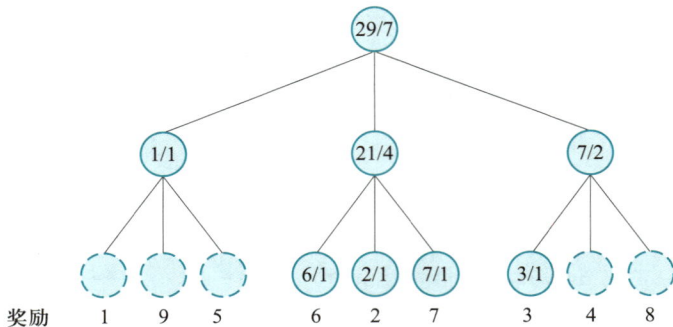

题图 3.3   一棵蒙特卡洛树搜索的搜索树

11. 本章 3.4 节证明了在启发函数满足一致性时图搜索 A* 算法具有最优性，证明过程中用到了一个没有详加说明的结论：给定一条从 s_1 到 s_k 的最短路径 $s_1 \to s_2 \to \cdots \to s_k$，对于任意 $1 < i < k$ 和任意一条从 s_1 到 s_i 的最短路径 P，则路径 $P \to s_{i+1} \to \cdots \to s_k$ 仍然是 s_1 到 s_k 的一条最短路径。试证明该结论。

12. 针对本章算法 3.4 中给出的蒙特卡洛树搜索算法的伪代码，回答以下问题：

（1）函数 BackPropagate 中的第 3 行为何要减去而不是加上终局得分？如果要修改为加上终局得分，那么该得分应该是以哪位玩家为视角得到的分数？

（2）算法 3.4 给出了利用蒙特卡洛树搜索算法求解对抗搜索问题的流程，如果要将蒙特卡洛树搜索应用于非对抗搜索，应该如何修改该算法？

13*. 假设一棵 minimax 搜索树的最大路径长度为 m，每个非叶子结点恰好有 b $(b \geq 2)$ 个孩子结点。若采用 alpha-beta 剪枝算法求解该问题，试证明在除了每层最左端结点的孩子结点均被扩展、其余结点都只扩展一个孩子结点的最优情况下，算法扩展结点数量的上界为 $O\left(b^{\left\lfloor \frac{m+1}{2} \right\rfloor}\right)$。

14*. 迪杰斯特拉算法（Dijkstra's algorithm）是一个著名的求解最短路径的图搜索算法，该算法令每个结点的评价函数的值为该结点对应路径的代价（即 $g(n)$ 函数）。

（1）当图中不存在负值代价时，迪杰斯特拉算法满足最优性。试根据本章中对图搜索 A* 算法最优性的讨论，证明该结论。

（2）假设已经通过其他方法证明了（1）中的结论，试根据该结论证明，当启发函数满足一致性时，A* 算法满足最优性。

本章参考文献

第 4 章

机器学习

化繁为简，大巧不工。

The object of statistical methods is the reduction of data.

——罗纳德 · 艾尔默 · 费希尔（Ronald Aylmer Fisher）

机器学习是一种"数据驱动学习"（data-driven learning）的范式，它从数据出发来学习数据中所蕴含的模式，对数据进行抽象。统计学家罗纳德 · 艾尔默 · 费希尔将这一过程概括为"化繁为简"（the object of statistical methods is the reduction of data）。

1959 年 7 月，IBM 公司的工程师阿瑟 · 塞缪尔（Arthur Samuel）发表了一篇名为《通过国际跳棋进行机器学习的研究》的论文（Samuel，1959），第一次使用了"机器学习"（machine learning）这一术语。在文章中，塞缪尔介绍在一台商用 IBM 701 机器上研发了一个国际跳棋（checkers）算法，该算法可通过观察当前棋子走位是否影响棋局胜负来不断提高算法能力。机器学习被定义为"让机器具有不需要明确编程而具有的一种学习能力"（the ability to learn without being explicitly programmed）的研究，其目标是构造一种学习机器（learning machine），使之像人一样具有自我学习能力，而非按部就班完成预设任务。

为了进一步突出机器学习中"学习"的意义，美国卡内基 - 梅隆大学教授汤姆·米切尔（Tom M. Mitchell）从"学习"角度如下定义了机器学习（Mitchell，1997）：对于一项任务和一种对学习效果的评估方法，如果使用该评估方法对学习效果进行评测，发现算法能通过从经验中学习来提升完成该项任务的性能，则该算法被认为可以从经验中学习。

在机器学习过程中，通过构造合适的模型结构、设计有效的损失函数及采取合理的度量方法，将数据中蕴含的模式和规律等知识抽象为由若干参数表示的数学模型，通过化繁为简来完成数据拟合（data fitting）任务，从数据到模型的映射及从模型到数据的理解这一双向过程体现了"须弥纳芥子"和"芥子纳须弥"的哲学思想。

从数据利用的角度，一般将机器学习分为监督学习、无监督学习及半监督学习等类别。本章主要介绍线性回归模型、决策树、聚类、监督学习特征降维、无监督学习特征降维、演化学习，以及简略介绍若干进阶的机器学习方法。

4.1 机器学习基本概念

机器学习基本概念

机器学习通过对数据的优化学习，建立能够刻画数据中所蕴含语义概念或分布结构等信息的模型。在模型学习过程中，采用合适手段利用有标签数据或无标签数据，对模型参数不断进行优化，从而提升模型性能。

从数据利用的角度，可将机器学习划分为监督学习（supervised learning）、无监督学习（unsupervised learning）及半监督学习（semi-supervised learning）等。

监督学习是一种在实践中运用最为广泛的机器学习方法，其目标是给定带有标注信息数据的训练集 $D=\{(x_i, y_i)\}_{i=1}^n$，学习一个从输入 x_i 到输出 y_i 的映射。x_i 可以是文档、图像、音频或蛋白质结构等数据或者数据的特征表达，y_i 为所对应的论文类别、人脸对象、歌曲语音或生命功能等语义内容，其中 D 被称为训练集，n 是训练样例的数量。监督学习算法从假设空间学习得到一个最优映射函数 f（又称决策函数），映射函数 f 将输入数据映射到语义标注空间，实现数据的分类和识别。无监督学习则是直接从无标签数据 $\{x_i, i=1, \cdots, n\}$ 出发学习映射函数，而半监督学习在学习映射函数的过程中使用的一部分数据有标签，一部分数据没有标签。

一旦在训练集上完成了模型参数优化，就需要在测试数据集上对模型性能进行测试。为了在训练优化过程中挑选更好的模型参数，一般可将训练集中的一部分数据作为验证集（validation set），在训练集上训练模型的同时会在验证集上对模型进行评估，以便得到最佳参数，最后在测试集上进行测试，将测试结果作为模型性能的最终结果。需要注意的是，训练集、验证集和测试集所包含的数据之间没有任何交叉。测试集用于模型训练（好比学生的练习册），验证集用于评估模型以调整相应参数（好比学生的模拟考卷或小测验），测试集用于得到模型的优劣水平（好比真正的考试）。

针对不同的任务，往往需要采用不同的机器学习模型。1995 年，戴维·沃尔珀特（David Wolpert）等学者在所提出的"没有免费午餐定理"（No Free Lunch Theorem）（Wolpert et al., 1995; Wolpert, 1996; Wolpert et al., 1997）中指出：任何一个机器学习模型如果在一些训练集以外的样本误差小（off-training set error），那么必然在另外一些训练集以外的样本上表现欠佳，任何模型在平均意义上而言其性能都是一样的，即没有放之四海而皆准的最好算法。似乎这一定理给机器学习带来了一个令人沮丧的事实（即针对某一领域的所有问题，所有算法的期望性能是相同的），但是这一定理也告诉人们，离开具体场景和问题去讨论采用哪种机器学习算法是毫无意义的，应该在机器学习中合理引入已有的先验假设对模型进行约束，以提升模型效果，如在自然语言理解中引入句子中单词和单词之间的上下文关联（诸如 n-gram 文法），在视觉图像分析中引入像素点之间的空间依赖（诸如卷积算子）等。

4.2　模型评估与参数估计

机器学习模型评估与参
数估计

在机器学习中，需要保证模型在训练集上所取得的性能与在测试集上所取得的性能保持一致，即模型具有泛化能力（generalization）。

将映射函数记为 f，第 i 个训练数据记为 (x_i, y_i)，f 对 x_i 的预测结果记为 $\hat{y}_i$（即 $\hat{y}_i = f(x_i)$），可定义损失函数 $\text{Loss}(f(x_i), y_i)$ 来估量预测值 $\hat{y}_i$ 和真实值 y_i 之间的差异。显然，在训练过程中希望映射函数在训练集上的累加差异最小，即 $\min \sum_{i=1}^{n} \text{Loss}(f(x_i), y_i)$。

常用的损失函数包括 0−1 损失函数、平方损失函数、绝对损失函数和对数损失函数（又称为对数似然函数）。表 4.1 给出了若干损失函数的定义。

表 4.1　常见损失函数的定义

损失函数名称	损失函数定义
0−1 损失函数	$\text{Loss}(y_i, f(x_i)) = \begin{cases} 1, f(x_i) \neq y_i \\ 0, f(x_i) = y_i \end{cases}$
平方损失函数	$\text{Loss}(y_i, f(x_i)) = (y_i - f(x_i))^2$
绝对损失函数	$\text{Loss}(y_i, f(x_i)) = \lvert y_i - f(x_i) \rvert$
对数损失函数 / 对数似然函数	$\text{Loss}(y_i, P(y_i \mid x_i)) = -\log P((y_i \mid x_i))$

在机器学习中，从训练集（含验证集）中学习得到映射函数 f，在测试集上评估映射函数 f，将测试完毕的映射函数 f 用于后续场景。显然，一般希望映射函数 f 分别在训练集、测试集和真实场景中所得误差均最小。

4.2.1　经验风险与期望风险

映射函数 f 在训练集上所产生的损失一般称为**经验风险** $\mathfrak{R}_{\text{emp}}$（empirical risk）。经验风险越小，说明模型对训练集数据的拟合程度越好。经验风险定义为

$$\frac{1}{n} \sum_{i=1}^{n} \text{Loss}(y_i, f(x_i))$$

如果知道某一任务包含的所有数据，则可以从所有数据中计算模型产生的损失，这一误差损失称为**期望风险** $\mathfrak{R}$（expected risk），即真实风险或真实误差。记该任务中所有数据的联合分布为 $P(x, y)$，则期望风险定义为

$$\int_{x \times y} \text{Loss}(y, f(x)) P(x, y) \, \mathrm{d}x \mathrm{d}y$$

当然，由于无法事先得到任务所对应的所有数据分布（如无法采样世界上所有的

人脸图像来完成人脸识别），计算期望风险这一目标可望而不可即。因此，机器学习中的模型优化目标一般为经验风险最小化（empirical risk minimization），虽然机器学习的目标是追求期望风险最小化，即不断提升模型泛化能力（Roux et al.,2011）。

　　研究表明，期望风险 $\Re$ 与经验风险 $\Re_{\text{emp}}$ 之间存在如下关系：

$$\Re \leqslant \Re_{\text{emp}} + \text{err}$$

其中，err 的取值与机器学习模型的复杂程度和训练集样本数目有关。在模型训练过程中，如果使用同一批训练数据反复训练，模型会变得越来越复杂，虽然经验风险 $\Re_{\text{emp}}$ 会降低，但是 err 取值会越大，导致期望风险 $\Re$ 增加，这一现象称为过学习（overfitting）。

　　模型泛化能力与经验风险、期望风险之间的关系如表 4.2 所示。

表 4.2　模型泛化能力与经验风险、期望风险之间的关系

经验风险	期望风险	模型泛化能力
经验风险小 （训练集上表现好）	期望风险小 （所有数据上表现好）	泛化能力强
经验风险小 （训练集上表现好）	期望风险大 （所有数据上表现不好）	过学习 （模型过于复杂）
经验风险大 （训练集上表现不好）	期望风险大 （所有数据上表现不好）	欠学习
经验风险大 （训练集上表现不好）	期望风险小 （所有数据上表现好）	"神仙算法"或"黄粱美梦"

　　如前"没有免费午餐定理"所指出，在模型优化中引入恰当的先验约束可提升模型性能。为了防止过学习，结构风险最小化（structural risk minimization）引入正则化（regularizer）或惩罚项（penalty term）来降低模型复杂度，既最小化经验风险，又力求降低模型复杂度，在两者之间寻找平衡：

$$\frac{1}{n}\sum_{i=1}^{n}\text{Loss}\left(y_i, f(x_i)\right) + \lambda J(f)$$

其中，$J(f)$ 是正则化因子或惩罚项因子，λ 是用来调整惩罚强度的系数。哲学领域的奥卡姆剃刀定律（Occam's razor）阐明了"如无必要，勿增实体"的意义，即"简单有效原理"。在模型中加入约束（如约束模型系数稀疏等），使得从数据到模型的建模过程中能够"化繁为简、大巧不工"。

4.2.2　模型性能度量方法

　　机器学习模型需要若干性能度量指标来判断其性能优劣，了解各种评估方法的优点和缺点，并在实际应用中选择正确的评估方法是十分重要的。下面以二分类问题（正

类、负类）为例，介绍几种主要的度量方法。

n 为训练样例的总数，正例总数和负例总数分别是 P（positive）和 N（negative）。机器模型预测类别可分为如下四类：真正例（true positive, TP）、假正例（false positive, FP）、真反例（true negative, TN）与假反例（false negative, FN），令 TP、FP、TN、FN 分别表示其对应的样例数，则有如下度量方法：

准确率（accuracy）：$\mathrm{ACC} = \dfrac{\mathrm{TP} + \mathrm{TN}}{P + N}$。显然，如果正负样本比例不平衡，ACC 不是一个度量模型的好方法。例如，某一种恶性疾病很罕见，1 万个疑似患者中仅有 1 人罹患该疾病，机器学习模型可将所有患者均识别为负类，从而保证 ACC 取值极高，但这就忽略了这一模型应该关注的问题。

错误率（error rate）：$\mathrm{errorRate} = \dfrac{\mathrm{FP} + \mathrm{FN}}{P + N}$，显然有 $\mathrm{errorRate} = 1 - \mathrm{ACC}$。

精确率（precision）：$\mathrm{precision} = \dfrac{\mathrm{TP}}{\mathrm{TP} + \mathrm{FP}}$，也叫查准率，表示被模型预测为正例的样本中实际为正例的比例。

召回率（recall）：$\mathrm{recall} = \dfrac{\mathrm{TP}}{\mathrm{TP} + \mathrm{FN}}$，也叫查全率，表示所有正例样本中被模型预测为正例的比例。

在实际应用中，精确率和召回率之间是相互矛盾的，例如，可以将所有样本分类为正例，使得召回率为 100% 而精确率极低。因此，为了综合考虑精确率和召回率，可采用 F1-score 这一综合分类率：

$$\text{综合分类率（F1-score）} = \frac{2}{\dfrac{1}{\mathrm{precision}} + \dfrac{1}{\mathrm{recall}}} = 2 \times \frac{\mathrm{precision} \times \mathrm{recall}}{\mathrm{precision} + \mathrm{recall}}$$

F1-score 是精确率和召回率的调和平均数，在尽可能提高精确率和召回率的同时，也希望两者之间的差异尽可能小。

4.2.3　参数优化：频率学派与贝叶斯学派

得到海量数据后，如何从数据出发来优化模型参数呢？一般有频率学派（frequentist）和贝叶斯学派（Bayesian）两种方法。两种不同的统计学派不仅在解释概率方面存在哲学上的差异，而且在具体的统计推断理论和方法上也存在不同。

在频率学派中，频率是概率的经验基础，概率表示的是事件发生频率的极限值。

当重复试验的次数趋近于无穷大时，事件发生的频率会收敛到真实概率，即"频率依概率收敛于概率"。从频率学派角度而言，对模型参数优化学习的结果就是得到使观测数据发生概率最大的模型参数，又称为最大似然估计（maximum likelihood estimation，MLE）。这里的最大似然可理解为通过调整模型参数使得模型能够最大化样本情况出现的概率。

在贝叶斯学派中，事件发生的频率既与当前观测数据有关，又与对该事件已获得的历史先验知识有关。从贝叶斯学派角度而言，对模型参数优化学习的结果就是似然概率（模型参数产生数据的概率）与先验概率（没有任何实验数据时对模型参数的经验判断）乘积最大，又称为最大后验估计（maximum a posteriori estimation，MAP）。这里的最大后验估计可理解为最大化在给定数据样本的情况下模型参数的后验概率。

> ◎ 知识卡片：频率学派与贝叶斯学派
>
> 　　频率学派的体系化理论于 20 世纪初期由费希尔（Fisher）、皮尔逊（Karl Pearson）、内曼（Neyman）等创立，如费希尔提出最大似然估计方法，皮尔逊提出 Pearson 卡方检验和 Pearson 相关系数，内曼提出置信区间（confidence interval）等概念。贝叶斯学派可追溯至在贝叶斯去世两年后（1763 年）才发表的《机遇理论中一个问题的解》一文（Bayes，1763），经过高斯（Gauss）和拉普拉斯（Laplace）的发展而逐渐创立。
>
> 　　原则而言，频率学派认为"事件本身就具有客观的不确定性"，事件在大量独立重复实验中发生的频率趋于事件发生的概率。由于不知道引发事件产生的模型参数具体的取值，因此引入最大似然和置信区间以在参数空间中寻找最优的参数。
>
> 　　贝叶斯学派认为模型参数都是随机变量，服从某个概率分布，具有不确定性，因此需要对模型参数设定一个概率分布（先验概率），通过结合已经观测得到的证据来不断调整模型参数的概率分布，最终得到一个正确的分布（后验概率）。为此，贝叶斯学派引入了先验分布（prior distribution）和后验分布（posterior distribution）来优化最优模型参数。
>
> 　　假设由 n 个数据样本构成的集合 $D=\{x_1, x_2, \cdots, x_n\}$ 从参数为 Θ 的某个模型（如高斯模型等）以一定概率独立采样得到。于是，可以通过最大似然估计算法来求取参数 Θ，使得在参数为 Θ 的模型中数据集 D 出现的可能性最大，即 $\hat{\Theta}=\underset{\Theta}{\arg\max} P(D|\Theta)$。
>
> 　　或者也可利用最大后验估计从数据集 D 如下估计参数 Θ：$\hat{\Theta}=\underset{\Theta}{\arg\max} P(\Theta|D)=\underset{\Theta}{\arg\max} \dfrac{P(D|\Theta)P(\Theta)}{P(D)}$。由于 $P(D)$ 与 Θ 无关（所以可

作为常量省略），则可得 $\underset{\Theta}{\mathrm{argmax}}\ \dfrac{P(D|\Theta)\,P(\Theta)}{P(D)} = \underset{\theta}{\mathrm{argmax}}\ P(D|\Theta)\,P(\Theta)$，对

这个式子取对数，得到 $\underset{\Theta}{\mathrm{argmax}}\ \log P(D|\Theta) + \log P(\Theta)$。这里的 $P(\Theta)$ 是

先验概率（prior），$P(D|\Theta)$ 是似然概率（likelihood），$P(\Theta|D)$ 是后验

概率（posterior）。

当然，无论是最大似然估计算法还是最大后验估计算法，都需要对所

优化目标中的参数求导，令导数为 0，以求取模型的参数值。

频率学派的优化手段可形象比喻为"以史为鉴，可以知兴替"，贝叶

斯学派的优化手段可形象比喻为"天行有常（先验概率），不为尧存，不

为桀亡"。

4.3　回归分析

线性回归模型

在现实生活中，往往需要分析若干变量之间的关系，如碳排放量与气候变暖之间

的关系，某一商品广告投入量与该商品销售量之间的关系等，这种分析不同变量之间存

在关系的研究叫作回归分析，刻画不同变量之间关系的模型称为回归模型。这个模型如

果是线性的，则称为线性回归模型；如果是非线性的，则称为非线性回归模型。一旦确

定了回归模型，就可以进行预测等分析工作，如从碳排放量预测气候变化程度，从广告

投入量预测商品销售量等。

勒让德（Legendre，1806）和高斯（Gauss，1809）最早提出通过最小二乘法来实

现回归分析。回归（regression）这一术语最先由英国著名生物学家兼统计学家高尔顿

（Galton）提出（Galton，1886）。高尔顿通过分析统计数据发现，父母平均身高每增加一

个单位，其成年子女平均身高只增加 0.516 个单位，它反映了这种"衰退"（regression）

效应（"回归"到正常人平均身高），即子女平均身高 y 和父母平均身高 x 之间存在关系

$$y = 33.73 + 0.516x$$

虽然 x 和 y 之间并不总是具有"衰退"（回归）关系，但是"线性回归"这一名称

就保留了下来。

给出任意一对父母的平均身高，则可根据上述方程计算得到其子女的平均身高。

但是如何求取上述线性方程（预测方程）的参数呢？

本节从表 4.3 所给出的示例来讲解回归模型中参数的求取过程。表 4.3 给出了芒提

兹尼欧（Montesinho）地区发生森林火灾的部分历史数据（Cortez，2007）。表 4.3 中

列举了每次发生森林火灾时的气温取值 x 和受到火灾影响的森林面积 y。

表 4.3　芒提兹尼欧地区发生森林火灾的部分数据

因素	数据 1	数据 2	数据 3	数据 4	数据 5	数据 6	数据 7	数据 8
气温 x	5.1	8.2	11.5	13.9	15.1	16.2	19.6	23.3
火灾影响面积 y	2.14	4.62	8.24	11.24	13.99	16.33	19.23	28.74

根据表 4.3 中的数据，可否对气温与火灾影响的森林面积之间的关系进行建模呢？初步观察之后，可以使用简单的线性模型构建两者之间的关系，即气温 x 与火灾影响的森林面积 y 之间存在 $y = ax + b$ 形式的关系。

有了模型假设和数据（表中的 8 个数据点，每一个数据点是一个 (x, y) 的组合），可利用数据来确定模型参数（模型假设中的 a 和 b）。

为了求取这个线性关系中的参数 a 和 b，需要给定若干组 (x, y) 数据，然后从这些数据出发计算参数 a 和 b。表 4.3 给出了 8 组 (x, y) 数据，一元线性回归实际上就是寻找一条用 $y = ax + b$ 表达的直线（见图 4.1），使得这条直线尽可能靠近或穿过这 8 组 (x, y) 数据，即能够以最小误差来拟合这 8 组 (x, y) 数据。

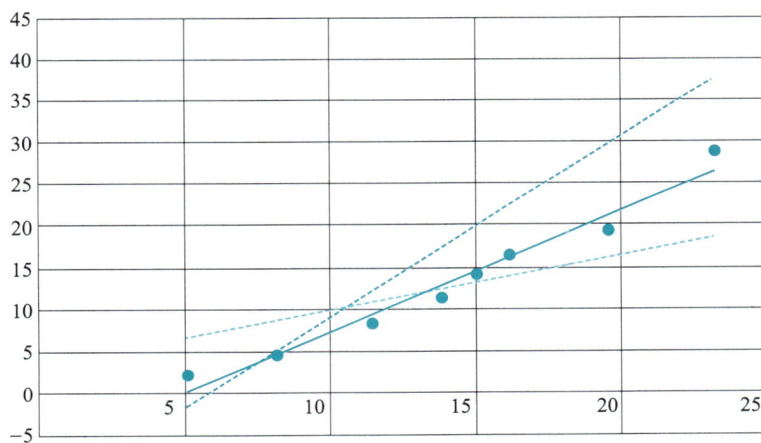

图 4.1　火灾影响的森林面积与气温之间的关系

最佳回归模型将使得残差平方和的平均值 $\frac{1}{N} \sum (y - \tilde{y})^2$ 最小。残差即预测值和真实值之间的差值。残差平方和的平均值最小只与参数 a 和 b 有关，最优解即是使得残差最小所对应的 a 和 b 的值。

一般而言，回归模型 $y_i = ax_i + b\,(1 \leqslant i \leqslant n)$ 的参数求解过程为：记在当前参数下第 i 个训练样本 x_i 的预测值为 $\hat{y}_i$，计算 x_i 的标注值（实际值）y_i 与预测值 $\hat{y}_i$ 之差的平方 $(y_i - \hat{y}_i)^2$，计算训练集中 n 个样本所产生的误差总和 $L(a, b) = \sum_{i=1}^{n} (y_i - ax_i - b)^2$，使用

最小二乘法找到误差总和的最小值。要使函数具有最小值，可对 $L(a, b)$ 的参数 a 和 b 分别求导，令其导数值为零，再求取参数 a 和 b 的值。

优化目标：

$$\min_{a, b} L(a, b) = \sum_{i=1}^{n} (y_i - ax_i - b)^2$$

损失函数对 b 求偏导：

$$\frac{\partial L(a, b)}{\partial b} = \sum_{i=1}^{n} 2(y_i - ax_i - b)(-1) = 0$$

$$\Rightarrow \sum_{i=1}^{n} (y_i - ax_i - b) = 0$$

$$\Rightarrow \sum_{i=1}^{n} y_i - a\sum_{i=1}^{n} x_i - \sum_{i=1}^{n} b = 0$$

$$\Rightarrow n\bar{y} - na\bar{x} - nb = 0$$

$$\Rightarrow b = \bar{y} - a\bar{x}$$

这样就得到了参数 b 的计算公式。接下来求 a，损失函数对 a 求偏导：

$$\frac{\partial L(a, b)}{\partial a} = \sum_{i=1}^{n} 2(y_i - ax_i - b)(-x_i) = 0$$

将 $b = \bar{y} - a\bar{x}$ （其中 $\bar{y} = \dfrac{\sum\limits_{i=1}^{n} y_i}{n}$, $\bar{x} = \dfrac{\sum\limits_{i=1}^{n} x_i}{n}$）代入上式：

$$\Rightarrow \sum_{i=1}^{n} (y_i - ax_i - \bar{y} + a\bar{x})x_i = 0$$

$$\Rightarrow \sum_{i=1}^{n} (y_i x_i - ax_i x_i - \bar{y}x_i + a\bar{x}x_i) = 0$$

$$\Rightarrow \sum_{i=1}^{n} (y_i x_i - \bar{y}x_i) - a\sum_{i=1}^{n} (x_i x_i - \bar{x}x_i) = 0$$

$$\Rightarrow \left(\sum_{i=1}^{n} x_i y_i - n\bar{y}\bar{x} \right) - a\left(\sum_{i=1}^{n} x_i x_i - n\bar{x}^2 \right) = 0$$

$$\Rightarrow a = \frac{\sum\limits_{i=1}^{n} x_i y_i - n\bar{x}\bar{y}}{\sum\limits_{i=1}^{n} x_i x_i - n\bar{x}^2}$$

可以看出，只要给出训练样本 $(x_i, y_i)(i = 1, 2, \cdots, n)$，就可以从训练样本出发，建立一个线性回归方程，使得对训练样本数据而言，该线性回归方程预测的结果与样本标注结果之间的差值和最小。

这样，对于上面的案例，可以求得参数 a 和 b 分别为

$$a = \frac{x_1 y_1 + x_2 y_2 + \cdots + x_8 y_8 - 8\,\overline{x}\,\overline{y}}{x_1^2 + x_2^2 + \cdots + x_8^2 - 8\overline{x}^2} = 1.428$$

$$b = \overline{y} - a\overline{x} = -7.09$$

即预测芒提兹尼欧地区火灾所影响森林面积与气温之间的一元线性回归模型为"火灾所影响的森林面积 $=1.428\times$气温-7.09"，即 $y = 1.428x - 7.09$。

接下来扩展到数据特征的维度是多维的情况。在上述数据中增加一个影响火灾影响面积的潜在因素——风力，如表 4.4 所示。

表 4.4 芒提兹尼欧地区历史森林火灾的部分数据（加入风力因素）

因素	数据 1	数据 2	数据 3	数据 4	数据 5	数据 6	数据 7	数据 8
气温 x	5.1	8.2	11.5	13.9	15.1	16.2	19.6	23.3
风力 z	4.5	5.8	4.0	6.3	4.0	7.2	6.3	8.5
火灾影响面积 y	2.14	4.62	8.24	11.24	13.99	16.33	19.23	28.74

多维数据特征中线性回归的问题定义如下：假设共有 m 个训练数据 $\{(\boldsymbol{x_i},\ y_i)\}_{i=1}^m$，其中 $\boldsymbol{x_i} = [x_{i,1},\ x_{i,2},\ \cdots,\ x_{i,D}] \in \mathbb{R}^D$，$D$ 为数据特征的维度，线性回归就是要找到一组参数 $\boldsymbol{a} = [a_0,\ a_1,\ \cdots,\ a_D]$，使得线性函数

$$f(\boldsymbol{x_i}) = a_0 + \sum_{j=1}^D a_j x_{i,j} = a_0 + \boldsymbol{a}^\mathrm{T} \boldsymbol{x_i}$$

最小化均方误差函数

$$J_m = \frac{1}{m} \sum_{i=1}^m (y_i - f(\boldsymbol{x_i}))^2$$

为了方便，使用矩阵来表示所有的训练数据和数据标签。

$$\boldsymbol{X} = [x_1,\ \cdots,\ x_m],\ \boldsymbol{y} = [y_1,\ \cdots,\ y_m]$$

其中每一个数据 x_i 会扩展一个维度，其值为 1，对应参数 a_0。均方误差函数可以表示为

$$J_m(\boldsymbol{a}) = (\boldsymbol{y} - \boldsymbol{X}^\mathrm{T}\boldsymbol{a})^\mathrm{T} (\boldsymbol{y} - \boldsymbol{X}^\mathrm{T}\boldsymbol{a})$$

在特征维度只有一维时，线性回归有闭式解（closed form solution），多维情况下闭式解同样存在。

均方误差函数 $J_n(\boldsymbol{a})$ 对所有参数 $\boldsymbol{a}$ 求导，可得

$$\nabla J(\boldsymbol{a}) = -2\boldsymbol{X}(\boldsymbol{y} - \boldsymbol{X}^\mathrm{T}\boldsymbol{a})$$

因为均方误差函数 $J_n(\boldsymbol{a})$ 是一个二次的凸函数，所以函数只存在一个极小值点，也同样是最小值点。令 $\nabla J(\boldsymbol{a}) = 0$，可得

$$\boldsymbol{X}\boldsymbol{X}^\mathrm{T}\boldsymbol{a} = \boldsymbol{X}\boldsymbol{y}$$

$$\boldsymbol{a} = (\boldsymbol{X}\boldsymbol{X}^\mathrm{T})^{-1}\boldsymbol{X}\boldsymbol{y}$$

对于上面的例子，将其转换为矩阵表示形式为

$$X = \begin{bmatrix} 5.1 & 8.2 & 11.5 & 13.9 & 15.1 & 16.2 & 19.6 & 23.3 \\ 4.5 & 5.8 & 4 & 6.3 & 4 & 7.2 & 6.3 & 8.5 \\ 1 & 1 & 1 & 1 & 1 & 1 & 1 & 1 \end{bmatrix}$$

$$y = \begin{bmatrix} 2.14 & 4.62 & 8.24 & 11.24 & 13.99 & 16.33 & 19.23 & 28.74 \end{bmatrix}^{\mathrm{T}}$$

其中，矩阵 X 多出一行全 1，是因为常数项 a_0 可以看作数值为全 1 的特征的对应系数。

计算可得

$$a = \begin{bmatrix} 1.312 & 0.626 & -9.103 \end{bmatrix}$$

对应的线性函数为

$$y = -9.103 + 1.312x + 0.626z$$

该函数在 3D 空间的可视化结果如图 4.2 所示。

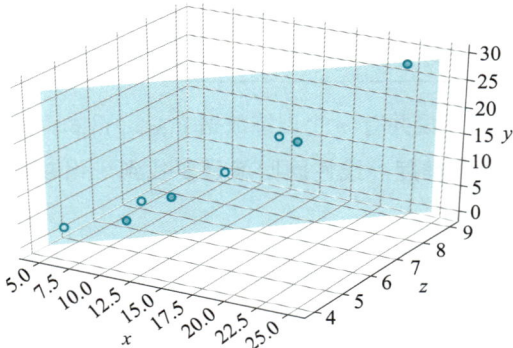

图 4.2　二维特征数据线性拟合结果

线性回归一个明显的问题是对离群点（与大多数数据点距离较远的数据点，outlier）非常敏感，导致模型建模不稳定，使结果有偏。为了缓解这个问题（特别是在二分类场景中）带来的影响，可考虑逻辑斯谛回归（logistic regression）（Cox，1958）。

逻辑斯谛回归就是在回归模型中引入 sigmoid 函数的一种非线性回归模型。逻辑斯谛回归模型可如下表示：

$$y = \frac{1}{1+\mathrm{e}^{-z}} = \frac{1}{1+\mathrm{e}^{-(\boldsymbol{w}^{\mathrm{T}}\boldsymbol{x}+b)}}, \quad y \in (0,1), \quad z = \boldsymbol{w}^{\mathrm{T}}\boldsymbol{x}+b$$

其中，$\dfrac{1}{1+\mathrm{e}^{-z}}$ 是 sigmoid 函数，$\boldsymbol{x} \in \mathbb{R}^d$ 是输入数据，$\boldsymbol{w} \in \mathbb{R}^d$ 和 $b \in \mathbb{R}$ 是回归函数的参数。

逻辑斯谛回归只能用于解决二分类问题，将它推广为多项逻辑斯谛回归模型（multinominal logistic model，即 softmax 函数），则可用于处理多类分类问题，得到处理多类分类问题的 softmax 回归。

4.4　决策树

决策树是一种通过树形结构进行分类的方法。在决策树中，每个非叶子结点表示

对分类目标在某个属性上的一个判断，每个分支代表基于该属性做出的一个判断，每个叶子结点代表一种分类结果，因此决策树可以看作一系列以叶子结点为输出的决策规则（decision rules）（Quinlan，1987）。

4.4.1　决策树分类案例

决策树

决策树将分类问题分解为若干基于单个信息的推理任务，采用树状结构逐步完成决策判断。事实上，人们在逻辑推理过程中经常使用决策树的思想。

下面通过一个示例来解释决策树的分类。银行的数据分析师希望通过历史的贷款记录、用户的四种特征（年龄、银行流水、婚姻状况、房产状况）及最终是否给予贷款来建立分类模型，以辅助决策者进行决策。

银行收集整理的数据如表 4.5 所示。

表 4.5　是否给予贷款与申请人自身状况的关系

序号	年龄 / 岁	银行流水	是否结婚	是否拥有房产	是否给予贷款
1	> 30	高	否	是	否
2	> 30	高	否	否	否
3	20~30	高	否	是	是
4	< 20	中	否	是	是
5	< 20	低	否	是	是
6	< 20	低	是	否	否
7	20~30	低	是	是	是
8	> 30	中	否	是	否
9	> 30	低	是	是	是
10	< 20	中	否	是	是
11	> 30	中	是	否	是
12	20~30	中	否	否	是
13	20~30	高	是	是	是
14	< 20	中	否	否	否

通过观察，可以画出如图 4.3 所示的决策树。

由图可知以下信息。

- 第一层是年龄状况，分为小于 20 岁、20~30 岁、大于 30 岁三种取值。

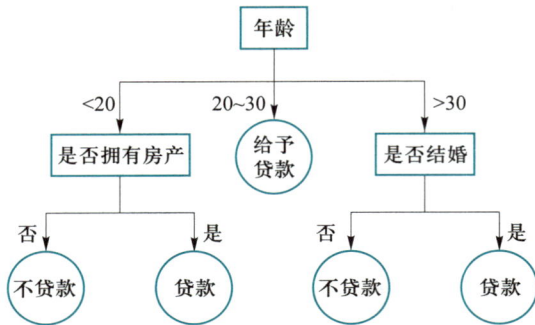

图 4.3　银行贷款决策树

● 如果年龄在 20~30 岁之间，样本子集为 {3, 7, 12, 13}，这些样本的标签均为"给予贷款"，所以为叶子结点。

● 如果年龄大于 30 岁，样本子集为 {1, 2, 8, 9, 11}，这些样本具有不同的标签，要进一步使用其他属性对这个样本子集进行划分。经观察，通过"是否结婚"这一属性值，可以将该样本子集进一步划分成 {1, 2, 8}（未婚）和 {9, 11}（已婚）两个样本子集。此时这两个样本子集内的标签相同，不需要再划分。

● 如果年龄小于 20 岁，样本子集为 {4, 5, 6, 10, 14}，这些样本具有不同的标签，同样需要继续划分。通过观察，"是否拥有房产"这个属性值可将该样本子集进一步划分成 {4, 5, 10}（有房产）和 {6, 14}（无房产）两个样本子集。此时这两个样本子集内的标签相同，不需要再划分。

"银行流水"这一特点及其属性值在这个决策树的构造过程中没有使用。

建立决策树的过程，就是不断选择属性值对样本集进行划分，直至每个子样本集为同一个类别的过程。上面案例的数据较少，可以通过观察或穷举的方法来不断选择属性值对样本集进行划分，对于较大的数据集，需要理论和方法来评价使用不同属性值划分的子样本集的好坏程度，并基于该方法构建决策树。

4.4.2　构建决策树

构建决策树时划分属性的顺序选择是重要的。性能好的决策树随着划分不断进行，决策树分支结点样本集的"纯度"会越来越高，即其所包含的样本尽可能属于相同类别。

信息熵（entropy）就是一种衡量样本集合"纯度"的指标，如果能够计算选择不同属性划分后样本集的"纯度"，那么就可以比较和选择属性。信息熵越大，说明集合的不确定性越大，"纯度"越低。选择属性划分样本集前后信息熵的减少量称为信息增益（information gain），也就是说，信息增益被用来衡量样本集合复杂度（不确定性）

减少的程度。

假设有 K 个信息，其组成了集合样本 D，记第 k 个信息发生的概率为 $p_k (1 \leqslant k \leqslant K)$。这 K 个信息的信息熵定义如下：

$$E(D) = -\sum_{k=1}^{K} p_k \log_2 p_k$$

$E(D)$ 值越小，表示 D 包含的信息越确定，也称 D 的纯度越高。需要指出的是，所有 p_k 累加起来的和为 1。

现在应用信息熵这个度量标准来构建决策树。表 4.5 中的 14 个样本分属于"给予贷款（9 个样本）"和"不给予贷款（5 个样本）"两个类别，即 $K=2$，则信息熵为

$$E(D) = -\sum_{k=1}^{2} p_k \log_2 p_k = -\left(\frac{9}{14} \times \log_2 \frac{9}{14} + \frac{5}{14} \times \log_2 \frac{5}{14} \right) = 0.940$$

表 4.5 中有年龄、银行流水、是否结婚、是否拥有房产四个与申请人相关的属性特征，下面计算这四个特征所对应的信息熵。

以年龄为例，年龄包含"＞30""20～30""＜20"三个属性取值。按这三个属性取值对 14 个样本进行划分，在决策树中产生了三个分支结点，每个分支结点包含一个数据子集，三个数据子集构成了对原数据的划分。如"20～30"这一属性取值包含四个样本 $\{3, 7, 12, 13\}$。

对年龄属性划分出的子样本集情况的统计如表 4.6 所示。这里记属性取值为 a_i（即 $a_0 = $"年龄＞30"，$a_1 = $"年龄 20～30"，$a_2 = $"年龄＜20"）。属性取值 a_i 划分出的子样本集记为 D_i，该子样本集包含的样本数量记为 $|D_i|$。

表 4.6 按年龄属性划分后子样本集情况统计

年龄属性取值 a_i	＞30	20～30	＜20
对应样本数 $|D_i|$	5	4	5
正负样本数量	（2+，3-）	（4+，0-）	（3+，2-）

根据表 4.6 的统计情况，计算每个属性值划分出的子样本集（即每个分支结点）的信息熵：

"年龄＞30"：$E(D_0) = -\left(\frac{2}{5} \times \log_2 \frac{2}{5} + \frac{3}{5} \times \log_2 \frac{3}{5} \right) = 0.971$

"年龄 20～30"：$E(D_1) = -\left(\frac{4}{4} \times \log_2 \frac{4}{4} + 0 \right) = 0$

"年龄＜20"：$E(D_2) = -\left(\frac{3}{5} \times \log_2 \frac{3}{5} + \frac{2}{5} \times \log_2 \frac{2}{5} \right) = 0.971$

得到上述三个信息熵后，可进一步计算使用年龄属性对原样本集进行划分后的信

息增益，计算公式如下：

$$\text{Gain}(D, A) = E(D) - \sum_{i=1}^{n} \frac{|D_i|}{|D|} E(D_i)$$

将 A = "年龄" 代入，于是选择年龄这一属性划分后的信息增益为

$$\text{Gain}(D, \text{年龄}) = 0.940 - \left(\frac{5}{14} \times 0.971 + \frac{4}{14} \times 0 + \frac{5}{14} \times 0.971 \right) \approx 0.246$$

同理，可以计算银行流水、是否结婚、是否拥有房产三个人物属性的信息增益。通过比较四种属性信息增益的高低，可选择最佳属性对原样本集进行划分，得到最大的"纯度"。如果划分后的不同子样本集都只存在同类样本，则停止划分。在该案例中，最终可构建如图 4.3 所示的决策树。

一般而言，信息增益偏向选择分支多的属性（Deng，2011）（例如，上述案例偏向于选择年龄属性），这在一些场合容易导致模型过拟合。为了解决这个问题，一个直接的想法是对分支过多进行惩罚，这就是另外一个"纯度"衡量指标——信息增益率的核心思想。除了计算属性划分后的信息增益 $\text{Gain}(D, A)$ 外，还需要计算划分行为本身带来的信息 info。info 和 Gain-ratio 的计算公式如下：

$$\text{info} = - \sum_{i=1}^{n} \frac{|D_i|}{|D|} \log_2 \frac{|D_i|}{|D|}$$

$$\text{Gain-ratio} = \text{Gain}(D, A) / \text{info}$$

另一种计算更简单的度量指标是如下的 Gini 系数：

$$\text{Gini}(D) = 1 - \sum_{k=1}^{K} p_k^2$$

相对于信息熵，该指标不用计算对数，计算更为简易。

为抑制市场规律导致的贫富两极分化，战国时期魏国宰相李悝提出以国家力量抑商的政策，开始推行"平籴法"。平籴法将农民种地的好年成分为上、中、下三等，坏年成也分为上、中、下三等。在丰收年，国家按照丰收的程度以不同力度收购多余的粮食；而在歉收年，国家则按歉收的程度以不同力度平价卖出粮食，这种防止"谷贱伤农，谷贵伤民"的平籴法体现了决策树思维。

4.5　k 均值聚类

聚类

k-means（k 均值聚类）术语最早由 MacQueen（1967）提出，是一种聚类算法。聚类任务是将大量数据根据它们的数据特征相似性分成少量簇的任务。k-means 算法要

求特征变量连续，数据没有异常值。

k-means 算法的目标是将 n 个 d 维数据 $\{\boldsymbol{x}_i,\ i=1,\ \cdots,\ n\}$ 划分为 K 个聚簇，使得簇内方差最小化。由于原始数据可能的聚类结果数量巨大，要求一个特定的聚类算法总是能达到最优是不切实际的。因此，k-means 算法找到的是一个"局部"最优，即没有任何其他的聚类结果能够让簇内的方差更小，但不能保证找到全局最优（Hartigan, 1979）。k-means 同时也是一个易受初始值影响的迭代算法，可以用不同的初始值重复几次，以达到上述的"局部"最优。常用的初始化方法包括 Forgy 和 Random Partition（Hamerly et al.,2002）。

k-means 算法的过程如下：

算法 4.1 k-means 聚类

输入： n 个 d 维数据 $\{\boldsymbol{x}_i,\ i=1,\ \cdots,\ n\}$，聚簇数目 K

输出： 每个数据所属聚簇标签

算法步骤：

（1）初始化聚类质心。

（2）根据预定的相似度 / 距离函数（通常为欧氏距离）对数据进行聚类。

（3）更新聚类质心。

（4）重复（2）和（3），直到收敛。

下面详细解释每一步。

1. 初始化聚类质心

初始化 K 个聚类质心 $C=\{c_1,\ c_2,\ \cdots,\ c_K\}$，$c_j\in\mathbb{R}^d$（$1\leqslant j\leqslant K$），每个聚类质心 c_j 所在的集合记为 G_j。

2. 对数据进行聚类

将每个待聚类数据放入唯一一个聚类集合中。首先通过既定的相似度 / 距离函数计算每个待聚类数据和 K 个聚类质心的距离。以最常用的欧氏距离为例，计算 x_i 和 c_j 之间的欧氏距离：

$$\mathrm{dist}\,(x_i,\ c_j)=\sqrt{\sum_{o=1}^{d}\,(x_{i,\,o}-c_{j,\,o})^2}\quad(1\leqslant i\leqslant n,\ 1\leqslant j\leqslant K)$$

将每个 x_i 放入与之距离最近的聚类质心所在的聚类集合中，即 $\underset{c_j\in C}{\mathrm{argmin}}\,\mathrm{dist}\,(x_i,\ c_j)$。

3. 更新聚类质心

根据聚类结果更新聚类质心，即根据每个聚类集合中所包含的数据，求均值得到该聚类集合新的质心，即

$$c_j = \frac{1}{|G_j|} \sum_{x_i \in G_j} x_i$$

这也是 k-means 名字的来源。均值操作简单高效，这让 k-means 算法可以轻易地被应用在较大规模数据上。不过，均值操作也带来了许多问题，例如易受异常值影响。下面的分析中会对此进行总结。

4. 迭代

算法迭代，即继续根据新的聚类质心，按照欧氏距离大小，将每个待聚类数据放入唯一一个聚类集合中，再根据新的聚类结果更新聚类质心。

聚类迭代终止的判断条件不唯一，经常使用的方法有以下两种：

（1）已经达到迭代次数上限。

（2）前后两次迭代中，聚类质心保持不变。

可以从另外一个视角来理解 k-means 算法：最小化每个类簇的方差。k-means 算法在迭代过程中不断减小聚簇内的数据到聚类质心的欧氏距离，这同样也是聚簇内数据方差最小化的目标函数：

$$\underset{G}{\mathrm{argmin}} \sum_{i=1}^{K} \sum_{x \in G_i} \| x - c_i \|^2 = \underset{G}{\mathrm{argmin}} \sum_{i=1}^{K} |G_i| \, \mathrm{var}\,(G_i)$$

$$\text{第} i \text{个类簇的方差：} \mathrm{var}\,(G_i) = \frac{1}{|G_i|} \sum_{x \in G_i} \| x - c_i \|^2$$

一般而言，聚类算法的目标都是得到一个聚类结果，最小化类内距离（或最大化类内相似度），而最大化类间距离（或最小化类间相似度）。k-means 聚类就是通过最小化聚簇内的数据方差来实现最大化类内相似度的，即最小化每个类簇方差，使得最终聚类结果中每个聚类集合所包含的数据呈现出的差异性最小。

通常而言，k-means 聚类算法收敛速度很快，对于固定的聚簇数量 K 和维度 d，k-means 算法能够在 $O(n^{dK+1})$ 时间复杂度内收敛（Inaba et al.,1994）。但是在最坏情况下收敛速度较慢，对于某些特定的点集，即使是在二维平面上，也需要指数级时间复杂度 $2^{\Omega(n)}$ 才能收敛（Vattani，2011）。

k-means 聚类算法简单易用的特点很大程度上来源于均值操作，但是该操作同时也带来了问题。k-means 聚类算法假设数据是没有离群点的，它对离群点的处理也和其他数据一样，而离群点对均值影响较大，会让聚类质心偏离没有离群点时的质心，影响聚类结果。可以使用其他目标函数或 k-medoids 算法来减小离群点的影响。k-medoids 算法选取的中心点（medoids）是属于聚簇的一个点，这是它和 k-means 聚类算法的主要区别。

k-means 聚类算法需要事先确定聚类数目 K，但很多时候并不知道数据应被聚为多少类。一种方法是遍历一个范围内的候选值并测试错误率，但这种方法通常因为可选范围较大而不切实际。

k-means 聚类算法对数据的尺度敏感，或者说，对数据所在的坐标空间敏感。例如，某个长度特征以厘米为单位还是以米为单位对最后的结果会有较大影响，这是因为欧氏距离假设数据每个维度的重要性是一样的。

同时，k-means 聚类对每个数据的归属的判定是非 1 即 0 的，即每个数据只可能属于一个聚簇，而不可能同时属于另一个聚簇，这种聚类方法称为"硬聚类"（hard clustering）。然而，某些位于聚类边缘的数据点往往会因为数据或初始值的轻微改变而改变所属聚簇类别，这种数据点可能有更好的归属判定方式。因此，相应地存在一些聚类算法如高斯混合模型，它对数据的归属判定是概率形式的，即不是非 1 即 0，而是介于 0 和 1 的中间值，其含义是某个数据属于不同聚簇的概率。

综上所述，k-means 算法具有简单易用的特点，但也具有诸多不足，这些不足可以被后来研究提出的聚类算法所弥补，如层次聚类（hierarchical clustering）不需要事先决定聚类数目 K，基于降维的聚类算法谱聚类（spectral clustering）对数据所在坐标空间不敏感，这些算法在此不进行展开。

4.6 监督学习：特征降维

监督学习：特征降维

线性判别分析（linear discriminant analysis，LDA）是一种基于监督学习的降维方法，也称为 Fisher 判别分析（Fisher's discriminant analysis，FDA）（Fisher，1936）。对于一组具有标签信息的高维数据样本，LDA 利用其类别信息，将其线性投影到一个低维空间中，在低维空间中，同一类别样本尽可能靠近，不同类别样本尽可能彼此远离。

图 4.4 给出了用矩形和圆圈表示的患有某一疾病和不患有某一疾病的两类人群。通过调查，这两类人群分别用吸烟频率高低和运动频率高低来描述。当然，在图 4.4 中，假设这两类人群的样本数据符合高斯分布。

为了对这两类人群进行区分，需要将其投影到一个低维空间中。从图中可

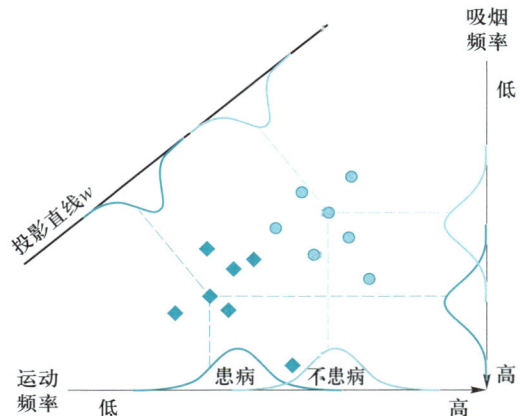

图 4.4 两个类别数据所对应的不同投影方式

见，将这些数据向 x 轴方向和 y 轴方向投影后，总会存在重叠部分（即若干人群在投影后的空间中不可区分）。但是，如果将数据向直线 w 所位于的方向投影，则两类数据可被完全区分开来。更进一步分析，在所得投影空间中，同一类别人群数据聚集在一起，不同类别人群数据具有较大间隔，体现了"类内方差小、类间间隔大"的原则。

这类似于《论语・子路》中所言"君子和而不同，小人同而不和"。虽然同一类别中每个数据各有特色，但是它们均具有类似的内在模式（如在它们所嵌入的低维空间中，存在一个由均值和方差构成的恰当高斯分布，使得同一类别数据可被投影映射到一起）。

有了直观的认识之后，下面从定量的角度来介绍如何找到投影方向。

假设样本集为 $D = \{ (x_i, y_i) \}_{i=1}^n$，样本 $x_i \in \mathbb{R}^d$ 的类别标签为 y_i。其中，y_i 的取值范围是 $\{ C_1, C_2, \cdots, C_K \}$，即共有 K 类样本。

定义 X 为所有样本构成的集合、N_i 为第 i 个类别所包含样本的个数、X_i 为第 i 类样本的集合、m 为所有样本的均值向量、m_i 为第 i 类样本的均值向量。Σ_i 为第 i 类样本的协方差矩阵，其定义为

$$\Sigma_i = \sum_{x \in X_i} (x - m_i)(x - m_i)^\mathrm{T}$$

先来看 $K = 2$ 的情况，即二分类问题。在二分类问题中，训练样本归属于 C_1 或 C_2 两个类别，并通过如下的线性函数投影到一维空间上：

$$y(x) = w^\mathrm{T} x \ (w \in \mathbb{R}^n)$$

投影之后，类别 C_1 的协方差矩阵 s_1 为

$$s_1 = \sum_{x \in C_1} (w^\mathrm{T} x - w^\mathrm{T} m_1)^2 = w^\mathrm{T} \sum_{x \in C_1} [(x - m_1)(x - m_1)^\mathrm{T}] w$$

同理，可得到投影之后类别 C_2 的协方差矩阵 s_2。

可以看到，投影后两个协方差矩阵 s_1 和 s_2 分别为 $w^\mathrm{T} \Sigma_1 w$ 和 $w^\mathrm{T} \Sigma_2 w$。由于将数据样本投影到了一维空间直线上，s_1 和 s_2 都是实数。s_1 和 s_2 可用来衡量同一类别数据样本之间的"分散程度"。为了使得归属于同一类别的样本数据在投影后的空间中尽可能靠近，需要最小化 $s_1 + s_2$ 取值。

在投影之后的空间中，归属于两个类别的数据样本中心可分别如下计算：

$$m_1 = w^\mathrm{T} m_1, \ m_2 = w^\mathrm{T} m_2$$

这样，就可以通过 $\| m_2 - m_1 \|_2^2$ 来衡量不同类别之间的距离。为了使得归属于不同类别的样本数据在投影后的空间中尽可能彼此远离，需要最大化 $\| m_2 - m_1 \|_2^2$ 取值。

同时考虑上面两点，就得到了需要最大化的目标 $J(w)$，定义如下：

$$J(w) = \frac{\| m_2 - m_1 \|_2^2}{s_1 + s_2}$$

可以把上述式子的右侧改写成与 w 相关的式子：

$$J(w) = \frac{\| w^\mathrm{T} (m_2 - m_1) \|_2^2}{w^\mathrm{T} \Sigma_1 w + w^\mathrm{T} \Sigma_2 w} = \frac{w^\mathrm{T} (m_2 - m_1)(m_2 - m_1)^\mathrm{T} w}{w^\mathrm{T}(\Sigma_1 + \Sigma_2) w} = \frac{w^\mathrm{T} S_b w}{w^\mathrm{T} S_w w}$$

其中，S_b 称为类间散度矩阵（between-class scatter matrix），即衡量两个类别均值点之间的"分离"程度，可定义如下：

$$S_b = (m_2 - m_1)(m_2 - m_1)^\mathrm{T}$$

S_w 则称为类内散度矩阵（within-class scatter matrix），即衡量每个类别中数据点的"分离"程度，可定义如下：

$$S_w = \Sigma_1 + \Sigma_2$$

由于 $J(w)$ 的分子和分母都是关于 w 的二项式，因此最后的解只与 w 的方向有关，与 w 的长度无关，因此可令分母 $w^\mathrm{T} S_w w = 1$，然后用拉格朗日乘子法来求解这个问题。拉格朗日乘子法是求在某个 / 某些约束条件下的函数极值的方法，其主要思想是将约束条件函数与原函数联立，从而求出使原函数取得极值时各个变量的解。

上述带约束条件（即 $w^\mathrm{T} S_w w - 1 = 0$）的函数极大值（即 $w^\mathrm{T} S_b w$ 取值最大）优化问题所对应的拉格朗日函数为

$$L(w) = w^\mathrm{T} S_b w - \lambda(w^\mathrm{T} S_w w - 1)$$

对 w 求偏导并使其求导结果为零，可得 $S_w^{-1} S_b w = \lambda w$。由此可见，$\lambda$ 和 w 分别是 $S_w^{-1} S_b$ 的特征根和特征向量，$S_w^{-1} S_b w = \lambda w$ 也被称为 Fisher 线性判别（Fisher linear discrimination）。

因为 $S_b = (m_2 - m_1)(m_2 - m_1)^\mathrm{T}$，令实数 $\lambda_w = (m_2 - m_1)^\mathrm{T} w$，那么 $S_b w = (m_2 - m_1)(m_2 - m_1)^\mathrm{T} w = (m_2 - m_1) \times \lambda_w$，将其代入 Fisher 线性判别，可得

$$S_w^{-1} S_b w = S_w^{-1} (m_2 - m_1) \times \lambda_w = \lambda w$$

由于对 w 的放大和缩小操作不影响结果，因此可约去上式中的未知数 λ 和 λ_w，得到

$$w = S_w^{-1} (m_2 - m_1)$$

于是，为了获得"类内汇聚、类间间隔"的最佳投影结果，只需分别求出待投影数据的均值和方差，就可以设计得到最佳投影方向 w，这就是线性判别分析的做法。将原始数据通过 $w^\mathrm{T} x$ 进行投影，实现了从高维到低维的映射，因此也是一种降维操作，实现了数据约减，且这一降维结果保持了样本数据的"类内汇聚、类间间隔"结构分布。

LDA 模型可从二分类问题拓展到多分类问题（Garson, 2012; Rao, 1948）。假设 n 个原始高维数据所构成的类别种类为 K，每个原始数据被投影映射到低维空间中的维度为 r，令投影矩阵 $W = (w_1, w_2, \cdots, w_r)$，可知 W 是一个 $n \times r$ 矩阵。于是，$W^\mathrm{T} m_i$ 为第 i 类样本数据中心在低维空间的投影结果，$W^\mathrm{T} \Sigma_i W$ 为第 i 类样本数据协方差在低维空间的投影结果。

类内散度矩阵 S_w 重新定义如下：

$$S_w = \sum_{i=1}^{K} \boldsymbol{\Sigma}_i, \ \ 其中 \ \boldsymbol{\Sigma}_i = \sum_{\boldsymbol{x} \in class \ i} (\boldsymbol{x} - \boldsymbol{m}_i)(\boldsymbol{x} - \boldsymbol{m}_i)^{\mathrm{T}}$$

上式中，$\boldsymbol{m}_i$ 是第 i 个类别中所包含样本数据的均值。

在二分类问题中，类间散度矩阵 S_b 用于度量两个类别均值点的分离情况。类似地，令 $\boldsymbol{m}_i$ 为第 i 类样本的均值、$\boldsymbol{m}$ 为所有样本的均值，如果某个类别中落入的样本数据多，则这个类别权重就大，因此引入权重 $\dfrac{N_i}{N}$（N 是样本数据总数，N_i 是第 i 个类别中所包含样本数据总数），于是类间散度矩阵 S_b 可重新定义如下：

$$S_b = \sum_{i=1}^{K} \frac{N_i}{N} (\boldsymbol{m}_i - \boldsymbol{m})(\boldsymbol{m}_i - \boldsymbol{m})^{\mathrm{T}}$$

可以看出，在 S_b 的求取过程中，不再是计算两个类别均值点的散列程度，而是计算每个类别均值点与所有样本均值点之间散列程度的加权累加。

注意到优化目标中分子、分母已不再是实数，因此常见的方法是将多类 LDA 映射投影方向的优化目标 $J(\boldsymbol{W})$ 改为

$$J(\boldsymbol{W}) = \frac{\prod_{\mathrm{diag}} \boldsymbol{W}^{\mathrm{T}} S_b \boldsymbol{W}}{\prod_{\mathrm{diag}} \boldsymbol{W}^{\mathrm{T}} S_w \boldsymbol{W}}$$

其中，$\prod\limits_{\mathrm{diag}} \boldsymbol{A}$ 为矩阵 $\boldsymbol{A}$ 主对角元素的乘积。

继续对 $J(\boldsymbol{W})$ 进行变形：

$$J(\boldsymbol{W}) = \frac{\prod_{\mathrm{diag}} \boldsymbol{W}^{\mathrm{T}} S_b \boldsymbol{W}}{\prod_{\mathrm{diag}} \boldsymbol{W}^{\mathrm{T}} S_w \boldsymbol{W}} = \frac{\prod_{i=1}^{r} \boldsymbol{w}_i^{\mathrm{T}} S_b \boldsymbol{w}_i}{\prod_{i=1}^{r} \boldsymbol{w}_i^{\mathrm{T}} S_w \boldsymbol{w}_i} = \prod_{i=1}^{r} \frac{\boldsymbol{w}_i^{\mathrm{T}} S_b \boldsymbol{w}_i}{\boldsymbol{w}_i^{\mathrm{T}} S_w \boldsymbol{w}_i}$$

显然，需要使乘积式子中每个 $\dfrac{\boldsymbol{w}_i^{\mathrm{T}} S_b \boldsymbol{w}_i}{\boldsymbol{w}_i^{\mathrm{T}} S_w \boldsymbol{w}_i}$ 取值最大，这就是二分类问题的求解目标，即每一个 $\boldsymbol{w}_i$ 都是 $S_w^{-1} S_b \boldsymbol{W} = \lambda \boldsymbol{W}$ 的一个解。

由于 $\dfrac{\boldsymbol{w}_i^{\mathrm{T}} S_b \boldsymbol{w}_i}{\boldsymbol{w}_i^{\mathrm{T}} S_w \boldsymbol{w}_i}$ 与 λ 正相关，因此所求映射矩阵 $\boldsymbol{W}$ 就由矩阵 $S_w^{-1} S_b$ 前 r 个最大特征根所对应的特征向量 $(\boldsymbol{w}_1, \boldsymbol{w}_2, \cdots, \boldsymbol{w}_r)$ 构成。

于是，给定原始 d 维数据样本 $\boldsymbol{x}_i$，通过 $\boldsymbol{x}_i \boldsymbol{W}$ 将其从 d 维空间映射到 r 维空间，实现了原始数据的降维，也使得原始数据形成了具有区别力的紧凑表达。在后续分类等操作中，只使用 $\boldsymbol{x}_i$ 降维后的结果，而不是 $\boldsymbol{x}_i$ 的原始特征。

线性判别分析的降维步骤描述如下：

（1）计算数据样本集中每个类别样本的均值。

（2）计算类内散度矩阵 S_w 和类间散度矩阵 S_b。

（3）根据 $S_w^{-1}S_bW=\lambda W$ 求解 $S_w^{-1}S_b$ 前 r 个最大特征值所对应的特征向量 $(w_1, w_2, \cdots,$ $w_r)$，构成矩阵 W。

（4）通过矩阵 W 将每个样本映射到低维空间，实现特征降维。

需要注意的是，通过 LDA 对原始 d 维数据进行降维后，所得维度 r 的最大取值为 $\min(K-1, d)$，这是因为 S_b 的秩为 $\min(K-1, d)$。这也说明了在二分类问题中，原始高维数据只能被投影到一维空间中（无论其原始维度是多少）。

4.7 无监督学习：特征降维

无监督学习：特征降维

主成分分析（principal component analysis）（Pearson et al.,1901；Hotelling, 1933）是一种特征降维方法，在消除数据噪声、冗余等方面具有广泛应用。主成分分析也被称为 KL 变换（Karhunen-Loève transform, KLT）、霍林特变换（Hotelling transform）或者本征正交分解（proper orthogonal decomposition, POD）等。

顾名思义，主成分分析即通过分析找到数据特征的主要成分，使用这些主要成分来代替原始数据。这样一方面可以加深对数据本身的理解（认识到数据的主要成分）；另一方面，简化后的数据（主要成分）在用于下游的其他任务时，有着噪声少、易于处理计算的特点。这种使用主要成分而不是全部数据的思想也与"如无必要，勿增实体"的奥卡姆剃刀原则相符，体现了"简单有效原理"。

主成分分析要求"降维后的结果要保持原始数据的原有结构"，例如，对于图像数据，要求保持视觉对象区域构成的空间分布；对于文本数据，要求保持单词之间的（共现）相似或不相似的特性。更准确地说，主成分分析要求最大限度保持原始高维数据的总体方差结构。

4.7.1 方差、协方差和相关系数

在进入主成分分析算法的具体内容之前，先回顾包括方差、协方差、相关系数在内的预备知识。

方差 方差描述了样本数据的波动程度，数值上等于各个数据与样本均值之差的平方和之平均数。假设有 n 个数据，记为 $X=\{x_i\}(i=1, 2, \cdots, n)$，那么样本方差

（sample variance）即为

$$\operatorname{var}(X) = \frac{1}{n-1} \sum_{i=1}^{n} (x_i - u)^2$$

其中，u 是样本均值，$u = \frac{1}{n} \sum_{i=1}^{n} x_i$。上述样本方差公式中分母为 $n-1$ 的目的是让对方差的估计是无偏估计（unbiased estimator）。

协方差　协方差衡量了两个变量之间的相关度。假设有两个变量，观察到不同时刻两个变量的取值，记为 $(X, Y) = \{(x_i, y_i)\}$ $(i = 1, 2, \cdots, n)$，那么两个变量的协方差为

$$\operatorname{cov}(X, Y) = \frac{1}{n-1} \sum_{i=1}^{n} (x_i - E(X))(y_i - E(Y))$$

其中，$E(X)$ 和 $E(Y)$ 分别是 X 和 Y 的样本均值，分别定义如下：

$$E(X) = \frac{1}{n} \sum_{i=1}^{n} x_i$$

$$E(Y) = \frac{1}{n} \sum_{i=1}^{n} y_i$$

下面给出一个方差与协方差的示例，如表 4.7 所示。

表 4.7　方差与协方差计算示例

编号	x_i	y_i	$x_i - E(X)$	$y_i - E(Y)$	$(x_i - E(X))(y_i - E(Y))$
1	1	7	−8.33	−16.67	138.89
2	3	11	−6.33	−12.67	80.22
3	6	17	−3.33	−6.67	22.22
4	10	25	0.67	1.33	0.89
5	15	35	5.67	11.33	64.22
6	21	47	11.67	23.33	272.22
	$E(X) = 9.33$	$E(Y) = 23.67$	$\operatorname{var}(X) = 57.87$	$\operatorname{var}(Y) = 231.47$	$\operatorname{cov}(X, Y) = 115.73$

对于一组两维变量（如广告投入 – 商品销售、天气状况 – 旅游出行等），可通过计算它们之间的协方差值来判断这组数据给出的两维变量是否存在关联关系。

当协方差 $\operatorname{cov}(X, Y) > 0$ 时，称 X 与 Y 正相关。

当协方差 $\operatorname{cov}(X, Y) < 0$ 时，称 X 与 Y 负相关。

当协方差 $\operatorname{cov}(X, Y) = 0$ 时，称 X 与 Y 不相关。

由于协方差会受到变量取值尺度的影响，可以通过皮尔逊相关系数（Pearson correlation coefficient）将两组变量之间的关联度规整到一定的取值范围内。皮尔逊相关系数定义如下：

$$\mathrm{corr}\,(X,\,Y) = \frac{\mathrm{cov}\,(X,\,Y)}{\sqrt{\mathrm{var}\,(X)\,\mathrm{var}\,(Y)}} = \frac{\mathrm{cov}\,(X,\,Y)}{\sigma_x \sigma_y}$$

其中，$\sigma_x \sigma_y$ 分别为 X 和 Y 的标准差。

皮尔逊相关系数具有如下性质：

$$|\mathrm{corr}\,(X,\,Y)| \leqslant 1$$

$\mathrm{corr}\,(X,\,Y) = 1$ 的充要条件是存在常数 a 和 b。使得 $Y = aX + b$。在上面的案例中，可以计算得到 $\mathrm{corr}\,(X,\,Y) = 1.0$，同时可以找到常数 $a = 2$ 和 $b = 5$，即 $Y = 2X + 5$ 完全拟合上面的数据。

皮尔逊相关系数是对称的，即 $\mathrm{corr}\,(X,\,Y) = \mathrm{corr}\,(Y,\,X)$。由此衍生出如下性质：皮尔逊相关系数刻画了变量 X 和 Y 之间的线性相关程度，$|\mathrm{corr}\,(X,\,Y)|$ 的取值越大，则两者在线性相关的意义下相关程度越大。$|\mathrm{corr}\,(X,\,Y)| = 0$ 表示两者不存在线性相关关系（可能存在其他非线性相关关系）。

正线性相关意味着在变量 X 增加的情况下，变量 Y 也随之增加；负线性相关意味着在变量 X 减少的情况下，变量 Y 随之增加。

注意，线性无关与之前介绍过的另外一个概念"独立"不同。线性无关是一个比独立弱的概念，两个变量独立一定线性无关，即 $|\mathrm{corr}\,(X,\,Y)| = 0$，但是两个线性无关的变量不一定独立（可能存在其他复杂的关联关系）。独立指两个变量彼此之间不相互影响。

4.7.2　主成分分析

回到特征降维，降维需要尽可能将数据向方差最大的方向进行投影，使得数据所蕴含的信息丢失得尽可能少。如图 4.5（a）所示，向 y 方向投影（使得二维数据映射为一维）就比向 x 方向投影的结果在降维这个意义上而言要好；如图 4.5（b）所示，则是向直线方向投影要好，这样的投影结果更好地保留了未降维前数据的离散程度。

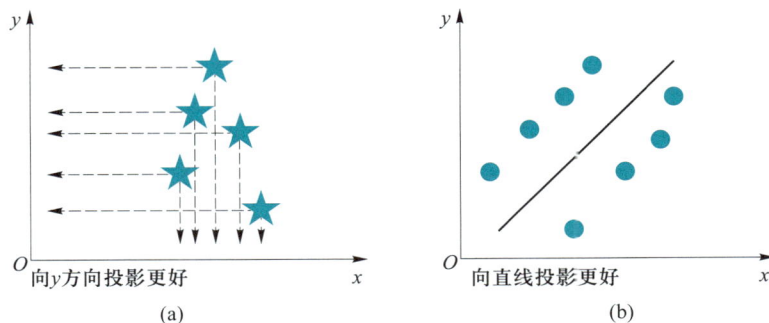

图 4.5　PCA 降维示意

主成分分析的思想是将 d 维特征数据映射到 l 维空间（一般 $d \gg l$），以去除原始数据之间的冗余性（通过去除相关性手段达到这一目的），将原始数据向这些数据方差最大的方向进行投影。一旦发现了方差最大的投影方向，则继续寻找保持方差第二大的方向且进行投影。其目标是使得数据每一维的方差都尽可能大。

主成分分析的算法解释如下：假设有 n 个 d 维样本数据所构成的集合 $D = \{ \boldsymbol{x}_1, \boldsymbol{x}_2, \cdots, \boldsymbol{x}_n \}$，其中 $\boldsymbol{x}_i (1 \leqslant i \leqslant n) \in \mathbb{R}^d$。集合 D 可以表示成一个 $n \times d$ 的矩阵 $\boldsymbol{X}$。假定每一维度的特征均值均为零（已经标准化），主成分分析的目的是求取一个 $d \times l$ 的映射矩阵 $\boldsymbol{W}$。给定一个样本 $\boldsymbol{x}_i$，可将 $\boldsymbol{x}_i$ 从 d 维空间如下映射到 l 维空间：$(\boldsymbol{x}_i)_{1 \times d} (\boldsymbol{W})_{d \times l}$。将所有降维后的数据用 $\boldsymbol{Y}$ 表示，有 $\boldsymbol{Y} = \boldsymbol{X} \boldsymbol{W}$，其中 $\boldsymbol{Y} \in \mathbb{R}^{n \times l}$ 是降维后的结果，$\boldsymbol{X} \in \mathbb{R}^{n \times d}$ 是原始数据，$\boldsymbol{W} \in \mathbb{R}^{d \times l}$ 是映射矩阵。

降维后 n 个 l 维样本数据 $\boldsymbol{Y}$ 的方差为

$$
\begin{aligned}
\mathrm{var}(\boldsymbol{Y}) &= \frac{1}{n-1} \mathrm{tr}(\boldsymbol{Y}^{\mathrm{T}} \boldsymbol{Y}) \\
&= \frac{1}{n-1} \mathrm{tr}(\boldsymbol{W}^{\mathrm{T}} \boldsymbol{X}^{\mathrm{T}} \boldsymbol{X} \boldsymbol{W}) \\
&= \mathrm{tr}\left(\boldsymbol{W}^{\mathrm{T}} \frac{1}{n-1} \boldsymbol{X}^{\mathrm{T}} \boldsymbol{X} \boldsymbol{W} \right)
\end{aligned}
$$

其中，tr 表示矩阵的迹（trace），即一个方阵主对角线（从左上方到右下方的对角线）上各个元素的总和。降维前 n 个 d 维样本数据 $\boldsymbol{X}$ 的协方差矩阵记为

$$
\boldsymbol{\Sigma} = \frac{1}{n-1} \boldsymbol{X}^{\mathrm{T}} \boldsymbol{X}
$$

主成分分析的优化求解目标函数为

$$
\max_{\boldsymbol{W}} \mathrm{tr}(\boldsymbol{W}^{\mathrm{T}} \boldsymbol{\Sigma} \boldsymbol{W})
$$

该优化求解目标需要满足如下约束条件：

$$
\boldsymbol{w}_i^{\mathrm{T}} \boldsymbol{w}_i = 1 \quad i \in \{1, 2, \cdots, l\}
$$

这是带约束的最优化问题求解，可以通过拉格朗日乘子法将上述问题转换为无约束的最优化问题。拉格朗日函数如下：

$$
L(\boldsymbol{W}, \lambda) = \mathrm{tr}(\boldsymbol{W}^{\mathrm{T}} \boldsymbol{\Sigma} \boldsymbol{W}) - \sum_{i=1}^{l} \lambda_i (\boldsymbol{w}_i^{\mathrm{T}} \boldsymbol{w}_i - 1)
$$

其中，$\lambda_i (1 \leqslant i \leqslant l)$ 为拉格朗日乘子，$\boldsymbol{w}_i$ 为矩阵 $\boldsymbol{W}$ 的第 i 列。

对上述拉格朗日函数中的变量 $\boldsymbol{w}_i$ 求偏导并令导数为零，有

$$
\boldsymbol{\Sigma} \boldsymbol{w}_i = \lambda_i \boldsymbol{w}_i
$$

上式表明：每一个 $\boldsymbol{w}_i$ 均是 n 个 d 维样本数据 $\boldsymbol{X}$ 的协方差矩阵 $\boldsymbol{\Sigma}$ 的特征向量，λ_i 是这个特征向量所对应的特征值，即

$$\boldsymbol{\Sigma} \boldsymbol{w}_i = \lambda_i \boldsymbol{w}_i，\text{且} \operatorname{tr}\left(\boldsymbol{W}^{\mathrm{T}} \boldsymbol{\Sigma} \boldsymbol{W}\right) = \sum_{i=1}^{l} \boldsymbol{w}_i^{\mathrm{T}} \boldsymbol{\Sigma} \boldsymbol{w}_i = \sum_{i=1}^{l} \lambda_i$$

可见，在主成分分析中，最优化的方差等于原始样本数据 $\boldsymbol{X}$ 的协方差矩阵 $\boldsymbol{\Sigma}$ 的特征根之和。

为了使方差最大，可以求出协方差矩阵 $\boldsymbol{\Sigma}$ 的特征向量和特征根，然后取前 l 个最大特征根所对应的特征向量组成映射矩阵 $\boldsymbol{W}$ 即可。

注意：每个特征向量 $\boldsymbol{w}_i$ 与原始数据 $\boldsymbol{x}_i$ 的维数是一样的，均为 d。

算法 4.2 主成分分析

输入： n 个 d 维样本数据所构成的矩阵 $\boldsymbol{X}$，降维后的维数 l

输出： 映射矩阵 $\boldsymbol{W} = \{\, w_1,\ w_2,\ \cdots,\ w_l \,\}$

算法步骤：

（1）对于每个样本数据 $\boldsymbol{x}_i$ 进行中心化处理：$\boldsymbol{x}_i = \boldsymbol{x}_i - \mu$，$\mu = \dfrac{1}{n} \sum_{j=1}^{n} \boldsymbol{x}_j$。

（2）计算原始样本数据的协方差矩阵：$\boldsymbol{\Sigma} = \dfrac{1}{n-1} \boldsymbol{X}^{\mathrm{T}} \boldsymbol{X}$。

（3）对协方差矩阵 $\boldsymbol{\Sigma}$ 进行特征值分解，对所得特征根进行排序：$\lambda_1 \geqslant \lambda_2 \geqslant \cdots \geqslant \lambda_l$。

（4）取前 l 个最大特征根所对应的特征向量 w_1，w_2，$\cdots$，w_l 组成映射矩阵。

4.7.3 特征人脸法

特征人脸是基于外观的人脸识别方法，其目的是捕捉人脸图像集合中的特征信息，并使用该信息对各个人脸图像进行编码和比较。换句话说，特征人脸提取了人脸图像的面部信息，这些信息可能与人的直觉相符，如眼睛、鼻子和嘴唇的大小、形状特征。这样，特征人脸就可以有效地表现原始面部图像，减少计算和空间复杂度。

使用主成分分析的手段表示特征人脸的思想最先由 Sirovich 和 Kirby（Sirovich et al.,1987）提出，其本质是使用一组特征向量的线性组合来表示原始人脸，进而实现人脸识别（Turk et al.,1991）。

假设共有 n 张灰度人脸图像，每张人脸图像 Γ_i 的分辨率为 $d \times d$。如果 $d = 32$，即人脸图像的分辨率为 32×32，人脸图像在计算机中可以表示为一个 32×32 的像素矩阵，如果将该矩阵铺平，则可以转换为一个 1024 维的列向量，如图 4.6 所示。

该 1024 维的列向量是原始灰度图像的表达。但是直觉表明，人脸具有一定的拓扑结构，像素点之间有较强的空间位置关系，也就是说，可以使用一个低维向量来表达原始图像大部分的信息。这样就可以使用前面讲述的主成分分析算法来实现降维。不过在特征维度较高的情况下，主成分分析算法暴力求解特征向量是一个耗时操作。这里介绍一种新的矩阵分解方法——奇异值分解（singular value decomposition，SVD）来实现主成分分析，对原始数据进行降维。

图 4.6　二维灰度图像的向量化表示

奇异值分解将矩阵 A 分解为三个子矩阵，即 $A = UDV^{\mathrm{T}}$，其中矩阵 U 和矩阵 V 都是酉矩阵，即满足 $UU^{\mathrm{T}} = VV^{\mathrm{T}} = I$。矩阵 D 是对角矩阵，它的每一项都是正实数。与特征分解不同，奇异值分解不要求被分解的矩阵 A 是方阵，假如矩阵 A 的维度是 $n \times d$，则矩阵 U 的维度为 $n \times n$，矩阵 D 的维度为 $n \times d$，矩阵 V^{T} 的维度为 $d \times d$，如图 4.7 所示。

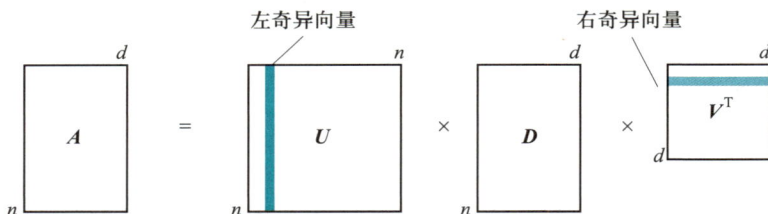

图 4.7　奇异值分解示意

那么如何求解分解后的三个子矩阵呢？容易发现：

$$AA^{\mathrm{T}} = UDV^{\mathrm{T}}(UDV^{\mathrm{T}})^{\mathrm{T}} = UDV^{\mathrm{T}}VD^{\mathrm{T}}U^{\mathrm{T}} = UDD^{\mathrm{T}}U^{\mathrm{T}} = UD^2U^{\mathrm{T}}$$
$$\Rightarrow (AA^{\mathrm{T}})\,U = UD^2$$

因此，矩阵 U 即为矩阵 AA^{T} 所有特征向量构成的矩阵；同理，矩阵 V 即为矩阵 $A^{\mathrm{T}}A$ 所有特征向量构成的矩阵。同时，矩阵 D 就等于矩阵 AA^{T} 或矩阵 $A^{\mathrm{T}}A$ 的所有特征值开方后组成的对角矩阵；或者也可以使用矩阵 V 和矩阵 U，通过式子 $U^{\mathrm{T}}AV = D$ 得到矩阵 D。

虽然上述求解过程比主成分分析对特征协方差矩阵做特征分解更为烦琐，但是存在一些算法不用求出矩阵 $A^{\mathrm{T}}A$，也可以得到右奇异矩阵 V，继而选取前 K 个特征向量作为主要成分实现主成分分析，这样可以更加高效地实现主成分分析。事实上，许多常用的算法包如 scikit-learn（Python 语言的机器学习库）中的主成分分析实现使用的就是奇异值分解。注意，从矩阵 U 选取前 l 个向量可以实现对原矩阵 A 行数的压缩，而从

矩阵 V 选取前 l 个向量可以实现对原矩阵 A 列数即特征维度的压缩，也就是主成分分析所要达到的目标。

接下来使用奇异值分解得到特征人脸。

首先计算所有 n 张灰度人脸图像向量的均值人脸向量，即 $\Psi = \dfrac{1}{n} \sum\limits_{i=1}^{n} \Gamma_i$。得到均值人脸向量后，用每张人脸图像向量减去均值人脸向量，即进行中心化处理，得到处理后的人脸向量，记为 $\phi_i = \Gamma_i - \Psi \, (1 \leqslant i \leqslant n)$。

现在，所有处理后的人脸向量可以表示为一个 $n \times d^2$ 的矩阵，记为 $\boldsymbol{\Phi}$，$\boldsymbol{\Phi}$ 中的每一行即为中心化处理后的人脸向量。

如果使用主成分分析，需要计算维度为 $d^2 \times d^2$ 的特征的协方差矩阵 $\boldsymbol{\Phi}^{\mathrm{T}}\boldsymbol{\Phi}$，然后计算协方差矩阵的特征向量（右奇异向量），但是当 $d^2 \gg n$ 时，这就是一个相对耗时甚至不切实际的方法。注意到：

$$U^{\mathrm{T}}A = U^{\mathrm{T}}UDV^{\mathrm{T}} = DV^{\mathrm{T}} \Rightarrow u_i^{\mathrm{T}}A = d_i v_i^{\mathrm{T}}$$

因此，可以使用奇异值分解求取左奇异向量和特征值，然后得到右奇异向量，即求取矩阵 $\boldsymbol{\Phi}\boldsymbol{\Phi}^{\mathrm{T}}$ 的特征向量，有

$$\left(\boldsymbol{\Phi}\boldsymbol{\Phi}^{\mathrm{T}} \right) u_i = \lambda_i u_i$$

上式两端分别左乘 $\boldsymbol{\Phi}^{\mathrm{T}}$，可得

$$\boldsymbol{\Phi}^{\mathrm{T}}\boldsymbol{\Phi} \left(\boldsymbol{\Phi}^{\mathrm{T}} u_i \right) = \lambda_i \left(\boldsymbol{\Phi}^{\mathrm{T}} u_i \right)$$

这里的 $\boldsymbol{\Phi}^{\mathrm{T}} u_i$ 就是一个特征人脸，表示为一个维度为 $d^2 \times 1$ 的列向量。n 个 $d^2 \times 1$ 的列向量组成矩阵 $U_{d^2 \times n}$，该矩阵称为特征人脸空间。需要注意的是，$U_{d^2 \times n}$ 中的每一列就是一个特征人脸。

对于先前得到的每幅人脸图像 $\phi_i = \Gamma_i - \Psi \, (1 \leqslant i \leqslant n)$，可以如下得到 ϕ_i 在特征人脸空间中的表示：

$$\Omega_i = \left(U_{d^2 \times n} \right)^{\mathrm{T}} \left(\phi_i \right)_{d^2 \times 1}$$

这里将 ϕ_i 从 $d \times d$ 大小转换成了 n 维大小的向量，n 维向量中每个值反映了 ϕ_i 与每个特征人脸相关性的大小，于是可以用这 n 个相关性系数来表征原始人脸。

这样就实现了将人脸从像素点空间转换到人脸空间，即用特征人脸来表达人脸。要比较两幅人脸图像 ϕ_i 和 ϕ_j 是否相似，只需比较其对应在特征人脸空间的表示 Ω_i 和 Ω_j 是否相似。

同理，对于训练集以外的任意 $d \times d$ 大小的人脸图像，也可以通过上述转换得到其在特征人脸空间 n 维向量大小的表示，即这种特征人脸投影方法能够处理训练集（out-of-sample）以外的数据。另外，也可以对特征人脸空间的大小进行选择，即选择与应用适合的特征人脸个数来构成特征人脸空间。

图 4.8 和图 4.9 给出了对 Olivetti Research Laboratory 的人脸库进行特征人脸处理，

以及使用选取的 l 个特征人脸对原始灰度人脸进行压缩和重建的结果。这一人脸数据库包括 40 个不同肤色、种族和性别的人，在不同的时间和不同的光照条件下拍摄的脸部灰度图像各 10 幅。其中，若干人脸图像存在部分脸部遮挡（戴眼镜）及脸部有不同侧向。

图 4.8　特征人脸向量的可视化

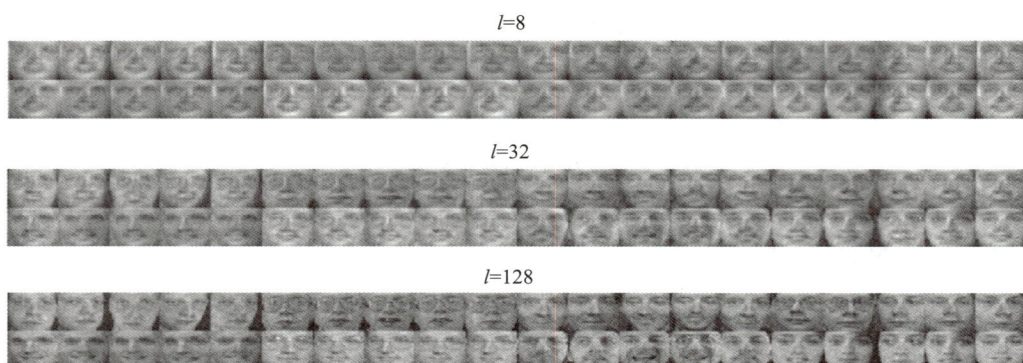

$l=8$

$l=32$

$l=128$

图 4.9　特征人脸重建原始灰度人脸图像

可以看出，每幅特征人脸较好表达了原始人脸的全局信息，但是无法凸显人脸中的局部特性。这也验证了主成分分析方法生成的特征人脸具有只能提取原始图像中存在的全局信息，而无法如非负矩阵分解（non-negative matrix factorization）方法那样提取局部信息的局限性。

使用少量的特征人脸对原始人脸进行压缩和重建就可以有人脸的大致模样，但是一方面人脸细节模糊，另一方面重建后的人脸相互趋同；随着特征人脸数量 K 的增加，人物细节变得越来越清晰，特征人脸空间能够表达的人脸的多样性也相应增加。如何选择特征人脸数量 l 是对重建质量多样性和算法空间、时间复杂度的权衡。

4.8　演化学习

演化学习

演化算法（evolutionary algorithm）是指一大类受自然演化启发的启发式随机优化算法，该算法通过考虑"突变重组"和"自然选择"这两个关键因素来模拟自然演化过程。演化算法有很多种实现方法，如遗传算法（genetic algorithm，GA）、遗传规划（genetic programming，GP）、演化策略（evolutionary strategy）等。

遗传算法是演化学习的代表性算法，其受到达尔文"物竞天择，适者生存"进化论思想的启示，引入选择（selection）、交叉（crossover）和变异（mutation）等操作，以搜索方式来进行优化求解。遗传算法由密歇根大学的约翰·霍兰（John H. Holland）和他的同事于20世纪60年代在对细胞自动机（cellular automata）进行研究时率先提出（Holland，1992）。

在遗传算法中，对于一个待求解的最优化问题，先给定一定数量的候选解（称为个体或染色体），然后让由这些染色体构成的种群向最优解进化。在每一次进化过程中，计算每个染色体（即候选解）的适应度（fitness），根据适应度选择合适的染色体，随后施以选择和变异来产生新的生命种群，该种群在算法下一次的迭代中被作为当前种群。

遗传算法的基本流程如下：

步骤1：初始化具有若干规模数目的群体。当前进化代数 Generation = 0。

步骤2：采用评估函数计算群体中每个染色体的适应值，保存适应值最大的染色体 Best。

步骤3：采用轮盘赌选择算法对群体中的染色体进行选择，产生同样规模的种群。

步骤4：按照概率从种群中选择两对染色体进行交叉操作，即对所选中的两对染色体中的相应基因片段信息进行交换。交叉所得的染色体进入新种群，未进行交叉操作的染色体被复制进入新种群。

步骤5：按照概率对新种群中被选中染色体的若干基因片段进行变异操作。变异后的染色体取代原有染色体进入新种群，未发生变异的染色体直接进入新种群。

步骤6：计算种群中各个染色体的适应值。倘若种群中染色体的最大适应值大于已知 Best 的适应值，则取代原有的 Best。

步骤7：当前进化代数 Generation 加1。如果 Generation 超过规定的最大进化代数或 Best 达到规定的误差要求，算法结束；否则返回步骤3。

例 已知函数 $y = f(x_1, x_2, x_3, x_4) = \dfrac{1}{x_1^2 + x_2^2 + x_3^2 + x_4^2 + 8}$，其中 $-5 \leq x_1, x_2, x_3, x_4 \leq 5$，用遗传算法求解 y 的最大值及对应变量 x_1、x_2、x_3 和 x_4 的取值。

解 使用遗传算法优化求解上述问题的步骤如下：

步骤1：初始化。

假设种群规模为5，使用浮点数编码方式构造染色体（即候选解）。每个染色体以四维向量形式表示，对应函数 $f(x_1, x_2, x_3, x_4)$ 中4个变量的取值。初始化后得到如下5个染色体：

$$C_1 = (-2.135\,1, \ 2.091\,7, \ -0.132\,7, \ -4.100\,6)$$

$$C_2 = (1.015\ 2, -3.981\ 1, -2.663\ 8, 3.753\ 5)$$
$$C_3 = (4.058\ 9, 2.190\ 4, -0.150\ 3, 0.002\ 3)$$
$$C_4 = (-3.409\ 8, -3.071\ 4, -0.900\ 8, -4.371\ 2)$$
$$C_5 = (0.207\ 3, 2.993\ 2, -4.080\ 2, 1.879\ 4)$$

步骤 2：计算适应值。

选择评估函数 $\mathrm{Eval}(C) = f(x_1, x_2, x_3, x_4) = \dfrac{1}{x_1^2 + x_2^2 + x_3^2 + x_4^2 + 8}$，计算每个染色体的

适应值如下：

$$\mathrm{Eval}(C_1) = f(-2.135\ 1, 2.091\ 7, -0.132\ 7, -4.100\ 6) = 0.029\ 615\ 2$$
$$\mathrm{Eval}(C_2) = f(1.015\ 2, -3.981\ 1, -2.663\ 8, 3.753\ 5) = 0.021\ 708\ 7$$
$$\mathrm{Eval}(C_3) = f(4.058\ 9, 2.190\ 4, -0.150\ 3, 0.002\ 3) = 0.034\ 135\ 4$$
$$\mathrm{Eval}(C_4) = f(-3.409\ 8, -3.071\ 4, -0.900\ 8, -4.371\ 2) = 0.020\ 416\ 9$$
$$\mathrm{Eval}(C_5) = f(0.207\ 3, 2.993\ 2, -4.080\ 2, 1.879\ 4) = 0.026\ 894\ 4$$

因此，$\mathrm{Best} = C_3$，$\mathrm{Eval}(\mathrm{Best}) = 0.034\ 135\ 4$。

步骤 3：选择。

采用轮盘赌选择算法，计算种群中所有染色体适应值之和为 0.029 615 2 + 0.021 708 7 + 0.034 135 4 + 0.020 416 9 + 0.026 894 4 = 0.132 770 6。分别计算每个染色体适应值同种群适应值之和的比值：

C_1：0.223 055 4；C_2：0.163 505 3；C_3：0.257 100 6；C_4：0.153 775 8；C_5：0.202 562 9。

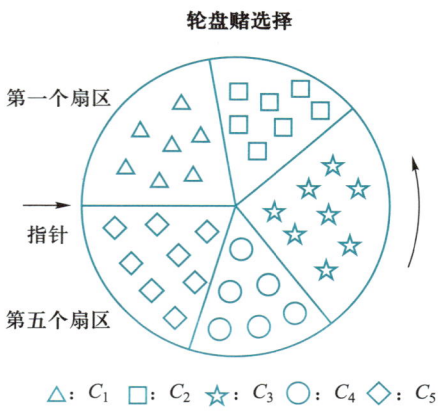

轮盘赌选择

第一个扇区

指针

第五个扇区

△：C_1 □：C_2 ☆：C_3 ○：C_4 ◇：C_5

图 4.10 5 个染色体的轮盘赌选择饼图

依据这些比值绘制 5 个染色体的轮盘赌选择饼图（见图 4.10）。在图 4.10 中，采样 [0，1] 之间的随机数表示轮盘指针的位置（自 C_1 开始），指针指到的扇形区域即为选中的染色体。

下面给出 5 次选择所产生的 [0，1] 随机数和被选中的染色体。

（1）产生随机数 0.278 756，指针落在第二个扇形区域，则选择染色体 C_2。

（2）产生随机数 0.604 389，指针落在第三个扇形区域，则选择染色体 C_3。

（3）产生随机数 0.230 964，指针落在第二个扇形区域，则选择染色体 C_2。

（4）产生随机数 0.376 263，指针落在第二个扇形区域，则选择染色体 C_2。

（5）产生随机数 0.858 791，指针落在第五个扇形区域，则选择染色体 C_5。

根据上述 5 次选择，可以得到新种群为

$$C_1' = (\ 1.015\ 2,\ -3.981\ 1,\ -2.663\ 8,\ 3.753\ 5\ )$$
$$C_2' = (\ 4.058\ 9,\ 2.190\ 4,\ -0.150\ 3,\ 0.002\ 3\ )$$
$$C_3' = (\ 1.015\ 2,\ -3.981\ 1,\ -2.663\ 8,\ 3.753\ 5\ )$$
$$C_4' = (\ 1.015\ 2,\ -3.981\ 1,\ -2.663\ 8,\ 3.753\ 5\ )$$
$$C_5' = (\ 0.207\ 3,\ 2.993\ 2,\ -4.080\ 2,\ 1.879\ 4\ )$$

步骤 4：交叉。

对每个染色体生成 [0，1] 之间的随机数，随机数小于 0.88，则对该染色体进行交叉操作。

（1）对 C_1' 生成随机数 0.341 044，进行交叉操作。

（2）对 C_2' 生成随机数 0.613 797，进行交叉操作。

（3）对 C_3' 生成随机数 0.963 042，不进行交叉操作。

（4）对 C_4' 生成随机数 0.347 545，进行交叉操作。

（5）对 C_5' 生成随机数 0.593 677，进行交叉操作。

于是对 C_1' 和 C_2'、C_4' 和 C_5' 两对染色体进行交叉操作。具体而言，随机生成 1~4 之间的一个自然数作为交叉位，每对染色体交换交叉位及之后的基因信息（例如交叉位为 3，则交换这对染色体 3 号位及之后的基因信息）。

（1）C_1' 和 C_2' 交叉位为 3，交换这对染色体 3 号位及之后的基因信息，得到新的染色体：

$$C_1'' = (\ 1.015\ 2,\ -3.981\ 1,\ -0.150\ 3,\ 0.002\ 3\ )$$
$$C_2'' = (\ 4.058\ 9,\ 2.190\ 4,\ -2.663\ 8,\ 3.753\ 5\ )$$

（2）C_4' 和 C_5' 交叉位为 4，交换这对染色体 4 号位及之后的基因信息，得到新的染色体：

$$C_4'' = (\ 1.015\ 2,\ -3.981\ 1,\ -2.663\ 8,\ 1.879\ 4\ )$$
$$C_5'' = (\ 0.207\ 3,\ 2.993\ 2,\ -4.080\ 2,\ 3.753\ 5\ )$$

故交叉操作后的新种群为

$$C_1'' = (\ 1.015\ 2,\ -3.981\ 1,\ -0.150\ 3,\ 0.002\ 3\ )$$
$$C_2'' = (\ 4.058\ 9,\ 2.190\ 4,\ -2.663\ 8,\ 3.753\ 5\ )$$
$$C_3'' = (\ 1.015\ 2,\ -3.981\ 1,\ -2.663\ 8,\ 3.753\ 5\ )$$
$$C_4'' = (\ 1.015\ 2,\ -3.981\ 1,\ -2.663\ 8,\ 1.879\ 4\ )$$
$$C_5'' = (\ 0.207\ 3,\ 2.993\ 2,\ -4.080\ 2,\ 3.753\ 5\ )$$

步骤 5：变异。

假设变异概率为 0.1。对于每个染色体中的若干基因随机生成 [C，1] 的随机数，若该随机数小于 0.1，则改变该基因的信息取值；否则不改变该基因的信息取值。

C_3'' 的一号位基因采样所得随机数小于 0.1，该基因发生随机变异，其他基因信息保持不变：

$$C_3''=(\,1.015\,2,\ -3.981\,1,\ -2.663\,8,\ 3.753\,5\,)\rightarrow(\,3.095\,3,\ -3.981\,1,\ -2.663\,8,\ 3.753\,5\,)$$

C_4'' 的二号位基因采样所得随机数小于 0.1，该基因发生随机变异，其他基因信息保持不变：

$$C_4''=(\,1.015\,2,\ -3.981\,1,\ -2.663\,8,\ 1.879\,4\,)\rightarrow(\,1.015\,2,\ 0.015\,3,\ -2.663\,8,\ 1.879\,4\,)$$

其他染色体的每个基因采样所得随机数均大于 0.1，保持信息不变，于是得到新种群为

$$C_1'''=(\,1.015\,2,\ -3.981\,1,\ -0.150\,3,\ 0.002\,3\,)$$
$$C_2'''=(\,4.058\,9,\ 2.190\,4,\ -2.663\,8,\ 3.753\,5\,)$$
$$C_3'''=(\,3.095\,3,\ -3.981\,1,\ -2.663\,8,\ 3.753\,5\,)$$
$$C_4'''=(\,1.015\,2,\ 0.015\,3,\ -2.663\,8,\ 1.879\,4\,)$$
$$C_5'''=(\,0.207\,3,\ 2.993\,2,\ -4.080\,2,\ 3.753\,5\,)$$

步骤 6：重新评价染色体适应值，更新 Best。

计算每个染色体的适应值如下：

$$\text{Eval}(\,C_1'''\,)=f(1.015\,2,\ -3.981\,1,\ -0.150\,3,\ 0.002\,3)=0.040\,156\,8$$
$$\text{Eval}(\,C_2'''\,)=f(4.058\,9,\ 2.190\,4,\ -2.663\,8,\ 3.753\,5)=0.019\,818\,8$$
$$\text{Eval}(\,C_3'''\,)=f(3.095\,3,\ -3.981\,1,\ -2.663\,8,\ 3.753\,5)=0.018\,310\,1$$
$$\text{Eval}(\,C_4'''\,)=f(1.015\,2,\ 0.015\,3,\ -2.663\,8,\ 1.879\,4)=0.050\,867\,7$$
$$\text{Eval}(\,C_5'''\,)=f(0.207\,3,\ 2.993\,2,\ -4.080\,2,\ 3.753\,5)=0.020\,947\,2$$

因为 $\text{Eval}(\,C_4'''\,)=0.050\,867\,7>\text{Eval}(\,\text{Best}\,)$，故更新 Best：

$$\text{Best}=C_4''',\ \text{Eval}(\,\text{Best}\,)=0.050\,867\,7$$

步骤 7：判断结束。

如果满足算法终止条件，则输出找到的最优解 Best 并退出程序；否则返回步骤 3 继续执行。

4.9 小结

1959 年 7 月，塞缪尔发表的一篇名为《通过国际跳棋进行机器学习的研究》论文中，第一次使用了"机器学习"这一术语（Samuel，1959）。在人工智能发展早期，使用国际跳棋而非国际象棋或围棋，是因为国际跳棋中对落子的选择和判断相对简单。

从数据中学习概念或模式形成判断和决策能力是机器学习的一个基本目标。监督学习从标注数据出发，学习得到一个映射函数，将原始输出映射到语义任务空间，架构起了"从底层特征到高层语义"的"桥梁"。

如何形成数据依赖灵活且能够在学习过程中有效利用知识或先验，是机器学习今后发展的重要方向。同时，一个任务是否可以被学习（learnability）仍然是学术界研究的热点和难点。

延伸阅读：二战中德军每个月生产多少坦克？

在第二次世界大战期间，盟军在战场上击毁或缴获了一批带有编号的德军坦克，盟军希望能够从这些编号中估计德军一个月可以生产多少辆坦克，以便能有序开辟更多新战场，这一问题被形象描述为"德军坦克问题"（German tank problem）（Goodman，1954；Ruggles et al.，1947）。

机器学习延伸阅读

这是一个统计推断的问题，即从观测得到的按照从小到大排序的 n 个坦克编号 $\{x_1, x_2, \cdots, x_n\}$ 来推断随机变量的整体数目 N。可以假设击毁或缴获某一编号坦克是等概率事件，即观测到 $1 \sim N$ 中任何一个编号的坦克的可能性都相同，均为 $\frac{1}{N}$。也就是说，截获或击毁任一辆坦克的概率是坦克总数 N 的函数 $\left(\text{函数为} \frac{1}{N}\right)$：$N$ 越大（生产的坦克数越多），截获某个编号坦克的概率便越小。

进一步假设，相邻两个坦克编号之间包含的坦克数目是相同的，则有

$$\frac{(x_1 - 1) + (x_2 - x_1 - 1) + \cdots + (x_n - x_{n-1})}{n} = N - x_n$$

整理可得：$N = x_n + \frac{x_n - n}{n} = \frac{n+1}{n} x_n - 1$。

如盟军击毁或缴获四辆坦克的编号为 19、40、42 和 60，因此，n 值为 4，x_n 值为 60，则所估计的坦克总数 $60 + (60 - 4)/4 = 74$。这一估计方法实际上是"最大似然估计"，它有"无偏"（unbiased）和最小方差（minimum variance）两个优点。

以上是频率学派使用的统计推断方法，贝叶斯学派又如何解决德国坦克问题呢？频率学派认为参数 N 是"客观的不确定性"，即找出这个固定参数，但也引入置信度来解释对客观固定取值的一种信心。对于贝叶斯学派而言，模型参数 N 不是固定的（可被认为是随机变量）。因此，贝叶斯推断不是优化模型参数 N 本身，而是参数 N 可取各种可能值的分布情况。贝叶斯学派在解决坦克问题时，将坦克总数 N 视为服从某种概率分布的随机变量。随着采样样本增加，N 的概率分布函数不断被更新，贝叶斯推断描述这个更新的过程。

预设坦克整体分布均匀,通过 n 次采样,得到最大坦克编号是 x 的概率。本质上,这是在已知先验概率分布的情况下求取后验概率分布的问题。首先,遍历抽样 n 辆坦克且抽到最大坦克编号为 x 的所有组合情况,因为已知第 n 辆坦克的编号为 x,所以该组合情况即为从 $x-1$ 辆坦克中选择 $n-1$ 辆的组合数,即 C_{x-1}^{n-1}。这代表了已知最大坦克编号为 x 的情况下,抽样 n 次得到当前结果的可能组合数。然后,假设坦克总数为 N,则从中抽样 n 次的所有可能组合数为 C_N^n,而本次观察只是这 C_N^n 种情况中的一种,即 $\dfrac{1}{C_N^n}$。综上,坦克总数的概率质量函数(probability mass function)为

$$P(坦克总数 = N) = \frac{n-1}{n} \times \frac{C_{x-1}^{n-1}}{C_N^n}$$

在上述二战期间德军坦克总数的估计中,$(n-1)/n$ 表示调整因子,用于校正概率;$\dfrac{C_{x-1}^{n-1}}{C_N^n}$ 表示当前情况下坦克总数为 N 时随机抽样得到当前状况的概率。

以 $n = 4$、$x = 60$ 为例,坦克总数 N 的概率质量函数如图 4.11 所示。

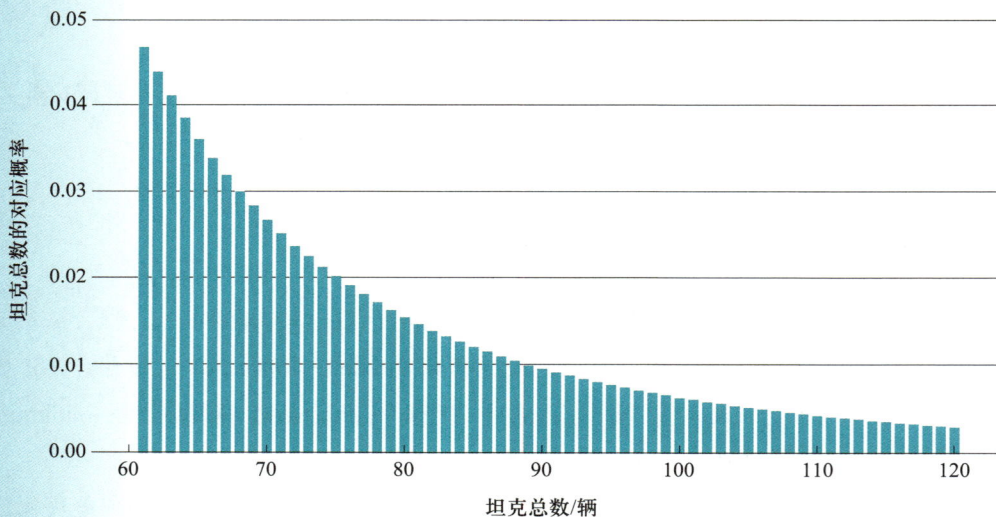

图 4.11 坦克总数的概率质量函数

可见,坦克总数 N 是一个与抽样次数 n 和抽样所得坦克最大编号 x 相关的随机变量,N 的取值随 n 和 x 的变化而变化。为了求取无偏估计(即寻找期望值),可根据概率质量函数按标准流程计算期望,得到 N 的无偏估计结果 89,也可以求取中位数,结果为 74.5。

二战胜利后，盟军获得德国坦克生产记录，表 4.8 给出了坦克实际生产数量、情报部门分析估计数量及统计模型估计数量的比较。

表 4.8　预测坦克总数与坦克真实生产总数对比

时间	统计模型估计 / 辆	情报分析估计 / 辆	德军生产记录 / 辆
1940 年 6 月	169	1 000	122
1941 年 6 月	244	1 550	271
1942 年 8 月	327	1 550	342

可见，"统而计之"的统计方法圆满完成了这一任务。目前，出于保密目的，多数产品的序列号都不是顺序生成的。

莎士比亚除了为英语增添 "to be or not to be" 这样的名句，还首创了约 1 700 个新单词，占其作品单词总数的 10%。但是研究表明，莎士比亚的很多作品已经遗失，因此上述方法也被用来解决莎士比亚一辈子掌握了多少单词等有趣问题。

本章习题

1. 判断下面说法是否正确：线性判别分析是在最大化类间方差和类内方差的比值。（　　　）

A. 正确　　　　　　　　　　　　　　B. 错误

2. 在决策树建立过程中，使用一个属性对某个结点对应的数据集合进行划分后，结果具有高信息熵（high entropy）。以下对于结果的描述，最贴切的是（　　　）。

A. 纯度高　　　　　　　　　　　　　B. 纯度低

C. 有用　　　　　　　　　　　　　　D. 无用

E. 以上描述都不贴切

3. 在一个监督学习任务中，每个数据样本有 4 个属性和 1 个类别标签，每种属性分别有 3、2、2 和 2 种可能的取值，类别标签有 3 种不同的取值，则可能存在的不同的样本种数是（　　　）。（注意：并不是在某个数据集中最多有多少种不同的样本，而是考虑所有可能的样本。）

A. 3　　　　　　　　　　　　　　　　B. 6

C. 12　　　　　　　　　　　　　　　D. 24

E. 48　　　　　　　　　　　　　　　F. 72

4. 关于支持向量机，能使以下说法正确的是（　　　）。

支持向量机是一种＿＿＿＿＿＿模型，其目标是＿＿＿＿＿＿分类间隔。

A. 生成，最大化

B. 生成，最小化

C. 判别，最大化

D. 判别，最小化

5. 以下不属于监督学习方法的是（   ）。

A. 聚类

B. 决策树

C. 线性回归

D. 朴素贝叶斯

E. 支持向量机

F. 以上都不属于监督学习方法

6. 可以从最小化每个类簇的方差这一视角来解释 k 均值聚类的结果。下面对这一视角描述不正确的是（   ）。

A. 最终的聚类结果中，每个聚类集合中所包含的数据呈现出来的差异性最小

B. 每个样本数据分别归属于与其距离最近的聚类质心所在的聚类集合

C. 每个簇类的方差累加起来最小

D. 每个簇类的质心累加起来最小

7. 下面对相关性（correlation）和独立性（independence）描述不正确的是（   ）。

A. 如果两维变量线性不相关，则皮尔逊相关系数等于 0

B. 如果两维变量彼此独立，则皮尔逊相关系数等于 0

C. "不相关"是一个比"独立"强的概念，即不相关一定相互独立

D. 独立指两个变量彼此之间不相互影响

8. 下面对主成分分析的描述不正确的是（   ）。

A. 主成分分析是一种特征降维方法

B. 主成分分析可保证原始高维样本数据被投影映射后，其方差保持最大

C. 在主成分分析中，将数据向方差最大方向进行投影，可使得数据所蕴含的信息不会丢失，以便在后续处理过程中各个数据"彰显个性"

D. 在主成分分析中，所得低维数据中每一维度之间具有极大相关度

9. 下面对特征人脸算法描述不正确的是（   ）。

A. 特征人脸方法是一种应用主成分分析来实现人脸图像降维的方法

B. 特征人脸方法是用一种称为"特征人脸"（eigenface）的特征向量按照线性组合形式来表达每一张原始人脸图像的方法

C. 每一个特征人脸的维数与原始人脸图像的维数一样大

D. 特征人脸之间的相关度要尽可能大

10. 假设有两批从同样的真实数据分布中采样得到，完成同一任务的数据集 A 和 B。A 包含 100 K 数据，B 包含 10 K 数据。按照 9∶1 这一比例随机地将 A 和 B 分别划分为训练集和测试集。题图 4.1 给出了数据集 A 和数据集 B 随着模型复杂度增加所对应训练误差（A，train 及 B，train）和测试误差（A，test 及 B，test）的曲线图。试指出哪幅图正确表示了随着模型复杂度增加所对应训练误差和测试误差的变化曲线。

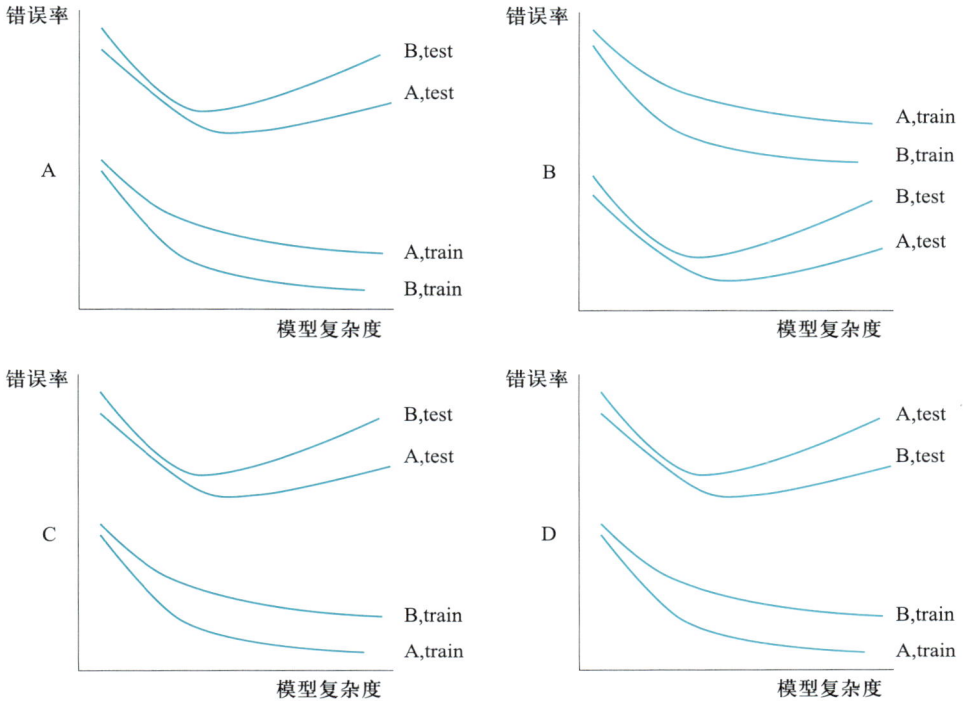

题图 4.1　数据集 A 和数据集 B 随模型复杂度增加所对应的训练误差和测试误差变化示意

11*. 线性判别分析模型由如下假设所定义：

$$P(x|y=k) = \frac{e^{\frac{1}{2}(x-\mu_k)^{\mathrm{T}}\Sigma^{-1}(x-\mu_k)}}{\sqrt{2\pi}\,|\Sigma|^{\frac{1}{2}}}$$

其决策边界由如下对数概率比值确定：

$$\log\frac{P(y=1|x)}{P(y=0|x)} = \log\frac{P(x|y=1)\,P(y=1)}{P(x|y=0)\,P(y=0)}$$

试简要证明线性判别分析的决策边界是线性的。

12. 说明在 k 均值聚类算法执行的过程中，其目标函数 $\sum_{i=1}^{k}\sum_{x\in G_i}\|x-c_i\|^2$ 是严格递减的，并解释为什么 k 均值聚类算法可以确保在有限步内收敛。

13. EM 算法和 k 均值聚类算法有着非常相似的迭代结构，可以说 k 均值聚类算法是 EM 算法的一种特殊实现。如果将 k 均值聚类中的聚类质心作为隐变量，试从 EM 算法角度解释 k 均值聚类算法，即描述 k 均值聚类算法的 E 步骤和 M 步骤。

14. 在机器学习中，总体是特定研究任务中所定义的全部个体集合，样本是从总体中选择出来的个体子集。一般使用从包含有限个体数目的样本中所得到的信息来作出描述总体的一般结论。样本方差（sample variance）和总体方差是两个不一样的概念。使用样本均值来估计总体均值是无偏的（unbiased），但使用样本方差 s^2 来估计总体方差 σ^2 却是有偏的（biased）。总体方差

$\sigma^2 = E[(x-\mu)^2]$，其中 x 为来自总体的一个样本，μ 是总体均值。假设样本集合 x 包含 n 个数据 $\{x_1,\ x_2,\ x_3,\ \cdots,\ x_n\}$，在了解下面样本均值是总体均值的无偏估计及 $E\left[\dfrac{1}{n}\displaystyle\sum_{i=1}^{n}(\overline{x}-x_i)^2\right] = \dfrac{n-1}{n}\sigma^2$

的基础上，证明如果样本方差定义为 $s^2 = \dfrac{1}{n-1}\displaystyle\sum_{i=1}^{n}(x_i-\overline{x})^2$，则 $E(s^2) = \sigma^2$。

本章参考文献

第 5 章

神经网络与深度学习

Neurons that fire together, wire together.

——唐纳德·赫布（Donald Hebb）

深度学习模型受到了神经系统层次化结构特性的启发，以"层层递进、逐层抽象"机制来完成特定任务。1949 年，心理学家唐纳德·赫布提出了有名的赫布理论（Hebbian theory）：神经元之间持续、重复的经验刺激可导致突触传递效能增加（Neurons that fire together，wire together），即学习和记忆的本质是大脑结构在后期经验刺激下改变神经元之间强弱联结的权重的结果。

受到这一思想启发，1957 年，弗朗克·罗森布拉特（Frank Rosenblatt）提出了一种用于解决二分类问题的线性分类器，这种神经网络仅包含输入层和输出层，且连接权重和阈值可学习，被称为"感知机"（perceptron）。但是感知机处理能力有限，这一方法并未引起广泛注意。

在感知器的输入层和输出层之间加入多个隐藏层可构成深度神经网络（deep neural network，DNN），也称为多层感知机（multilayer perceptron，MLP）或前馈神经网络（feed-forward neural network）。在早期的深度神经网络中，相邻隐藏层之间的神经元相互全连接（但是同一隐藏层内的神经元之间没有任何连接）。为了实现输入端和输出端之间的映射，深度神经网络在每个神经元中引入了具有非线性映射能力的激活函数（activation function）。非线性映射函数的引入，使得深度神经网络比传统感知机具有更好的表达能力。

为了能够"正确"地将输入数据映射到其给定的语义空间，在标注大数据驱动下，可通过链式求导（chain rule derivatives）和误差反向传播（error backpropagation）对神经网络参数进行优化学习。

综上所述，深度学习是一种基于深度神经网络，通过"端到端"机制学习如何更好地表达数据中所蕴含语义的良好特征方法。

5.1 人工神经网络概述

长久以来，研究者不断探索人类认知的神经基础，这不仅需要精确刻画不同层面的认知现象（如从所观测行为来推测神经元、神经系统和神经回路的工作机理），进而对在不同层面所观测现象之间的因果联系在现有计算载体上进行机械实现，以启发人工智能模型来提高性能和扩展认知能力。

人工神经网络概述

1943 年，神经科学家瓦伦·麦卡洛克（Warren McCulloch）和逻辑学家沃尔特·皮茨（Walter Pitts）合作提出了"McCulloch-Pitts（MCP）neuron"的思想。MCP 可对输入信号进行线性加权组合，再用符号函数来输出线性加权组合结果，以模拟大脑复杂的活动模式。MCP 是最早的神经网络雏形（McCulloch et al., 1943）。MCP 模型虽简单，却开启了建立神经网络大厦地基的征途。但是，在 MCP 中，输入数据只能是 0 或 1 这样的二值化数据，网络中连接权重和符号函数阈值等参数无法从数据中学习，需要预先人为手工设置。

1949 年，心理学家唐纳德·赫布提出了著名的赫布理论，指出"神经元之间持续、重复的经验刺激可导致突触传递效能增加"，"神经元之间突触的强弱变化是学习与记忆的生理学基础"。这一理论为联结主义人工智能研究提供了认知神经心理学基础（Hebb, 1949）。

1958 年，戴维·胡贝尔（David Hubel）和托尔斯滕·维泽尔（Torsten Wiesel）在实验中发现小猫后脑皮层中不同视觉神经元与瞳孔所受刺激之间存在某种对应关系，由此发现了一种被称为"方向选择性细胞"（orientation selective cell）的神经元细胞，从而揭示了"视觉系统信息分层处理"这一机制（Hubel et al., 1959, 1962）。由于这一贡献，他们共同获得了 1981 年的诺贝尔生理学或医学奖。

神经网络研究的突破来自弗朗克·罗森布拉特在 20 世纪 50 年代提出的感知机模型（Rosenblatt, 1962）。感知机模型是一个仅包含输入层和输出层的两层神经网络。对于一个线性可分二分类问题，从理论上可证明感知机能且一定能将线性可分的两类数据区分开来。在具体计算中，感知机先将输入数据按照一定权值进行线性累加，再利用符号函数对累加结果进行映射，以获得 1 或 −1 形式的输出结果，来解决二分类问题。与 MCP 不同，感知机中的连接权重和符号函数阈值可以从数据中学习，且不再要求输入数据是二值化结果。1969 年，马文·明斯基（Marvin Minsky）和西摩·佩珀特（Seymour A. Papert）出版了《感知机：计算几何学》（Minsky et al., 1969），书中证明了由输入层和输出层构成的感知机能力极其有限，甚至无法完成异或（XOR）这一基本逻辑计算问题。并且指出，如果在感知机中增加隐藏层，则会因计算量过大而无法学习得到良好的模型参数。这本书的出版使得神经网络的早期发展陷入低谷。

由于感知机中没有包含非线性变换操作的隐藏层，因此感知机表达能力较弱（如无法解决异或问题）。如果在感知机中加入多个隐藏层，那么所形成的多层感知机则具备更强的表达能力，只是一旦增加了隐藏层，就需要有效的计算方法来解决深度神经网络模型中参数的优化训练问题。

最早由 Werbos 提出（Werbos，1974，1990）并且由鲁梅尔哈特（Rumelhart）和欣顿（Hinton）等人（Rumelhart et al.，1986）完善的误差反向传播算法解决了多层感知机中参数优化这一难题。在多层感知机中，由于隐藏层中每个神经元均包含具备非线性映射能力的激活函数（如 sigmoid），因此其可用来构造复杂的非线性分类函数。

2006 年，欣顿在《科学》（*Science*）等期刊上发表论文，首次提出"深度信念网络"（deep belief network）模型（Hinton et al.，2006），在相关分类任务中可取得性能超过传统浅层学习模型（如支持向量机）的结果，使得深度架构引起了大家的关注。与传统的训练方式不同，深度信念网络有一个"预训练"（pre-training）的过程，可为神经网络中的连接权重找到一个接近最优解的值，之后再使用"微调"（fine-tuning）技术对整个网络的参数进行优化训练。这两项技术大幅度减少了训练多层神经网络的时间开销。欣顿给与多层神经网络相关的学习方法赋予了一个新名词——"深度学习"。

深度学习的兴起推动了不同类型深度学习网络模型的研究。为了弥补前馈神经网络无法处理反馈信息的不足，循环神经网络（recurrent neural network，RNN）思想被提出，其中包括霍恩·霍普菲尔德（John Hopfield）提出的霍普菲尔德反馈神经网络（Hopfield neural network）（Hopfield，1982）、Elman-RNN（Elman，1990）、Jordan-RNN（Jordan，1997），以及长短时记忆网络（Hochreiter et al.，1997）、门控循环单元（gated recurrent unit，GRU）（Cho et al.，2014）。此外，从早期进行手写体识别的卷积神经网络 LeNet（Lecun et al.，1998）到 2012 年推动深度学习成为热点，用于图像分类任务的卷积神经网络 AlexNet（Krizhevsky et al.，2012），再到从神经语言模型（neural language model）（Bengio et al.，2003）、词向量模型（word2vec）（Mikolov et al.，2013）及 BERT（bidirectional encoder representations from Transformer，基于 Transformer 的双向编码器表示）模型（Devlin et al.，2018）等相继被提出。

深度学习的基本动机在于通过"端到端学习"（end-to-end learning）这一机制来构建多层神经网络，以学习隐含在数据内部的关系，从而使学习所得特征具有更强的表达能力。在大规模数据上进行的实验已经表明：通过深度学习得到的特征表示在自然语言理解、图像分类、语音处理和视频识别等领域表现出了良好性能。

5.2 前馈神经网络

前馈神经网络作为最基础的神经网络，一般包括输入层、隐藏层和输出层。每层神经元只和相邻层的神经元相连，即每层神经元只接收相邻前序神经层中神经元传来的信息，只给相邻后续神经层中的神经元传递信息。在前馈神经网络中，同一层的神经元之间没有任何连接，后续神经层不向其前序相邻神经层传递任何信息。前馈神经网络是目前应用最为广泛的神经网络之一。在正式介绍前馈神经网络之前，先介绍神经元、感知机和激活函数等概念。

5.2.1 神经元

在生物学中，神经元细胞有兴奋与抑制两种状态。大多数神经元细胞在正常情况下处于抑制状态，一旦某个神经元受到刺激并且电位超过一定的阈值，这个神经元细胞就被激活，处于兴奋状态，并向其他神经元传递信息。基于神经元细胞的结构特性与信息传递方式，神经科学家瓦伦·麦卡洛克和逻辑学家沃尔特·皮茨合作提出了 MCP 模型。在人工神经网络中，MCP 模型成为最基本的结构。MCP模型结构如图 5.1 所示。

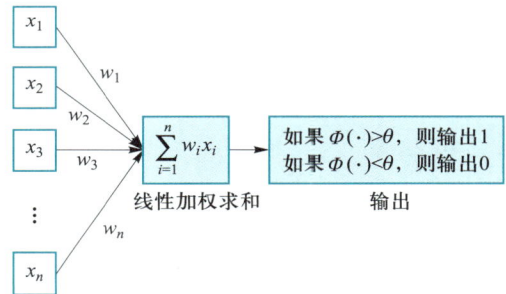

图 5.1　MCP 模型结构

从图 5.1 可见，给定 n 个二值化（0 或 1）的输入数据 $x_i (1 \leqslant i \leqslant n)$ 与连接参数 $w_i (1 \leqslant i \leqslant n)$，MCP 神经元模型对输入数据线性加权求和，然后使用函数 $\Phi(\cdot)$ 将加权累加结果映射为 0 或 1，以完成二分类任务，即

$$y = \Phi \left(\sum_{i=1}^{n} w_i x_i \right)$$

其中，w_i 为预先设定的连接权重值（一般在 0 和 1 中取一个值或者在 1 和 −1 中取一个值），用来表示其所对应输入数据对输出结果的影响（即权重）。$\Phi(\cdot)$ 将输入端数据与连接权重所得线性加权累加结果与预先设定的阈值 θ 进行比较，根据比较结果输出 1 或 0。具体而言，如果线性加权累加结果 $\left(\text{即} \sum_{i=1}^{n} w_i x_i \right)$ 大于阈值 θ，则函数 $\Phi(\cdot)$ 的输出为 1，否则为 0。也就是说，如果线性加权累加结果大于阈值 θ，则神经元细胞处于兴奋状态，向后传递 1 的信息；否则该神经元细胞处于抑制状态而不向后传递信息。

从另外一个角度来看，对于任何输入数据 $x_i (1 \leqslant i \leqslant n)$，MCP 模型可得到 1 或 0 这样的输出结果，也就是实现了将输入数据分类到 1 或 0 两个类别中，解决了二分类问题。

瓦伦·麦卡洛克于 1954 年在《英国科学哲学期刊》发表的一篇题为《走出形而上学的洞穴》("Through the Den of the Metaphysician") 的文章中激动、骄傲地写道："在科学史上第一次，我们知道了我们是怎么知道的。"(For the first time in the history of science we know how we know and hence are able to state it clearly.) 他认为可通过如上计算方式来模拟神经元对输入信号进行抑制和兴奋的机制。若干个 MCP 神经元前后相连就构成了最早的神经网络雏形。

5.2.2 感知机

感知机模型

1957 年，弗朗克·罗森布拉特提出了一种简单的人工神经网络，称为感知机。早期的感知机结构和 MCP 模型相似，由一个输入层和一个输出层构成，因此也被称为"单层感知机"。感知机的输入层负责接收实数值的输入向量，输出层则能输出 1 或 −1 两个值。单层感知机可作为一种两类线性分类模型，如图 5.2 所示。

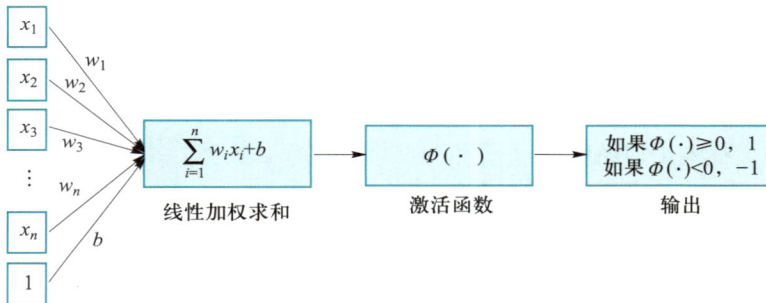

图 5.2　感知机模型

对于具有 n 个输入及对应连接权重系数为 w_i 的感知机，首先通过线性加权得到输入数据的累加结果 $z = w_1 x_1 + w_2 x_2 + \cdots + b$。这里 x_1，x_2，$\cdots$，x_n 为感知机的输入，b 为偏置项（bias）。然后将 z 作为激活函数 $\Phi(\cdot)$ 的输入，激活函数会将 z 与某一阈值（此例中阈值为 0）进行比较，如果大于该阈值，则感知器输出为 1；否则输出为 −1。通过这样的操作，输入数据被分类为 1 或 −1 这两个不同类别。

单层感知机与 MCP 模型在连接权重的设置上不同，即感知机中的连接权重参数并不是预先设定好的，而是通过多次迭代训练得到的。具体而言，单层感知机通过构建损失函数来计算模型预测值与数据真实值之间的"误差"，通过最小化损失函数取值来优化模型参数。

单层感知机可被用来区分线性可分数据。在图 5.3 中, 逻辑与 (AND)、逻辑与非 (NAND) 和逻辑或 (OR) 为线性可分函数, 因此可利用单层感知机来模拟这些逻辑函数。但是, 由于逻辑异或 (XOR) 是非线性可分的逻辑函数, 因此单层感知机无法模拟逻辑异或函数的功能。

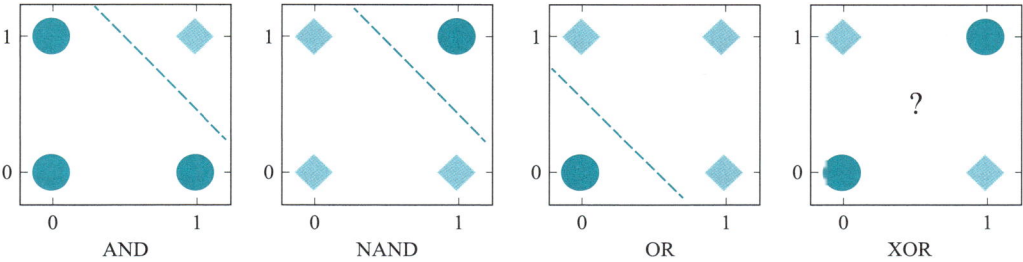

图 5.3　单层感知机模拟不同逻辑函数功能示意

5.2.3　前馈神经网络

无法模拟诸如异或及其他复杂函数的功能, 使得单层感知机的应用较为单一。一个简单的想法是, 如果能在感知机模型中增加若干隐藏层, 增强神经网络的非线性表达能力, 就会让神经网络具有更强的拟合能力。因此, 由多个隐藏层构成的多层感知机被提出, 这也被称为前馈神经网络。

如图 5.4 所示, 前馈神经网络由输入层、输出层和若干隐藏层构成。网络中各个隐藏层中的神经元可接收相邻前序隐藏层中所有神经元传递而来的信息, 经过加工处理后, 将信息输出给相邻后续隐藏层中的所有神经元。

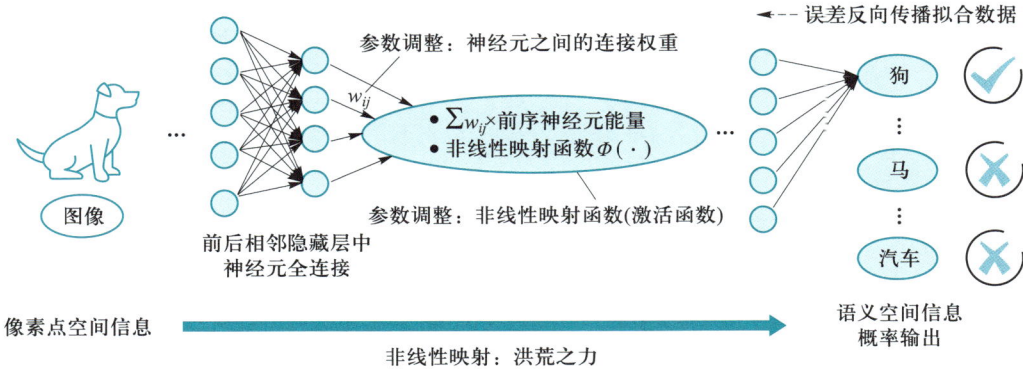

图 5.4　前馈神经网络模型

前馈神经网络中相邻层所包含的神经元之间通常使用全连接方式进行连接。所谓全连接, 是指两个相邻层之间的神经元相互成对连接, 但同一层内的神经元之间没有连接。前馈神经网络可以模拟复杂非线性函数的功能, 所模拟函数的复杂性取决于网络隐藏层的数目和各层中神经元的数目。

在前馈神经网络中，输入一个数据（如狗的图像），输入的空间像素点信息以层层递进、逐层抽象的方式被加工处理，模型试图以最大概率输出正确结果（文本语义单词"狗"）。在这个过程中，神经元起了重要作用。每个神经元对前序相邻神经元传递过来的信息按照连接权重加权累加，然后对加权累加结果施以非线性变换。

在现实世界中，非线性是世界万事万物运转的魂魄。恩里科·费米（Enrico Fermi）曾经说过，"圣经中并没有说过一切大自然的定律都可以用线性方程来表示"，线性系统实际上只是对少数简单非线性系统的理论近似。一个神经元对信息进行了一次非线性加工，亿万个神经元所组成的神经网络就可实现将输入数据（如图像、文本和音频等信息）从一个空间（如像素点空间）映射到另外一个空间（如文本单词空间等），这一过程就是一个复杂的非线性变换。

如果映射出现误差，则稍后介绍的误差反向传播算法会将误差（由损失函数定义）从输出端由后向前传播，逐层更新神经元连接权重和非线性映射函数等参数，使得神经网络模型拟合数据（data fitting）。这一过程好比在大数据驱动下，神经网络中一条条通道被打通，让神经元之间记住这种刺激或者强化信息流通路，打通"任督二脉"，从而在输入数据和输出结果之间建立关联。

神经网络多以激活函数（activation function）来实现单个神经元的非线性映射变换，通过对多个非线性函数进行组合，最终实现对输入信息的非线性变换。下面介绍若干有代表性的激活函数（见表 5.1）。后面将介绍，为了能够使用梯度下降方法通过误差反向传播来训练神经网络参数，激活函数必须是连续可导的。

表 5.1   有代表性的激活函数

名称	函数	图像	导数	值域
sigmoid	$f(x)=\dfrac{1}{1+e^{-x}}$		$f'(x)=f(x)(1-f(x))$	$(0,1)$
tanh	$f(x)=\dfrac{1-e^{-2x}}{1+e^{-2x}}$		$f'(x)=1-f(x)^2$	$(-1,1)$
ReLU	$f(x)=\begin{cases}0, & x<0\\ x, & x\geqslant 0\end{cases}$		$f'(x)=\begin{cases}0, & x<0\\ 1, & x\geqslant 0\end{cases}$	$[0,+\infty)$

1. sigmoid 函数

对于输入数据 x，sigmoid 函数的数学表达式如下所示：

$$f(x) = \frac{1}{1+e^{-x}}$$

选取 sigmoid 函数作为激活函数，因其具有如下优点：

（1）概率形式输出。sigmoid 函数的值域为（0，1），因此 sigmoid 函数的输出可视为概率值。

（2）单调递增。sigmoid 函数对输入 x 的取值范围没有限制，但当 x 大于一定值时，函数输出无限趋近于 1；而当 x 小于一定数值时，函数输出无限趋近于 0。特别地，当 $x = 0$ 时，函数输出为 0.5。

（3）非线性变化。当 x 取值在 0 附近时，函数输出值的变化幅度比较大（函数值变化陡峭），意味着函数在 0 附近容易被激活且是非线性变化的。当 x 取值很大或很小时，函数输出值几乎不变，这是基于概率的一种认识与需要。

sigmoid 函数的导数可以通过如下方式推导得到：

$$f'(x) = \left(\frac{1}{1+e^{-x}}\right)' = \frac{e^{-x}}{(1+e^{-x})^2} = \frac{1+e^{-x}-1}{(1+e^{-x})^2} = \frac{1}{1+e^{-x}}\left(1 - \frac{1}{1+e^{-x}}\right)$$
$$= f(x)(1-f(x))$$

由于 $0 < f(x) < 1$ 且 $0 < 1-f(x) < 1$，因此 sigmoid 函数的导数 $f(x)(1-f(x))$ 小于 1。这样，当把 sigmoid 函数作为激活函数时，在使用反向传播算法更新参数的过程中易出现导数过于接近于 0 的情况，即梯度消失（vanishing gradient）的问题，并且这个问题会随着网络的深度增加而变得愈发严重。梯度消失这一问题使得在神经网络中已很少使用 sigmoid 函数作为激活函数。

2. tanh 函数

对于输入数据 x，tanh 函数的数学表达式如下所示：

$$f(x) = \frac{1-e^{-2x}}{1+e^{-2x}}$$

tanh 函数的函数图像和 sigmoid 函数较为相似，它在定义域上也为单调递增，值域为（−1，1）。相较于 sigmoid 函数，tanh 函数在坐标原点附近的梯度更大。在实际应用中，使用 tanh 函数的神经网络更容易收敛。

但是，tanh 函数与 sigmoid 函数都面临梯度消失问题，即梯度会随着网络深度增加而逐渐消失。

3. ReLU 函数

ReLU（rectified linear unit，修正线性单元）函数是目前使用较为普遍的激活函数，其数学表达式如下所示：

$$f(x) = \begin{cases} 0, & x < 0 \\ x, & x \geqslant 0 \end{cases} \quad \text{或者} f(x) = \max(0, x)$$

ReLU 函数的导数为

$$f'(x) = \begin{cases} 0, & x < 0 \\ 1, & x \geqslant 0 \end{cases}$$

当输入 $x \geqslant 0$ 时，ReLU 的导数为常数，这样可有效缓解梯度消失问题。当 $x < 0$ 时，ReLU 的梯度总是 0，导致神经网络中若干参数的激活值为 0，即参与分类等任务的神经元数目稀缺，这种稀疏性可以在一定程度上克服机器学习中经常出现的过拟合现象。然而，当 $x < 0$ 时，ReLU 梯度为 0 也导致神经元"死亡"，即神经元对应的权重永远不会更新。为了解决这个问题，可以使用其他激活函数，如 Leaky ReLU 或 Parametric ReLU，它们在 $x < 0$ 时的梯度取非零值。

4. softmax 激活函数

softmax 函数一般用于多分类问题中，它是对逻辑斯谛回归的一种推广，也被称为多项逻辑斯谛回归模型（multi-nominal logistic mode）。假设要实现 k 个类别的分类任务，softmax 函数将输入数据 x_i 映射到第 i 个类别的概率 y_i 如下计算：

$$y_i = \text{softmax}(x_i) = \frac{e^{x_i}}{\sum\limits_{j=1}^{k} e^{x_j}}$$

显然，$0 < y_i < 1$。图 5.5 给出了三分类问题的 softmax 输出示意。在图中，对于取值为 4、1 和 -4 的 x_1、x_2 和 x_3，通过 softmax 变换后，将其映射到（0，1）之间的概率值。

由于 softmax 输出结果的值累加起来为 1，因此可将输出概率最大的作为分类目标（在图 5.5 中被分类为第一类）。

也可以从如下角度来理解图 5.5 中的内容：给定某个输入数据，可得到其分类为三个类别的初始结果，分别用 x_1、x_2 和 x_3 表示。这三个初始分类结果分别是 4、1 和 -4。通过 softmax 函数，

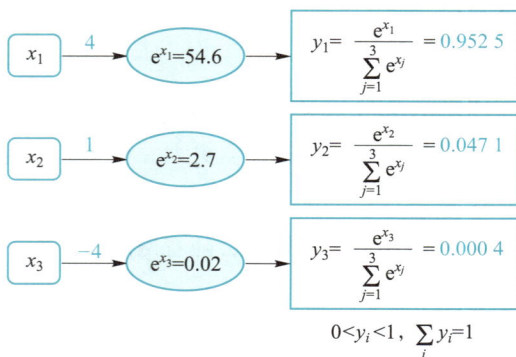

图 5.5   三分类问题的 softmax 输出示意

得到三个类别分类任务中以概率表示的更好的分类结果，即分别以 95.25%、4.71% 和 0.04% 归属于类别 1、类别 2 和类别 3。显然，基于这样的概率值，可判断输入数据属于第一类。可见，通过使用 softmax 函数，可求取输入数据在所有类别上的概率分布。

5.3　神经网络参数优化

神经网络参数优化

在设计完成一个多层神经网络的结构（例如隐藏层的层数，每个隐藏层中包含的神经元数目及神经元采用的非线性激活函数等）后，需要对神经网络中的参数（如神经元之间的连接权重系数及激活函数系数等）进行优化学习，以使得神经网络能够将给定输入数据映射到所期望的输出语义空间（如将一幅由像素点构成的图象数据映射为人脸），完成分类识别等任务。

神经网络参数优化是一个监督学习的过程。给定 n 个标注样本数据 (x_i, y_i)，这里 x_i 是输入数据，y_i 是 x_i 的类别等标注信息。假设输入数据 x_i 经过神经网络处理后所得输出预测值为 $\hat{y}_i$，则可通过损失函数来计算模型预测值 $\hat{y}_i$ 与真实值 y_i 之间的误差或损失，利用其来优化模型参数，以便让神经网络按照 x_i 的真实信息 y_i 输出，即让神经网络对数据进行拟合。

具体而言，模型会利用反向传播算法将损失函数计算所得误差从输出端出发，由后向前传递给神经网络中的每个单元，然后通过梯度下降算法对神经网络中的参数进行更新。随着迭代的进行，模型预测所得 $\hat{y}_i$ 与真实值 y_i 之间的误差逐步缩小，模型预测准确率得以提升，预测的能力得以增强，当迭代达到一定轮次或准确率达到一定水平时，则可认为模型参数已被优化完毕。

5.3.1　损失函数

损失函数（loss function）又称为代价函数（cost function），用来计算模型预测值与真实值之间的误差。损失函数是神经网络设计中的一个重要组成部分。通过定义与任务相关的良好损失函数，在训练过程中可根据损失函数来计算神经网络的误差大小，进而优化神经网络参数。

下面介绍两种最常用的损失函数：均方误差损失函数和交叉熵损失函数。

1. 均方误差损失函数

均方误差损失函数通过计算预测值与实际值之间距离（即误差）的平方来衡量模

型优劣。假设有 n 个训练数据 x_i，每个训练数据 x_i 的真实输出为 y_i，模型对 x_i 的预测值为 $\hat{y}_i$。该模型在 n 个训练数据下所产生的均方误差损失可定义如下：

$$MSE = \frac{1}{n}\sum_{i=1}^{n}(y_i - \hat{y}_i)^2$$

2. 交叉熵损失函数

在物理学中，"熵"被用来表示热力学系统所呈现的无序程度。香农将这一概念引入信息论领域，提出了"信息熵"概念，通过对数函数来测量信息的不确定性。

交叉熵（cross entropy）是信息论中的重要概念，主要用来度量两个概率分布间的差异。y_i 是样本 x_i 分类的真实概率，$\hat{y}_i$ 是模型预测概率，通过 $\hat{y}_i$ 来表示 y_i 的交叉熵可如下计算：

$$H(y_i, \hat{y}_i) = -y_i \times \log \hat{y}_i$$

交叉熵刻画了两个概率分布之间的距离，旨在描绘通过概率分布 $\hat{y}_i$ 来表达概率分布 y_i 的困难程度。根据公式不难理解，两个概率分布 y_i 和 $\hat{y}_i$ 越接近，交叉熵越小。也就是说，预测类别分布概率与实际类别分布概率之间的差距越小，交叉熵就越小。

这里以一个示例来说明这个事实。假设模型 1 和模型 2 分别对三个分属于类别 1、类别 2 和类别 3 的样本进行分类，得到如表 5.2 所示的分类结果。

表 5.2　两个模型的分类结果

样本	真实值	模型 1 预测结果	模型 2 预测结果
样本 1（类别 1）	0 0 1	0.3 0.3 0.4	0.1 0.2 0.7
样本 2（类别 2）	0 1 0	0.3 0.4 0.3	0.1 0.7 0.2
样本 3（类别 3）	1 0 0	0.1 0.2 0.7	0.3 0.4 0.3

模型 1 在三个样本上的交叉熵损失平均值为

$$\frac{-(0 \times \ln 0.3 + 0 \times \ln 0.3 + 1 \times \ln 0.4 + 0 \times \ln 0.3 + 1 \times \ln 0.4 + 0 \times \ln 0.3 + 1 \times \ln 0.1 + 0 \times \ln 0.2 + 0 \times \ln 0.7)}{3}$$

$$\approx 1.38$$

模型 2 在三个样本上的交叉熵损失平均值为

$$\frac{-(0 \times \ln 0.1 + 0 \times \ln 0.2 + 1 \times \ln 0.7 + 0 \times \ln 0.1 + 1 \times \ln 0.7 + 0 \times \ln 0.2 + 1 \times \ln 0.3 + 0 \times \ln 0.4 + 0 \times \ln 0.3)}{3}$$

$$\approx 0.64$$

可见，交叉熵损失函数准确给出了模型 2 预测性能优于模型 1 预测性能的事实。如果模型预测值与真实值一致，则交叉熵损失为零。

5.3.2　梯度下降

梯度下降（gradient descent）算法是机器学习中对模型参数进行优化时所采用的常用方法。为了让模型预测结果与真实结果之间的损失误差最小，利用梯度下降法来逐步迭代优化模型参数。当损失误差最小时，此时学习得到的模型参数即为模型的最优参数。

下面说明损失函数梯度的反方向是损失误差下降最快的方向。假设损失函数 $f(x)$ 是连续可微的多元变量函数，其泰勒展开如下：

$$f(x+\Delta x)=f(x)+f'(x)\Delta x+\frac{1}{2}f''(x)(\Delta x)^2+\cdots+\frac{1}{n!}f^{(n)}(x)(\Delta x)^n$$

$$f(x+\Delta x)-f(x)\approx(\nabla f(x))^T\Delta x$$

假设参数变量当前取值为 x，其对应的损失误差数值为 $f(x)$。在不断促使损失误差减少的下一步迭代时，x 取值变化为 $x+\Delta x$，则损失误差数值相应地变为 $f(x+\Delta x)$。

由于 $f(x)$ 是损失函数，因此在迭代中希望 $f(x+\Delta x)$ 取值小于 $f(x)$，即损失误差随着模型参数被优化而逐渐减少，使得 $f(x+\Delta x)<f(x)$，于是 $(\nabla f(x))^T\Delta x<0$。

在 $(\nabla f(x))^T\Delta x=\|\nabla f(x)\|\|\Delta x\|\cos\theta$ 中，$\|\nabla f(x)\|$ 和 $\|\Delta x\|$ 分别为损失函数梯度的模和下一轮迭代中 x 取值增量的模，两者均为正数。为了保证损失误差减少，只要保证 $\cos\theta<0$ 即可。当 $\theta=180°$ 时，$\cos\theta=-1$，这时损失函数减少的幅度值 $(\nabla f(x))^T\Delta x$ 最小。可见，当损失函数梯度 $\nabla f(x)$ 和 x 取值增量 Δx 之间的夹角为 $180°$ 时，损失误差减少最多。于是，在迭代过程中为了最小化损失误差，每次迭代时可沿着损失函数梯度的反方向（即 $\theta=180°$）以 Δx 幅度来改变 x 取值，这样会保证 $f(x+\Delta x)$ 和 $f(x)$ 之间的差值最大（即损失误差下降最快）。

于是，当 $\theta=180°$ 时，$f(x+\Delta x)$ 和 $f(x)$ 之间的差值为 $f(x+\Delta x)-f(x)=\|\nabla f(x)\|\cdot\|\Delta x\|\cos\theta=-\|\Delta x\|\|\nabla f(x)\|$。这说明只要沿着损失函数梯度的反方向选取 x 的增量 Δx，就能保证损失误差下降最多、下降最快，犹如从山峰处沿着最陡峭的路径可快速走到山谷。前面的推导中忽略了损失函数的二阶导数及其高阶导数的取值，因此在实际中引入步长 η，用 $x-\eta\nabla f(x)$ 来更新 x（在具体实现时 η 可取一个定值）。

从下面的公式可以计算得到变量的增量为 $-\eta\nabla f(x)$，即

$$\underbrace{x-\eta\nabla f(x)}_{\text{变量更新后的取值}}-\underbrace{x}_{\text{变量当前取值}}=\underbrace{-\eta\nabla f(x)}_{\text{变量的增量}}$$

由于 $f(x+\Delta x)-f(x)\approx(\nabla f(x))^T\Delta x=-\eta(\nabla f(x))^2<0$，因此损失误差会不断减少。由于又选择了损失函数梯度的反方向来改变变量权重，因此损失函数计算的误差减少最快。

在上面的推导中，如果 $\theta=0°$，即沿着函数梯度的方向以 Δx 来改变 x 取值，则 $f(x+\Delta x)-f(x)$ 之差为最大值。这意味着函数的梯度方向是函数值增加最快的方向，而梯度的反方向则是函数值下降最快的方向。

这里要注意的是，多元函数在某一点的梯度是由多元函数对每个变量的偏导数组成的（即求函数梯度时需要对各个变量求偏导），其方向为函数在该点增加最快的方向，梯度大小为多元函数在该点的最大变化率。多元函数相对于它的某个自变量的偏导数，是假定其他自变量不变时对该自变量的导数。

对于优化问题来说，凸函数具有一个良好性质：凸函数的局部最优解即是全局最优解。因此对于凸函数而言，梯度下降法总是能够找到函数的全局最小值。为了达到这一目的，损失函数一般采用凸函数。

5.3.3　误差反向传播

误差反向传播（error backpropagation）算法主要利用损失函数来计算模型预测结果与真实结果之间的误差以优化调整模型参数，这一优化调整机制是从输出端向输入端，由后向前递进进行的。

如前所述，损失函数梯度反方向是损失误差下降最快的方向。在求取损失函数梯度时需要对各个变量求偏导，这一求取偏导的过程要用到链式法则（chain rule）。

如图 5.6 所示，out 是一个神经单元，其在神经网络中完成两个任务：① 将相邻前序神经元传递而来的信息线性加权累加，得到结果 χ，即 $\chi = \sum_i w_i \times \mathrm{out}_i$（$1 \leqslant i \leqslant 3$）。这里 out_i 和 w_i 分别是与 out 前序相连的第 i 个神经元后向传递的信息及第 i 个神经元与 out 之间的连接权重系数；② 使用激活函数对加权累加结果进行非线性变换。图 5.6 中使用的激活函数为 sigmoid，即 $O = \dfrac{1}{1 + e^{-x}}$。可见，$O$ 的大小就是神经网络对输入样本数据的预测输出。

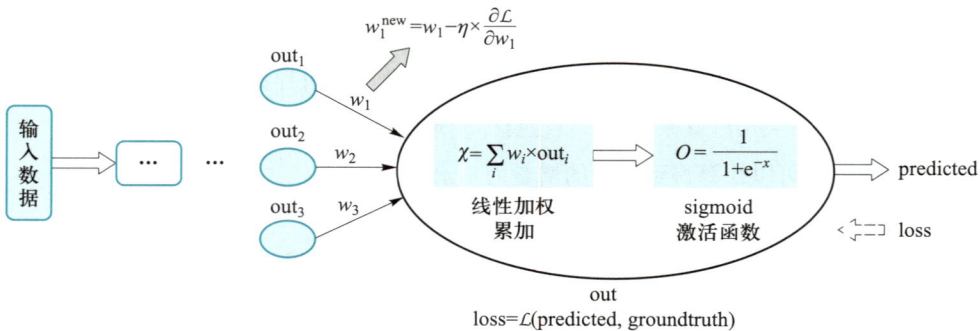

图 5.6　链式求导与模型参数更新示意

图 5.6 中，模型预测结果 O 与真实结果之间的损失误差 loss 由所定义的损失函数 $\mathcal{L}$ 计算得到。现在的问题是如何根据这个误差来优化调整连接权重系数 w_i（以及按照同样的模

式来调整图中未出现的神经网络的其他参数），使得训练得到的模型尽可能输出预期结果。

首先看如何调整 w_1。按照前面的讨论，损失函数 $\mathcal{L}$ 取值下降最快的方向是其梯度方向的反方向。为了使损失函数 $\mathcal{L}$ 取值减少（从而保证模型预测结果与实际结果之间的差距越来越小），需要求取损失函数 $\mathcal{L}$ 相对于 w_1 的偏导，然后按照损失函数梯度的反方向选取一个微小的增量来调整 w_1 的取值，就能够保证损失函数取值减少。即将 w_1 变为 $w_1 - \eta \dfrac{\partial \mathcal{L}}{\partial w_1}$ 后，能使得损失误差减少。这里 $\dfrac{\partial \mathcal{L}}{\partial w_1}$ 为损失函数 $\mathcal{L}$ 对 w_1 的偏导。

由于 w_1 与加权累加函数 χ 和 sigmoid 函数均有关，因此 $\dfrac{\partial \mathcal{L}}{\partial w_1} = \dfrac{\partial \mathcal{L}}{\partial o} \dfrac{\partial o}{\partial x} \dfrac{\partial x}{\partial w_1}$。在这个链式求导中：$\dfrac{\partial \mathcal{L}}{\partial o}$ 与损失函数的定义有关；$\dfrac{\partial o}{\partial x}$ 是对 sigmoid 函数求导，结果为 $\dfrac{1}{1+e^{-x}} \times \left(1 - \dfrac{1}{1+e^{-x}}\right)$；$\dfrac{\partial x}{\partial w_1}$ 是加权累加函数 $w_1 \times \mathrm{out}_1 + w_2 \times \mathrm{out}_2 + w_3 \times \mathrm{out}_3$ 对 w_1 求导，结果为 out_1。

链式求导实现了损失函数对某个自变量求偏导，类似于将损失误差从输出端向输入端逐层传播，通过这个传播过程更新该自变量的取值。由梯度下降法可知，只要沿着损失函数梯度的反方向更新参数，就可使得损失函数下降最快。

因此，假设损失函数为 $\mathcal{L}(\theta)$（θ 为参数），可使用如下梯度下降算法对参数 θ 进行更新：$\theta^{\mathrm{new}} = \theta - \eta \times \nabla_\theta \mathcal{L}(\theta)$。其中，$\eta$ 也被称为学习速率（learning rate），其大小会影响模型参数的收敛速度，$\nabla_\theta \mathcal{L}(\theta)$ 是损失函数对参数 θ 求偏导的结果。神经网络中任意一个参数相对于损失函数的导数都可通过链式求导得到（这一求导过程可视为误差反向传播过程）。

在图 5.6 中，参数 w_1 在下一轮迭代中的取值被调整为 $w_1^{\mathrm{new}} = w_1 - \eta \times \dfrac{\partial \mathcal{L}}{\partial w_1} = w_1 - \eta \times \dfrac{\partial \mathcal{L}}{\partial o} \dfrac{\partial o}{\partial x} \dfrac{\partial x}{\partial w_1} = w_1 - \eta \times \dfrac{\partial \mathcal{L}}{\partial o} \times \dfrac{1}{1+e^{-x}} \times \left(1 - \dfrac{1}{1+e^{-x}}\right) \times \mathrm{out}_1$。按照同样的方法，可调整 w_2、w_3 及其他图中未显示参数的取值。经过这样的调整，在模型参数新的取值作用下，损失函数 $\mathcal{L}(\theta)$ 会以最快下降方式逐渐减少，直至减少到最小值（即全局最小值）。

梯度下降算法可以分为批量梯度下降算法（batch gradient descent）、随机梯度下降算法（stochastic gradient descent）和小批量梯度下降算法（mini-batch gradient descent）等类型。批量梯度下降算法是在整个训练集上计算损失误差 $\mathcal{L}(\theta)$。如果数据集较大，则会因内存容量不足而无法完成梯度计算。随机梯度下降算法是使用训练集中的每个训练样本计算 $\mathcal{L}(\theta)$ 来分别更新参数。因为随机梯度下降每次迭代只使用一个样本，导致梯度方向具有很大的波动，因此其收敛速度通常较慢。尽管如此，随机梯度下降的随机性有助于跳出局部最优解，有时可能找到更好的解。小批量梯度下降算法是选取训练集中的小批量样本计算 $\mathcal{L}(\theta)$，根据每一批量样本所得到的累加误差来更新参数，这样可保证训练过程更稳定，而且采用批量训练方法也可利用矩阵计算优势，因此其成为目前最常用的梯度下降算法。

5.3.4　误差反向传播与参数更新示例

在了解误差反向传播算法与梯度下降算法后，下面通过一个三分类的具体示例来介绍神经网络中参数的更新过程。给定一个包含输入层、一层隐藏层和输出层的多层感知机（见图 5.7），其中隐藏层由两个神经元构成。这里为了简化介绍过程，只使用了一层隐藏层。网络使用 sigmoid 函数作为神经元的激活函数，使用均方误差损失函数来计算网络输出值与实际值之间的误差。

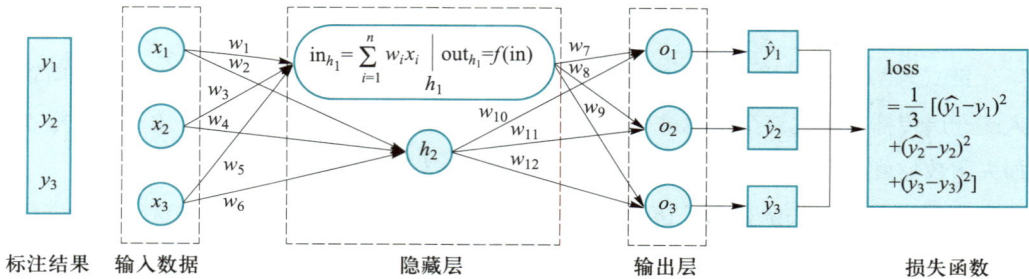

图 5.7　包含一个隐藏层的前馈神经网络

在图 5.7 中，每个神经元完成如下两项任务：① 对相邻前序层传递的信息进行线性加权累加；② 对加权累加结果进行非线性变换。假设样本数据输入为 (x_1, x_2, x_3)，其标注信息为 (y_1, y_2, y_3)。在三分类问题中，对于输入数据 (x_1, x_2, x_3)，y_1、y_2 和 y_3 中只有一个取值为 1，其余两个取值为 0。

表 5.3 给出了 h_1、h_2、o_1、o_2 和 o_3 所承担两项任务的内容。

表 5.3　图 5.7 中神经网络各单元的计算结果

单元	相邻前序神经元所传递信息的线性累加	非线性变换
h_1	$\mathrm{in}_{h_1} = w_1 \times x_1 + w_3 \times x_2 + w_5 \times x_3$	$\mathrm{out}_{h_1} = \mathrm{sigmoid}(\mathrm{in}_{h_1})$
h_2	$\mathrm{in}_{h_2} = w_2 \times x_1 + w_4 \times x_2 + w_6 \times x_3$	$\mathrm{out}_{h_2} = \mathrm{sigmoid}(\mathrm{in}_{h_2})$
o_1	$\mathrm{in}_{o_1} = w_7 \times \mathrm{out}_{h_1} + w_{10} \times \mathrm{out}_{h_2}$	$\widehat{y_1} = \mathrm{out}_{o_1} = \mathrm{sigmoid}(\mathrm{in}_{o_1})$
o_2	$\mathrm{in}_{o_2} = w_8 \times \mathrm{out}_{h_1} + w_{11} \times \mathrm{out}_{h_2}$	$\widehat{y_2} = \mathrm{out}_{o_2} = \mathrm{sigmoid}(\mathrm{in}_{o_2})$
o_3	$\mathrm{in}_{o_3} = w_9 \times \mathrm{out}_{h_1} + w_{12} \times \mathrm{out}_{h_2}$	$\widehat{y_3} = \mathrm{out}_{o_3} = \mathrm{sigmoid}(\mathrm{in}_{o_3})$

一旦神经网络在当前参数下给出了预测结果 $(\hat{y_1}, \hat{y_2}, \hat{y_3})$ 后，就可通过均方误差损失函数计算模型预测值与真实值 (y_1, y_2, y_3) 之间的误差，记为 $\mathrm{loss} = \dfrac{1}{3} \sum\limits_{i=1}^{3} (\hat{y_i} - y_i)^2$。

接下来通过梯度下降和误差反向传播方法，沿着损失函数梯度的反方向更改参数变量的取值，使得损失函数快速下降到其最小值。由于损失函数对 $w_7 \sim w_{12}$ 的偏导计算相似，在此以 w_7 为例来介绍如何更新 w_7 这一参数的取值。记损失函数为 $\mathcal{L}(w)$，$\mathcal{L}(w) = \dfrac{1}{3} \sum\limits_{i=1}^{3} (\hat{y_i} - y_i)^2$。损失函数 $\mathcal{L}$ 对参数 w_7 的偏导可如下计算：

$$\delta_7 = \frac{\partial \mathcal{L}}{\partial w_7} = \frac{\partial \mathcal{L}}{\partial \hat{y_1}} \frac{\partial \hat{y_1}}{\partial \mathrm{in}_{o_1}} \frac{\partial \mathrm{in}_{o_1}}{\partial w_7}$$

上述公式中每一项的结果如下：

$$\frac{\partial \mathcal{L}}{\partial \hat{y_1}} = \hat{y_1} - y_1$$

$$\frac{\partial \hat{y_1}}{\partial \mathrm{in}_{o_1}} = \hat{y_1}(1 - \hat{y_1})$$

$$\frac{\partial \mathrm{in}_{o_1}}{\partial w_7} = \mathrm{out}_{h_1}$$

在得到 $w_7 \sim w_{12}$ 相对于损失函数的偏导结果后，利用链式求导法则，可计算得到损失函数相对于 $w_1 \sim w_6$ 的偏导结果。下面以 w_1 为例介绍损失函数 $\mathcal{L}$ 对 w_1 的偏导 δ_1。

$$
\begin{aligned}
\delta_1 &= \frac{\partial \mathcal{L}}{\partial w_1} \\
&= \frac{\partial \mathcal{L}}{\partial \hat{y_1}} \frac{\partial \hat{y_1}}{\partial w_1} + \frac{\partial \mathcal{L}}{\partial \hat{y_2}} \frac{\partial \hat{y_2}}{\partial w_1} + \frac{\partial \mathcal{L}}{\partial \hat{y_3}} \frac{\partial \hat{y_3}}{\partial w_1} \\
&= \frac{\partial \mathcal{L}}{\partial \hat{y_1}} \frac{\partial \hat{y_1}}{\partial \mathrm{in}_{o_1}} \frac{\partial \mathrm{in}_{o_1}}{\partial \mathrm{out}_{h_1}} \frac{\partial \mathrm{out}_{h_1}}{\partial \mathrm{in}_{h_1}} \frac{\partial \mathrm{in}_{h_1}}{\partial w_1} + \frac{\partial \mathcal{L}}{\partial \hat{y_2}} \frac{\partial \hat{y_2}}{\partial \mathrm{in}_{o_2}} \frac{\partial \mathrm{in}_{o_2}}{\partial \mathrm{out}_{h_1}} \frac{\partial \mathrm{out}_{h_1}}{\partial \mathrm{in}_{h_1}} \frac{\partial \mathrm{in}_{h_1}}{\partial w_1} + \frac{\partial \mathcal{L}}{\partial \hat{y_3}} \\
&\quad \frac{\partial \hat{y_3}}{\partial \mathrm{in}_{o_3}} \frac{\partial \mathrm{in}_{o_3}}{\partial \mathrm{out}_{h_1}} \frac{\partial \mathrm{out}_{h_1}}{\partial \mathrm{in}_{h_1}} \frac{\partial \mathrm{in}_{h_1}}{\partial w_1} \\
&= \left(\frac{\partial \mathcal{L}}{\partial \hat{y_1}} \frac{\partial \hat{y_1}}{\partial \mathrm{in}_{o_1}} \frac{\partial \mathrm{in}_{o_1}}{\partial \mathrm{out}_{h_1}} + \frac{\partial \mathcal{L}}{\partial \hat{y_2}} \frac{\partial \hat{y_2}}{\partial \mathrm{in}_{o_2}} \frac{\partial \mathrm{in}_{o_2}}{\partial \mathrm{out}_{h_1}} + \frac{\partial \mathcal{L}}{\partial \hat{y_3}} \frac{\partial \hat{y_3}}{\partial \mathrm{in}_{o_3}} \frac{\partial \mathrm{in}_{o_3}}{\partial \mathrm{out}_{h_1}} \right) \frac{\partial \mathrm{out}_{h_1}}{\partial \mathrm{in}_{h_1}} \frac{\partial \mathrm{in}_{h_1}}{\partial w_1} \\
&= (\delta_7 + \delta_8 + \delta_9) \frac{\partial \mathrm{out}_{h_1}}{\partial \mathrm{in}_{h_1}} \frac{\partial \mathrm{in}_{h_1}}{\partial w_1}
\end{aligned}
$$

在计算得到所有参数相对于损失函数 $\mathcal{L}$ 的偏导结果后，利用梯度下降算法，通过 $w_i^{\mathrm{new}} = w_i - \eta \times \delta_i$ 来更新参数取值。然后不断迭代，直至模型参数收敛，此时损失函数减少到其最小值。

5.4 卷积神经网络

卷积神经网络

在前馈神经网络中，输入层的输入数据直接与第一个隐藏层中的所有神经元相互连接。如果输入数据是一幅图像，需要把灰度图像（二维矩阵）或彩色图像（三维矩阵）转换为向量形式。例如，给定一幅分辨率为 1 000×1 000 的灰度图像，输入数据为一个 1 000 000 维的向量，如果输入数据与第一个隐藏层中的所有神经元均相连，且第一个隐藏层的维度与输入维度一致，则输入层到第一个隐藏层之间待训练的参数数量为 10^{12} 个，模型参数数量如此巨大，不仅会占用大量计算机内存，而且也会使神经网络模型的训练变得难以收敛。因此，对于图像这样的数据，不能直接将所构成的像素点向量与前馈神经网络中的每个神经元相连。

1959 年，戴维·胡贝尔和托尔斯滕·维泽尔发现了人脑"视觉系统信息分层处理"这一机制，即可视皮层对外界信息是分级感受的。受这一发现启发，1980 年，Kunihiko Fukushima 对神经科学所发现的结构进行了计算机模拟，提出通过级联方式（cascade，即逐层滤波）实现一种满足平移不变性的网络 Neocognitron，这就是卷积神经网络的前身（Fukushima，1980，1988）。20 世纪 90 年代，LeCun 等人设计了一种被称为 LeNet-5 的卷积神经网络用于手写体识别，初步确立了卷积神经网络的基本结构。

如今，虽然针对不同应用场景的卷积神经网络结构已变得愈发复杂，性能也变得更加强劲，但是究其本质，这些复杂网络结构仍是以卷积操作与池化操作为核心构建而成的。本节对卷积神经网络中的卷积操作、池化操作和网络优化的内容做详细介绍。

5.4.1 卷积计算

图像中的像素点具有很强的空间依赖性，卷积（convolution）就是针对像素点的空间依赖性对图像进行处理的一种技术。

在图像卷积计算中，需要定义一个卷积核（kernel）。卷积核是一个二维矩阵，矩阵中的数值为对图像中与卷积核同样大小的子块像素点进行卷积计算时所采用的权重。

如图 5.8 所示，给定一个权重为 $w_i (1 \leqslant i \leqslant 9)$、大小为 3×3 的卷积核及一个 5×5 大小的灰度图像。该卷积核对图像的卷积操作就是分别以图像中 g、h、i、l、m、n、q、r 和 s 所在像素点位置为中心，形成一个 3×3 大小的图像子块区域，然后用卷积核定义的权重 w_i 对图像子块区域内的每个像素点进行加权累加，所得结果即为图像子块区域中心像素点被卷积（即滤波）后的结果。滤波也可视为在给定卷积核权重的前提下，记住邻域像素点之间的若干特定空间模式而忽略某些空间模式。

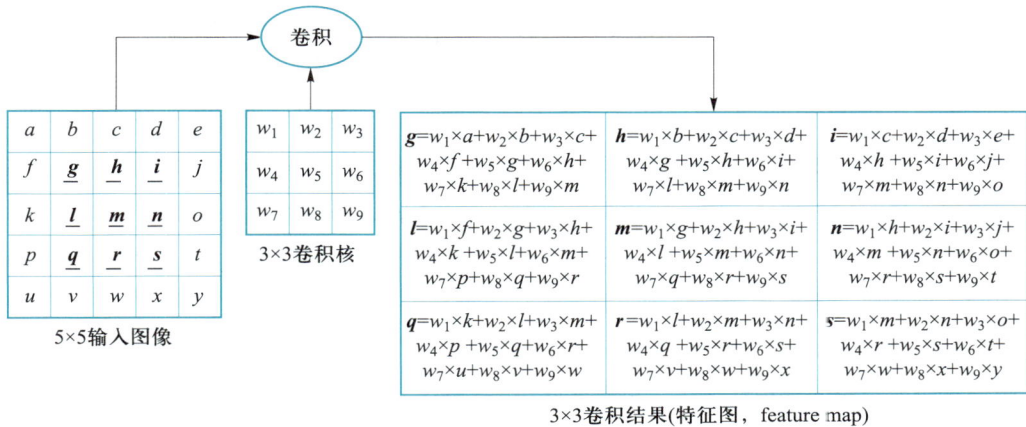

图 5.8　图像卷积例子

(注：卷积核权重 w_i 在卷积神经网络中是通过数据驱动方法学习得到的，而非手工事先指定)

这里以像素点 g 为中心像素点进行滤波处理为例，以其为中心形成的 $3×3$ 大小的子块中包含其邻域的 a、b、c、f、h、k、l、m 八个像素点，用卷积核中的权重 w_i 对这些像素点（含像素点 g）进行加权累加，所得到的结果即为像素点 g 的卷积滤波结果，即 $g = w_1 × a + w_2 × b + w_3 × c + w_4 × f + w_5 × g + w_6 × h + w_7 × k + w_8 × l + w_9 × m$。

同理，可得到像素点 h、i、l、m、n、q、r 和 s 的卷积滤波结果（见图 5.8），卷积滤波结果在卷积神经网络中被称为特征图（feature map）。

在图像卷积计算中，给定某个中心像素点，通过卷积核给其周围像素点赋予不同权重，以对该像素点的值进行调整。卷积这一思想利用了图像中像素点存在"空间依赖度"的特点，即相邻像素点之间具有很强的相关性，而彼此远离的像素点之间的相关性很弱。卷积过程中需要注意如下三点：

（1）由于无法以被卷积图像边界的像素点为中心形成卷积核大小的图像子块区域，因此边界像素点无法参与卷积计算。在图 5.8 中，输入图像中的第 1 行、第 5 行、第 1 列和第 5 列所包含的像素点无法参与卷积计算。

（2）图像卷积计算对图像进行了下采样（down sampling）操作。在图 5.8 中，被卷积图像的分辨率为 $5×5$，卷积后图像的分辨率为 $3×3$，这样被卷积图像就被"约减"了。对卷积得到的图像结果不断卷积滤波，则原始图像就会被"层层抽象、层层约减"，从而使得蕴含在图像中的重要信息"显山露水"。

（3）卷积核中的权重系数 w_i 是通过数据驱动机制学习得到的，用来捕获图像中某像素点及其邻域像素点所构成的特有空间模式。一旦从数据中学习得到权重系数，这些权重系数就刻画了图像中像素点构成的空间分布的不同模式。

图像卷积操作符合"视觉系统信息分层处理"这一机制，即视觉感知是由低层细胞到高层细胞对原始输入信息不断抽象完成的，更高层细胞拥有更高级的感受野，并且对一些偏移、旋转等具有一定的不变性。例如，无论如何旋转手机，给出不同旋转状态的手机图像，人脑总是可以从这些不同旋转角度的图像中辨认出手机这一语义对象。

图 5.9 给出了同一幅图像经过两个不同的 7×7 高斯卷积核进行卷积滤波的结果。高斯卷积核中的权重系数具有如下特点：卷积核中心位置权重系数的取值最大，从中心位置向四周边缘扩散过程中，权重系数的取值逐渐减小。在高斯卷积核中，所有权重系数的累加和为 1。由图 5.9 可见，卷积核中心位置的权重系数越小且与其他卷积权重系数的差别越小，则卷积所得到图像滤波的结果越模糊，这被称为图像平滑操作。图 5.9 中右下图比右上图模糊，其原因在于右下图所对应的卷积核权重系数相差不大，从而使得像素点所对应的卷积滤波结果之间彼此相差不大。可以想象，在卷积过程中，被卷积图像子块中心位置像素点所对应的卷积权重系数小且与其他卷积权重系数差别不大，则意味着该像素点色度值与其近邻像素点色度值之间的差距在卷积后将减小，该像素点与其近邻像素点之间的色度值也将趋同，从而使得图像变"模糊"。这很好利用了图像相邻像素点之间存在"空间依赖"的特点。

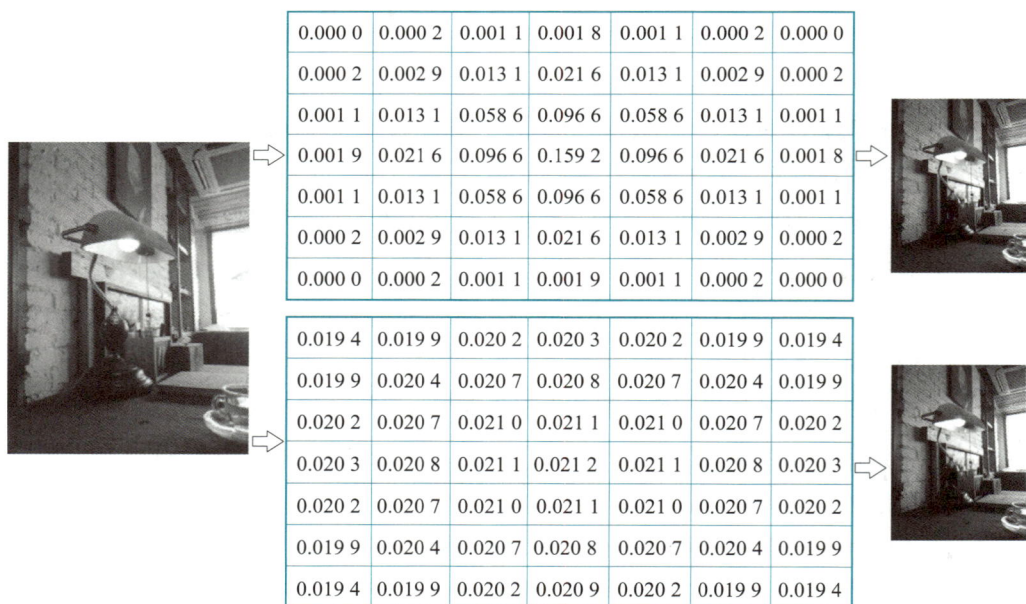

0.000 0	0.000 2	0.001 1	0.001 8	0.001 1	0.000 2	0.000 0
0.000 2	0.002 9	0.013 1	0.021 6	0.013 1	0.002 9	0.000 2
0.001 1	0.013 1	0.058 6	0.096 6	0.058 6	0.013 1	0.001 1
0.001 9	0.021 6	0.096 6	0.159 2	0.096 6	0.021 6	0.001 8
0.001 1	0.013 1	0.058 6	0.096 6	0.058 6	0.013 1	0.001 1
0.000 2	0.002 9	0.013 1	0.021 6	0.013 1	0.002 9	0.000 2
0.000 0	0.000 2	0.001 1	0.001 9	0.001 1	0.000 2	0.000 0

0.019 4	0.019 9	0.020 2	0.020 3	0.020 2	0.019 9	0.019 4
0.019 9	0.020 4	0.020 7	0.020 8	0.020 7	0.020 4	0.019 9
0.020 2	0.020 7	0.021 0	0.021 1	0.021 0	0.020 7	0.020 2
0.020 3	0.020 8	0.021 1	0.021 2	0.021 1	0.020 8	0.020 3
0.020 2	0.020 7	0.021 0	0.021 1	0.021 0	0.020 7	0.020 2
0.019 9	0.020 4	0.020 7	0.020 8	0.020 7	0.020 4	0.019 9
0.019 4	0.019 9	0.020 2	0.020 9	0.020 2	0.019 9	0.019 4

图 5.9   同一幅图像被两个不同卷积核计算的结果

在进行卷积操作时，经常会采用填充（padding）和步长（striding）这两种方法。

填充：从前面的介绍可知，位于被卷积图像边缘位置的像素点无法形成一个以其为中心、与卷积核大小一致的图像子块区域，因此无法对边缘位置的像素点进行卷积滤波。为了使边缘位置的图像像素点也参与卷积滤波，填充技术被提出。该方法在边缘像素点周围填充"0"（即 0 填充），使得可以以边缘像素点为中心形成与卷积核同样大小的图像子块区域。注意，在这种填充机制下，卷积后的图像分辨率将与卷积前的图像分辨率一致，不存在下采样。

步长：在进行卷积操作时，通常希望被卷积所得的图像分辨率与卷积前的图像分辨率相比逐渐减少，即图像被约减。步长方法通过改变卷积核在被卷积图像中移动步长的大小来跳过一些像素，进行卷积滤波。当 stride = 1 时，卷积核滑动跳过 1 个像素，这是最基本的单步滑动，也是标准的卷积模式（如图 5.8 中的示例所示）。stride = k 表示卷积核移动跳过的步长是 k。对于图 5.8 中的卷积操作，如果将步长改为 2，则可得到一个 2×2 的卷积滤波图像结果（见图 5.10）。

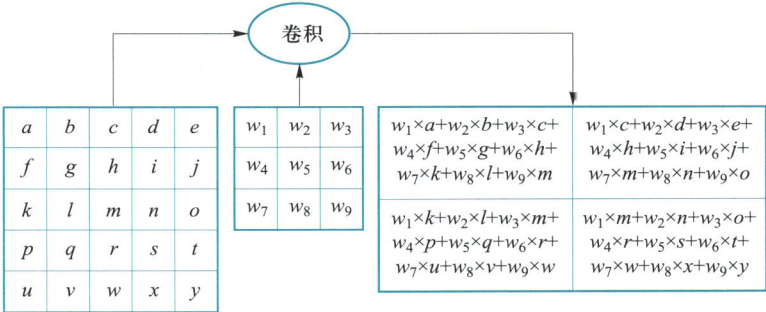

图 5.10 卷积步长为 2 时的卷积结果

在实际操作中，给定一幅图像，为了捕获图像中相邻像素点所构成的不同空间模式，或者感应原始图像中不同侧面的重要信息，可通过不同权重系数的不同卷积核对原始图像进行卷积操作。

图 5.11 中使用了三个卷积核对图像进行卷积操作，可得到三个卷积结果。

神经科学家发现，人的视觉神经细胞对不同的视觉模式具有特征选择性（feature selectivity），即不同视觉神经细胞对边界、运动和颜色等不同信息具有强弱不同的选择性。因此，不同卷积核可被用来刻画视觉神经细胞对外界信息感受时的不同选择性。同时也可以看到，卷积所得结果中，每个输出点的取值仅依赖于其在输入图像中该点及其邻域区域点的取值，而与这个区域之外其他点的取值均无关，该区域被称为感受野（receptive field），正所谓"管中窥豹、见微知著"。在卷积神经网络中，感受野是卷积神经网络每一层输出的特征图中的像素点在输入图像中映射的区域大小。也就是说，感受野是特征图中的一个点对应输入图像中的区域。

值得注意的是，卷积操作是一个线性变换（线性加权累加），但是卷积操作中的权重参数可学习、可被重复使用，从而更适合数据中蕴含的实际空间模式且减少了参

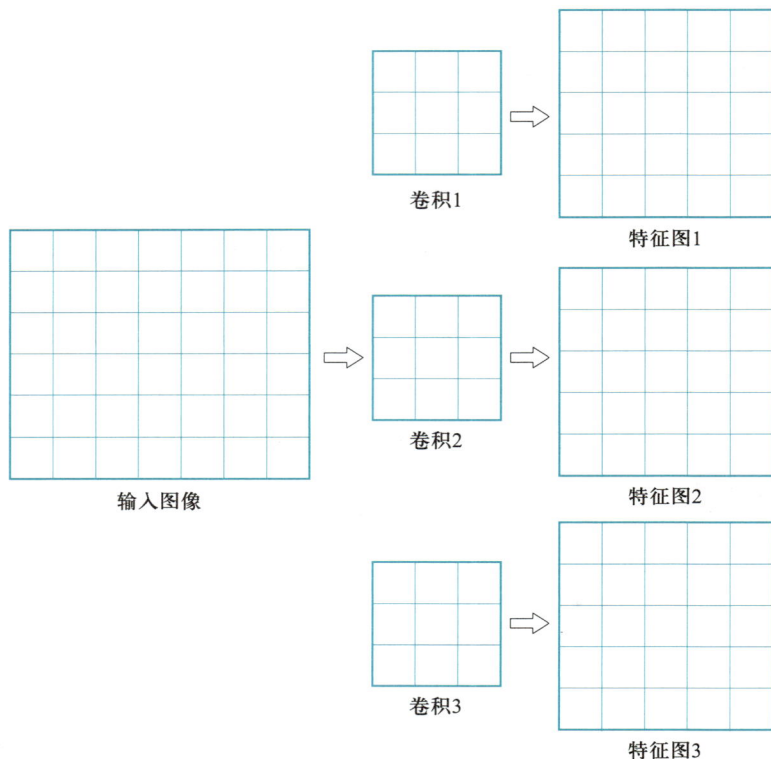

图 5.11　三个卷积核对图像进行卷积示意

数总数。这种"局部感知、参数共享"的特点减少了网络参数，一定程度上防止了过拟合。

假设被卷积图像大小为 $w \times w$，卷积核大小为 $F \times F$，上下左右四个边缘填充像素行 / 列数为 $P = \lceil F/2 \rceil$，步长为 S，则被卷积结果的分辨率是 $\dfrac{w - F + 2P}{S} + 1$。

5.4.2　池化

由于图像中存在较多冗余，在图像处理中，可用某一区域子块的统计信息（如最大值或均值等）来刻画该区域中所有像素点呈现的空间分布模式，以替代区域子块中所有像素点的取值，这就是卷积神经网络中的池化（pooling）操作。池化操作对卷积结果特征图进行约减，实现了下采样，同时保留了特征图中的主要信息。下面介绍几种常见的池化操作。

最大池化（max pooling）：从输入特征图的某个区域子块中选择值最大的像素点作为最大池化结果（见图 5.12）。

平均池化 (average pooling): 计算区域子块所包含所有像素点的均值，将均值作为平均池化结果。

k-max 池化 (k-max pooling): 对输入特征图区域子块中的像素点取前 k 个最大值。如图 5.13 所示，从包含 4 个取值的每一列中选取前 2 个最大值，就得到了 k-max 池化结果。

池化操作是一种下采样操作，是对信息进行约减和抽象的过程，可简化卷积神经网络计算的复杂度，保持特征的某种不变性（选择、平移和伸缩等），以增强神经网络所学习特征的稳健性（防止过拟合与过学习）。

基于卷积与池化操作，就可以定义一个完整的卷积神经网络。如图 5.14 所示，对于 32×32×3 的彩色图像，先用 6 个 5×5×3 的卷积核对其进行卷积操作（步长为 1，无填充），得到 6 个 28×28 的卷积结果（特征图），然后以 2×2 大小进行池化，得到 6 个 14×14 大小的特征图。最后通过若干个全连接层得到原始图像的向量表达，再对这个向量表达通过 softmax 函数进行分类识别，得到输入图像隶属于 n 个类别的概率。

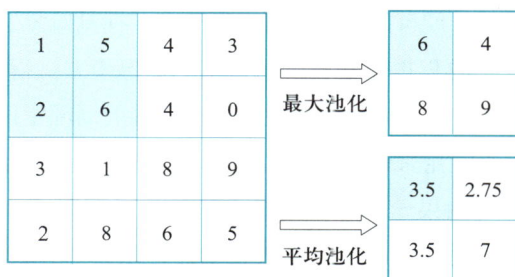

图 5.12 最大池化与平均池化操作示意

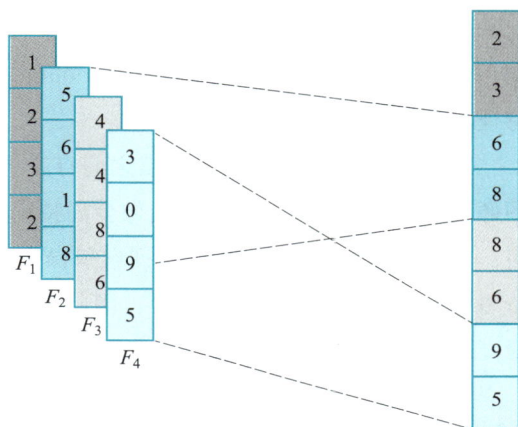

图 5.13 k-max 池化操作示意

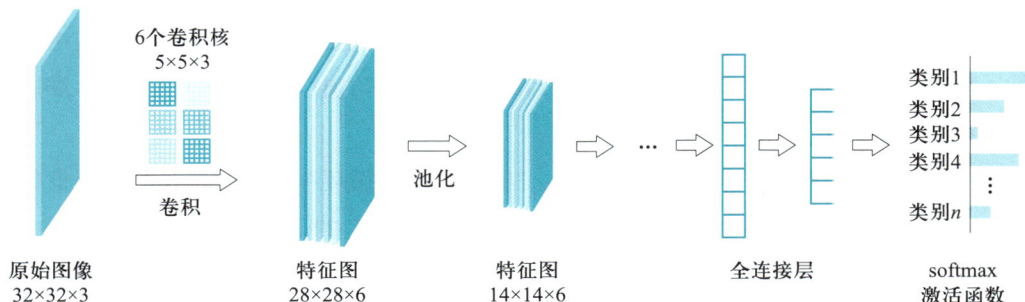

图 5.14 基于卷积神经网络的图像分类示意

对于输入的海量标注数据，通过多次迭代训练，卷积神经网络在经过若干次卷积操作，对卷积所得结果进行激活函数操作和池化操作后，最后通过全连接层学习得到输入数据的特征表达，即分布式向量表达 (distributed vector representation)。基于该向量表达，就可以完成诸如图像分类、视觉对象定位等任务。

卷积操作提取了图像中的局部模式，得到的不同特征图是对图像中像素点局部空间模式不同角度的描述，这些不同的局部空间模式所对应的激活系数在全连接层被组合起来，用来进行识别和分类。全连接层起到了"部分组成整体"的作用。

如果一个神经网络中的激活函数采用 sigmoid 或 ReLU 等函数，则神经网络的参数就是卷积核权重系数和全连接系数等参数，这些参数都是通过数据驱动方式学习得到的。一般地，全连接层的参数数量较多，可占整个网络参数的 80%～90%，优化这些参数会耗费过多的资源，甚至产生惊人的碳排放（Strubell et al.，2019）。为了进一步减少需要学习的参数数量，一些性能优异的网络模型如 ResNet 和 GoogLeNet 等均用全局平均池化（global average pooling，GAP）取代全连接层来融合学到的深度特征。

卷积操作利用了图像像素点之间存在的空间局部依赖性，使得卷积操作可捕获图像局部特征，但是无法明了图像全局特征。也就是说，卷积操作是"不识庐山真面目，只缘身在此山中"。在一系列卷积操作后，使用全连接层可将不同的局部特征进行组合，完成对全局特征的挖掘，因此全连接层可视为"不畏浮云遮望眼，自缘身在最高层"。

当然，卷积操作和全连接计算在算法上是可相互转换的，如全连接计算可等效于卷积核为 1×1 的卷积运算。

5.5　循环神经网络

循环神经网络

循环神经网络是一类处理序列数据（如文本句子、视频帧等）时所采用的网络结构。前文介绍的前馈神经网络或卷积神经网络所需要处理的输入数据一次性给定，难以处理存在前后依赖关系的数据。

1990 年，杰弗里·埃尔曼（Jeffrey L. Elman）提出循环神经网络的最初概念框架（Elman，1990）。循环神经网络的本质是希望模拟人所具有的记忆能力，在学习过程中记住部分已经出现的信息，并利用所记住的信息影响后续结点的输出。循环神经网络在自然语言处理，例如语音识别、情感分析、机器翻译等领域有重要应用。

5.5.1　循环神经网络模型

图 5.15 展示了循环神经网络的结构。由"循环"两字可知，循环神经网络在处理

数据过程中构成了一个循环体。对于一个序列数据，在每一时刻 t，循环神经网络单元会读取当前输入数据 x_t 和前一时刻输入数据 x_{t-1} 所对应的隐式编码结果 h_{t-1}，一起生成 t 时刻的隐式编码结果 h_t。接着将 h_t 向后传，参与生成 $t+1$ 时刻输入数据 x_{t+1} 的隐式编码 h_{t+1}。如此循环处理，直至该序列数据被处理完毕。

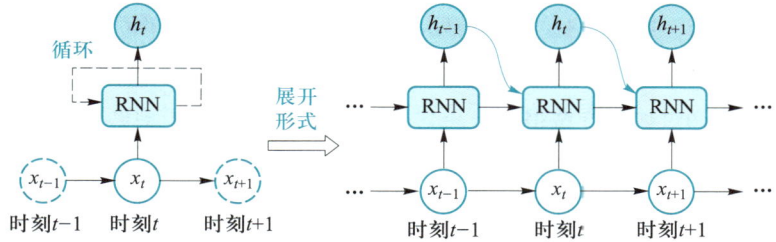

图 5.15　循环神经网络结构及其展开形式示意

可见，时刻 t 得到的隐式编码 h_t 是由上一时刻的隐式编码 h_{t-1} 和当前输入的 x_t 共同参与生成的，这可认为隐式编码 h_{t-1} 已经"记忆"了 t 时刻之前的时序信息，或者说前序时刻信息影响了后续时刻信息的处理。与前馈神经网络和卷积神经网络在处理时需要将所有数据一次性输入不同，循环神经网络能够刻画序列数据中存在的时序依赖关系。

在时刻 t，一旦得到当前输入数据 x_t，循环神经网络会结合前一时刻 $t-1$ 得到的隐式编码 h_{t-1}，如下产生当前时刻的隐式编码 h_t：

$$h_t = \Phi\left(U \times x_t + W \times h_{t-1}\right)$$

这里 $\Phi(\cdot)$ 是激活函数，一般可为 sigmoid 或者 tanh 激活函数，U 与 W 为模型参数。从这里可看出，当前时刻的隐式编码输出 h_t 不仅仅与当前输入数据 x_t 相关，也与网络已有的"记忆" h_{t-1} 有着密不可分的联系。

为了更加直观地展示在循环神经网络中前序时刻信息如何被"记住"来影响当前时刻的信息编码，这里对上述公式进行如下变化：

$$h_t = \Phi\left(U \times x_t + W \times h_{t-1}\right) = \Phi\left(U \times x_t + W \times \Phi\left(U \times x_{t-1} + W \times h_{t-2}\right)\right)$$

$$= \Phi\left(U \times \underbrace{x_t}_{t\,时刻输入} + W \times \Phi\left(U \times \underbrace{x_{t-1}}_{t-1\,时刻输入} + W \times \Phi\left(U \times \underbrace{x_{t-2}}_{t-2\,时刻输入} + \cdots\right)\right)\right)$$

从上式可见，当前时刻编码中的确均包含历史信息，这也说明了循环神经网络能够记忆的原因，使得一些需要记忆历史过往信息的任务能够被循环神经网络有效处理。

实际上，按照时间将循环神经网络展开后（见图 5.15），可以得到一个和前馈神经网络相似的网络结构。这个网络结构可利用反向传播算法和梯度下降算法来训练模型参数，这种训练方法称为"沿时间反向传播算法"（backpropagation through time, BPTT）。由于循环神经网络每个时刻都有一个输出，因此在计算循环神经网络的损失时，通常需要将所有时刻（或者部分时刻）的损失进行累加。

下面以自然语言为例来解释循环神经网络是如何处理时序数据的。假设希望将自然语言句子进行分类，分类为饮食、体育、文化等不同类别。首先，对文本语句进行分词操作，如图 5.16 所示，循环神经网络在读入每个单词后，产生对应单词的隐式编码，并利用该隐式编码参与生成后续单词的隐式编码。一旦得到每个单词的隐式编码，通常可以通过如下方法得到一个句子的向量编码：① 考虑到句子中所有单词的信息均被后向传递，因此将最后一个单词的输出作为整个句子的向量编码表示；② 将每个单词的隐式编码进行加权平均，将加权平均结果作为句子的向量编码表示。这样，一旦得到句子的向量编码表示，就可以利用某个分类器对句子的类别进行判断。

在图 5.16 中，"南北""存在差异""南甜北咸""南方人""甜豆花"等单词之间存在前后依赖，这种依赖会被有效利用起来，得到各单词的隐式编码及句子的向量表达。

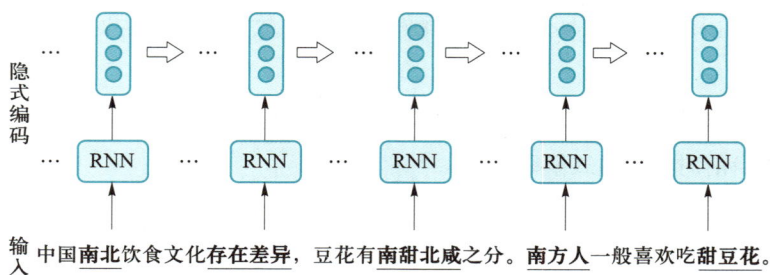

图 5.16　循环神经网络的应用示例

在循环神经网络中，根据输入序列数据与输出序列数据中所包含"单元"的多寡，循环神经网络可以实现"多对多"（即输入和输出序列数据中包含多个单元，常用于机器翻译）、"多对一"（即输入序列数据包含多个单元，输出序列数据只包含一个单元，常用于文本的情感分类）和"一对多"（即输入序列数据包含一个单元，输出序列数据包含多个单元，常用于图像描述生成）三种模式，如图 5.17 所示。

循环神经网络虽然具有一定的记忆能力，但当彼此相关信息在序列中相距较远时，循环神经网络无法捕捉到数据之中的时序依赖关系。除此之外，当输入序列过长时，循环神经网络也容易出现梯度消失（gradient vanishing）或者梯度爆炸（gradient exploding）问题。

图 5.18 以词性标注为例给出了一个输入序列数据 $(x_1, \cdots, x_{t-1}, x_t, x_{t+1}, \cdots, x_T)$ 被循环神经网络处理的示意。在图 5.18 中，时刻 t 输入数据 x_t（文本中的单词）的隐

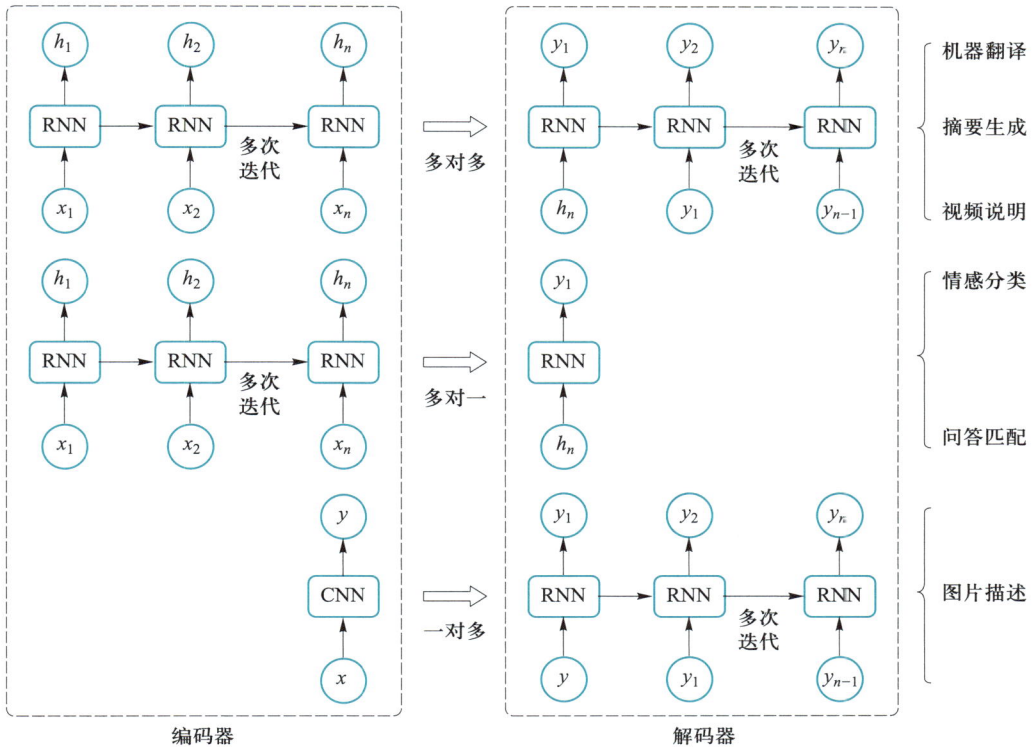

图 5.17 输入输出不同情况下循环神经网络结构示例

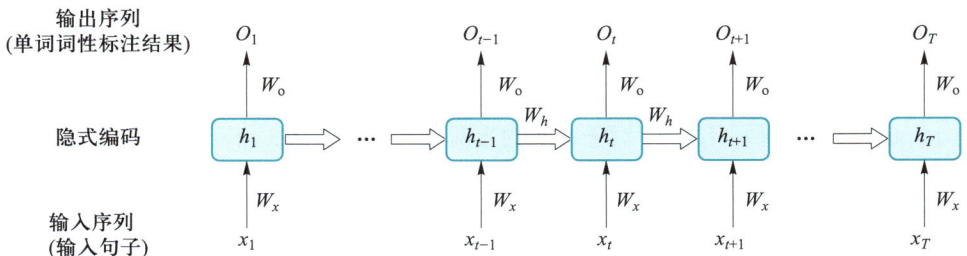

图 5.18 循环神经网络中梯度传递示意

式编码为 h_t，其真实输出为 y_t（单词词性），模型预测 x_t 的词性是 O_t。参数 W_x 将 x_t 映射为隐式编码 h_t，参数 W_o 将 h_t 映射为预测输出 O_t，h_{t-1} 通过参数 W_h 参与 h_t 的生成。图中，W_x，W_o 和 W_h 是复用参数。

假设时刻 t 的隐式编码如下得到：$h_t = \tanh\left(W_x x_t + W_h h_{t-1} + b\right)$。使用交叉熵损失函数计算时刻 t 预测输出与实际输出的误差 E_t。显然，整个序列产生的误差为

$$E = \frac{1}{2}\sum_{t=1}^{T} E_t。$$

下面介绍如何根据时刻 t 所得误差更新参数 W_x。在时刻 t 计算所得 O_t 不仅涉及时刻 t 的 W_x，而且也涉及前面所有时刻的 W_x，按照链式求导法则，E_t 在对 W_x 求导时，也需要对前面时刻的 W_x 依次求导，然后再将求导结果进行累加，即

$$\frac{\partial E_t}{\partial W_x} = \sum_{i=1}^{t} \frac{\partial E_t}{\partial O_t} \frac{\partial O_t}{\partial h_t} \left(\prod_{j=i+1}^{t} \frac{\partial h_j}{\partial h_{j-1}} \right) \frac{\partial h_i}{\partial W_x}$$

其中

$$\prod_{j=i+1}^{t} \frac{\partial h_j}{\partial h_{j-1}} = \prod_{j=i+1}^{t} \tanh' \times W_h$$

令 $t = 3$，则有

$$\frac{\partial E_3}{\partial W_x} = \frac{\partial E_3}{\partial O_3} \frac{\partial O_3}{\partial h_3} \frac{\partial h_3}{\partial W_x} + \frac{\partial E_3}{\partial O_3} \frac{\partial O_3}{\partial h_3} \frac{\partial h_3}{\partial h_2} \frac{\partial h_2}{\partial W_x} + \frac{\partial E_3}{\partial O_3} \frac{\partial O_3}{\partial h_3} \frac{\partial h_3}{\partial h_2} \frac{\partial h_2}{\partial h_1} \frac{\partial h_1}{\partial W_x}$$

由于 tanh 函数的导数取值位于 0~1 区间，对于长序列而言，若干多个 0~1 区间的小数相乘，会使得参数求导结果很小，引发梯度消失问题。E_t 对 W_h 的求导类似，这里就不列出了。为了缓解梯度消失问题，长短时记忆网络（long short-term memory，LSTM）模型被提出。

5.5.2　长短时记忆网络

与简单的循环神经网络结构不同，长短时记忆网络中引入了内部记忆单元（internal memory cell）和门（gate）结构来对当前时刻输入信息及前序时刻所生成信息进行整合和传递。这里，内部记忆单元中的信息可视为对"历史信息"的累积。

常见的 LSTM 模型中有输入门（input gate）、遗忘门（forget gate）和输出门（output gate）三种门结构。对于给定的当前时刻输入数据 x_t 和前一时刻隐式编码 h_{t-1}，输入门、遗忘门和输出门通过各自参数对其编码，分别得到三种门结构的输出 i_t、f_t 和 o_t。

在此基础上，再进一步结合前一时刻内部记忆单元信息 c_{t-1} 来更新当前时刻内部记忆单元信息 c_t，最终得到当前时刻的隐式编码 h_t。表 5.4 描述了长短时记忆网络中所用符号及其含义。

表 5.4　长短时记忆网络中所用符号及其含义

符号	内容描述或操作
x_t	时刻 t 的输入数据
i_t	输入门的输出：$i_t = \text{sigmoid}(W_{xi}x_t + W_{hi}h_{t-1} + b_i)$ （W_{xi}、W_{hi} 和 b_i 为输入门的参数）

符号	内容描述或操作
f_t	遗忘门的输出：$f_t = \mathrm{sigmoid}\,(W_{xf}x_t + W_{hf}h_{t-1} + b_f)$ （W_{xf}、W_{hf} 和 b_f 为遗忘门的参数）
o_t	输出门的输出：$o_t = \mathrm{sigmoid}\,(W_{xo}x_t + W_{ho}h_{t-1} + b_o)$ （W_{xo}、W_{ho} 和 b_o 为输出门的参数）
c_t	内部记忆单元的输出：$c_t = f_t \odot c_{t-1} + i_t \odot \tanh\,(W_{xc}x_t + W_{hc}h_{t-1} + b_c)$ （注：W_{xc}、W_{hc} 和 b_c 为记忆单元的参数。输入门 i_t 控制有多少信息流入当前时刻内部记忆单元 c_t，遗忘门控制上一时刻内部记忆单元 c_{t-1} 中有多少信息可累积到当前时刻内部记忆单元 c_t）
h_t	时刻 t 输入数据的隐式编码：$h_t = o_t \odot \tanh\,(c_t) = o_t \odot \tanh\,(f_t \odot c_{t-1} + i_t \odot \tanh\,(W_{xc}x_t + W_{hc}h_{t-1} + b_c))$ （注：输入门、遗忘门和输出门的信息 i_t、f_t、o_t 一起参与得到 h_t）
$\odot$	两个向量中对应元素按位相乘（element-wise product）。例如，$[\,10\ 6\ 3\ 7\,] \odot [\,0.2\ 0.1\ 0.8\ 0.5\,] = [\,2\ 0.6\ 2.4\ 3.5\,]$

当给定序列数据中当前时刻 t 的输入数据 x_t 和前一时刻的隐式编码 h_{t-1} 时，根据表 5.4 和图 5.19，可按照如下公式计算内部记忆单元信息和隐式编码：

输入门信息输出：$i_t = \mathrm{sigmoid}\,(W_{xi}x_t + W_{hi}h_{t-1} + b_i)$

遗忘门信息输出：$f_t = \mathrm{sigmoid}\,(W_{xf}x_t + W_{hf}h_{t-1} + b_f)$

输出门信息输出：$o_t = \mathrm{sigmoid}\,(W_{xo}x_t + W_{ho}h_{t-1} + b_o)$

内部记忆单元信息输出：$c_t = f_t \odot c_{t-1} + i_t \odot \tanh\,(W_{xc}x_t + W_{hc}h_{t-1} + b_c)$

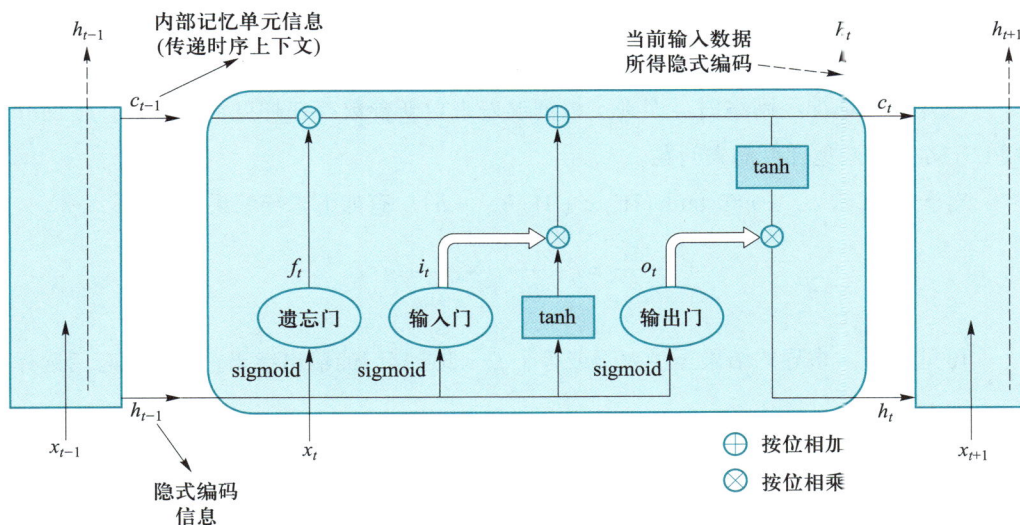

图 5.19　长短时记忆网络模型

（注：在每个时刻 t，只有内部记忆单元信息 c_t 和隐式编码 h_t 这两种信息起到了对序列信息进行传递的作用；只有 h_t 作为本时刻的输出用于分类等处理）

隐式编码输出：$h_t = o_t \odot \tanh(c_t)$ 或者 $h_t = o_t \odot \tanh(f_t \odot c_{t-1} + i_t \odot \tanh(W_{xc}x_t + W_{hc}h_{t-1} + b_c))$

输入门、遗忘门和输出门通过各自参数对当前时刻输入数据 x_t 和前一时刻隐式编码 h_{t-1} 进行处理后，利用 sigmoid 函数对处理结果进行非线性映射，因此三种门结构的输出 i_t、f_t 和 o_t 的值域为（0，1）。正是由于三个门结构的输出值为位于 0~1 之间的向量，因此其在信息处理中起到了"调控开关"的"门"作用。三个门结构所输出向量的维数、内部记忆单元的维数和隐式编码的维数均相等。

以输入门 $i_t = \text{sigmoid}(W_{xi}x_t + W_{hi}h_{t-1} + b_i)$ 为例，在 sigmoid 函数作用下，假设输入门 i_t 的取值为（0.05，0.1，0.8），则通过 $i_t \odot \tanh(W_{xc}x_t + W_{hc}h_{t-1} + b_c)$ 中按位相乘 $\odot$ 操作，输入门会"阻断"一些信息进行后续操作（如 0.05 和 0.1 所对应按位相乘的信息），也会"放入"一些信息进行后续操作（如 0.8 所对应按位相乘的信息）。当然，如果门的某一位取值为 0，表示这一位所对应的信息为全闭，禁止信息通过；如果门的某一位取值为 1，表示这一位所对应的信息为全开，允许信息全部通过。遗忘门不允许一些信息后向传递，从另外一个侧面而言是为了关注需要关注的信息。

从 $c_t = f_t \odot c_{t-1} + i_t \odot \tanh(W_{xc}x_t + W_{hc}h_{t-1} + b_c)$ 可以看出，对当前时刻 t 所对应内部记忆单元中信息的调整涉及遗忘门信息、$t-1$ 时刻所对应内部记忆单元中的信息、输入门信息和 $t-1$ 时刻的隐式编码。

由于 sigmoid 函数的值域在（0，1）之间，输入门、遗忘门和输出门三种门结构采用 sigmoid 这一非线性映射函数起到了信息"控制门"的作用。在内部记忆单元和隐式编码中，使用 tanh 这一非线性映射函数而没有继续使用 sigmoid 非线性映射函数，其原因在于 tanh 函数的值域为（-1，1），使得 tanh 函数在进行信息整合时可起到信息"增（为正）"或"减（为负）"的效果。

在介绍循环神经网络时，谈到了根据误差来更新参数存在梯度消失问题，下面介绍 LSTM 如何避免梯度消失问题。

对于 $c_t = f_t \odot c_{t-1} + i_t \odot \tanh(W_{xc}x_t + W_{hc}h_{t-1} + b_c)$，有如下求导结果存在：

$$\frac{\partial c_t}{\partial c_{t-1}} = f_t + \frac{\partial f_t}{\partial c_{t-1}} \times c_{t-1} + \cdots$$

可见，$\dfrac{\partial c_t}{\partial c_{t-1}}$ 求导的结果至少大于或等于 f_t，即遗忘门的输出结果。如果遗忘门选择保留旧状态，则这一求导结果就接近 1（或者接近向量 1），使得梯度存在，从而避免了梯度消失问题。也就是说，LSTM 通过引入门结构，在从 t 到 $t+1$ 过程中引入加法来进行信息更新，避免了梯度消失问题。

整体来看，内部记忆单元信息 c_t 和隐式编码 h_t 这两种信息起到了对序列信息进行传递的作用。内部记忆单元信息 c_t 好比人脑的长时记忆，隐式编码 h_t 代表了短时记忆。

5.5.3　门控循环单元

门控循环单元（gated recurrent unit，GRU）是一种对 LSTM 简化的深度学习模型。与长短时记忆网络相比，GRU 不再使用记忆单元来传递信息，仅使用隐藏状态来进行信息的传递。因此，相比长短时记忆网络，GRU 有更快的计算速度。

GRU 只包含更新门（update gate）和重置门（reset gate）两个门结构（见图 5.20）。

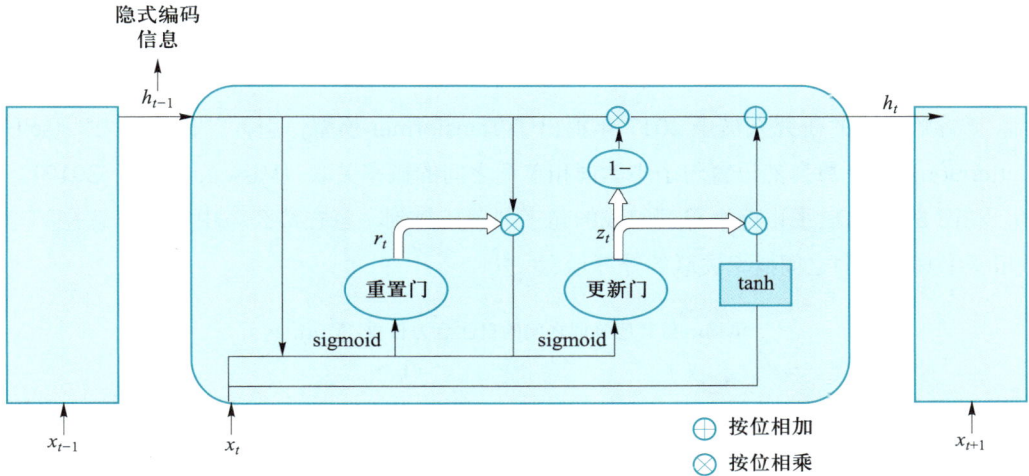

图 5.20　GRU 网络结构

给定当前时刻输入数据 x_t 和前一时刻隐式编码 h_{t-1}，GRU 利用更新门和重置门来输出当前时刻的隐式编码，并且通过隐式编码将信息向后传递。记更新门和重置门信息为 z_t 和 r_t，GRU 的信息更新如下：

更新门信息输出：$z_t = \mathrm{sigmoid}\,(W_z x_t + U_z h_{t-1} + b_z)$

重置门信息输出：$r_t = \mathrm{sigmoid}\,(W_r x_t + U_r h_{t-1} + b_r)$

隐式编码输出：$h_t = (1 - z_t) \odot h_{t-1} + z_t \odot \tanh(W_h x_t + U_h\,(r_t \odot h_{t-1}) + b_h)$

与循环神经网络一样，这里的 W_z、U_z、b_z、W_r、U_r、b_r、W_h、U_h 和 b_h 都是模型参数，需要通过训练优化。

更新门的作用类似于长短时记忆网络中的遗忘门和输入门。它决定要忘记哪些信息，以及哪些新信息需要被添加，用于控制前一时刻的状态信息被保留到当前状态中的程度。更新门的值越大，说明前一时刻的状态信息保留越多。

重置门用于控制忽略前一时刻的状态信息的程度。重置门的值越小，说明信息可通过的程度越低，信息被忽略得越多。

5.6　注意力机制

注意指意识对一定的信息或对象有所指向与集中的过程，具有选择性和集中性等特点，是一切心理过程得以产生和进行的必不可少的心理属性。

在自然语言中，注意力可理解为句子级或篇章级中单词和单词之间因为上下文而共同出现的概率；在图像分析中，注意力可理解为在一定视觉区域中视觉子块之间的空间分布模式；在机器翻译中，注意力可理解为输入源语言单词和输出目标语言单词之间的关联。

谷歌公司的研究人员于 2017 年提出了 Transformer 模型，引入"自注意力"（self-attention）来计算自然语言句子中单词和单词之间的概率关联（Vaswani et al., 2017）。

图 5.21 给出了由四个单词组成的句子"项庄舞剑、意在沛公"中单词"意在"与句子中其他单词之间概率关联的计算示意。

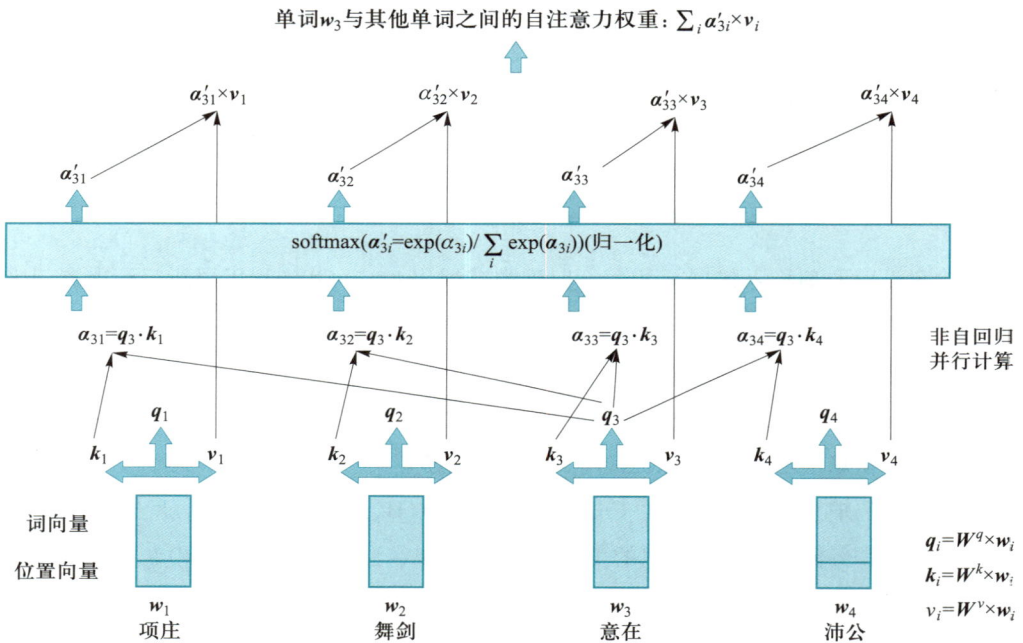

图 5.21　句子中每个单词与其他单词自注意力取值计算示意（以单词 w_3 为例）

首先生成每个单词的内嵌向量（包含单词在句子中位置编码的向量信息），记为 $w_i (1 \leqslant i \leqslant 4)$，如下计算每个单词 w_i 的查询向量（query）、键向量（key）和值向量（value）：

查询向量：$q_i = W^q \times w_i$；键向量：$k_i = W^k \times w_i$；值向量：$v_i = W^v \times w_i$

后面会介绍，对每个单词 w_i 而言，W^q、W^k 和 W^v 三个映射矩阵都是一样的，也是自注意力模型需要训练的全部参数。

自注意力模型就是要挖掘单词 w_i 与其他单词在句子中因为上下文（context）关联而具有的自注意力取值大小。以图 5.21 中单词 w_3 与其他单词之间自注意力取值大小计算为例：

（1）计算 w_3 所对应查询向量与其他单词键向量之间的点积，该点积可作为单词 w_3 与其他单词之间的关联度：$a_{3i} = q_3 \cdot k_i$。

（2）对 a_{3i} 通过 softmax 函数进行归一化操作，得到 a'_{3i}。对于给定的"项庄舞剑、意在沛公"句子，a'_{3i} 记录了"意在"单词与其他单词所具有的重要程度（即注意力）。

（3）a'_{3i} 乘以每个单词 w_i 所对应的值向量 v_i，即 $a'_{3i} \times v_i$。

（4）对步骤（3）的结果进行求和：$\sum_i a'_{3i} \times v_i$，这个结果作为在当前句子语境下单词 w_3 "意在"与其他单词的关联程度（self-attention）。

这里的查询向量、键向量和值向量可从搜索引擎角度来理解：查询向量为搜索单词，键向量为被搜索物品的描述信息（如标题等），值向量为被搜索物品的语义内容。于是可如下理解自注意力关联：在每个单词具有自身内容（值向量表示）的基础上，给定自然语言句子，计算给定单词和句子中其他单词之间的归一化关联度，利用关联度大小对每个单词的自身内容进行调整和加权取和，以反映每个单词在句子中因上下文语义而与其他单词之间的自注意力。

当然，也可引入"多头"注意力（multi-headed attention）机制，从更多角度来挖掘某个单词与其他单词之间的概率关联。同时也应该了解，某个单词的自注意力关联可并行计算，而不像循环神经网络那样，需要通过自回归的方式一个单词接着一个单词处理。

一旦计算得到单词和其他单词所形成的自注意力关联后，Transformer 再将这些自注意力关联通过前向（feed-forward）神经网络进行非线性映射。非线性变换的引入能帮助模型捕捉到更丰富的特征和语义信息，有助于提高模型的表达能力（如更好地捕获单词和单词之间复杂的共现概率）。

5.7 神经网络正则化

网络优化与正则化

深度神经网络结构复杂、参数众多，很容易造成过拟合（over-fitting）。为了缓解神经网络在训练过程中出现的过拟合现象，需要采取一些正则化技术来提升神经网络的泛化能力（generalization）。

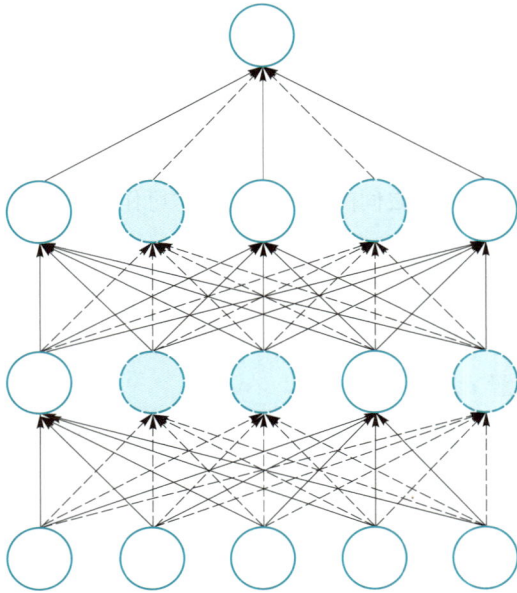

图 5.22　使用 Dropout 的神经网络模型

1. Dropout

Dropout 指在训练神经网络的过程中随机丢掉一部分神经元来降低神经网络的复杂度，从而防止过拟合。Dropout 的实现方法很简单：在每次迭代训练中，以一定概率随机屏蔽每一层中的若干神经元，用余下神经元构成的网络继续训练，如图 5.22 所示。

2. 批归一化

随着神经网络深度的增加，输入数据经过激活函数若干次非线性变换后，其整体分布逐渐向非线性函数的值域上下限两端偏移。例如，对于 sigmoid 函数来说，它所接收的输入往往是数值较大的正数或者负数，因此在经过 sigmoid 函数非线性变换后，输出结果大多偏向于 1 或者 0。在 1 或 0 附近，sigmoid 函数的梯度较小，因此导致在反向传播时，靠近输入端处容易出现梯度消失问题，致使网络收敛很缓慢。

批归一化（batch normalization）就是通过规范化手段，把神经网络每层中任意神经元的输入值分布改变成均值为 0、方差为 1 的标准正态分布，把偏移较大的分布强制映射为标准正态分布。经过批归一化处理，激活函数的输入值被映射到非线性函数梯度较大的区域，使得梯度变大从而克服梯度消失问题，进而加快收敛速度。

3. L1 和 L2 正则化

对于具有 n 个训练数据 $\{(x_1, y_1), \cdots, (x_n, y_n)\}$ 的神经网络，其中 (x_i, y_i) $(1 \leqslant i \leqslant n)$ 分别为输入样本及其对应的标签。加入正则化项后，神经网络的损失函数一般可如下表示：

$$\min \underbrace{\frac{1}{n} \sum_{i=1}^{n} \text{Loss}\left(y_i, f(W, x_i)\right)}_{\text{损失函数}} + \underbrace{\lambda}_{\text{正则化权重}} \times \underbrace{\varPhi(W)}_{\text{正则化项}}$$

其中，$f(W, x_i)$ 表示参数为 W 的神经网络对输入 x_i 的预测，$\varPhi(W)$ 为正则化项（又称惩罚项），λ 为正则化权重。

正则化项 $\varPhi(W)$ 一般用模型参数 W 的范数形式来表示。假设神经网络模型中的

参数数目为 N，则参数的范数形式主要有如下三种：

L0 范数：数学表示为 $\| W \|_0 = \sum_{i=1}^{N} \mathbb{I}\,[w_i \neq 0]$，其中 $\mathbb{I}$ 是指示函数，若括号内表达式为真，则函数值为 1，反之为 0。因此，L0 范数指模型参数 W 中的非零元素个数。L0 范数可实现模型参数的稀疏化。但是，由于 L0 范数正则化是一个 NP 难（NP hard）问题，难以求解，因此一般不用 L0 范数。

L1 范数：数学表示为 $\| W \|_1 = \sum_{i=1}^{N} | w_i |$，指模型参数 W 中各个元素的绝对值之和。L1 范数也被称为 "稀疏规则算子"（lasso regularization）。

L2 范数：数学表示为 $\| W \|_2 = \sqrt{\sum_{i=1}^{N} w_i^2}$，指模型参数 W 中各个元素平方和的开方。

5.8　深度学习在自然语言和计算机视觉中的应用

5.8.1　词向量模型

在基于规则和统计的自然语言传统方法中，通常将单词视为独立符号。为了表达文本，"词袋"（bag of words）模型被采用，但是这一模型忽略了文本单词之间的依赖关系，仅仅将文本看作单词的集合（忽略了单词之间的先后次序）。

在词袋模型中，一个单词按照词典序被表示为一个词典维数大小的向量（称为 one-hot vector），向量中该单词所对应位置按照其在文档中出现与否取值为 1 或 0。1 表示该单词在文档中出现，0 表示没有出现（见图 5.23）。每个单词被表达为单词向量后，一些与自然语言相关的工作（如聚类、同义词计算、主题挖掘等）可以依次开展。

然而，随着文本数目增加，单词词典大小也会增加，从而使得词袋模型中每个单词的维数不断增加。因此，使用词袋模型表示单词时，往往会遭遇维度灾难问题。除此之外，这种表达方法无法有效计算单词与单词之间的语义相似度。列如，"高兴" 与 "愉快" 两个单词的向量表达很不相同，虽然其具有很强的语义相似性。

为了刻画不同单词之间的语义相关性，研究人员希望使用一种分布式向量表达（distributed vector representation）对不同单词进行表达。利用深度学习模型，可将每个单词表征为 N 维实数值的分布式向量。这样一来，可以把对文本内容的分析简化为 N 维向量空间中的向量运算，如两个单词在向量空间中的计算结果可用来衡量这两个单词之间的相似度。用深度学习算法生成每个单词的向量表达，词向量（word2vec）是较为

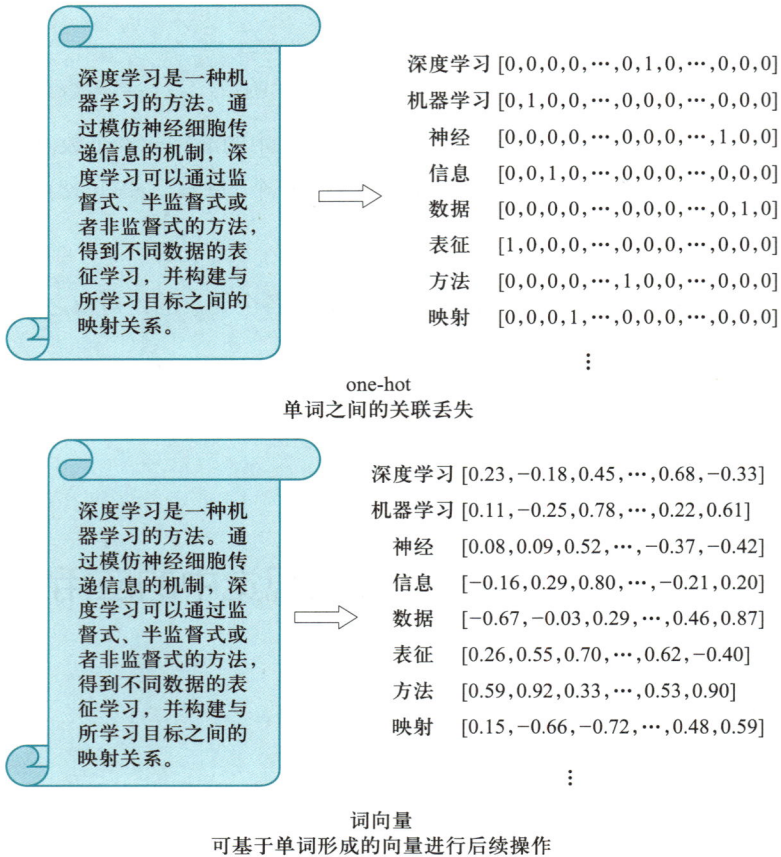

深度学习是一种机器学习的方法。通过模仿神经细胞传递信息的机制，深度学习可以通过监督式、半监督式或者非监督式的方法，得到不同数据的表征学习，并构建与所学习目标之间的映射关系。

深度学习 $[0,0,0,0,\cdots,0,1,0,\cdots,0,0,0]$
机器学习 $[0,1,0,0,\cdots,0,0,0,\cdots,0,0,0]$
神经　　$[0,0,0,0,\cdots,0,0,0,\cdots,1,0,0]$
信息　　$[0,0,1,0,\cdots,0,0,0,\cdots,0,0,0]$
数据　　$[0,0,0,0,\cdots,0,0,0,\cdots,0,1,0]$
表征　　$[1,0,0,0,\cdots,0,0,0,\cdots,0,0,0]$
方法　　$[0,0,0,0,\cdots,1,0,0,\cdots,0,0,0]$
映射　　$[0,0,0,1,\cdots,0,0,0,\cdots,0,0,0]$
$\vdots$

one-hot
单词之间的关联丢失

深度学习是一种机器学习的方法。通过模仿神经细胞传递信息的机制，深度学习可以通过监督式、半监督式或者非监督式的方法，得到不同数据的表征学习，并构建与所学习目标之间的映射关系。

深度学习 $[0.23,-0.18,0.45,\cdots,0.68,-0.33]$
机器学习 $[0.11,-0.25,0.78,\cdots,0.22,0.61]$
神经　　$[0.08,0.09,0.52,\cdots,-0.37,-0.42]$
信息　　$[-0.16,0.29,0.80,\cdots,-0.21,0.20]$
数据　　$[-0.67,-0.03,0.29,\cdots,0.46,0.87]$
表征　　$[0.26,0.55,0.70,\cdots,0.62,-0.40]$
方法　　$[0.59,0.92,0.33,\cdots,0.53,0.90]$
映射　　$[0.15,-0.66,-0.72,\cdots,0.48,0.59]$
$\vdots$

词向量
可基于单词形成的向量进行后续操作

图 5.23　词典模型与词向量模型表示文本

经典的模型。

假设词典中有 V 个不同的单词，现在考虑如何生成第 k 个单词的 N 维词向量（见图 5.24）。首先，将该单词表示成 V 维 one-hot 向量 X，向量 X 中第 k 个位置取值为 1，其余位置取值均为 0。隐藏层神经元个数为 N，每个神经元记为 h_i（$1 \leqslant i \leqslant N$）。向量 X 中每个 x_i（$1 \leqslant i \leqslant V$）与隐藏层神经元是全连接的，连接权重矩阵为 $W_{V \times N}$。输出层是 V 维归一化的概率值，其中 y_k 对应第 k 个单词归一化的概率值，显然其取值应该远大于其他输出所对应的归一化概率值。

在图 5.24 中，输入层中 x_k 与隐藏层的连接权重为 $\{w_{k_1}, w_{k_2}, \cdots, w_{k_N}\}$，输入单词的 N 维隐式表达 $h = W^{\mathrm{T}} \times X = v_{w_k}^{\mathrm{T}}$。所得到的隐藏层结果与输出层是全连接的，全连接权重矩阵为 $W'_{N \times V}$。从图中可知，第 k 个单词对应的输出为 $y_k = (v_{w_k}^{\mathrm{T}})_{1 \times N} \times (W'_{(:, k)})_{N \times 1}$。这里 $W'_{(:, k)}$ 指的是从连接权重矩阵 $W'_{N \times V}$ 中取出第 k 列的向量。接着对 y_k 通过 softmax 函数进行归一化，得到第 k 个单词对应的归一化概率输出。显然，第 k 个单词归一化的概率值应该远远大于输出层中其他位置对应的归一化概率值。

这里 $\boldsymbol{W}_{V\times N}$ 和 $\boldsymbol{W}'_{N\times V}$ 为模型参数。一旦训练得到如图 5.24 所示的神经网络，就可以将输入层中的 x_k 与隐藏层连接权重 $\{w_{k_1}, w_{k_2}, \cdots, w_{k_N}\}$ 作为第 k 个单词的 N 维词向量（word vector）。

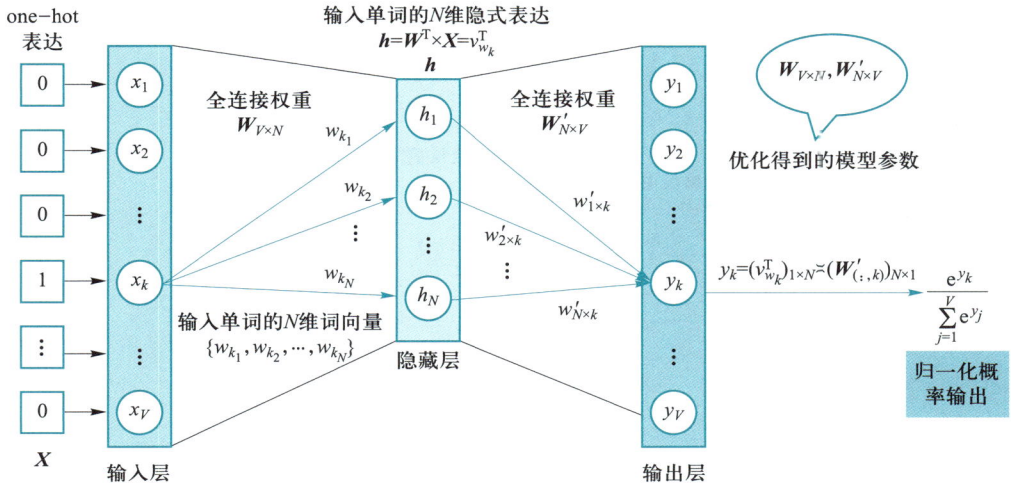

图 5.24　单个单词的词向量生成示意

为了训练词向量模型，可将训练目标进行如下形式化描述：

word2vec model $= \max P$（输出表达|输入表达）

$$= \max \log \left(\frac{\mathrm{e}^{y_k^*}}{\sum\limits_{j=1}^{V} \mathrm{e}^{y_j}} \right) = \max \left(y_k^* - \log \sum\limits_{j=1}^{V} \mathrm{e}^{y_j} \right)$$

其中，星号（*）表示预测值。对上式取其相反数，令其最小，则得到损失函数

$$\mathrm{loss} = -y_k^* + \log \sum\limits_{j=1}^{V} \mathrm{e}^{y_j}$$

这样就可以利用梯度下降和误差反向传播来优化训练参数 $\boldsymbol{W}_{V\times N}$ 和 $\boldsymbol{W}'_{N\times V}$。

通常，word2vec 的模型参数有两种训练模式：一种是 continuous bag-of-words（CBoW），即根据某个单词所处的上下文单词来预测该单词；另一种是 skip-gram，即利用某个单词来分别预测该单词的上下文单词。

图 5.25 所示为基于 CBoW 得到词向量的示意。给出包含 c 个单词的句子 $\{x_1, \cdots, x_{k-1}, x_k, x_{k+1}, \cdots, x_c\}$，在 CBoW 中，可用 x_k 的前序 $k-1$ 个单词和后续 $c-k$ 个单词一起来预测 x_k。每个输入单词仍然是 V 维向量（可以是 one-hot 表达），隐式编码为每个输入单词所对应编码的均值 $\boldsymbol{h} = \dfrac{1}{c-1}\boldsymbol{W}^{\mathrm{T}} \times (\boldsymbol{X}_1 + \cdots + \boldsymbol{X}_{k-1} + \boldsymbol{X}_{k+1} + \cdots - \boldsymbol{X}_c)$。对于计算得到的隐式编码，要求其输出的归一化概率中，单词 x_k 对应的 y_k 取值最大，即用 x_k 的

上下文来预测 x_k。定义好相应的损失函数，可训练得到参数 $\boldsymbol{W}_{V \times N}$ 和 $\boldsymbol{W}'_{N \times V}$。

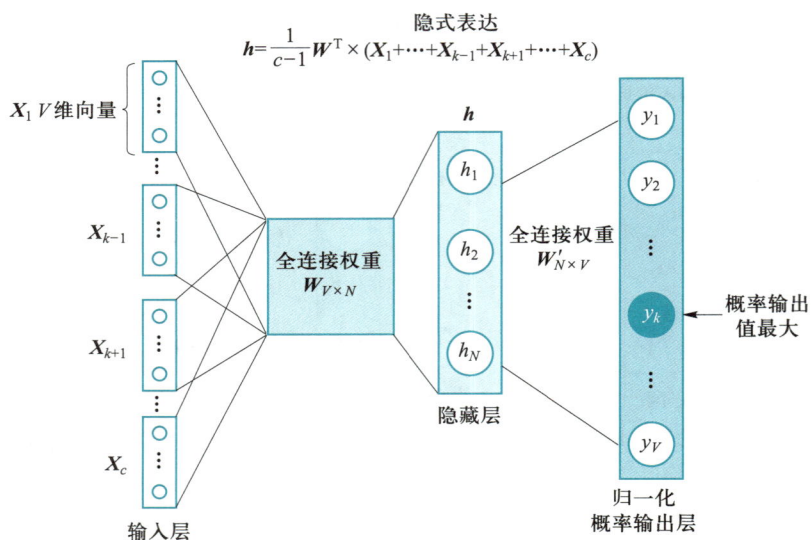

隐式表达
$$h = \frac{1}{c-1} \boldsymbol{W}^{\mathrm{T}} \times (\boldsymbol{X}_1 + \cdots + \boldsymbol{X}_{k-1} + \boldsymbol{X}_{k+1} + \cdots + \boldsymbol{X}_c)$$

图 5.25　基于 CBoW 模型的单词词向量生成示意

无论是 CBoW 还是 skip-gram 模式，随着单词个数增加，模型参数数量也会迅速上升。例如：如果单词个数为 100，希望每个单词所对应的词向量维度为 300，则模型隐藏层的神经元数量为 300，模型连接权重参数数量为 2×100×300=60 000；如果单词个数为 1 000，则模型参数数量为 2×1 000×300=600 000。

为此，word2vec 模型在训练过程中使用了两种巧妙方法来加快模型训练，分别为层次化 softmax（hierarchical softmax）与负采样（negative sampling）。

5.8.2　图像分类与目标定位

图像分类与目标定位（image classification and object localization）是机器视觉领域的核心问题之一，其不仅将图像分为不同类别，而且要对图像中的视觉对象进行定位。

如图 5.26 所示，给定一张图像，图像分类和目标定位模型需要在图像中找到视觉对象目标的位置。视觉对象目标的位置可用包围盒（bounding box）表示，即一个矩形方框左上角的横坐标和纵坐标及该矩形框的高度与宽度。

目前，已有的图像分类与目标定位算法可以分为两类。① 基于候选区域的目标检测方法。这类方法大体上分为两个步骤，第一步为产生候选区域，第二步为对候选区域分类。基于候选区域的目标检测方法的典型代表有 R-CNN（Girshick et al.，2014）、Fast R-CNN（Girshick，2015）、Faster R-CNN（Ren et al.，2015）等。② 单次目标检

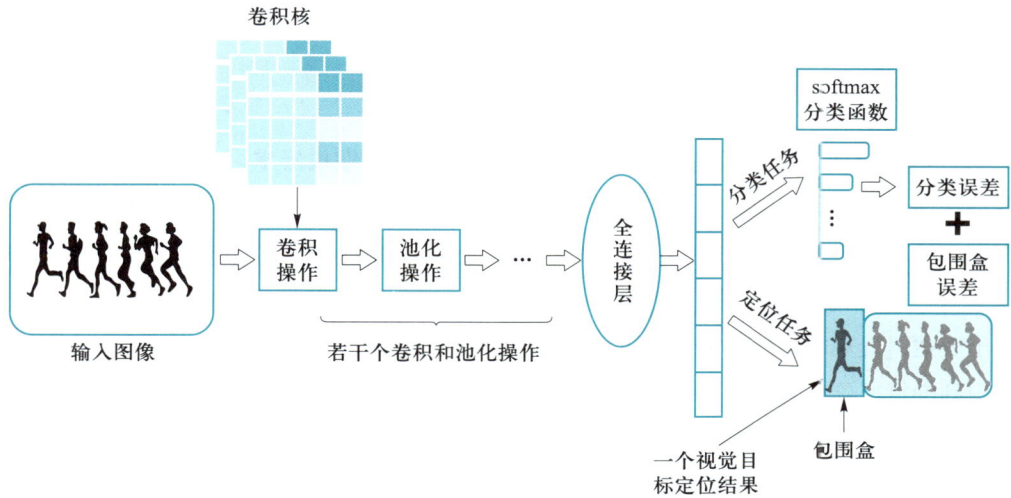

图 5.26　利用卷积神经网络进行图像分类与目标定位示意

测方法。即不经过候选区域检测这个过程，直接对输入图像进行处理而得到视觉对象区域预测结果，也称为单阶段模型。单次目标检测方法的典型代表有 SSD（Liu et al.,2016）、YOLO（Redmon et al., 2016）等。下文将基于单次目标检测方法思想来介绍深度学习的应用。

在图像分类与目标定位过程中，单次目标检测模型不仅要检测物体的位置，同时也要判断所检测物体的类别标签。因此，图像分类与目标定位需要同时完成回归问题（位置判断）与分类问题（物体识别）两个任务，这种同时解决两个及以上问题的任务为多任务学习（multi-task learning）。

输入一幅图像，首先利用卷积神经网络来提取视觉特征。在图 5.26 中，给定一幅图像，卷积神经网络经过若干次卷积与池化操作，可提取一个特征向量来表示输入图像。这个向量作为输入特征分别传送给两个任务，即分类任务和定位任务。① 分类任务。softmax 分类函数将全连接层所得特征向量映射为归一化概率值，用来表示每个概念在输入图像中出现的概率。在 softmax 分类函数的输出概率向量中，向量中的每一维代表输入图像中某个类别出现的概率。在训练中，可用交叉熵等损失函数来计算模型学习的误差。② 目标定位。将全连接层输出向量转换为一个四维向量，四维向量分别代表一个包围盒的左上角横坐标和纵坐标，以及该矩形框宽度与高度的取值，并使用均方误差损失函数计算模型的误差。最终，将两个任务所得误差相加，作为整个模型的误差，用于计算模型梯度，更新模型参数。这样，训练好的模型可以同时对图像分类及对图像中的视觉目标对象进行定位。

5.9　小结

　　合适的特征表达是识别与分类等任务的基础。在早期机器学习任务中，一般根据各种物理成像原理、编码有效性等因素，通过手工构造（handcrafted）相关特征，如直方图、纹理和形状描述子等，来提升一些识别任务的性能。

　　与手工构造特征不同，深度学习通过"端到端"学习方式来形成原始数据的有效特征表达，其基本动机在于通过构建多层网络来学习隐含在数据内部的关系，从而使学习得到的特征具有更强的表达力和泛化能力。

　　将深度学习应用于语义概念识别和理解时，一般思路是将深度学习得到的特征（如卷积神经网络中最后一个全连接层的输出，以及词向量模型中输入层与隐藏层的连接权重）输入给分类模型（如 softmax 函数），然后根据损失函数计算所得"误差"对模型进行优化。这一犹如"黑盒子"的学习机制使得深度学习结果缺乏解释性，从而难以可信（如易受到对抗样本攻击等）。如何将知识引入学习过程，得到可信安全、解释性更强、较少依赖标注大数据、自适应性更好的深度学习方法是目前的研究热点。

延伸阅读：爬上树梢与攀登月球

　　1965 年 12 月，先后在麻省理工学院和加州大学伯克利分校任教的休伯特·德雷福斯（Hubert L. Dreyfus）教授以兰德公司顾问的身份，发表了名为《炼金术与人工智能》（"Alchemy and Artificial Intelligence"）的研究报告，将当时的人工智能研究与历史上的炼金术相提并论，以说明当时进行的人工智能研究是没有基础的无用之功。德雷福斯对人工智能每一步努力是向终极目标逐步接近的说法进行了批驳，说第一个爬上树的人可以声称这是飞往月球的显著进步。在报告的最后，德雷福斯如此结尾：如果炼金术士不再关注曲颈瓶和五角器皿，而把时间花在寻找问题的深层结构，如果人从树上下来开始着手发明"火"与"车轮"，事情就会向一个更令人鼓舞的方向发展。毕竟，三百年后我们确实从铅中提取了黄金并且也登上了月球，但这只有在我们放弃了炼金术低水平上的工作，达到化学水平甚至更深层次的原子水平后才会发生。这份研究报告引起了轩然大波。

　　为了恢复人工智能的声誉，人工智能先驱、LOGO 编程语言发明者西摩·佩珀特安排德雷福斯和一个国际象棋智能算法程序进行比赛，结果德雷福斯输了。美国计算机协会用"一个十岁的孩子可以打败机器——但机器可以打败德雷福斯"（A Ten Year Old Can Beat the Machine——Dreyfus: But the Machine Can Beat Dreyfus）对这一事件进行了报道。

今天，深度学习的模型越来越大、越来越复杂，变戎了大模型（big model）和基础模型（foundation model）。以 OpenAI 公司发布的自然语言预训练模型 GPT-3 为例，该复杂模型的参数数量高达 1 750 亿。如果将这个模型的参数全部打印在 A4 纸上，一张一张叠加后，叠加高度将超过上海中心大厦（632 m）。

加州大学伯克利分校的助理教授于 20 世纪 70 年代针对交通预测模型将越来越复杂，撰写过《大模型的安魂曲》（"Requiem for Large-Scale Models"）一文，列举了在城市交通预测领域所使用大模型的七宗罪（seven sins），认为由众多参数构成的大模型不仅不会进化，反而会崩溃（collapsed rather than evolved）。

由众多参数构成的复杂深度模型虽然在许多任务中取得了惊人效果，但对模型"知其所以然"的理解却举步维艰，不得不感叹复杂深度模型"无他，但手熟尔"。

本章习题

1. 下面对误差反向传播描述不正确的是（　　）。

A. 误差反向传播算法是一种将输出层误差反向传播给隐藏层进行参数更新的方法

B. 误差反向传播算法将误差从后向前传递，获得各层单元所产生误差，进而依据这个误差修正各单元参数

C. 对前馈神经网络而言，误差反向传播算法可调整相邻层神经元之间的连接权重大小

D. 在误差反向传播算法中，每个神经元单元可包含不可偏导的映射函数

2. 以下关于梯度下降和随机梯度下降的说明，描述正确的是（　　）。

A. 在梯度下降和随机梯度下降中，为了最小化损失函数，通常使用循环迭代的方式不断更新模型参数

B. 在每次迭代中，随机梯度下降需要计算训练集所有样本的误差和，用于更新模型参数

C. 在每次迭代中，梯度下降使用所有数据或者部分训练数据，用于更新模型参数

D. 在梯度下降和随机梯度下降中，需要最大化损失函数

3. 关于 sigmoid 激活函数，下列描述正确的是（　　）。

A. 它是凸函数，凸函数无法解决非凸问题

B. 它可以有负值

C. 它无法配合交叉熵损失函数使用

D. 当输入值过大或者过小时，梯度趋近于 0，容易造成梯度消失问题

4. 下面对前馈神经网络这种深度学习方法描述不正确的是（   ）。

A. 是一种端到端学习的方法

B. 是一种监督学习的方法

C. 实现了非线性映射

D. 隐藏层数目大小对学习性能影响不大

5. 图 5.19 展示了长短时记忆网络的详细结构。以下描述正确的是（   ）。

A. 如果输入 x_t 为零向量，则 $h_t = h_{t-1}$

B. 如果 f_t 非常小或者为 0，则误差不会被反向传播到较早的时间节点

C. f_t、i_t 和 o_t 的输出是非负数

D. f_t、i_t 和 o_t 的输出可以被看作概率分布，其输出为非负数且和为 1

6. 关于生成对抗网络的训练，以下说法正确的是（   ）。

A. 为了加速生成对抗网络的训练，通常采用交替训练一轮判别器和多轮生成器的方法

B. 当生成器能够产生足以以假乱真的数据，即 $D(G(z))$ 的输出稳定于接近 1 的值时，训练就完成了

C. 目标函数需要在训练初期提供足够的梯度，使生成器更快开始产生能够混淆判别器的数据

D. 生成对抗网络在经过足够长时间的训练后可以确保收敛到全局最优

7. 在训练生成对抗网络时，发现损失函数的值很小，但生成器产生的数据质量并不高，这可能是因为（   ）。

A. 判别器欠拟合   B. 判别器过拟合

C. 生成器欠拟合   D. 生成器过拟合

8. 深度学习与传统的机器学习相比有哪些区别？

9. 回答下列问题。

（1）说明单层感知机为何无法模拟逻辑异或操作。

（2）设计一个前馈神经网络，用于拟合异或函数。

10. 在前馈神经网络中，所有的参数能否被初始化为 0？如果不能，参数能否全部被初始化为其他相同的值？为什么？

11. "编码器 – 解码器" 框架被广泛用于机器翻译中，其中编码器用于对源语言进行编码，解码器用于产生目标语言。当编码器编码完毕后，会将所得信息传给解码器，同时给解码器 BOS 标签，告知解码器可以开始解码。解码器依次产生目标语言词汇，当产生 EOS 标签时解码结束。题图 5.1 给出了通用机器翻译框架，如果目标语言的词汇量大小为 V，y'_i 为模型预测的 V 维概率向量，w_i 为所预测词语，y_i 为真实值。

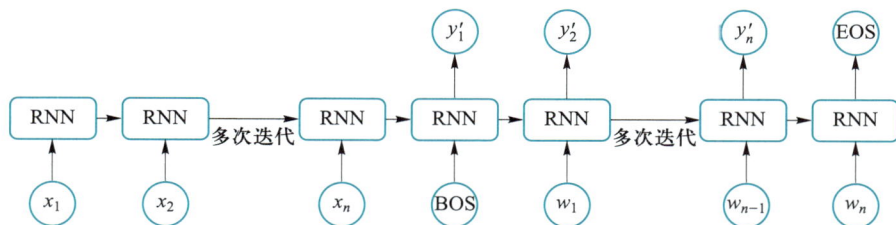

题图 5.1   机器翻译中的"编码器 – 解码器"框架

（1）写出解码器的损失函数。

（2）在模型执行过程中，通常会使用"微调"的方式更新预训练词向量。试写出 w_{n-1} 梯度。

12*. 试证明为什么 LSTM 能解决循环神经网络遇到的梯度消失问题。

本章参考文献

第 6 章

强化学习

谋定而后动，知止而有得。

强化学习是智能体（agent）在不断与其所处环境交互的过程中进行学习的一种方法。在这种方法中，智能体通过"尝试与试错"和"探索与利用"等机制在所处状态采取行动，不断与环境交互，直至进入终止状态，根据在终止状态所获得的奖惩来改进行动策略，序贯完成决策任务。

在强化学习中，学习信号以奖励形式出现，智能体在与环境交互中取得最大化收益，这种学习方式既不是从已有数据出发，也不是依赖于已有知识的学习方式，犹如 tabula rasa（拉丁语）所蕴含的"一张白纸绘蓝图"之义，从"授之以鱼"迈向"授之以渔"。

近年来，随着深度学习的发展，对强化学习的研究取得了一定进展，强化学习方法也成为智能系统设计的核心技术之一，被广泛应用于人工智能和机器人学等领域。

本章主要介绍强化学习的形式化定义、基本求解方法、深度强化学习及若干示例分析。

6.1 强化学习问题定义

强化学习基本概念

6.1.1 强化学习基本概念

人类在日常生活中通过对环境进行探索和与环境进行交互而不断学习。例如，婴幼儿在学习走路时，在跟跟跄跄向前走一步的过程中撞到障碍物后，会因感受到疼痛而哇哇大哭。通过这一次与环境交互的经验，婴幼儿以后走路时就会避免向有障碍物的方向前进。如果将这个过程抽象化，与环境交互而不断学习的过程可如下描述：婴幼儿通过动作（向前走一步）对环境产生影响；环境向其反馈状态的变化（撞到障碍物）；婴幼儿评估当前动作得到的收益（感受到疼痛）；婴幼儿会更新在前方有障碍物这个状态下所做出动作的过往策略（避免向有障碍物的方向前进而发生碰撞）。

强化学习模仿了上述学习过程。作为了解强化学习的第一步，先介绍上述学习过程中要使用的若干概念。

智能体（agent）：智能体是强化学习算法的主体，它能够根据经验做出主观判断并执行动作，是整个智能系统的核心。

环境（environment）：智能体以外的一切统称为环境，环境在与智能体的交互中，能被智能体采取的动作影响，同时环境也能向智能体反馈状态和奖励。虽说智能体以外的一切都可视为环境，但在设计算法时常常会排除不相关的因素，建立一个理想的环境模型来对算法功能进行模拟。

状态（state）：状态可以理解为智能体对环境的一种理解和编码，通常包含对智能体所采取决策产生影响的信息。

动作（action）：动作是智能体对环境产生影响的方式，这里说的动作常常指概念上的动作，在设计机器人时还须考虑动作的执行机构。

策略（policy）：策略是智能体在所处状态下执行某个动作的依据，即给定一个状态，智能体可根据一个策略来选择应该采取的动作。

奖励（reward）：奖励是智能体序贯式采取一系列动作后从环境获得的收益。注意，奖励概念是现实中奖励和惩罚的统合，一般用正值代表实际奖励，用负值代表实际惩罚。

如图 6.1 所示，强化学习实际上是智能体在与环境交互中学习能帮助其获得最大化奖励这一策略的过程。在每一

图 6.1 强化学习的过程

次迭代中，智能体根据当前策略选择一个动作，该动作影响环境，导致环境发生改变，智能体此时从环境得到状态变化和奖励反馈等信息，并根据这些反馈更新其内部策略。这一过程与人类从与环境交互中学习这一方式具有相似之处。

强化学习求解的是探索性和交互性的问题，从这个角度来看，强化学习类似于本书第 3 章介绍的搜索算法，尤其是蒙特卡洛树搜索算法（即在探索中寻找问题的答案）。同时强化学习中包含学习过程，因此也与第 4 章和第 5 章介绍的监督学习和无监督学习存在异同。

表 6.1 总结了监督学习、无监督学习和强化学习各自的特点，从四个角度来比较这三种方法。

从学习依据看，监督学习基于有标注的监督信息来更新模型，无监督学习则对数据中存在的模式或结构进行假设来学习（如假设数据分布为高斯分布而求解参数），而强化学习则是基于智能体对奖励的评估来进行学习。

在介绍监督学习和无监督学习算法时，通常假设数据是事先给定的，然而强化学习的数据来自智能体与环境交互产生的经验，通常是在学习过程中产生的；监督学习和强化学习均可以认为涉及决策过程，监督学习根据特征来决定样本的标签，而强化学习则是序贯决策问题，后续决策往往会受到先前决策的影响。

监督学习的目标是得到一个从样本到语义标签的映射，无监督学习的目标是学习数据的分布模式，而强化学习的目标则是学习一个使奖励最大化的策略。

表 6.1　三种学习方式特点对比

学习方式	学习依据	数据来源	决策过程	学习目标
监督学习	基于监督信息	一次给定	单步决策（如分类和识别等）	样本到语义标签的映射
无监督学习	基于对数据结构的假设	一次给定	无	数据的分布模式
强化学习	基于评估	在时序交互中产生	序贯决策（如棋类博弈）	选择能够获取最大收益的状态到动作的映射

这里以围棋为例来解释表 6.1 所列强化学习对应的特点。在围棋博弈的强化学习中，算法如果要知悉某一落子走法是否能以极大概率带来胜局，必须先尝试该走法，再观察智能体后续是否能赢得比赛，这就是基于评估的学习；算法的训练数据主要来自智能体不断模拟对局，因此可以说训练算法的数据是在交互中产生的；一局围棋可能涉及上百次落子决策，而这些决策之间是相互关联的，因为不同的布局方式可能导致智能算法在后期采取不同的策略。

在围棋对抗中，强化学习算法还有一些表 6.1 中没有提到但十分常见的特点，例如奖励有滞后性，智能体每次落子后并不能立刻得到该落子所能够带来的奖励信息，而是要在棋局回合终结时才得到一个明确的奖励；同时由于围棋问题所面临的搜索空间巨大，算法在每次落子前不可能枚举出所有潜在落子优劣后再做出决定，而是通过采样方法寻找一个较佳的落子方案。

6.1.2 马尔可夫决策过程

马尔可夫决策过程

本节将对 6.1.1 节中介绍的交互过程进行形式化定义。为了方便说明，本节将基于一个简单的示例来介绍相关定义。

如图 6.2 所示 3×3 的网格，假设有一个机器人位于 s_1，试图从 s_1 这一初始位置向 s_9 这一目标位置移动。假设机器人每一步只能向上或者向右移动一个方格，到达目标位置 s_9 则会获得奖励且游戏终止，机器人在移动过程中如果越出方格则会被惩罚且被损坏，并且游戏终止。那么，如何学习一种策略，能够帮助机器人从 s_1 走到 s_9？这是一个典型的搜索问题，由此可见强化学习问题与搜索问题存在共通之处。

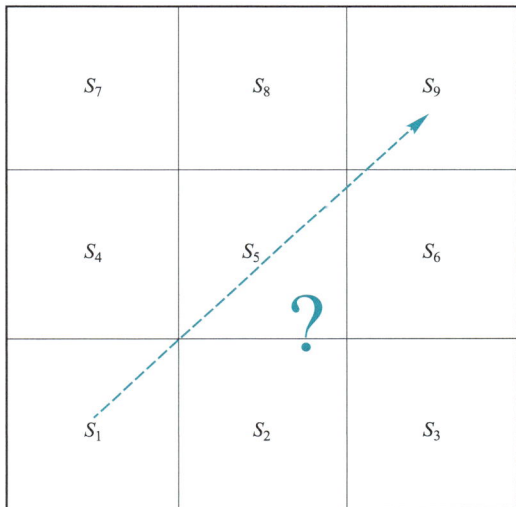

图 6.2 机器人寻路问题

对照 6.1.1 节中介绍的概念，在这个问题中，智能体为迷宫机器人，环境是 3×3 的方格，状态指的是机器人在当前时刻所处方格，状态取值范围为 $\{s_1, s_2, \cdots, s_9, s_d\}$，其中 s_d 表示机器人被损坏时所处状态。机器人每次可采取的动作为向上或向右移动一个方格，机器人所获得的奖励包括它到达 s_9 时得到的正奖励，以及越界时得到的负奖励（惩罚）。需要说明的是，机器人在到达 s_d 状态时会被惩罚（即越界），在到达 s_9 时被奖赏，到达其他状态时不被奖赏也不被惩罚。

到目前为止，只是明确了相应的概念，为了准确定义这个问题，需要形式化描述机器人与环境的交互过程。这里采用随机过程来描述机器人与环境之间的交互。

一个随机过程实际上是一列随时间变化的随机变量。当时间是离散量时，一个随机过程可以表示为 $\{X_t\}_{t=0, 1, 2, \cdots}$，这里每个 X_t 都是一个随机变量，这被称为离散随机过程。为了方便分析和求解，通常要求通过合理的问题定义使得一个随机过程满足马尔可夫性（Markov property），即满足如下性质：

$$P(X_{t+1}=x_{t+1}|X_0=x_0, X_1=x_1, \cdots, X_t=x_t)=P(X_{t+1}=x_{t+1}|X_t=x_t) \qquad (6.1)$$

这个公式的直观解释为：下一刻的状态 X_{t+1} 只由当前状态 X_t 决定（而与更早的所有状态均无关）。满足马尔可夫性的离散随机过程被称为马尔可夫链（Markov chain）。

定义离散马尔可夫过程 $\{S_t\}_{t=0, 1, 2, \cdots}$，其中 S_t 表示机器人第 t 步的状态。在这个问题中，S_t 就是机器人第 t 步时所处的方格位置，每个随机变量 S_t 的取值范围称为状态集合 S，在机器人寻路的问题中 $S=\{s_1, s_2, \cdots, s_9, s_d\}$。由于 $\{S_t\}_{t=0, 1, 2, \cdots}$ 满足马尔可夫性，因此可以定义状态转移概率 $P(S_{t+1}|S_t)$。

为了在问题定义中反映机器人在完成目标过程中所获得的奖惩，需要加入奖励概念。因此，定义奖励函数 $R: S \times S \mapsto \mathbb{R}$，其中 $R(S_t, S_{t+1})$ 描述了从第 t 步状态转移到第 $t+1$ 步状态所获得的奖励。为了简化符号，记 $R_{t+1} := R(S_t, S_{t+1})$。在机器人寻路问题中，奖励值可定义如下：当 $S_{t+1}=s_9$ 时奖励值为 1，当 $S_{t+1}=s_d$ 时惩励值为 -1，其他情况下奖励值为 0。

不难注意到机器人寻路问题中涉及多次状态转移，因此这个过程会产生一系列的奖励值 $(R_1, R_2, \cdots,)$。这样，就需要比较不同状态转移所产生不同奖励序列的优劣。图 6.3 所示为相同状态序列所对应的两个不同奖励序列 $(0, 0, 1, 1)$ 和 $(1, 1, 0, 0)$。这两个序列中所有奖励之和均为 2，区别在于前一个奖励机制对后期状态序列进行奖励，可谓先苦后甜；另一个奖励机制对前期状态序列进行奖励，可谓先甜后苦。

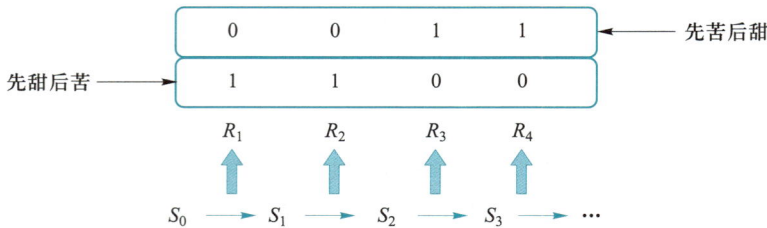

图 6.3   两个奖励序列的比较

为了比较不同奖励机制的优劣，在每个时刻定义**回报**（return）来反映该时刻可得到的累加奖励：

$$G_t = R_{t+1} + \gamma R_{t+2} + \gamma^2 R_{t+3} + \cdots \qquad (6.2)$$

其中，$\gamma \in [0, 1]$ 是折扣因子（discount factor），R_{t+k}（$t > 0$）表示 $t + k$ 时刻获得的奖励。t 时刻获得的回报 G_t 反映了该时刻之后的累加奖励。当折扣因子 γ 小于 1 时，距离当前时刻越远的奖励对该时刻的反馈贡献越少。假设 $\gamma = 0.99$，则图 6.3 中两个奖励序列在 0 时刻的回报值分别为

$$(0, 0, 1, 1) : G_0 = 0 + 0.99 \times 0 + 0.99^2 \times 1 + 0.99^3 \times 1 = 1.950\,4$$

$$(1, 1, 0, 0) : G_0 = 1 + 0.99 \times 1 + 0.99^2 \times 0 + 0.99^3 \times 0 = 1.99$$

根据回报值可以认为，$(1, 1, 0, 0)$ 是一个更好的奖励序列。这一结果也与现实生活中的认知活动相符，即距离某个时刻越近，所给予的奖励会对该时刻的回报产生越大影响。因此，在强化学习中，要设计的奖励机制应该对当前时刻及其附近时刻能够带来的奖励更为关注。

在马尔可夫链模型 MP $= (S, P)$ 中加入奖励函数和折扣因子后，得到的模型称为马尔可夫奖励过程（Markov reward process，MRP），其形式化定义为 MRP $= (S, P, R, \gamma)$。这个模型虽然能够用奖励和回报来刻画智能体的目标，但是仍然不能体现机器人的能动性，即缺乏让机器人与环境进行交互的手段。为了解决这个问题，需要在马尔可夫奖励过程中引入动作，让动作成为机器人影响环境的手段。

定义智能体能够采取的动作集合为 A。由于不同的动作会对环境造成不同的影响，因此马尔可夫奖励过程中的一些定义要随之修改。为了体现采取某个动作会改变当前状态这一特点，将转移概率重新定义为 $P(S_{t+1} \mid S_t, A_t)$，其中 $A_t \in A$ 为第 t 步所采取的动作；同时奖励也可能受到动作的影响，因此奖励函数重新定义为 $R(S_t, A_t, S_{t+1})$。

至此，有了足以描述智能体与环境交互过程的所有要素，可定义马尔可夫决策过程（Markov decision process，MDP）（Bellman，1957；White，1969）为 MDP $= (S, A, P, R, \gamma)$。其中：

状态集合 S：所求解问题中所有可能出现的状态构成的集合，这个集合可能是一个有限的集合，也可能是一个无限的集合。

动作集合 A：所求解问题中智能体能够采取的所有动作构成的集合，这个集合同样可以是有限的，也可以是无限的。本章所述内容中均假设该集合是一个有限集合。

状态转移概率 $P(S_{t+1} \mid S_t, A_t)$：表示在当前状态 S_t 下采取动作 A_t 后进入下一时刻状态 S_{t+1} 的概率。显然，状态转移概率满足马尔可夫性。状态转移可以是概率性的（stochastic），也可以是确定的（deterministic）。确定的状态转移指在给定状态 S_t 下采取动作 A_t 后，转移到某一状态的概率为 1。

奖励函数 $R(S_t, A_t, S_{t+1})$：在状态 S_t 下执行动作 A_t 后到达状态 S_{t+1} 时，智能体能够得到的奖励。

折扣因子 γ：后续时刻奖励对当前动作的价值系数，$\gamma \in [0, 1]$。

若用马尔可夫决策过程来刻画图 6.2 中的机器人寻路问题，则该马尔可夫决策过程

中的所有信息如下:

状态转移函数如图 6.4 所示。

$P(S_{t+1}|S_t, a_t=右)$							$P(S_{t+1}|S_t, a_t=上)$					
$\dfrac{S_{t+1}}{S_t}$	S_1	S_2	S_3		S_9	S_d	$\dfrac{S_{t+1}}{S_t}$	S_1	S_4	S_7		S_9	S_d
S_1	0	1	0	$\cdots$	0	0	S_1	0	1	0	$\cdots$	0	0
S_2	0	0	1	$\cdots$	0	0	S_4	0	0	1	$\cdots$	0	0
S_3	0	0	0	$\cdots$	0	1	S_7	0	0	0	$\cdots$	0	1
$\vdots$	$\vdots$	$\vdots$	$\vdots$	$\vdots$	$\vdots$	$\vdots$	$\vdots$	$\vdots$	$\vdots$	$\vdots$	$\vdots$	$\vdots$	$\vdots$
S_8	0	0	0	$\cdots$	1	0	S_6	0	0	0	$\cdots$	1	0
S_9	0	0	0	$\cdots$	0	1	S_9	0	0	0	$\cdots$	0	1

图 6.4　机器人寻路问题的状态转移函数

- $S = \{s_1, s_2, \cdots, s_9, s_d\}$。
- $A = \{上, 右\}$。
- $R(S_t, A_t, S_{t+1}) = \begin{cases} 1, & 如果 S_{t+1}=s_9 \\ -1, & 如果 S_{t+1}=s_d \\ 0, & 其他情况 \end{cases}$

奖励函数的取值如图 6.5 所示。

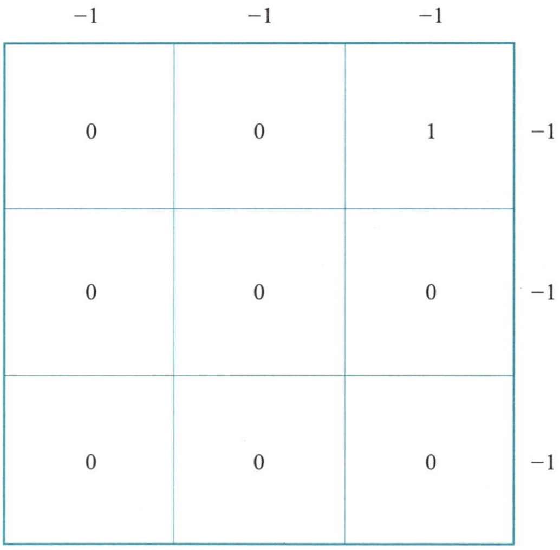

图 6.5　机器人寻路问题的奖惩函数

- 令 $\gamma = 0.99$。
- 初始状态 $S_0 = S_1$，终止状态集合 $S_{\mathrm{T}} = \{s_9,\ s_{\mathrm{d}}\}$。

值得注意的是，一般情况下，初始状态和终止状态并不包含在马尔可夫决策过程的定义中，因为在标准的马尔可夫决策过程模型中，初始状态和终止状态可以认为是独立于问题的固定状态。如果指定了与问题相关的初始状态和终止状态，那么只需添加一个虚拟的初始状态和一个虚拟的终止状态，令虚拟的初始状态能够以一定的概率转移到真正的初始状态，令真正的终止状态能够以概率 1 转移到虚拟的终止状态，这样一来问题便转化为了标准的马尔可夫决策过程。为了简化表达，本章在定义具体问题时会引入初始状态和终止状态这两个概念。

马尔可夫决策过程刻画了智能体与环境的交互特点，这一交互过程可用图 6.6 简洁概括。如图 6.6 所示，智能体从

$$S_0 \xrightarrow[A_0]{R_1} S_1 \xrightarrow[A_1]{R_2} S_2 \xrightarrow[A_2]{R_3} S_3 \xrightarrow[A_3]{R_4} \cdots$$

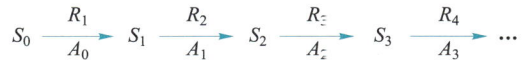

图 6.6　智能体与环境的交互过程

初始状态 S_0 开始，根据策略执行动作 A_0，得到奖励值 R_1，同时状态转移到 S_1，以此类推。于是，可得到一个状态序列 $(S_0, S_1, \cdots,)$，该序列称为**轨迹**（trajectory），轨迹长度可以是无限的，也可以有终止状态 S_{T}。状态序列中包含终止状态的问题叫作**分段**（episodic）问题，不包含终止状态的问题叫作**持续**（continuing）问题。在分段问题中，一个从初始状态到终止状态的完整轨迹称为一个**片段**（episode）。

本章讨论的主要是分段问题，有时也将动作和奖励记入状态序列中，用 $(S_0, A_0, R_1, S_1, A_1, R_2, S_2, \cdots, S_{\mathrm{T}})$ 来描述一个片段。

6.1.3　强化学习问题定义

马尔可夫决策过程被广泛用于描述强化学习问题中智能体与环境的交互过程（Andreae，1966；Watkins et al.，1989），但其并不能对智能体选择动作的方法建模。

为了形式化定义强化学习问题，有必要建立智能体选择动作的模型，这就是策略函数 $\pi: S \times A \mapsto [0, 1]$，$\pi(s, a)$ 表示智能体在状态 s 下采取动作 a 的概率。策略函数可以是概率性的，也可以是确定的。确定的策略函数指在给定状态 s 的情况下，只有一个动作 a 使得概率 $\pi(s, a)$ 取值为 1。对于确定的策略函数，为了简化符号，记 $a = \pi(s)$。

一个好的策略函数应该能够使得智能体在采取一系列行动后可得到最佳奖励，即最大化每一时刻的回报值 $G_t = R_{t+1} + \gamma R_{t+2} + \gamma^2 R_{t+3} + \cdots$。从 G_t 的定义可知，G_t 要根据一次包含了终止状态的轨迹序列来计算，因此定义如下函数：

价值函数（value function）：$V: S \mapsto \mathbb{R}$，其中 $V_\pi(s) = \mathbb{E}_\pi[G_t | S_t = s]$ 表示智能体在时刻 t 处于状态 s 时，按照策略 π 采取行动时所获得回报的期望。价值函数衡量了某

个状态的好坏程度，反映了智能体从当前状态转移到该状态时能够为目标完成带来多大"好处"。

动作 - 价值函数（action-value function）：$q:S{\times}A{\mapsto}\mathbb{R}$，其中 $q_\pi(s,a)=\mathbb{E}_\pi[G_t|S_t=s,A_t=a]$，表示智能体在时刻 t 处于状态 s 时，选择动作 a 后，在 t 时刻后根据策略 π 采取行动所获得回报的期望。

价值函数和动作 - 价值函数反映了智能体在某一策略下所对应状态序列获得回报的期望，它能比回报本身更加准确地刻画智能体的目标。注意，价值函数和动作 - 价值函数的定义之所以能够成立，离不开决策过程所具有的马尔可夫性，即当位于当前状态 s 时，无论当前时刻 t 的取值是多少，一个策略回报值的期望是一定的（当前状态只与前一状态有关，与时间无关）。

至此，强化学习可以转化为一个策略学习问题，其定义为：给定一个马尔可夫决策过程 $\text{MDP}=(S,A,P,R,\gamma)$，学习一个最优策略 π^*，对任意 $s\in S$，使得 $V_{\pi^*}(s)$ 值最大。

6.1.4　贝尔曼方程

贝尔曼方程

贝尔曼方程（Bellman equation）也称作动态规划方程（dynamic programming equation），由理查德·贝尔曼（Richard Bellman）提出（Bellman，2013）。

已知价值函数和动作 - 价值函数的定义：

$$V_\pi(s)=\mathbb{E}_\pi[R_{t+1}+\gamma R_{t+2}+\gamma^2R_{t+3}+\cdots\mid S_t=s]$$

$$q_\pi(s,a)=\mathbb{E}_\pi[R_{t+1}+\gamma R_{t+2}+\gamma^2R_{t+3}+\cdots\mid S_t=s,A_t=a]$$

如果对价值函数的公式稍加变形，可得

$$
\begin{aligned}
V_\pi(s)&=\mathbb{E}_\pi[R_{t+1}+\gamma R_{t+2}+\gamma^2R_{t+3}+\cdots\mid S_t=s]\\
&=\mathbb{E}_{a\sim\pi(s,\cdot)}[\mathbb{E}_\pi[R_{t+1}+\gamma R_{t+2}+\gamma^2R_{t+3}+\cdots\mid S_t=s,A_t=a]]\\
&=\sum_{a\in A}\underbrace{\pi(s,a)}_{\text{采取动作}a\text{的概率}}\times\underbrace{q_\pi(s,a)}_{\text{采取动作}a\text{后带来的回报期望}}\\
&=\sum_{a\in A}\pi(s,a)q_\pi(s,a)
\end{aligned}
\tag{6.3}
$$

可见，可以用动作 - 价值函数来表达价值函数，即从状态 s 出发，采用策略 π 完成任务所得回报期望可如下计算：在状态 s 下可采取的每个动作的概率值与采取这一动作而获得价值的乘积之和（即期望）。这里 $\pi(s,a)$ 表示在状态 s 下采取动作 a 的概率，$q_\pi(s,a)$ 为在状态 s 下采取动作 a 后的回报期望。也就是说，状态 s 的价值可用该状态下可采取所有动作而取得的期望价值来表述。

同理，也可根据动作 - 价值函数的定义给出以下推导：

$$q_\pi(s,a) = \mathbb{E}_\pi[R_{t+1} + \gamma R_{t+2} + \gamma^2 R_{t+3} + \cdots | S_t = s, \ A_t = a]$$

$$= \mathbb{E}_{s' \sim P(\cdot|s,a)}[R(s,a,s') + \gamma \mathbb{E}_\pi[R_{t+2} + \gamma R_{t+3} + \cdots | S_{t+1} = s']]$$

$$= \sum_{s' \in S} \underbrace{P(s'|s,a)}_{\text{在状态}s\text{下采取行动}a\text{进入状态}s'\text{的概率}} \times [\underbrace{R(s,a,s')}_{\text{在状态}s\text{下采取行动}a\text{进入状态}s'\text{得到的回报}} + \gamma \times \underbrace{V_\pi(s')}_{\text{在状态}s'\text{获得的回报期望}}] \quad (6.4)$$

$$= \sum_{s' \in S} P(s'|s,a,)[R(s,a,s') + \gamma V_\pi(s')]$$

于是，也可用价值函数来表示动作 – 价值函数，即在状态 s 下采取动作 a 所取得的价值如下计算：采取某个具体动作 a 进入状态 s' 的概率，乘以进入后续状态 s' 所得回报 $R(s,a,s')$ 与后续状态 s' 价值函数的折扣值之和，然后对在状态 s 下采取动作 a 后所进入全部状态的如上取值进行累加。这里 $P(s'|s,a)$ 表示在状态 s 下采取动作 a 转移到状态 s' 的概率。也就是说，在某个状态下执行某一个动作所取得的价值，可以通过执行该动作之后进入的所有状态获得的瞬时奖励和后续状态可取得价值的期望来表示。

如果将式（6.3）中的 $q_\pi(s,a)$ 替换为式（6.4）中的形式，可以得到价值函数如下的贝尔曼方程：

$$V_\pi(s) = \sum_{a \in A} \pi(s,a) \sum_{s' \in S} P(s'|s,a)[R(s,a,s') + \gamma V_\pi(s')]$$
$$= \mathbb{E}_{a \sim \pi(s,\cdot)} \mathbb{E}_{s' \sim P(\cdot|s,a)}[R(s,a,s') + \gamma V_\pi(s')] \quad (6.5)$$

从这个公式可知，价值函数的取值与时间无关，只与策略 π、在策略 π 下从某个状态转移到其后续状态所取得的回报及后续所得回报有关。

进一步分析价值函数的贝尔曼方程，可见状态 s 可获得的"好处" $V_\pi(s)$ 由两个部分构成：一部分是在状态 s 下执行当前动作所得到的瞬时奖励，另外一部分是在后续状态所获得回报期望（价值）的折扣值。该式中出现了期望，是因为状态 s 能以一定概率进入多个后续状态，且从状态 s 进入某个后续状态均会有不同的价值。

由于在每个状态都有多种动作可供智能体选择，在每个状态施以某个具体动作后可按照一定概率转移到一个新的后续状态，因此相比于关心每个状态的价值，显然关心在当前状态下施以某个动作带来的价值更加直观、实用。如果智能体已经知道在某个状态下所有可供选择的动作带来的不同价值，那么智能体在当前状态就应该选择能带来最大价值的对应动作执行，这就是设计动作 – 价值函数的初衷。

动作 – 价值函数中的回报与价值函数中的回报值不一样，动作 – 价值函数中的回报是在某个状态执行完某个具体动作之后取得回报的期望值，而价值函数中的回报值是在某个状态下选择所有动作执行后所得回报的期望值。

对于动作 – 价值函数，只需将式（6.4）中的 $V_\pi(s')$ 替换成式（6.3）中的形式，就可以得到动作 – 价值函数的如下贝尔曼方程：

$$q_\pi(s, a) = \sum_{s' \in S} P(s' \mid s, a) \left[R(s, a, s') + \gamma \sum_{a' \in A} \pi(s', a') q_\pi(s', a') \right]$$

$$= \mathbb{E}_{s' \sim P(\cdot \mid s, a)} [R(s, a, s') + \gamma \mathbb{E}_{a' \sim \pi(s', \cdot)} [q_\pi(s', a')]] \tag{6.6}$$

这个公式说明动作 – 价值函数的取值同样与时间没有关系，而是与瞬时奖励和下一步的状态及动作有关。动作 – 价值函数表示在状态 s 下采取动作 a 后获得的"好处"，这也可以分为两部分：一是在状态 s 下采取动作 a 后带来的瞬时奖励；二是进入后续状态后，根据当前策略选择动作所得期望回报的折扣值。

贝尔曼方程描述了价值函数或动作 – 价值函数的递推关系，是研究强化学习问题的重要手段。

其中，价值函数的贝尔曼方程描述了当前状态的价值函数和其后续状态的价值函数之间的关系，即当前状态的价值函数等于瞬时奖励的期望加上后续状态的价值函数的期望（折扣）。

而动作 – 价值函数的贝尔曼方程描述了当前动作 – 价值函数和其后续动作 – 价值函数之间的关系，即当前状态下的动作 – 价值函数等于瞬时奖励的期望加上后续状态的动作 – 价值函数的期望（折扣）。

在实际中，需要计算得到最优策略以指导智能体在当前状态如何选择一个可获得最大回报的动作。求解最优策略的一种方法就是求解最优的价值函数或最优的动作 – 价值函数（即基于价值方法，value-based approach）。一旦找到最优的价值函数或动作 – 价值函数，自然也就找到了最优策略。当然，在强化学习中还有基于策略（policy-based）的方法和基于模型（model-based）的方法等不同方法。

6.2   基于价值的强化学习

6.2.1   策略迭代基本模式

回顾强化学习问题的定义：给定一个马尔可夫决策过程 MDP $= (S, A, P, R, \gamma)$，强化学习会寻找一个最优策略 π^*，在策略 π^* 作用下，使得任意状态 $s \in S$ 对应的价值函数 $V_{\pi^*}(s)$ 取值最大。

为了求解最优策略 π^*，图 6.7 展示了一种思路：从一个任意的策略开始，首先计算该策略下的价值函数（或动作 – 价值函数），然后根据价值函数调整、改进策略使其更优，不断迭代这个过程，直到策略收敛。通过策略计算价值函数的过程叫作策略评估（policy evaluation），通过价值函数优化策略的过程叫作策略优化（policy

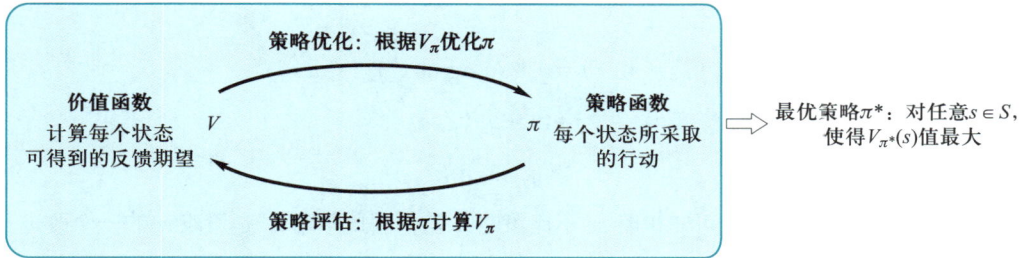

图 6.7 基于通用策略迭代学习最优策略的模式

improvement），策略评估和策略优化交替进行的强化学习求解方法叫作通用策略迭代（generalized policy iteration，GPI）。

几乎所有的强化学习方法都可以用通用策略迭代来解释。本节将从通用策略迭代的角度介绍基于价值的强化学习方法。注意，本节中讨论的是一种简单情况，即假设策略是确定的。

6.2.2 策略优化定理

本小节介绍通用策略迭代中的策略优化步骤。在讨论如何优化策略之前，首先需要明确什么是"更好"的策略。分别给出 π 和 π' 两个策略，如果对于任意状态 $s \in S$，有 $V_\pi(s) \leqslant V_{\pi'}(s)$，那么可以认为策略 π' 不比策略 π 差，可见"更优"策略是一个偏序关系。

可以证明，给定任意状态 $s \in S$，如果两个策略 π 和 π' 满足如下条件：

$$q_\pi(s, \pi'(s)) \geqslant q_\pi(s, \pi(s))$$

那么对于该任意给定的状态 $s \in S$，有

$$V_{\pi'}(s) \geqslant V_\pi(s)$$

即策略 π' 不比策略 π 差。这个结论称为策略优化定理（policy improvement theorem）（Bellman，2013）。注意，$q_\pi(s, \pi'(s))$ 的含义并不是在当前状态 s 下按照策略 π' 行动的回报期望，而是在当前状态 s 下按照策略 π' 选择动作 $\pi'(s)$，但是从状态 s 进入后续状态后，后续状态以后（直至终止状态）的所有动作仍然按照原有策略 π 来选择所得到的回报期望。按照前面所给出的定义，如果策略 π 在状态 s 时只有一个确定的动作可供选择，那么这个动作可以记为 $\pi(s)$（$\pi'(s)$ 也具有同样的含义）。

假设当前策略为 π，其对应的价值函数和动作－价值函数为 V_π 和 q_π。构造策略 π'，使得对于任意 $s \in S$，有如下条件成立：

$$\pi'(s) = \operatorname{argmax}_a q_\pi(s, a) \tag{6.7}$$

于是对于任意 $s \in S$，有

$$q_\pi(s, \pi'(s)) = q_\pi(s, \mathrm{argmax}_a\, q_\pi(s, a))$$

$$= \max_a q_\pi(s, a)$$

$$\geqslant q_\pi(s, \pi(s))$$

根据策略优化定理，可知策略 π' 不比策略 π 差，因此策略 π' 是策略 π 的一个改进。

下面以图 6.2 所示机器人寻路问题来介绍策略优化。图 6.8 给出了当前策略及其对应的价值函数。在图 6.8 中，在当前策略下，智能体位于状态 s_1 的价值函数取值为 0.1。当智能体位于 s_1 状态时，智能体在当前策略指引下将选择向上移动一个方格的行动，从状态 s_1 进入状态 s_4，状态 s_4 的价值函数取值为 0.3。当前策略给出的其他信息可从图 6.8 中得知。

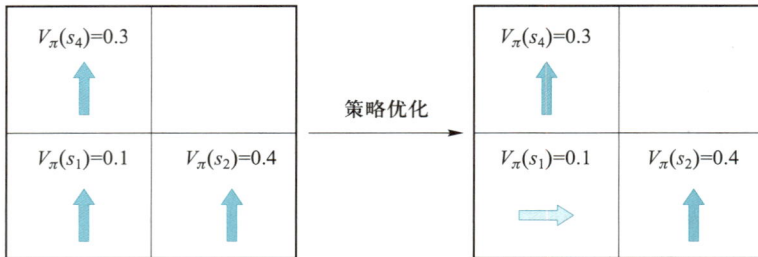

图 6.8　对状态 s_1 所采取的行动进行策略优化的示意

下面介绍智能体如何通过策略优化来改变在状态 s_1 所采取的行动。由于智能体在状态 s_1 能够采取"向上移动一个方格"或"向右移动一个方格"两个行动中的一个，首先计算状态 s_1 选择这两个不同动作后分别得到的动作 – 价值函数的取值：

$$q_\pi(s_1, 上) = \sum_{s' \in S} P(s' \mid s_1, 上)\, [\, R(s_1, 上, s') + \gamma V_\pi(s')\,]$$

$$= 1 \times (0 + 0.99 \times 0.3) + 0 \times \cdots = 0.297$$

$$q_\pi(s_1, 右) = \sum_{s' \in S} P(s' \mid s_1, 右)\, [\, R(s_1, 右, s') + \gamma V_\pi(s')\,]$$

$$= 1 \times (0 + 0.99 \times 0.4) + 0 \times \cdots = 0.396$$

可见，智能体在状态 s_1 选择"向上移动一个方格"行动所得回报 $q_\pi(s_1, 上)$ 的值为 0.297，选择"向右移动一个方格"行动所得回报 $q_\pi(s_1, 右)$ 的值为 0.396。显然，智能体在状态 s_1 应该选择"向右移动一个方格"行动，这样能够获得更大的回报。

于是，经过策略优化后，状态 s_1 处的新策略为 $\pi'(s_1) = \mathrm{argmax}_a\, q_\pi(s, a) = 右$，则将 s_1 处的策略从"上"更新为"右"。其他状态的情况可用类似方法计算得到。

总结来说，给定策略 π、价值函数 V_π 和动作 – 价值函数 q_π，算法可根据式（6.7）

计算得到更好或同等的策略。

6.2.3 策略评估方法

基于近似求解法的策略评估与优化

假定当前策略为 π，策略评估指的是根据策略 π 来计算相应的价值函数 V_π 或动作 – 价值函数 q_π。本小节将介绍在状态集合有限的前提下三种常见的策略评估方法，它们分别是基于动态规划的方法、基于蒙特卡洛采样的方法和时序差分（temporal difference）法。状态集合非常大甚至无限的情况将在 6.2.5 节中讨论。

式（6.5）给出了关于价值函数的贝尔曼方程，这个方程描述了不同状态下价值函数的递推关系。如果对所有状态均列出贝尔曼方程，即让所有状态在式（6.5）左侧分别出现一次，会得到 $|S|$ 个一次方程。如果将每个状态的价值函数看作未知数，那么这就是一个由 $|S|$ 个方程所组成的 $|S|$ 元一次方程组。这个方程组的解对应了当前策略下每个状态的价值。

当然，求解线性系统的方法都可以用来求解价值函数，例如高斯消元法等。在这些方法中，迭代法有其独特的优势，例如适合处理稀疏矩阵，便于随时停止等。在 6.2.4 节中还将看到，迭代法还易于与策略优化过程相结合。

使用迭代法求解贝尔曼方程组的思路与动态规划（Bellman，2013）思想不谋而合。实际上，在递推关系基础上利用动态规划思想求解价值函数，统称为策略评估动态规划法。算法 6.1 给出了其中一种典型的方法，即使用高斯 – 赛德尔迭代法（Gauss-Seidel method）来求解价值函数的贝尔曼方程组。这个算法不断利用递推关系来更新每个状态的价值函数，直到价值函数收敛。

仍然以图 6.8 所示情况为例，如果要更新 $V_\pi(s_1)$，则可如下操作：

$$q_\pi(s_1, 上) = \sum_{s' \in S} P(s' \mid s_1, 上) [R(s_1, 上, s') + \gamma V_\pi(s')]$$
$$= 1 \times (0 + 0.99 \times 0.3) + 0 \times \cdots = 0.297$$
$$V_\pi(s_1) = \sum_{a \in A} \pi(s_1, a) q_\pi(s_1, a)$$
$$= 1 \times 0.297 + 0 \times \cdots = 0.297$$

因此，$V_\pi(s_1)$ 的值被更新为 0.297。对其他状态进行相同的操作，并不断迭代直到 V_π 收敛。

关于策略评估动态规划法的其他变种及收敛分析并不在本书的范围内，感兴趣的读者可从文献（Bertsekas et al.，1989）中找到相关内容。

基于动态规划的策略评估方法非常简单，实际应用中，V_π 也通常能够收敛到方程组的解，但它有两个显著的缺点：要求将状态转移概率函数 P 作为输入，即要求算法了解环境的运作机理（也就是说，要对环境构建明确的模型），这常常是不现实的；若用动态规划法精确计算每个状态的价值函数，在状态集合很大时将导致较低的效率。这两个原因导致算法 6.1 在很多情况下并不实用。

算法 6.1　基于动态规划的策略评估

函数： DPPolicyEvaluation

输入： 策略 π，状态转移函数 P，奖励函数 R

输出： 价值函数 V_π

1　随机初始化 V_π
2　**repeat**
3　　**foreach** $s \in S$ **do**
4　　　$\displaystyle | \quad V_\pi(s) \leftarrow \sum_{a \in A} \pi(s, a) \sum_{s' \in S} P(s' \mid s, a)[\, R(s, a, s') + \gamma V_\pi(s')\,]$
5　　**end**
6　**until** V_π 收敛

在现实中，智能体通常无法知道在当前状态 s 下采取行动 a 后转移到其后续状态 s' 的概率（即算法 6.1 第 4 行中 $P(s' \mid s, a)$ 的取值），然后基于这个概率来计算状态 s 的价值函数。

但是根据数理统计的知识，期望可以通过样本均值来估计，这正是蒙特卡洛方法（Monte Carlo method）（Kalos et al., 2009；Barto et al., 1993）的核心思想。之所以可以通过样本均值来估计期望，是因为大数定理指出：对于独立同分布（independent identically distributed，IID）的样本数据，当样本足够大时，样本平均值向期望值收敛。需要注意的是，均值是一个统计量（对所观测样本的统计而言），期望是一种概率论概念（对随机变量的出现概率而言）。

按照这样的思路，可使用蒙特卡洛方法来进行策略评估：给定状态 s，从该状态出发不断采样后续状态，得到不同的采样序列。通过这些采样序列分别计算状态 s 的回报值，对这些回报值取均值，作为对状态 s 价值函数的估计，从而避免对状态转移概率的依赖。算法 6.2 给出了基于蒙特卡洛方法的策略评估过程。

算法 6.2　基于蒙特卡洛方法的策略评估

函数： MCPolicyEvaluation

输入： 策略 π

输出： 价值函数 V_π

1　随机初始化 V_π
2　对任意 $s \in S$，初始化 $s.returns$ 为一个空列表
3　**for** $i \leftarrow 1$ **to** MaxIter **do**

```
 4 │   根据 π 产生片段 D
 5 │   foreach s ∈ S do
 6 │   │   G ← s 在 D 中初次出现时的反馈
 7 │   │   append(s.returns, G)
 8 │   │   V_π(s) ← average(s.returns)
 9 │   end
10 end
```

　　例如，在图 6.2 所示的机器人寻路问题中，假设通过采样得到以下两条从状态 s_1 出发的轨迹：(s_1, s_4, s_7, s_d) 和 $(s_1, s_4, s_7, s_8, s_9)$，那么在这两条轨迹中，$s_1$ 对应的回报值分别为 $0 + \gamma \times 0 + \gamma^2 \times (-1) = -0.980$ 和 $0 + \gamma \times 0 + \cdots + \gamma^3 \times 1 = 0.970$。由于在解决比较复杂的问题时，从一个状态出发可以得到接近无限多个后续状态序列（特别是当状态为连续变量空间时），因此可将 s_1 的价值函数 $V(s_1)$ 视为随机变量。又根据大数定理，当随机变量采样所得样本足够大时，随机变量的平均值向期望值收敛。因此，s_1 的价值函数 $V_\pi(s_1)$ 的估计值可为 $V(s_1) = \dfrac{1}{2}(0.970 - 0.980) = -0.005$。当然，这里为了简化讲解，只采样了两条从状态 s_1 出发的轨迹序列。在实际计算中，可从状态 s_1 出发采样更多的轨迹序列，计算 s_1 相对于这些轨迹序列价值函数的均值，作为 s_1 的价值函数取值。

　　蒙特卡洛采样法避免了动态规划法所面临的难点问题：一方面，蒙特卡洛采样法不依赖状态之间的转移概率；另一方面，蒙特卡洛采样法能够将计算资源集中在感兴趣的（被采样的）状态上，以克服状态过多时计算效率低下的问题。

　　但是，蒙特卡洛采样法也存在许多不足之处：一方面，对价值函数的估计有时难以准确，因为从某个状态出发，可采样得到的轨迹序列数量通常很多，导致根据不同轨迹序列计算所得价值函数的取值之间方差很大，用这些有限的轨迹序列来估计价值函数可能不准确；另一方面，在很多实际问题中，只有转移到终止状态才能获知回报值，这导致采样轨迹序列较长，严重影响算法效率。

　　为了解决上述不足，时序差分这一策略评估方法被提出（Sutton et al., 1988）。时序差分法可以看作蒙特卡洛方法和动态规划方法的有机结合。时序差分法与蒙特卡洛方法的相似之处在于，时序差分法从实际经验中获取信息，无须提前获知环境模型的全部信息。时序差分法与动态规划方法的相似之处在于，时序差分法能够利用前序已知信息来进行在线实时学习，无须等到整个片段结束（抵达终止状态）再进行价值函数的更新。

　　时序差分法的流程如算法 6.3 所示。在第 1 行中，价值函数被随机初始化，同时终止状态的价值函数初始化为 0。第 2 行进入外层循环，这个循环不断通过采样片段轨迹来更新被选作初始状态的状态所对应的价值函数，直到该价值函数收敛。第3行选择一个状态为初始状态（记为s）。第4行进入内层循环，这个循环从s出发，不断采样后续状态，更新后续状态的价值函数，直至抵达终止状态。令当前状态为s，当前策略为π，第5行根据当前策略选择一个当前状态可采取的动作。第6行执行该动作，并从环境获取奖励和进入后续状态。第7行更新当前状态的价值函数。第8行更新当前状态。

算法6.3　基于时序差分法的策略评估

函数： `TemporalDifference`
输入： 策略 π
输出： 价值函数 V_π

1　随机初始化 V_π
2　**repeat**
3　　$s \leftarrow$ 初始状态
4　　**repeat**
5　　　$a \sim \pi(s, \cdot)$
6　　　执行动作 a，观察奖励 R 和下一个状态 s'
7　　　$V_\pi(s) \leftarrow V_\pi(s) + \alpha[R + \gamma V_\pi(s') - V_\pi(s)]$
8　　　$s \leftarrow s'$
9　　**until** s 是终止状态
10　**until** V_π 收敛

动态规划法根据贝尔曼方程 $V_\pi(s) = \mathbb{E}_{a \sim \pi(s, \cdot),\ s' \sim P(\cdot|s, a)}[R(s, a, s') + \gamma V_\pi(s')]$ 迭代更新价值函数，问题在于计算期望 $\mathbb{E}_{a \sim \pi(s, \cdot),\ s' \sim P(\cdot|s, a)}$ 时要求算法事先知道状态之间的转移概率，这往往是不现实的。为了解决这个问题，时序差分法借鉴蒙特卡洛方法的思想，通过采样 a 和 s' 来估计 $V_\pi(s)$ 的取值 $R(s, a, s') + \gamma V_\pi(s')$。

由于通过采样进行计算所得结果可能不准确，因此时序差分法并没有将这个估计值照单全收，而是以 α 作为权重来接受新的估计值，即把价值函数更新为 $(1-\alpha)V_\pi(s) + \alpha[R + \gamma V_\pi(s')]$。对这个式子稍加整理，就能得到算法6.3中第7行的形式：$V_\pi(s) \leftarrow V_\pi(s) + \alpha[R + \gamma V_\pi(s') - V_\pi(s)]$。这里，$R + \gamma V_\pi(s')$ 为时序差分目标，$R + \gamma V_\pi(s') - V_\pi(s)$ 为时序差分偏差。

时序差分法和蒙特卡洛法都通过采样若干个片段来进行价值函数的更新，但是时序差分法并非使用一个片段中的终止状态所提供的实际回报值来估计价值函数，而是根据下一个状态的价值函数来估计，这样就克服了采样轨迹的稀疏性可能带来样本方差较大的不足，同时也缩短了反馈周期。和蒙特卡洛法一样，时序差分法也会将计算资源倾向于部分状态，关于这个特点的利弊和应对方式，后续章节会有更加详细的讨论。

关于时序差分法的收敛性问题本书不作详细讨论，相关内容可参考（Sutton et al.,

1988；Dayan，1992）。

以图 6.8 中的情况为例，这里给出当参数 $\alpha=0.5$ 时，用时序差分法计算 $V_\pi(s_1)$ 的过程。首先根据 $\pi(s_1)$ 得到动作"$a=$上"，根据 $P(\cdot|s_1,$上$)$ 采样得到下一步所抵达的状态 s_4，因此将 $V_\pi(s_1)$ 的值更新如下：

$$V_\pi(s_1) \leftarrow V_\pi(s_1) + \alpha[R(s_1,上,s_4) + \gamma V_\pi(s_4) - V_\pi(s_1)]$$
$$= 0.1 + 0.5 \times [0 + 0.99 \times 0.3 - 0.1] = 0.198\,5$$

在对片段进行采样的同时，不断以上述方法更新当前状态的价值函数，不断迭代直到价值函数收敛为止。

本小节介绍了三种根据策略求解价值函数的方法，这些方法通过不同的方式估计当前状态的价值函数取值，然后通过迭代法进行更新。一个好的估计必须同时降低估计的偏差（bias）和样本方差（variance），这两个目标常常是相互矛盾的，但也有一些改进方案尝试在两者间取得平衡（Watkins，1989；Precup，2000），本书对此不展开进一步的讨论。

6.2.4 基于价值的强化学习算法

6.2.2 节和 6.2.3 节分别介绍了策略优化和策略评估的方法，根据通用策略迭代的思路，只需迭代执行这两个步骤，就能得到求解强化学习问题的算法。按照最直观的想法，由策略优化和策略评估交替迭代得到的算法如算法 6.4 所示。其中，第 3 行的 PolicyEvaluation 函数可以使用任何 6.2.3 节中介绍的方法，当然为了配合策略优化定理，策略评估需要将计算价值函数 V_π 调整为计算动作 – 价值函数 q_π。

算法 6.4　直观构造的强化学习算法

函数： `PolicyIteration`
输入： 马尔可夫决策过程 MDP $=(S,A,P,R,\gamma)$
输出： 策略 π

1　随机初始化 π
2　**repeat**
3　$\quad$ $q_\pi \leftarrow$ `PolicyEvaluation`(π)
4　$\quad$ **foreach** $s \in S$ **do**
5　$\quad\quad$ $\pi(s) \leftarrow \text{argmax}_a\, q_\pi(s,a)$
6　$\quad$ **end**
7　**until** π 收敛

算法 6.4 存在的主要问题是，策略评估函数本身也是迭代求解的，如果每次都要等待策略评估函数收敛，必然会影响算法执行的效率。另一方面，随着迭代次数的增多，

动作 - 价值函数的变化也会越来越小，有时甚至小到不足以影响新策略的取值，这种情况下继续对价值函数进行迭代计算意义不大。

实际上，以更细的粒度进行策略评估和策略优化的迭代通常并不会影响算法的收敛性，而且往往有着更高的效率。例如，在策略评估动态规划法的基础上，每次迭代只对一个状态进行策略评估和策略优化，就可以得到算法 6.5，这个算法被称为价值迭代（value iteration）算法（Puterman et al., 1978）。

算法 6.5　价值迭代算法

函数： ValueIteration
输入： 马尔可夫决策过程 MDP $=(S, A, P, R, \gamma)$
输出： 策略 π

---
1 随机初始化 V_π
2 **repeat**
3   **foreach** $s \in S$ **do**
4         $V_\pi(s) \leftarrow \max_a \sum_{s'} P(s'|s, a)[R(s, a, s') + \gamma V_\pi(s')]$
5   **end**
6 **until** V_π 收敛
7 $\pi(s) := \operatorname{argmax}_a \sum_{s'} P(s'|s, a)[R(s, a, s') + \gamma V_\pi(s')]$

算法 6.5 中的第 4 行可以拆分成如下两步，即

$$\pi(s) \leftarrow \operatorname{argmax}_a q_\pi(s, a)$$
$$V_\pi(s) \leftarrow q_\pi(s, \pi(s)) \tag{6.8}$$

其中，$q_\pi(s, a) = \sum_{s'} P(s'|s, a)[R(s, a, s') + \gamma V_\pi(s')]$。这两步分别对应了策略优化和策略评估两个阶段。也就是说，在算法 6.5 的内层循环中，就已经交替进行了一次策略优化和一次策略评估。

以图 6.2 中的机器人寻路问题为例，假设值函数的初值如图 6.9（a）所示，则完成算法 6.5 中一次外层循环后，价值函数的值如图 6.9（b）所示。

以状态 s_8 为例：

$$q_\pi(s_8, 右) = \sum_{s'} P(s'|s_8, 右)[R(s_8, 右, s') + \gamma V_\pi(s')]$$
$$= 1 \times (1 + 0.99 \times 0) + 0 \times \cdots = 1$$
$$q_\pi(s_8, 上) = \sum_{s'} P(s'|s_8, 上)[R(s_8, 上, s') + \gamma V_\pi(s')]$$
$$= 1 \times (-1 + 0.99 \times 0) + 0 \times \cdots = -1$$
$$V(s_8) = \max_a q_\pi(s_8, a) = \max\{1, -1\} = 1$$

因此，状态 s_8 的价值函数更新为 1，同理可更新其他状态的价值函数。图 6.9（c）

和图 6.9（d）分别为完成了两次和三次外层循环后的价值函数，而图 6.9（e）则为完成 5 次外层循环后的结果，这个结果已经收敛。

从图 6.9 中可以看出，由于 s_8 向右移动一个方格进入终止状态会获得 1 这样的回报，在价值迭代过程中可以看到，这会使得产生这一回报的状态由于选择相应行动而获得相应价值，如状态 s_8 的价值函数从初始时取值为 0 更新为 1（见图 6.9（a）和图 6.9（b））。

图 6.9（f）给出了根据图 6.9（e）计算出的策略（动作－价值相同的情况下优先取动作"上"）。可见，智能体从 s_1 出发，根据图 6.9（f）中的策略，可以沿着轨迹 $(s_1, s_4, s_7, s_8, s_9)$ 到达目标。

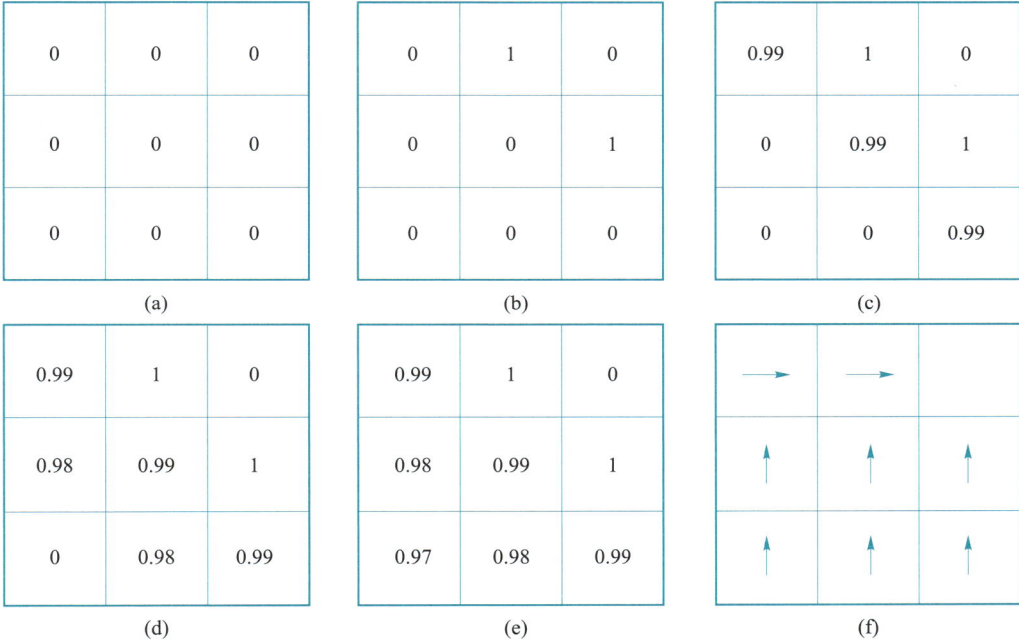

0	0	0
0	0	0
0	0	0

(a)

0	1	0
0	0	1
0	0	0

(b)

0.99	1	0
0	0.99	1
0	0	0.99

(c)

0.99	1	0
0.98	0.99	1
0	0.98	0.99

(d)

0.99	1	0
0.98	0.99	1
0.97	0.98	0.99

(e)

→	→	
↑	↑	↑
↑	↑	↑

(f)

图 6.9　价值迭代法的求解过程

价值迭代是一种经典的强化学习算法，但是它与用于策略评估的动态规划法具有同样的不足，即需要依赖状态转移函数 P 和计算所有状态所带来的效率低下问题。

为了弥补这两个不足，可以用相同的思路构造基于时序差分法的强化学习算法。如算法 6.6 所示，这个算法被称为 Q 学习（Q-learning）算法（Watkins，1989）。

对比算法 6.3 和算法 6.6 可以发现，策略评估的时序差分法和 Q 学习算法的主要区别在于算法 6.6 中的第 5 行和第 7 行。算法 6.6 的第 5 行通过寻找最大的动作－价值函数来确定当前的动作，这对应了策略优化的过程，可以认为其先将当前策略更新为 $\pi(s) \leftarrow \mathrm{argmax}_a q_\pi(s, a)$，然后根据更新以后的策略来选择动作。

需要注意算法 6.6 中第 7 行表示的如下内容：Q 学习中直接记录和更新动作 – 价值函数 q_π 而不是价值函数 V_π，这是因为策略优化要求已知动作 – 价值函数 q_π，如果算法仍然记录价值函数 V_π，在不知道状态转移概率的情况下将无法求出 q_π。

根据式（6.4）中动作 – 价值函数与价值函数的关系，当动作和下一时刻状态都已经确定（通过采样）时，当前动作 – 价值函数的估计值为

$$q_\pi(s, a) = R(s, a, s') + \gamma V_\pi(s')$$

根据策略优化的思想，在状态 s' 的动作应为 $\pi(s') = \mathrm{argmax}_{a'} q_\pi(s', a')$，因此

$$V_\pi(s') = q_\pi(s', \pi(s')) = \max_{a'} q_\pi(s', a')$$

综合以上两式可得

$$q_\pi(s, a) = R(s, a, s') + \gamma \max_{a'} q_\pi(s', a')$$

这就是算法 6.6 第 7 行更新公式中使用的动作 – 价值函数的估计值。

算法 6.6   Q 学习算法

函数： `QLearning`
输入： 马尔可夫决策过程 MDP $=(S, A, P, R, \gamma)$
输出： 策略 π

---

1 随机初始化 q_π
2 **repeat**
3     $s \leftarrow$ 初始状态
4   **repeat**
5       $a \leftarrow \mathrm{argmax}_{a'} q_\pi(s, a')$
6   执行动作 a，观察奖励 R 和下一个状态 s'
7       $q_\pi(s, a) \leftarrow q_\pi(s, a) + \alpha[R + \gamma \max_{a'} q_\pi(s', a') - q_\pi(s, a)]$
8       $s \leftarrow s'$
9   **until** s 是终止状态
10 **until** q_π 收敛
11 $\pi(s) := \mathrm{argmax}_a q(s, a)$

结合图 6.2 中的机器人寻路问题来说明 Q 学习的过程。图 6.10（a）表示算法的初始状态，其中 a/b 表示对应状态的动作 – 价值函数的取值，斜线上方的 a 表示 $q_\pi(s, 上)$，斜线右侧的 b 表示 $q_\pi(s, 右)$。因此，图 6.10（a）显示除终止状态外的所有向上的动作 – 价值函数值为 0.2，所有向右的动作 – 价值函数值为 0。当然，令这些动作 – 价值函数的初始值全部为 0 也是可以的，图 6.10（a）中所设置的初始值只是为了让这个例子更容易说明策略学习。

图 6.10（a）中的黑色方框代表智能体当前所处的状态位置，即算法 6.6 中变量 s 的值。从图 6.10（a）出发，在算法第 5 行，根据当前策略求出智能体应该采取的动作 $a = \mathrm{argmax}_a q_\pi(s_1, a) = 上$，执行这个动作，得到奖励 $R = 0$ 和进入下一状态 $s' = s_4$，因

此可如下更新对应的动作 – 价值函数：

$$q_\pi\left(s_1, 上\right) \leftarrow q_\pi\left(s_1, 上\right) + \alpha\left[R + \gamma \max_{a'} q_\pi\left(s', a'\right) - q_\pi\left(s, a\right)\right]$$

$$= 0.2 + 0.5 \times \left[0 + 0.99 \times \max\{0, 0.2\} - 0.2\right] = 0.199$$

同时令当前状态为 s_4，由此得到图 6.10（b）。同理，算法再执行一次内层循环，得到图 6.10（c），接着得到图 6.10（d）。这个过程中的每一步都通过后续状态的动作 – 价值函数更新当前状态的动作 – 价值函数，图 6.10（b）～图 6.10（c）都没有对策略产生影响。

当智能体在图 6.10（d）中到达损坏状态 s_d 时，一个负的奖励（即奖励为 -1）使 $q_\pi\left(s_7, 上\right)$ 变为负值，此时策略 $\pi\left(s_7\right)$ 从"向上移动一个方格"变成"向右移动一个方格"，至此，智能体完成了一个片段（一次外层循环）的更新。

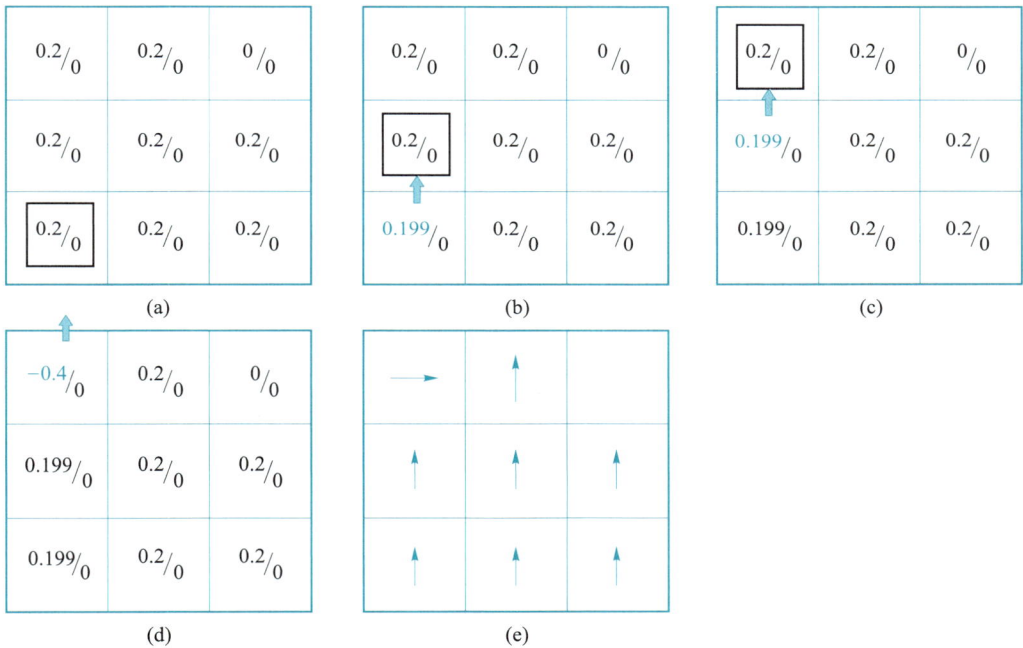

图 6.10　Q 学习的一个片段的执行过程

图 6.11 展示了 Q 学习算法执行三个片段的过程。从第二个片段结束时起，算法已经学习得到了沿着轨迹 $\left(s_1, s_4, s_7, s_8, s_9\right)$ 到达目标状态 s_9 的策略。实际上，虽然此时动作 – 价值函数尚未收敛，但此后的策略已经不会再发生变化了。

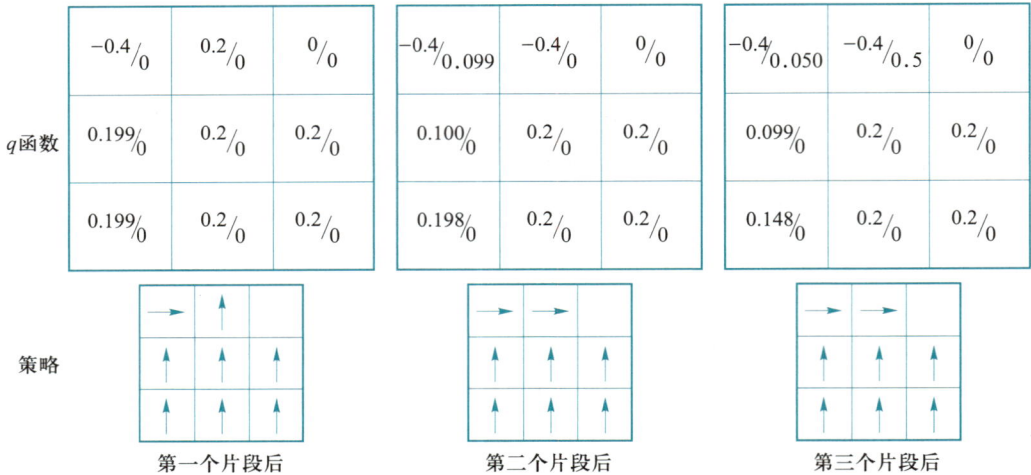

图 6.11　Q 学习执行三个片段的过程

6.2.5　探索与利用

本书 3.7.1 节中探讨了序贯决策问题中探索与利用的关系，基于蒙特卡洛采样思想的时序差分法和 Q 学习也面临这个问题。6.2.3 节中介绍蒙特卡洛法和时序差分法时曾经提到过它们的一个特性，即它们会重点关注当前可知部分的状态，但也因为未能准确估值而无法利用其余状态。这个特性之所以会产生，是因为算法对当前策略进行了"充分"利用，按照已知策略行动会使得有些状态比其他状态更容易被访问到，同时也就无法访问到某些状态。显然，算法过于侧重部分状态，即算法过于强调利用是有问题的，例如，算法可能始终不去尝试那些估计价值较低但实际上更好的策略。

在实际中这个问题很容易出现，例如使用 Q 学习求解图 6.2 中的机器人寻路问题时，如果将动作 – 价值函数初始化为 1/–2，即除了终止状态，对于每个状态，智能体更倾向于向上移动一个方格而非向右移动一个方格。在这样的初始策略下，Q 学习的执行过程如图 6.12 所示，可见即使在 Q 学习算法收敛后，所得到的策略仍然不能使得机器人抵达目标状态 s_9，而是沿着轨迹（s_1, s_4, s_7, s_d）导致机器人被损坏。

图 6.12 中问题出现的原因概括来说就是 $q_\pi(\cdot, 右)$ 的初始值太小，导致机器人被损坏产生的 –1 奖励不足以推动智能体改变策略。既然外部刺激不足以使机器人尝试新的策略，那么不妨从内部入手为智能体改变固有策略添加一个探索的动力。

一种最简单的方法是直接在算法 6.6 中第 5 行决定行动时添加一个鼓励探索的机制，例如，以一个小概率随机选择一个动作（从而避开固有的策略），这个策略称为 ϵ- 贪心（ϵ-greedy）探索策略，其定义如下：

强化学习中探索与利用的平衡

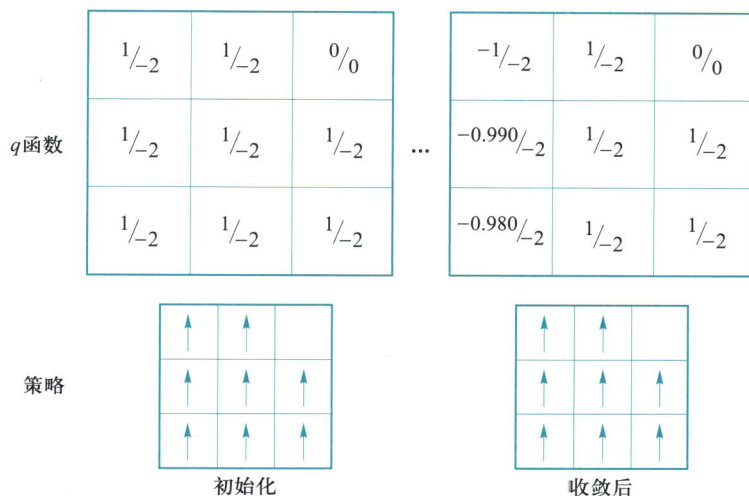

图 6.12 动作 – 价值函数初始化为 1/−2 时 Q 学习算法的执行过程

$$\epsilon\text{-greedy}\,(s) = \begin{cases} \arg\max_a q\,(s,\,a), & \text{以 } 1 - \epsilon \text{ 的概率} \\ \text{随机的 } \alpha \in A, & \text{以 } \epsilon \text{ 的概率} \end{cases} \qquad (6.9)$$

使用 ϵ- 贪心探索策略的 Q 学习算法流程如算法 6.7 所示。值得注意的是，不探索的算法 6.6 中的第 5 行和第 7 行各有一个 max 操作，均为策略优化的体现。而在采用探索的算法 6.7 的 Q Learning 函数中，只有第 5 行的 max 操作改成使用 ϵ- 贪心策略，而第 7 行的 max 操作仍被保留，像这样的采样时策略和更新时策略彼此不同的算法称为离策略（off-policy）算法。反之，采样时策略和更新时策略相同的算法称为在策略（on-policy）算法。Q 学习是一个离策略算法，它对应的在策略版本称为 Sarsa 算法（Wilson，1994）。

如果使用算法 6.7 中的 Q 学习算法，那么图 6.12 中的问题便会迎刃而解。在将动作 – 价值函数初始化为与图 6.12 中相同的取值后，使用算法 6.7 来求解，图 6.13 展示了用计算机模拟的一次求解过程。

从图 6.13 可知，算法在执行 100 个片段后，得到了经过轨迹 $(s_1,\,s_4,\,s_5,\,s_8,\,s_9)$ 到达目标状态的策略。由于 ϵ- 贪心策略具有概率性，因此图 6.13 中的结果并不是确定的，有可能经过 100 个片段仍不能得到一个合适的策略，且在图 6.13 中也能发现存在还没有被访问过的状态 s_3。但随着迭代次数的增加，算法探索到最优策略的可能性也会显著增加。通过适当增大参数 ϵ 的值也能够促进算法"乐于"探索。

算法 6.7 使用 ϵ- 贪心算法进行探索的 Q 学习

函数： `EpsGreedy`

输入： 状态 s，动作 – 价值函数 q_π，参数 ϵ

输出： 动作 a

```
1  n~Uniform(0,1)
2  if n < ε then
3  |   a ← 从 A 中随机选择
4  else
5  |   a ← argmax_{a'} q_π(s, a')
6  end
```

函数： QLearning
输入： 马尔可夫决策过程 MDP = (S, A, P, R, γ)
输出： 策略 π

```
1  随机初始化 q_π
2  repeat
3    s ← 初始状态
4    repeat
5      a ← EpsGreedy(s, q_π, ε)
6      执行动作 a, 观察奖励 R 和下一个状态 s'
7      q_π(s, a) ← q_π(s, a) + α[R + γ max_{a'} q_π(s', a') − q_π(s, a)]
8      s ← s'
9    until s 是终止状态
10 until q_π 收敛
11 π(s) := argmax_a q(s, a)
```

q 函数

$^1/_{-2}$	$^1/_{-2}$	$^0/_0$
$^1/_{-2}$	$^1/_{-2}$	$^1/_{-2}$
$^1/_{-2}$	$^1/_{-2}$	$^1/_{-2}$

$\cdots$

$^{-0.99}/_{0.78}$	$^{-1.00}/_1$	$^0/_0$
$^{0.12}/_{0.98}$	$^{0.99}/_{0.80}$	$^1/_{-2}$
$^{0.97}/_{0.24}$	$^{0.98}/_{-2}$	$^1/_{-2}$

策略

初始化　　　　　　第100个片段后

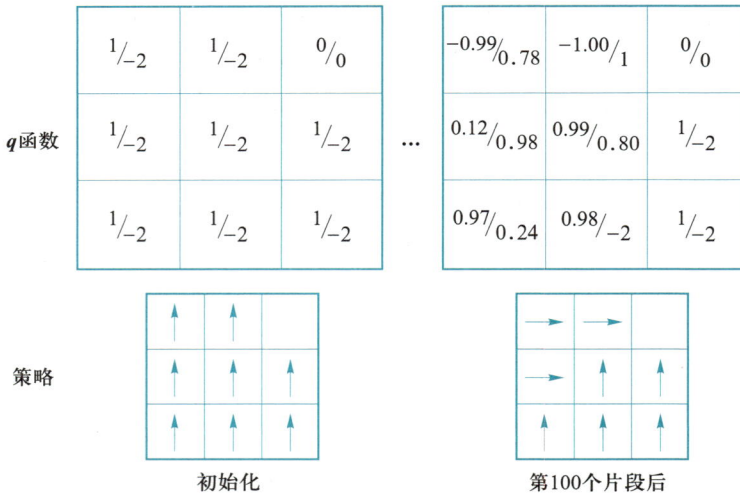

图 6.13　使用 ϵ- 贪心策略进行探索的 Q 学习的执行过程

6.2.6　参数化与深度强化学习

考虑在算法 6.7 中给出的 Q 学习算法流程。在这个算法中，动作 – 价值函数需要用一个数组来记录。但是在有些实际问题中，状态数量非常多甚至是无限的，这样会造成如下两个问题：一是算法很难用一个数组来存储动作－价值函数的值；二是有些状态的访问次数可能很少甚至根本没有被访问过，这些状态的价值估计是不可靠的。

为了解决这两个问题，一种解决方案是将动作－价值函数参数化（parametrized），即用一个回归模型来拟合 q_π 函数。如果回归模型是一个深度神经网络，那么这样的算法就称为深度强化学习（deep reinforcement learning，DRL）算法。

参数化能够解决无限状态下动作－价值函数的存储问题，因为算法只需记住一组参数，动作－价值函数的具体取值可以通过这一组参数算出。参数化也有助于缓解对很多状态的价值估计不准确的问题，在一个连续的状态空间中，如果动作－价值函数是连续的，那么至少对那些访问次数较多的状态所对应的小邻域内的状态进行价值估计，其估计结果也是有一定精度保障的。

算法 6.8 给出了参数化的 Q 学习算法（Watkins，1989），如果使用深度神经网络来拟合动作－价值函数，则该算法被称为深度 Q 学习。和非参数化的算法 6.7 进行对比不难发现，区别主要在算法 6.8 中第 7 行和第 8 行的动作－价值函数更新。类似 6.2.3 节对时序差分法的分析，$R + \max_{a'} q_\pi(s', a'; \boldsymbol{\theta})$ 是对 $q_\pi(s, a)$ 的估计值，因此算法 6.8 中第 7 行计算的是 $q_\pi(s, a)$ 的估计值和当前值之间误差的平方，第 8 行则是将该值作为损失函数，利用梯度下降法来更新参数 $\boldsymbol{\theta}$。关于梯度下降法和深度学习的相关内容参见本书第 5 章。

算法 6.8 参数化的 Q 学习算法

函数： DeepQLearning
输入： 马尔可夫决策过程 MDP $=(S, A, P, R, \gamma)$
输出： 策略 π

1 随机初始化 q_π 的参数 $\boldsymbol{\theta}$
2 **repeat**
3     $s \leftarrow$ 初始状态
4   **repeat**
5        $a \leftarrow \text{EpsGreedy}(s, \boldsymbol{\theta}, \epsilon)$
6   执行动作 a，观察奖励 R 和下一个状态 s'
7        $L(\boldsymbol{\theta}) \leftarrow \dfrac{1}{2}\big[\,R + \gamma \max_{a'} q_\pi(s', a'; \boldsymbol{\theta}) - q_\pi(s, a; \boldsymbol{\theta})\,\big]^2$
8        $\boldsymbol{\theta} \leftarrow \boldsymbol{\theta} - \eta\,\dfrac{\partial L(\boldsymbol{\theta})}{\partial \boldsymbol{\theta}}$
9        $s \leftarrow s'$
10   **until** s 是终止状态
11 until q_π 收敛
12 $\pi(s) := \text{argmax}_a\, q(s, a)$

然而，动作 – 价值函数的参数化也带来如下一些新的问题。

一个问题是由于相邻的样本来自同一条轨迹，因此样本之间相关性太强，使得集中优化相关性强的样本会导致神经网络在处理其他样本时无法取得较好效果。Q 学习的一个特性是倾向于反复采样更新一部分状态，这部分状态来源于 Q 学习算法采样的轨迹，其并不是均匀分布在整个状态空间中的。Q 学习的这个特性在使用数组记录动作 – 价值函数时，只会导致对部分状态的价值估计越来越准确。但是在使用回归模型拟合动作 – 价值函数时，连续对一组相关性强的状态进行更新，虽然会使模型对这些状态的价值估计越来越准确，但也会导致对那些没有被更新状态的价值估计产生更大偏差。

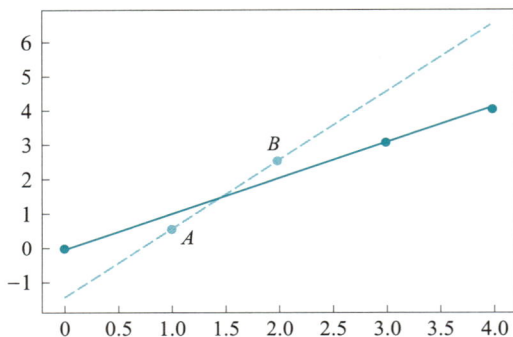

图 6.14　回归模型集中优化相关性强的样本所产生问题示例

以简单的线性回归问题为例，在图 6.14 中，若要用一个线性回归模型拟合若干二维数据点，则回归直线如图 6.14 中实线所示会取得较好效果。但是如果回归模型多次连续对 A 和 B 两点的误差进行优化，最后可能会得到如图 6.14 中虚线所示的回归直线。基于同样的原理，动作 – 价值函数的参数化可能导致算法不稳定或产生较大偏差。

另一个问题是，在算法 6.8 中第 7 行计算损失函数时，参数 $\boldsymbol{\theta}$ 被同时用来计算动作 – 价值函数的目标值（估计值）$R + \max_{a'} q_\pi(s', a'; \boldsymbol{\theta})$ 和当前值 $q_\pi(s, a; \boldsymbol{\theta})$，因此对 $\boldsymbol{\theta}$ 的更新会同时影响这两个值。对于当前样本的损失函数计算公式而言，令损失函数值为 0 的动作 – 价值函数取值不是唯一的，算法既可以调整当前值 $q_\pi(s, a; \boldsymbol{\theta})$ 使其等于目标值，也可以调整目标值使其等于当前值。在单步优化目标不明确的情况下，由于样本具有概率性，这样可能会使得算法的收敛变得不稳定。

在 Mnih 等人提出的深度 Q 网络（deep Q-network，DQN）（Mnih et al.，2015）中，这两个问题得到了针对性的解决。

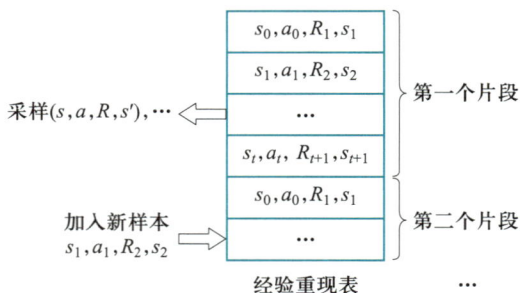

图 6.15　经验重现

对于样本相关性太强的问题，DQN 采用经验重现（experience replay）的方法来应对（见图 6.15）。经验重现将算法探索的片段以 (s, a, R, s') 的四元组形式存在一张表中，每当算法探索得到一个新的四元组时，便将该四元组加入经验重现表；而在算法对参数 $\boldsymbol{\theta}$ 进行更新时，则从经验重现表中随机选取一批样本用于计算损失函数。使用经验重现主要有两方面好处：一方面是样本之间的相关性显著减弱，因为随机采样得到的样本状态会更均匀地分布在已探索的样本空间中；另一方面是过去的经验可以被重复利用，因此提高了信息利用的效率。

对于使用同样的参数计算动作 – 价值函数的当前值和目标值的问题，DQN 使用目标网络的方法来应对。所谓目标网络，即用另一组参数 $\boldsymbol{\theta}^-$ 来计算动作 – 价值函数的预测值。具体来说，对损失函数进行如下修改：

$$L(\boldsymbol{\theta}) = \frac{1}{2} [\, R + \gamma \max_{a'} q_\pi(s', a'; \boldsymbol{\theta}^-) - q_\pi(s, a; \boldsymbol{\theta}) \,]^2$$

参数 $\boldsymbol{\theta}^-$ 保持相对稳定，以较低的频率更新 $\boldsymbol{\theta}^- \leftarrow \boldsymbol{\theta}$。因此在算法更新 $\boldsymbol{\theta}$ 时，目标值可以看作一个常数，求解目标变成一个普通的回归问题，这样使得算法更加稳定。

DQN 能够广泛地应用于许多问题中，Mnih 等人将 DQN 应用于训练玩主机游戏的智能体。在这个问题中，智能体读取当前游戏画面，为了在游戏中获得高分，根据策略模拟控制器的输入。此时状态即为游戏画面，动作为控制器的不同输入，奖励为游戏得分。智能体并不知道状态转移概率，但是能够通过环境（即游戏）来模拟执行动作的结果。

DQN 使用参数化的 Q 学习来求解游戏的策略，其中拟合动作 – 价值函数的是一个深度卷积神经网络，如图 6.16 所示。每当输入一个状态（一个游戏画面），神经网络为每个动作输出对应的动作 – 价值函数。配合算法 6.8 及经验重现和目标网络的改进，智能体在不少游戏中都取得了不错的分数。关于具体的神经网络结构和一些实现细节，可参考文献（Mnih et al., 2015），其中涉及的一些深度神经网络的知识可参见本书第 5 章的内容。

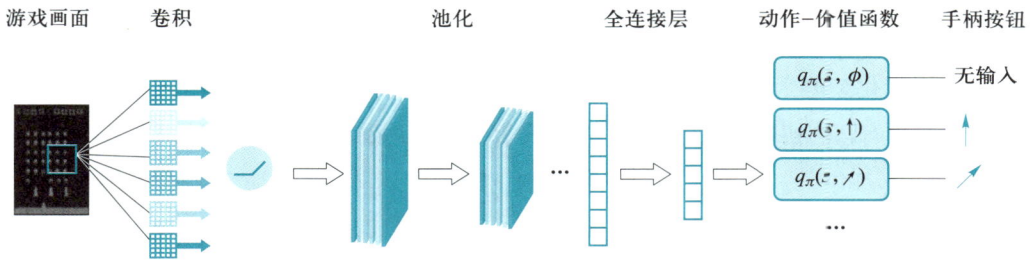

图 6.16　用于游戏的 DQN 动作 – 价值函数模型

DQN 是近年来深度强化学习研究中最有代表性的工作之一。随着深度学习与传统强化学习的结合，人们逐渐认识到强化学习能够广泛应用于解决实际中常见的决策问题。由于强化学习和人类学习过程的相似性，有不少研究者甚至认为深度强化学习指明了一条迈向通用人工智能的道路。

在与深度学习结合之前，强化学习并未得到如当前这般广泛的关注，这是因为未参数化的或用浅层模型参数化的强化学习并没有足够的能力解决复杂的现实问题。深度学习让强化学习算法能够在更复杂的问题中拟合价值函数或策略函数，从而使其解决问题的能力得到了提升。但是，目前的强化学习算法还存在诸多的问题和局限，导致它们在大多数实际问题上仍然无能为力。尽管如此，随着研究的进展，越来越多的深度强化学习算法被应用于实际问题中，产生了不可估量的价值。

6.3   基于策略的强化学习

基于策略的强化学习

6.2 节中讨论了若干强化学习的方法，其中有些方法用表格记录动作 – 价值函数，有些方法将动作 – 价值函数参数化后使用梯度下降法求解。这些方法有一个共同的特点，就是以对价值函数或动作 – 价值函数的建模为核心。

实际中也可以换一个思路，通过直接参数化策略函数的方法求解强化学习问题。由于算法需要求参数化的策略函数的梯度，因此这些方法称为策略梯度法（policy gradient method）。本节将介绍几种基于策略梯度的强化学习算法及其原理。

6.3.1   策略梯度定理

策略函数的参数化可以表示为 $\pi_{\boldsymbol{\theta}}(s, a)$，其中 $\boldsymbol{\theta}$ 为一组参数，函数取值表示在状态 s 下选择动作 a 的概率。与 Q 学习的 ϵ- 贪心策略相比，这种参数化的一个显著好处是：选择一个动作的概率是随着参数的改变而光滑变化的。实际上，这种光滑性对算法收敛有更好的保证。

为了优化策略函数，首先需要有一个对策略函数的优劣进行衡量的标准。不妨假设强化学习问题的初始状态为 s_0，不难定义算法希望达到的最大化目标为

$$J(\boldsymbol{\theta}) := V_{\pi_{\boldsymbol{\theta}}}(s_0) \tag{6.10}$$

这是一个关于参数 $\boldsymbol{\theta}$ 的函数，其值为从初始状态出发的价值函数。如果能求出梯度 $\nabla_{\boldsymbol{\theta}} J(\boldsymbol{\theta})$，就可以用梯度上升（gradient ascent）法求解这个问题，即求解价值函数的最大值。

萨顿（Sutton）等人在文献（Sutton et al., 1999）中给出了这个梯度的表达式，即

$$\nabla_{\boldsymbol{\theta}} J(\boldsymbol{\theta}) = \nabla_{\boldsymbol{\theta}} \sum_s \mu_{\pi_{\boldsymbol{\theta}}}(s) \sum_a q_{\pi_{\boldsymbol{\theta}}}(s, a) \pi_{\boldsymbol{\theta}}(s, a)$$

$$\propto \sum_s \mu_{\pi_{\boldsymbol{\theta}}}(s) \sum_a q_{\pi_{\boldsymbol{\theta}}}(s, a) \nabla_{\boldsymbol{\theta}} \pi_{\boldsymbol{\theta}}(s, a) \tag{6.11}$$

其中，$\mu_{\pi_\theta}(s)$ 称为策略 π_θ 的策略分布（这里假设折扣系数 $\gamma = 1$）。在持续问题中，$\mu_{\pi_\theta}(s)$ 为算法在策略 π_θ 安排下从 s_0 出发经过无限多步后位于状态 s 的概率；在分段问题中，$\mu_{\pi_\theta}(s)$ 为归一化后的算法从 s_0 出发访问 s 次数的期望。当 $\gamma \in (0, 1)$ 时，则需要给每个状态的 $\mu_{\pi_\theta}(s)$ 值加上一个权重。在保证算法通用性的前提下，为了简化说明，下文在进行公式推导时始终假设 $\gamma = 1$，但是在算法流程中会体现折扣系数 γ 的影响。

式（6.11）称为**策略梯度定理**（policy gradient theorem），它提供了策略梯度法的求解思路：如果能够计算或估计出式（6.11）中的梯度，智能体就能直接对策略函数进行优化。

6.3.2 基于蒙特卡洛采样的策略梯度法

根据式（6.11）计算策略梯度并非一个简单的问题，其中对 μ_{π_θ} 和 q_{π_θ} 的准确估计本来就是难题，更不用说进一步计算 $\nabla_\theta J(\boldsymbol{\theta})$ 了。蒙特卡洛法能被用来估计这类问题的取值。为此，首先要对式（6.11）进行如下的适当变形：

$$
\begin{aligned}
\nabla_\theta J(\boldsymbol{\theta}) &\propto \sum_s \mu_{\pi_\theta}(s) \sum_a q_{\pi_\theta}(s, a) \nabla_\theta \pi_\theta(s, a) \\
&= \sum_s \mu_{\pi_\theta}(s) \sum_a \pi_\theta(s, a) \left[q_{\pi_\theta}(s, a) \frac{\nabla_\theta \pi_\theta(s, a)}{\pi_\theta(s, a)} \right] \\
&= \mathbb{E}_{s, a \sim \pi} \left[q_{\pi_\theta}(s, a) \frac{\nabla_\theta \pi_\theta(s, a)}{\pi_\theta(s, a)} \right] \\
&= \mathbb{E}_{s, a \sim \pi} [q_{\pi_\theta}(s, a) \nabla_\theta \ln \pi_\theta(s, a)]
\end{aligned}
\tag{6.12}
$$

上述推导中利用了 $\nabla_\theta \ln \pi_\theta(s, a) = \dfrac{\ln e \times \nabla_\theta \pi_\theta(s, a)}{\pi_\theta(s, a)} = \dfrac{\nabla_\theta \pi_\theta(s, a)}{\pi_\theta(s, a)}$。

式（6.12）是梯度策略定理的一个常见变形，但由于公式中存在 q_{π_θ}，算法无法直接使用蒙特卡洛法来求取其中的期望。

由于 $q_{\pi_\theta}(s, a) = \mathbb{E}_\pi[G_t | s, a]$，因此式（6.12）可变形如下：

$$
\begin{aligned}
\nabla_\theta J(\boldsymbol{\theta}) &\propto \mathbb{E}_{s, a \sim \pi} [\mathbb{E}_{\mathcal{T}(s, a) \sim \pi} [G_t | s, a] \nabla_\theta \ln \pi_\theta(s, a)] \\
&= \mathbb{E}_{s, a, \mathcal{T}(s, a) \sim \pi} [G_t \nabla_\theta \ln \pi_\theta(s, a)]
\end{aligned}
\tag{6.13}
$$

其中，$\mathcal{T}(s, a)$ 表示从状态 s 开始执行动作 a 得到的一条轨迹（不包括 s 和 a），G_t 为从状态 s 开始沿着轨迹 $\mathcal{T}(s, a)$ 运动所得回报。可以使用蒙特卡洛采样法求解式（6.13），即算法只需根据策略采样一个状态 s、一个动作 a 和将来的轨迹，就能构造式（6.13）中求取期望所对应的一个样本。

　　使用式（6.13）估计策略梯度的算法称为 REINFORCE（Williams，1992），其流程如算法 6.9 所示。在这个算法中，通过利用采样得到的轨迹片段来估计式（6.13）中的梯度，并使用梯度上升法来优化策略。注意，算法 6.9 中第 6 行的更新公式并不是完全根据式（6.13）得到的，相比之下多了一个 γ^t，这个差别正是由前文所说的公式推导时假设 $\gamma = 1$ 导致的。在实际中，这个 γ^t 常常会被省略。另一个需要注意的地方是算法 6.9 的第 6 行中参数与梯度相加而非减去梯度，这是由于算法的目标是最大化 $J(\boldsymbol{\theta})$，而不是经常采用的最小化该函数。

　　算法 6.9 通过执行完一个完整片段所得实际反馈值来估计策略梯度，这一点和策略评估的蒙特卡洛法相似，两个算法都要求问题是分段的，且只有在一个片段结束后算法才能进行更新操作。

算法 6.9　REINFORCE 算法

函数： REINFORCE

输入： 马尔可夫决策过程 MDP $=(S, A, P, R, \gamma)$

输出： 策略 π

1　随机初始化 $\boldsymbol{\theta}$
2　**repeat**
3　　根据策略 $\pi_{\boldsymbol{\theta}}$ 采样一个片段 s_0，a_0，R_1，s_1，$\cdots$，s_{T-1}，a_{T-1}，R_T
4　　**for** $t \leftarrow 0$ **to** $T-1$ **do**
5　　　$G \leftarrow \displaystyle\sum_{k=1}^{T-t} \gamma^{k-1} R_{t+k}$
6　　　$\boldsymbol{\theta} \leftarrow \boldsymbol{\theta} + \eta \gamma^t G \nabla_{\boldsymbol{\theta}} \ln \pi_{\boldsymbol{\theta}}(s_t, a_t)$
7　　**end**
8　**until** $\boldsymbol{\theta}$ 收敛

6.3.3　Actor-Critic 算法

　　既然 REINFORCE 算法采用蒙特卡洛采样的策略梯度法，那么是否能够从时序差分的角度设计一个策略梯度求解方法呢？时序差分与蒙特卡洛采样的核心差别在于使用下一时刻状态的价值函数来估计当前状态的价值函数，而不是使用整个片段的反馈值。体现在算法中，即使用 $R + \gamma V_{\pi_{\boldsymbol{\theta}}}(s')$ 来代替算法 6.9 中的变量 G。算法 6.10 给出了基于时序差分的策略梯度法的流程，其名称为 Actor-Critic 算法（Witten，1977；Barto et al.，1983）。

算法 6.10　Actor-Critic 算法

函数： ActorCritic

输入： 马尔可夫决策过程 MDP $=(S, A, P, R, \gamma)$
输出： 策略 π

1 随机初始化 $\theta, \boldsymbol{w}$
2 **repeat**
3      $s \leftarrow$ 初始状态
4      $t \leftarrow 0$
5   **repeat**
6          $a \sim \pi_\theta(s, .)$
7   执行动作 a，观察奖励 R 和下一时刻状态 s'
8          $\boldsymbol{w} \leftarrow \boldsymbol{w} + \eta_{\boldsymbol{w}} \gamma^t [R + \gamma V_{\boldsymbol{w}}(s') - V_{\boldsymbol{w}}(s)] \nabla_{\boldsymbol{w}} V_{\boldsymbol{w}}(s)$
9          $\theta \leftarrow \theta + \eta_\theta \gamma^t [R + \gamma V_{\boldsymbol{w}}(s')] \nabla_\theta \ln \pi_\theta(s, a)$
10          $t \leftarrow t + 1$
11   **until** s 是终止状态
12 **until** θ 收敛

在算法 6.10 中，第 8 行更新了价值函数参数，第 9 行更新了策略函数参数。第 9 行用 $R + \gamma V_w(s')$ 作为 $q_{\pi_\theta}(s, a)$ 的估计值，而非当前片段的实际回报。第 8 行中仍然用价值函数估计值和当前值之间误差的平方作为损失函数，但值得注意的一点是，算法假设 $\nabla_w V_w(s') = 0$，即假设目标值中的 $V_w(s')$ 是一个常数，这与 Q 学习中目标网络的做法不谋而合。

Actor-Critic 算法最初的研究出现时，人们对策略梯度法还没有形成体系化认识。研究者认为参数化的策略函数就像一个执行者（actor），负责动作的选择，而参数化的价值函数就像一个评论家（critic），评价执行者选出的动作的好坏，并成为执行者更新策略的依据，Actor-Critic 算法由此得名。

6.4 深度强化学习应用

6.4.1 深度强化学习在围棋游戏中的应用

谈到近年发生的人工智能领域的重要事件，AlphaGo 的出现及其与职业围棋选手的对弈无疑是大家最为熟悉的例子之一，这不仅让人工智能成为公众视野中的热点话题，也让研究人员认识到强化学习和深度学习的应用潜力。本小节将以 AlphaGo 为例，介绍深度强化学习的应用。

围棋是一种二人博弈游戏，一方执黑子，另一方执白子，对弈双方在 19×19 方格组成的棋盘上轮流下子，最后以围起的空地多者为胜利方。由于围棋的巨大搜索空间，它长期以来被认为是人工智能最难以驾驭的经典游戏。

经典的围棋对弈算法大多基于蒙特卡洛树搜索，大致能达到业余高段的水平。AlphaGo（Rusu et al.，2016）将最近得到快速发展的深度学习、强化学习与蒙特卡洛树搜索进行有机结合，最终成功地击败了高段位职业选手。

如果用马尔可夫决策过程的五个要素来描述围棋问题，状态可以认为是围棋的盘面状况（19×19 方格组成的棋盘），动作为在棋盘上落子，奖励为对弈的胜负（胜为 +1，负为 −1），围棋中的状态转移是确定的，即从一个状态出发，每个动作只会导致一个固定的后续状态。围棋游戏一个片段（episode）产生的轨迹（trajectory）如图 6.17 所示。

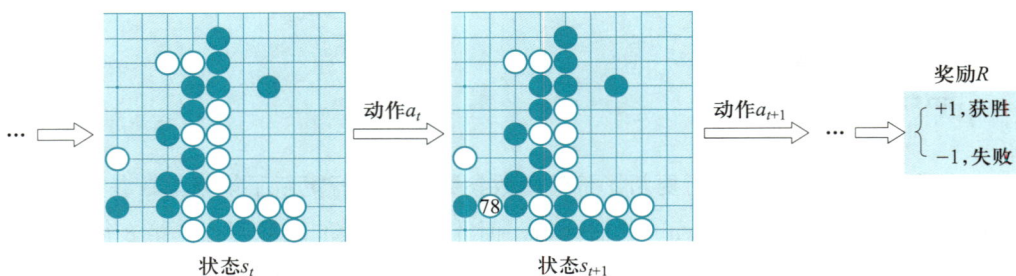

图 6.17　围棋游戏一个片段的轨迹

深度学习在 AlphaGo 中被用于拟合策略函数和价值函数。回顾策略函数和价值函数的定义，可知此时策略函数的输入为一个盘面状态，输出为在每个位置落子的概率；价值函数的输入也为一个盘面状态，而输出则为一个标量，表明在当前局势下胜利的概率。

AlphaGo 主要基于蒙特卡洛树搜索框架（详见本书第 3 章），其中扩展（expansion）和模拟（simulation/rollout）步骤依赖监督学习得到的策略网络。算法从人类棋手 16 万局对弈的棋谱中采样得到一个数据集，并通过监督学习的方式拟合一个深度策略网络和一个浅层策略网络。其中，深度策略网络用于在扩展时赋予每个动作先验概率，而浅层策略网络用于快速地模拟一局游戏。

蒙特卡洛树搜索的选择（selection）和反向传播（backpropagation）过程则与强化学习算法相结合，以下将详细介绍这部分算法。

AlphaGo 在监督学习得到的深度策略网络的基础上，使用策略梯度法（即 6.3 节介绍的使用基准函数的 REINFORCE 算法）微调这个深度策略网络。为了减少强化学习算法对敌方策略的过拟合，AlphaGo 在产生片段轨迹时从旧版策略（即若干次迭代之前的策略）中随机选择一个作为对手。

根据强化学习得到的深度策略网络，AlphaGo 通过策略评估的方法拟合当前策略下的深度价值网络。这里使用的方法类似于策略评估的蒙特卡洛法，通过策略网络自我对弈产生大量的轨迹数据。为了避免过拟合，AlphaGo 采取类似经验重现的思路，从这些轨迹数据中采样相关性较小的部分用于训练价值网络。

通过强化学习得到的深度价值网络应用于蒙特卡洛树搜索的选择步骤。具体来说，当在蒙特卡洛树搜索中需要选择一个动作时，AlphaGo 根据当前动作的先验概率（通过监督学习的策略网络得到）、该动作被访问的次数、该动作的累积价值综合判断应选择哪个动作。在反向传播步骤中，搜索树中每个动作的访问次数和累积价值则根据当前的价值函数进行更新。最后，经过在搜索树中进行若干次蒙特卡洛树搜索后，AlphaGo 选择探索次数最多的动作作为实际的行棋动作。

总的来说，AlphaGo 算法是深度学习、强化学习和蒙特卡洛树搜索三种算法的有机结合。如图 6.18 所示，深度学习用于感知盘面信息，并拟合价值函数和策略函数；强化学习用于微调和优化策略函数及价值函数；蒙特卡洛树搜索则根据强化学习的结果进行搜索并最终给出行棋方案。

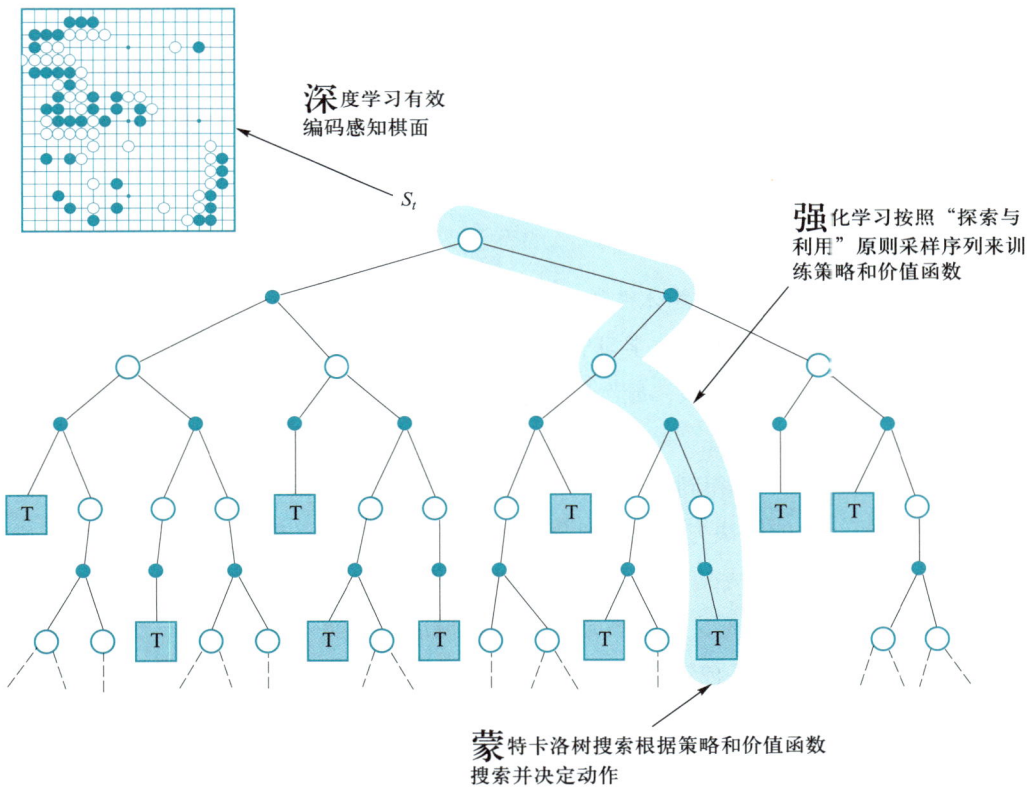

深度学习有效编码感知棋面

S_t

强化学习按照"探索与利用"原则采样序列来训练策略和价值函数

蒙特卡洛树搜索根据策略和价值函数搜索并决定动作

图 6.18　AlphaGo 算法中三个重要的人工智能算法

AlphaGo Zero（Silver et al., 2017）是对 AlphaGo 算法的一个改进，它保留了 AlphaGo 的基本框架，但 AlphaGo Zero 不依赖人类的对弈数据进行预训练，而是完全通过随机的初始值和自我对弈来实现策略的提升。虽然根据人类的对弈数据进行预训练是一种能令强化学习快速收敛的有效手段，但这也可能使训练结果局限于人类并不完全正确的经验。实验证明，这种从零开始自我博弈的训练方法学到了不同于人类已知策略但效果更好的策略。另一个重要的改变是 AlphaGo Zero 不再依赖浅层神经网络执行蒙特卡洛树搜索的模拟过程，而是直接根据价值函数得到模拟结果。此外，AlphaGo Zero 还在特征提取和深度神经网络的设计上做出了一些改进。

值得注意的是，无论是 AlphaGo 还是 AlphaGo Zero，它们的成功都依赖大量的算法设计和训练技巧，例如，某组参数应该如何初始化，训练样本应该如何采集或某个超参数应该如何设置等（详见相关文献）。这反映了目前深度强化学习面临的困境，即需要大量有针对性的具体措施来保证算法的效率和稳定性。6.4.2 节将针对强化学习在应用过程中遇到的这些困难进行详细的探讨。

6.4.2　深度强化学习在实际应用中的问题

虽然有不少成功将深度强化学习算法应用于实际问题的例子，但若想通过简单地套用经典的强化学习算法来解决实际问题，多半是不能成功的。本小节将从以下几个方面介绍深度强化学习应用到实际问题中所遇到的困难。

1. 奖励的设置

在很多实际问题中，智能体往往要经历一个漫长的决策过程，才能达成目标而获得奖励。虽然从理论上来说强化学习框架能够应用于奖励滞后的问题，但要根据奖励带来的少量信息做出大量的决策，显然是十分困难的，这常常导致深度强化学习的训练过程难以收敛。

这个问题实际上已经得到了广泛的研究，其中奖励塑造（reward shaping）（Ng et al.，1999）是一种经典的解决方案。奖励塑造通过调整每一步（包括中间步骤）的奖励值，在保持策略不变的情况下对训练过程加以指导，从而加速算法的收敛。另一种常见的方法是设置短期目标，当这些短期目标达成时，智能体将会得到一个中间奖励（intermediate reward）。这种想法进一步演变为层次强化学习（hierarchical reinforcement learning）（Kulkarni et al.，2016）算法，即先制定一个宏观目标，再针对这个目标制定具体的实施计划，在宏观和微观两个层次同时进行强化学习。

制定短期目标虽然能缓解奖励稀疏的问题，但无法保证这些预先设定的短期目标不会使目标偏离真正的目标，从而导致智能体无法学习得到最优策略。更有甚者，有些问题的短期目标本身定义就不明确。例如，要训练一个游泳智能体，应该怎样根据常识来制定短期目标？又如，要用强化学习来优化城市的道路规划，那么“好”的道路规划是否有明确的量化定义？因此，在很多强化学习的应用场景下，奖励的设置成为最关键却也是最困扰人的问题。

2. 样本的采集

根据文献（Hessel et al.，2018）中提供的实验数据，在训练雅达利（Atari）游戏智能体时（6.2.6 节的 DQN 便是一个例子），常见的深度强化学习算法通常需要上亿帧的游戏画面作为训练数据才能达到人类的平均水平，这意味着强化学习的训练常常要消耗大量的计算资源。如果计算资源足够，那么通过异步（asynchronous）算法并行训练深度强化学习模型（Mnih et al.，2016）尚可令人满意。

但更严重的问题是，实际情况有时并不会为人们提供一个良好的交互环境。例如，使用强化学习算法训练一个智能对话系统，如果要在真实的环境中进行训练，则须动用大量的人力来与智能体模拟对话；又如，要将强化学习应用于医疗、交通、安全等领域，显然不可能允许智能体在真实环境中试错。因此，针对这类问题，如何采集强化学习训练用的样本便是首要的难题。

一个直观的解决方案是创建一个虚拟的环境，模拟环境的运行，然后在这个虚拟环境中训练强化学习算法。但是这个方法要求对实际环境的深刻理解，否则虚拟的环境将没有参考价值，这通常不是一件容易的事情。

另外一种思路是，如果采集样本的代价很大，那么算法必须更加善于利用历史数据。以经验重现为代表的一些离策略方法（Munos et al.，2016；Wang et al.，2016）能够在与环境交互的同时提高历史数据（经验）的利用效率，而一些基于模仿学习（imitation learning）的算法（Wang et al.，2018）采用先模仿历史数据再离线优化的方法，实现了不依赖环境交互的强化学习。

3. 局部最优解与探索

基于蒙特卡洛法的强化学习算法（包括绝大多数目前常用的深度强化学习算法）容易收敛于一个局部最优解，而这个局部最优解带来的可能并不是人们能接受的策略。例如，在图 6.12 所示示例中，强化学习收敛得到的策略最终会导致机器人损坏。

正如 6.2.5 节中讨论的内容，探索是解决这个问题的一个常见手段，其中 ϵ- 贪心算法是一种简单实用的探索方法。然而，ϵ- 贪心算法针对一些陷入局部最优解的情况也无能为力。如图 6.19 所示，假设智能体位于 A 点，想要学习一

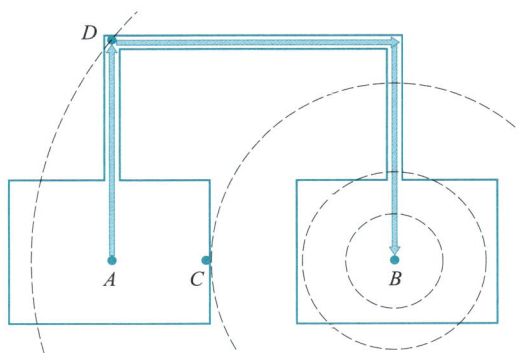

图 6.19　一个难以探索的示例

个到达 B 点的策略，一种直观的思路是采用当前位置到目标的直线距离的倒数来初始化价值函数（图中虚线表示到 B 点的等距线）。如果此时只利用而不探索，则智能体会陷入移动到 C 点的局部最优解。如果此时采用 ϵ- 贪心算法的探索策略，为了探索找到箭头所示的最优解，智能体必须在 D 点之前的每一次行动都违反当前价值函数的指导，而这种概率极小。

为了解决图 6.19 中的问题，设置短期目标是一种可行的思路，另外也可以采取一些有针对性的探索策略，例如，优先探索访问次数较少或长时间未访问的状态（Thrun，1992；Ecoffet et al., 2019）。总的来说，探索方法对强化学习（或深度强化学习）算法的收敛速度和学习结果的好坏有着不容忽视的影响，采用不同的探索方法，甚至在 ϵ- 贪心算法中选择不同的 ϵ 值，得到的结果可能有着巨大的差别。

4. 训练时的不稳定性与方差

强化学习算法的不稳定性在讨论探索时可见一斑，因为不同的探索强度（不同的 ϵ 值）可能会导致差异很大的结果。更有甚者，对于一个完全相同的环境和算法，不同的随机种子也可能导致相差很大的结果（Henderson et al., 2018），这意味着在很多情况下，强化学习算法并不是每一次都能成功。这个问题在强化学习的实际应用中是致命的，因为大多数情况下人们不会接受一个可能会失败的不稳定算法。

强化学习不稳定的原因很大程度上可以归结为蒙特卡洛法中的样本方差过大。6.3 节中介绍的利用优势函数替代价值函数的做法正是出于减小方差的目的，这个思路也可以应用到其他强化学习算法（如 Q 学习）中。基于同样的理由，方差较小的时序差分策略评估法比蒙特卡洛策略评估法更受青睐。时序差分法的问题是：用回归模型（例如深度神经网络）来估计下一个状态的价值函数并不是无偏的，即这样可能会引入偏差，人们在这个问题上通常会采取平滑或者均值的手段来取得折中（Sutton，1988；Schulman et al., 2015a）。

一些训练技巧也能够有效地提高训练过程的稳定性，例如，在 6.4.1 节 AlphaGo 的示例中介绍的预训练便是一种常见且实用的技巧。此外，本希奥（Bengio）等提出的课程学习（curriculum learning）（Bengio et al., 2009）方法也能有效地辅助算法收敛。另一种提高算法稳定性的思路是更加谨慎地更新参数：一方面，这可以通过一些独立于强化学习算法的技术来实现，例如梯度截断等深度学习的技巧，或是在数据层面进行一系列过滤和平滑的操作；另一方面，在策略梯度法中，也可以根据一些手段来评估更新后的策略是否优于更新前的策略，并只接受那些会导致更优策略的更新（Schulman et al., 2015b，2017）。

5. 泛化和迁移能力

强化学习的目标是找到一个在固定环境中能得到最大价值的策略，如果环境发生了变化，那么学习得到的策略还有多少适用性呢？这个问题的答案将决定强化学习在一系列实际场景中是否实用。例如，如果训练围棋对弈智能体时始终让它与水平很低的对手对弈，那么该智能体很可能会倾向攻击低水平对手容易犯的一些低级错误，但遇上不会犯低级错误的高手时，该智能体可能会一筹莫展；又如在训练自动驾驶算法时，智能体始终以城郊为环境进行样本采集和训练，那么有理由怀疑训练得到的策略是否能够在城区做出合适的反应。实际上，研究（Whiteson et al., 2011; Zhang et al., 2018）指出，深度强化学习常常以各种形式对环境过拟合，甚至有可能存在两个在训练环境中表现相似的智能体，在测试环境中却有着完全不同的表现。

最常见提高泛化能力的方案是使用多个环境进行训练，例如，可用一组（回报较低的）环境来计算当前的奖励（Rajeswaran et al., 2016），或者可以通过对抗学习的方式选择使当前智能体不稳定的环境来训练（Pinto et al., 2017），还可以对环境进行编码并将其作为状态的一部分（Yu et al., 2017）。这些方法虽然能够提高算法的泛化能力，却需要与多个环境进行交互，增加了训练难度。

一种可能更加实用的做法是假设模型具有可迁移性，即在训练环境中训练好强化学习智能体后，在测试环境（即实际场景）中对该智能体的策略进行微调（fine-tuning）（Rusu et al., 2016）。理想情况下，策略的微调应该能够高效地令原策略适应新的环境。

总的来说，就目前的强化学习研究进展而言，如果想要将深度强化学习应用于实际问题，尤其是非常复杂的实际问题，那么必须在每个环节上都精心设计和调整算法，才有可能发挥强化学习算法的强大能力。本小节讨论了几个强化学习算法在应用中常见的问题，这些问题的存在使强化学习算法难以得到大规模的实际应用。乐观来看，随着对强化学习研究的不断深入，这些问题终将得到解决。

6.5　小结

本章介绍了基于价值的强化学习算法和基于策略的强化学习算法，这些算法都可以认为是基于通用策略迭代框架的方法，即算法是由策略评估和策略优化两个步骤组成的。

图 6.20 概括了本章中介绍的强化学习算法。图中从两个角度对强化学习算法做了分类，其中依靠对环境（即马尔可夫随机过程）的先验知识或建模的算法称为基于模型（model-based）的方法，反之称为无模型的方法（model-free）；只z价值函数建模并

利用策略优化定理求解的方法称为基于价值（value-based）的方法，对策略函数建模并利用策略梯度定理求解的方法称为基于策略（policy-based）的方法。

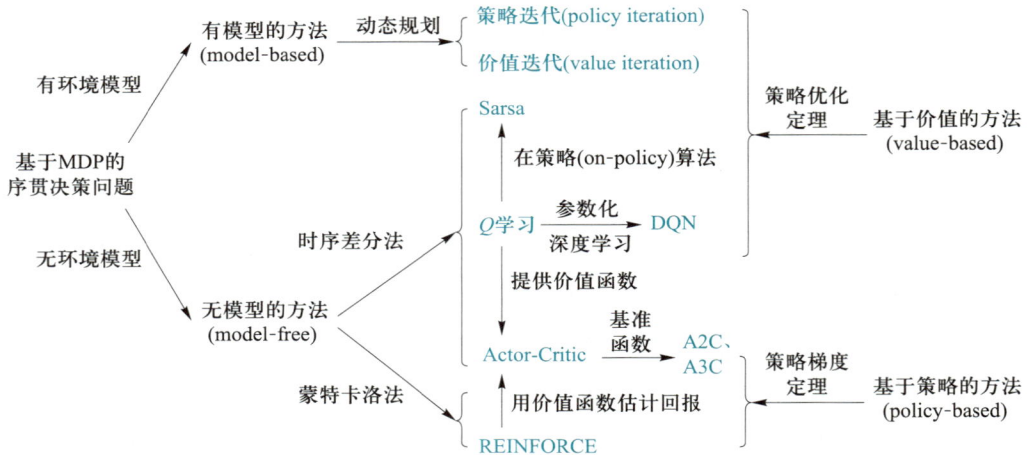

图 6.20　本章所介绍方法之间的相互关系示意

"欲粟者务时，欲治者因势。"强化学习作为一种通用的策略学习框架，向人们展示了其强大的能力和应用前景。虽然强化学习尚不成熟，导致它在很多问题上并不容易应用，但是对强化学习的研究，必将推动人工智能的发展并带来更加广泛的应用。

延伸阅读：最优化之策与试错术之谏的姻缘结合

强化学习的核心目标是在智能体实施一系列行为动作后，根据环境的反馈谏诤，从经验中学习，以最大化预期累积奖励（maximize its expected cumulative reward）。当今强化学习理论的形成来自控制领域和机器学习领域两种研究的相互结合：控制领域中的贝尔曼方程（动态规划）及机器学习领域的试错法（trial-and-error）。

美国数学家贝尔曼（Bellman）提出了贝尔曼方程，指出可以把序贯决策问题转换为一系列互相联系的子过程问题加以解决。为此，他提出了解决这类问题的"最优化原理"（principle of optimality）：一个过程的最优决策具有这样的性质，即无论其初始状态和初始决策如何，其今后诸策略对以第一个决策所形成的状态作为初始状态的过程而言，必须构成最优策略。简言之，一个最优策略所包含的任意子策略必是最优的。从 1950 年开始，贝尔曼方程用于在马尔可夫决策过程框架下解决序贯决策过程中无法事先知晓反馈回报这一难题。

在贝尔曼等人杰出工作的推动下，强化学习开始奠定坚实的数学理论基础和潜在的工程应用前景：奖励惩罚由"价值函数"和"动作－价值函数"联动完成，行为策略优化由"基于马尔可夫决策的动态规划"完成。从此，强化学习从"摸着石头过河"之勇蝶变升华为"先知后行"之雅。

试错法的最早研究起源于美国心理学家爱德华·桑代克（Edward Lee Thorndike）提出的效果律（law of effect）：对一个刺激所做出的反应得到了奖赏，那么这个反应和刺激的连接就会增强，反之就会减弱。效果律蕴含了试错法中选择性和关联性两个最基本的原则：通过北较不同结果选择最佳行为，从而在行为和预期结果之间建立关联。

明斯基等人在 1950 年左右开始使用试错法来尝试解决贡献度分配（credit assignment，又称信用分配）问题：对于已经成功完成或以失败告终的任务，如何评判导致任务完成的一系列决策之贡献度大小？"机器学习"这一单词的提出者阿瑟·塞缪尔（Arthur Samuel）在国际跳棋程序的启发式搜索中采用了时序差分理念来合理计算每一步棋子的贡献度，其基本原理是通过观察当前棋子的走位是否影响棋局胜负以不断提高算法能力，推动机器学习迈向学习机器。

20 世纪 70 年代初，在俄亥俄州空军研究实验室担任高级科学家的哈利·克诺夫（Harry Klopf）认识到强化学习与监督学习存在本质不同，强调强化学习具有内在趋利（hedonistic）的独特性质，尝试将试错学习与时序差分学习结合起来，提出了"广义强化"（generalized reinforcement）等概念。受克诺夫思想的启发，理查德·萨顿（Richard S. Sutton）、安德鲁·巴托（Andrew G. Barto）等学者于 20 世纪 80 年代把最优化原理控制和试错学习优化整合为一个框架，在这个框架中把时序差分概念和方法完整应用于策略函数学习，助力强化学习崛起。两人在出版的《强化学习导论》（*Reinforcement Learning: An Introduction*）著作中对克诺夫表示了深深感谢，感谢其在巴托博士后研究期间和萨顿本科生期间将两人带上了强化学习研究之途。

1989 年，英国学者克里斯·沃特金斯（Chris Watkins）等人提出了著名的 Q 学习算法，成功把最优控制、时序差分法和试错法结合起来，这是强化学习历史上一个里程碑式的工作。2013 年 12 月，DeepMind 公司提出深度 Q 网络（DQN），用深度神经网络来计算 Q 函数，解决了传统学学习中无法克服维度灾难的挑战，掀开了深度强化学习的篇章。

本章习题

1. 下面对强化学习、监督学习和深度卷积神经网络学习的描述正确的是（　　）。

A. 评估学习方式、有标注信息学习方式、端到端学习方式

B. 有标注信息学习方式、端到端学习方式、端到端学习方式

C. 评估学习方式、端到端学习方式、端到端学习方式

D. 无标注学习、有标注信息学习方式、端到端学习方式

2. 在强化学习中，以下两个步骤的迭代可学习得到最佳策略的是（　　）。

A. 价值函数计算与动作 – 价值函数计算

B. 动态规划与 Q-learning

C. 贪心策略优化与 Q-learning

D. 策略优化与策略评估

3. 在强化学习中，以下机制的引入使得强化学习具备在利用与探索中寻求平衡的能力的是（　　）。

A. ϵ- 贪心策略 　　　　　　　　　B. 蒙特卡洛采样

C. 动态规划 　　　　　　　　　　　　D. 贝尔曼方程

4. 与马尔可夫奖励过程相比，马尔可夫决策过程引入的新元素是（　　）。

A. 反馈 　　　　　　　　　　　　　　B. 动作

C. 终止状态 　　　　　　　　　　　　D. 概率转移矩阵

5. 根据本章内容，"在状态 s，按照某个策略行动后在未来所获得回报值的期望"这句话描述了状态 s 的（　　）；"在状态 s，按照某个策略采取动作 a 后在未来所获得回报值的期望"这句话描述了状态 s 的（　　）。

A. 策略优化 　　　　　　　　　　　　B. 价值函数

C. 动作 – 价值函数 　　　　　　　　　D. 采样函数

6. 将图 6.2 所示的机器人寻路问题简化为题图 6.1 所示的 2×2 的网格，假设有位于 s_1 位置的机器人拟从 s_1 这一初始位置向 s_4 这一目标位置移动。机器人每次只能向上或者向右移动一个

s_3	s_4
s_1	s_2

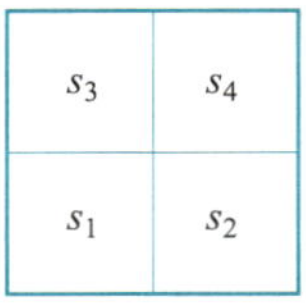

题图 6.1　2×2 的机器人寻路问题

方格，到达目标位置 s_4 则会获得奖励且游戏终止。机器人在移动过程中如果越出方格（s_d），则会被惩罚且被损坏，并且游戏终止。奖励值定义如下：当 $S_{t+1}=s_4$ 时，奖励值为 1；当 $S_{t+1}=s_d$ 时，惩罚值为 −1；其他情况下奖励值为 0。若折扣因子 $\gamma=0.99$，智能体在 s_1、s_2、s_3 的策略都初始化为上，终止状态 s_4、s_d 的价值函数定义为 0，试通过联立贝尔曼方程给出状态 s_1、s_2、s_3 的价值函数。

7. 在第 6 题中，若每个状态的价值函数都初始化为 0，智能体在 s_1、s_2、s_3 的策略都初始化为上，试优化智能体在状态 s_3 的策略。（提示：使用策略优化定理。）

8. 在第 6 题中，若每个状态的价值函数都初始化为 0，智能体在 s_1、s_2、s_3 的策略都初始化为上，试使用算法 6.5 中的价值迭代算法优化智能体在每个状态下的价值函数和策略，并给出迭代过程。

9. 在第 6 题中，若题图 6.2 表示算法的初始状态，其中 a/b 表示对应状态的动作 – 价值函数的取值，斜线左侧的 a 表示 $q_\pi(s, \text{上})$，斜线右侧的 b 表示 $q_\pi(s, \text{右})$。若 $\alpha = 0.5$，试给出算法 6.6 中的 Q 学习算法的一个片段的执行过程，并给出执行完该片段后每个状态的策略。

0.1/0	0/0
0.1/0	0.1/0

题图 6.2　Q 学习算法的初始状态

10. 采样时策略和更新时策略彼此不同的算法称为离策略算法。反之，采样时策略和更新时策略相同的算法称为在策略算法。算法 6.7 给出的 Q 学习是一种离策略算法，试给出其对应的在策略版本——Sarsa 算法。

11*. 回顾将价值函数作为 Actor-Critic 算法的基准函数的推导过程，若将基准函数设置为 $h(s, a)$，指出推导过程中的哪一步不再适用。

本章参考文献

第 7 章

人工智能博弈

两害相权取其轻，两利相权取其重。

《论语·阳货》记载："子曰：饱食终日，无所用心，难矣哉！不有博弈（博弈：古代的两种棋艺。博，是与象棋等棋类游戏类似的六博；弈，围棋）者乎？为之，犹贤乎已。"东汉马融在《围棋赋》说："三尺之局兮，为战斗场。"可见，古人很早就开始对博弈之道进行研究。

与其他游戏需要诉诸运气不同，围棋类竞智活动中的每一步行动均须由棋手本人的意志决定，每一颗棋子的摆放都会衍生出无穷尽可能，蕴含无穷道理，这也是博弈论逐渐被重视的原因。

博弈论（game theory）以往是经济学的一个分支，但是随着计算机科学的发展，人工智能技术越来越多地应用在博弈论的研究当中，传统博弈论与人工智能的深度融合闪烁着决策智能的光芒。现代博弈论的思想起源于 1944 年冯·诺依曼与奥斯卡·摩根斯特恩合著的《博弈论与经济行为》。

竞争博弈中的博弈行为是多个带有相互竞争性质的主体，为了达到各自的目标和利益，采取的带有对抗性质的行为，即"两害相权取其轻，两利相权取其重"。

现代博弈论主要研究博弈行为中最优的对抗策略及其稳定局势，协助对弈者在一定规则范围内寻求最合理的行为方式，推动机器学习从"数据拟合"过程中以"求取最优解"为核心向博弈对抗过程中以"求取均衡解"为核心的转变。

7.1 博弈论的相关概念

博弈论概念与纳什均衡

7.1.1 博弈论的诞生

"博弈"这一概念自古有之，古汉语中的"博弈"二字最初指的是六博和围棋两种游戏。《论语·阳货》中有言："子曰：饱食终日，无所用心，难矣哉！不有博弈者乎？为之，犹贤乎已。"宋朝理学家朱熹在对这一段的注解中写道："博，局戏；弈，围棋也。"

围棋之道蕴含着古人谋划策略的智慧，甚至围棋常常被比作行军打仗，而诸如《孙子兵法》等讲述兵书战法的古代典籍更是凸显了古人对策略的重视。《史记·孙子吴起列传》中记载的田忌赛马故事就是中国古代博弈思想的体现。如果将齐威王所拥有的上等、中等、下等三种类别的马匹分别记作"A+"、"B+"和"C+"，田忌所拥有的上等、中等、下等三种类别的马匹分别记作"A−"、"B−"和"C−"，表 7.1 给出了两人所拥有的马匹进行对局的胜负情况。

表 7.1 齐威王与田忌赛马所采取的不同对局

对局	齐威王马	田忌马	结果	对局	齐威王马	田忌马	结果
1	A+	A−	齐王胜	1	A+	C−	齐王胜
2	B+	B−	齐王胜	2	B+	A−	田忌胜
3	C+	C−	齐王胜	3	C+	B−	田忌胜

如果田忌分别用自己的上等马、中等马和下等马与齐威王的上等马、中等马和下等马比赛，都会因为自己的马略逊一筹而以 0 : 3 的比分输掉比赛。但是，如果田忌先用自己的下等马与齐威王的上等马对决，再用自己的上等马和中等马分别与齐威王的中等马和下等马对决，则会以 2 : 1 的比分赢得比赛，这也就是所谓的"以己之长，攻彼之短"的博弈思想。

现代博弈论的思想起源于 1944 年冯·诺依曼 (John von Neumann) 与奥斯卡·摩根斯特恩（Oskar Morgenstern）合著的《博弈论与经济行为》(von Neumann et al., 1944)。这本书以数学形式阐述了博弈论及其应用。将博弈论发扬光大的是约翰·纳什（John Forbes Nash Jr.）于 1950 年在其博士论文中提出的"非合作博弈"（non-cooperative games），并给出博弈过程中存在均衡解这一纳什均衡（Nash equilibrium）思想（Nash, 1950a，1950b）。纳什本人因为这一学术贡献于 1994 年获得诺贝尔经济学奖。

博弈论主要研究的一个内容是博弈行为中最优的对抗策略及其稳定局势，并协助人们在一定规则范围内寻求最合理的行为方式。所谓博弈行为指的是带有相互竞争性质的主体，为了达到各自的目标和利益，采取的带有对抗性质的行为。博弈论研究的目的是为博弈的参与者谋取最大的利益，也就是"两害相权取其轻，两利相权取其重"；《墨子·大取》中也有"利之中取大，害之中取小"的相似思想。

7.1.2　博弈论术语与囚徒困境

博弈中，参与博弈的决策主体称为**玩家**或**参与者**（player），这些参与者通常被认为是完全理性的。在博弈中，参与者总能或多或少地获得一些与博弈相关的知识，例如博弈的进展及对手采取的策略等，这些知识称为**信息**（information）。此外，博弈需要遵循一定的**规则**（rule），这些规则包括参与者行动的先后顺序，参与者在采取一定行动后导致的后果等。

参与者可以采取的行动方案称为**策略**（strategy）。策略必须是一整套在采取行动之前就已经准备好的完整方案，其中一个参与者所能采纳策略的全体组合形成其所拥有的**策略集**（strategy set）。当然，参与者可以按照一定的概率随机选择若干不同的行动，这种策略称为**混合策略**（mixed strategy）。相应地，如果参与者能够确定地选择行为，则这种策略称为**纯策略**（pure strategy）。

参与者采取各自的行动之后形成的状态称为**局势**（outcome）。在不同的局势下，各个参与者得到的利益或回报称为博弈的**收益**（payoff），混合策略下对应的玩家收益称为**期望收益**（expected payoff）。

下面以囚徒困境（prisoner's dilemma）为例，具体介绍博弈的过程和结果。

1950 年，兰德公司的梅里尔·弗勒德 (Merrill Flood) 和梅尔文·德雷舍 (Melvin Dresher) 拟定了相关困境理论。后来，美国普林斯顿大学数学家阿尔伯特·塔克 (Albert W. Tucker) 以"囚徒方式"对相关困境理论进行如下阐述：警方逮捕了共同犯罪的甲、乙两人，由于警方没有掌握充分的证据，所以将两人分开审讯。若一人认罪并指证对方，而另一方保持沉默，则此人会被当即释放，沉默者会被判监禁 10 年；若两人都保持沉默，则根据已有的犯罪事实（无充分证据），两人各判半年；若两人都认罪并相互指证，则两人各判 5 年。

表 7.2 展示了囚徒困境中甲和乙以非合作方式进行博弈的结果。

表 7.2　囚徒困境中甲和乙通过非合作方式采取行动获得的收益

甲和乙采取的行动		收益
甲沉默（合作）	乙沉默（合作）	两人各服刑半年
	乙认罪（背叛）	乙被释放，甲服刑 10 年
甲认罪（背叛）	乙沉默（合作）	甲被释放，乙服刑 10 年
	乙认罪（背叛）	两人各服刑 5 年

在这一博弈过程中，参与者为甲和乙两个犯罪嫌疑人，两人只能独立决策而不能得知对方做出的决定，即以非合作方式进行博弈。两人可采取的策略集 S = {认罪，沉默}。表 7.3 所示为甲和乙分别采取不同行动后所得到的局势及其收益情况。

表 7.3　囚徒困境中甲、乙博弈局势及收益

局势	甲收益	乙收益
甲认罪，乙沉默	0	−10
甲认罪，乙认罪（均衡解）	−5	−5
甲沉默，乙认罪	−10	0
甲沉默，乙沉默（最优解）	−0.5	−0.5

从表 7.3 可知，甲、乙同时保持沉默对两者而言是最优解。但是实际上，甲和乙两人均倾向于选择同时认罪而达到一种均衡解，这也是这一博弈被称为困境的原因。

在博弈过程中，对甲而言，如果乙选择沉默，那么甲选择认罪会被释放，而选择沉默会被判刑半年，所以甲选择认罪；如果乙选择认罪，那么甲选择认罪会被判刑五年，而选择沉默会被判刑十年，所以甲仍然应该选择认罪。因此，不论乙的选择是什么，甲都应该选择认罪。对乙也是同理，不论甲的选择是什么，乙都应该选择认罪。最终在囚徒困境的博弈中，甲和乙都从理性角度考虑各自的选择，选择了同时认罪这一行为。在甲和乙选择认罪这个结果中，如果甲或乙单独改变自己的选择（其他人的选择保持不变），则改变选择的人不会获得更好的收益。如果甲将"认罪"选择更改为"沉默"，在乙保持"认罪"这一选择前提下，甲将从获得"5 年处罚"变为获得"10 年处罚"的结果，可见这一结果与甲不改变选择相比，所获得的收益更加糟糕。

因此，甲和乙两人同时认罪是一种稳定局势，而其他情况都不是稳定的局势。同时，囚徒困境也说明了总体最优局势（即甲和乙同时保持沉默）并不是均衡局势。另外，囚徒困境也说明个人最佳选择不等于团体最佳选择。

7.1.3　博弈的分类

现代博弈论根据博弈规则的不同将博弈分为不同的种类。

按照博弈过程中是否允许参与者之间合作，博弈可以划分为**合作博弈**（cooperative game）和**非合作博弈**（non-cooperative game）。在合作博弈中，部分参与者可以组成联盟以获得更大的收益；与此相反，在非合作博弈中，参与者在决策中都彼此独立，不事先达成合作意向。

按照博弈过程中参与者决策的时间，博弈可以划分为**静态博弈**（static game）和**动态博弈**（dynamic game）。在静态博弈中，所有参与者同时决策，或参与者互相不知道

对方的决策；而在动态博弈中，参与者所采取行动的先后顺序由规则决定，且后行动者知道先行动者所采取的行动。

按照博弈过程中参与者对信息的了解程度，博弈可以划分为**完全信息博弈**（complete information game）和**不完全信息博弈**（incomplete information game）。所谓完全信息，是指所有参与者均了解其他参与者的策略集、收益等信息；而不完全信息指并非所有参与者均掌握所有信息。若博弈的参与者知道所有参与者之前采取的行动，这种博弈称为**完美信息博弈**（perfect information game）。

按照博弈局势中所有参与者的总收益，博弈可以划分为**零和博弈**（zero-sum game）和**非零和博弈**（non-zero-sum game）。所谓零和博弈，是指在终结局势下，所有参与者的收益总和为零；而非零和博弈是指在终结局势下，所有参与者的收益总和不为零。

前文提到的囚徒困境属于非合作、完全信息的不完美信息静态博弈。

7.1.4 纳什均衡

博弈的稳定局势即为**纳什均衡**，其指参与者做出了这样一种策略组合，在该策略组合中，任何参与者单独改变策略都不会得到好处。换句话说，如果在一个策略组合中，当所有博弈参与者都不改变策略时，就不会有任何博弈参与者有动机改变其自身做出的策略，则该策略组合就是一个纳什均衡策略。囚徒困境中两人同时认罪就是一种纳什均衡。

在博弈论知识结构上，纳什均衡概念具有基础性地位，这个概念的基础性如同玻尔兹曼分布概念之于统计物理、DNA 双螺旋结构发现之于生物学。纳什均衡概念体现了一种静态（也称为稳态）平衡。在博弈中能够达到纳什均衡解的基础是基于博弈参与者完全理性这样的假设。

下面以雇主对雇员进行监督为例介绍混合策略下完全信息静态博弈中求取纳什均衡解的过程。

该例阐释了雇主检查工作与雇员偷懒之间进行的博弈。假设雇员在不偷懒情况下工作的付出为 H，对公司的贡献为 V；雇主给雇员所发工资为 W，雇主检查工作的成本为 C；若雇主发现雇员偷懒，则对其收取罚金 F。根据实际情况可知：$H < W < V$，$W > C$。表 7.4 所示为雇主与雇员每次采取某一行动后的收益。

表 7.4　雇主 – 雇员每次采取对应行动后的收益

雇主 – 雇员采取的行动		收益
雇主检查	雇员偷懒	$-C+F$, $-F$
	雇员不偷懒	$V-W-C$, $W-H$

续表

雇主－雇员采取的行动		收益
雇主不检查	雇员偷懒	$-W,\ W$
	雇员不偷懒	$V-W,\ W-H$

在这个博弈过程中，博弈参与者是雇主与雇员两人，由于是静态博弈过程，因此两人无法得知对方采取的行动。对雇员来说，可以采取的策略集为 $S_{\text{employee}}=\{$偷懒，不偷懒$\}$；对雇主来说，可以采取的策略集为 $S_{\text{employer}}=\{$检查，不检查$\}$。两人均按照混合策略采取行动。记雇主检查工作的概率为 α，雇员偷懒的概率为 β，雇主和雇员对应的收益情况如表 7.5 所示。

表 7.5　雇主－雇员之间博弈的期望收益

参与者	采取策略	期望收益
雇主	检查	$T_1=\beta(-C+F)+(1-\beta)(V-W-C)$
	不检查	$T_2=-\beta W+(1-\beta)(V-W)$
雇员	偷懒	$T_3=-\alpha F+(1-\alpha)W$
	不偷懒	$T_4=\alpha(W-H)+(1-\alpha)(W-H)=W-H$

现在寻找雇主－雇员两人博弈中存在的稳定局势：无论雇主以何种概率进行检查，雇员偷懒或不偷懒的收益都一样，即 $T_3=T_4$。在稳定局势中，无论雇员如何改变自己的策略，都不会使得自己的收益增加。同理，无论雇员以何种概率偷懒，雇主检查或不检查的收益都一样，即 $T_1=T_2$，此时无论雇主如何改变自己的策略也不会使其收益增加。也就是说，在稳定局势下，如果其他参与者不改变行动，则任何一个参与者单独改变自己的行动，都不会使自己的收益增加。

在纳什均衡下，由于 $T_3=T_4$，可知雇主检查工作的概率为

$$\alpha=\frac{H}{W+F}$$

同理，由于 $T_1=T_2$，可知雇员偷懒的概率为

$$\beta=\frac{C}{W+F}$$

求解得到纳什均衡结果具有一定的指导性意义。将雇员偷懒的概率 $\beta=\dfrac{C}{W+F}$ 代入雇主的期望收益，可得在均衡局势下，雇主的预期收益如下：

$$T_1=T_2=V-W-\frac{CV}{W+F}$$

对上式中 W 求导，可知当 $W = \sqrt{CV} - F$ 时，雇主的收益最大，其值为 $T_{max} = V - 2\sqrt{CV} + F$。根据这一结论，雇主给雇员支付工资为 $\sqrt{CV} - F$ 时，可使得自身的收益最大。这里可以看出博弈论对帮助人们科学决策具有重要作用。

除了提出纳什均衡，纳什本人还提出了**纳什定理**：任何有限策略下的博弈都有一个混合策略纳什均衡。即**若参与者有限，每位参与者采取策略的集合有限，收益函数为实值函数，则博弈对抗必存在混合策略意义下的纳什均衡**（Nash，1950a）。当然，纳什定理仅仅是一个存在性定理，求解纳什均衡或近似纳什均衡的算法设计与复杂度证明仍然是当前算法博弈论（algorithmic game theory）的研究热点。

本书对于纳什定理的证明不作详细说明，这里使用数学归纳法对双人的零和动态博弈进行均衡点存在性证明，即证明**策梅洛定理**（Zermelo's theorem）：**对于任意一个有限步的双人完全信息零和动态博弈，一定存在先手必胜策略、后手必胜策略或双方保平策略**（Schwalbe et al.，2001）。

假设双人博弈只有胜、负、和三种结果，博弈过程最长持续 N 步，下面通过数学归纳法证明策梅洛定理。

（1）当 $N = 1$ 时，先手玩家必选择自己收益最大的策略，若存在获胜的行动，则存在先手必胜策略。若不存在使先手玩家获胜的行动，则先手玩家会选择平局的行动，于是存在双方保平策略。若仅存在后手玩家获胜的行动，则存在后手必胜策略。

（2）假设当 $N = 1$，2，$\cdots$，k 时，均存在先手必胜策略、后手必胜策略或双方保平策略。

（3）当 $N = k + 1$ 时，将先手玩家行动一次后的局势视为开启了一个新的博弈。在这个新博弈中，先手玩家为原博弈的后手玩家，新博弈中的后手玩家为原博弈的先手玩家，应用（2）中的假设，新开启的博弈必存在先手必胜策略、后手必胜策略或双方保平策略，则原博弈亦必存在后手必胜策略、先手必胜策略或双方保平策略。

（4）综上所述，对于任意一个有限步的双人完全信息零和动态博弈，一定存在先手必胜策略、后手必胜策略或双方保平策略。

需要注意的是，策梅洛定理仅对两人博弈有效，如果博弈参与者超过两人，如对于三人博弈，策梅洛定理无法保证三方中一定有一方获胜、其他两方必败或者三方和局的策略。

策梅洛定理为本书第 3 章介绍的最小最大搜索算法的合理性提供了理论基础，即在两人对抗博弈的有限搜索空间内，一定存在先手必胜策略、后手必胜策略或双方保平策略。当然，对于围棋这种搜索空间近似无穷的博弈，应用策梅洛定理就没有意义了。策梅洛定理的提出比纳什均衡早了二十多年，纳什定理其实可以看作策梅洛定理对非零和博弈和多人博弈的推广。

7.1.5 人工智能与博弈论

计算机科学与博弈论的交叉领域非常多，现代博弈论的奠基人冯·诺依曼同时也是现代计算机之父，目前使用的计算机架构即为"冯·诺依曼体系结构"。

随着互联网的兴起，博弈论在互联网经济、共享经济等诸多领域都与计算机科学产生交叉。人工智能解决的许多问题也越来越多地体现出博弈论的思想，例如多智能体系统、AI 游戏玩家、广告推荐等。

总体而言，人工智能与博弈论的交叉领域主要分为**博弈策略求解**和**博弈规则设计**两个方面。

7.2　博弈策略求解

7.2.1　研究的问题

博弈论为许多问题求解提供了数学模型，同时纳什定理说明了博弈论解的存在性。这样，可以借鉴人工智能算法对博弈论的均衡局势或最优策略进行求解。当然，博弈策略求解过程中主要面临的挑战是如何高效地搜索最优策略。

利用人工智能算法可以对很多数学上无法求解的问题进行近似模拟，例如围棋走子策略等对大规模解空间的搜索，又如信息安全、商业竞争等动态博弈的均衡局势求解问题，还有扑克等非完全信息的博弈问题。下面详细介绍一种非完全信息博弈的策略求解算法。

7.2.2　虚拟遗憾最小化算法

虚拟遗憾最小化算法

对于一个有 N 个玩家参加的博弈，玩家 i 在博弈中采取的策略记为 σ_i。对于所有玩家来说，他们的所有策略构成一个策略组合，记作 $\sigma = \{\sigma_1, \sigma_2, \cdots, \sigma_N\}$。在策略组合中，除玩家 i 外，其他玩家的策略组合记作 $\sigma_{-i} = \{\sigma_1, \sigma_2, \cdots, \sigma_{i-1}, \sigma_{i+1}, \cdots, \sigma_N\}$。

给定策略组合 σ，玩家 i 在终结局势下的收益记作 $u_i(\sigma)$。在给定其他玩家的策略组合 σ_{-i} 的情况下，对玩家 i 而言的**最优反应策略** σ_i^* 满足如下条件：

$$u_i(\sigma_i^*, \sigma_{-i}) \geqslant \max_{\sigma_i' \in \Sigma_i} u_i(\sigma_i', \sigma_{-i})$$

其中，Σ_i 是玩家 i 可以选择的所有策略，如上条件表示，当玩家 i 采用最优反应策略时，玩家 i 能够获得最大收益。

在策略组合 σ^* 中，如果每个玩家的策略相对于其他玩家的策略而言都是最佳反应策略，那么策略组合 σ^* 就是一个**纳什均衡**策略。即策略组 $\sigma^* = \{\sigma_1^*, \sigma_2^*, \cdots, \sigma_N^*\}$ 对任意玩家 $i=1, 2, \cdots, N$，满足如下条件：

$$u_i(\sigma^*) \geqslant \max_{\sigma_i \in \Sigma_i} u_i(\sigma_1^*, \sigma_2^*, \cdots, \sigma_i', \cdots, \sigma_N^*)$$

在博弈策略求解的过程中，希望求解得到每个玩家的最优反应策略，若所有玩家都是理性的，则算法求解的最优反应策略就是一个纳什均衡。考虑到计算资源有限这一前提，难以通过遍历博弈中的所有策略组合来找到一个最优反应策略，因此需要找到一种能快速发现近似纳什均衡的方法。

接下来介绍通过遗憾最小化 (regret minimization) 算法来近似求解纳什均衡。遗憾最小化算法是一种根据以往博弈过程中所得遗憾程度来选择未来行为的方法。

玩家 i 在过去 T 轮中采取策略 σ_i 的累加遗憾值定义如下：

$$\text{Regret}_i^T(\sigma_i) = \sum_{t=1}^{T}\left(u_i(\sigma_i, \sigma_{-i}^t) - u_i(\sigma^t)\right) \tag{7.1}$$

其中，σ^t 和 σ_{-i}^t 分别表示第 t 轮中所有玩家的策略组合和除了玩家 i 以外的策略组合。简单地说，累加遗憾值代表在过去 T 轮中，玩家 i 在每一轮中选择策略 σ_i 所得收益与采取其他策略所得收益之差的累加。

在得到玩家 i 的所有可选策略的遗憾值后，可以根据遗憾值的大小来选择后续第 $T+1$ 轮博弈的策略，这种选择方式称为**遗憾匹配** (Greenwald et al., 2006)。通常，遗憾值为负数的策略被认为不能提升下一时刻的收益，因此如下定义有效遗憾值：

$$\text{Regret}_i^{T,+}(\sigma_i) = \max\left(\text{Regret}_i^T(\sigma_i), 0\right) \tag{7.2}$$

利用有效遗憾值的遗憾匹配，可得到玩家 i 在 T 轮后第 $T+1$ 轮选择策略 σ_i 的概率 $P(\sigma_i^{T+1})$ 为

$$P(\sigma_i^{T+1}) = \begin{cases} \dfrac{\text{Regret}_i^{T,+}(\sigma_i)}{\displaystyle\sum_{\sigma_i' \in \Sigma_i} \text{Regret}_i^{T,+}(\sigma_i')}, & \text{如果} \sum_{\sigma_i' \in \Sigma_i} \text{Regret}_i^{T,+}(\sigma_i') > 0 \\[4mm] \dfrac{1}{|\Sigma_i|}, & \text{其他} \end{cases} \tag{7.3}$$

其中，$|\Sigma_i|$ 表示玩家 i 所有策略的总数。显然，如果在过往 T 轮中策略 σ_i 所带来的遗憾值大，其他策略 σ_i' 所带来的遗憾值小，则在第 $T+1$ 轮选择策略 σ_i 的概率值 $P(\sigma_i^{T+1})$ 就大。也就是说，带来越大遗憾值的策略具有更高的价值，因此其在后续被选择的概率就应该越大。如果没有一个能够提升前 T 轮收益的策略，则在后续轮次中随机选择一种策略。依照一定的概率选择行动是为了防止对手发现自己所采取的策略（如采取遗憾值最大的策略）。

这种遗憾匹配的方式既能启发式地提升后续博弈中的预期收益，又能利用概率采

样的随机性避免被对手猜到自己的策略。

接下来通过石头－布－剪刀（rock-paper-scissors，RPS）游戏来具体介绍遗憾值最小化算法的执行过程。石头－布－剪刀游戏有两名玩家参与，在博弈时两人同时决策，表 7.6 给出了这个游戏可能出现的不同局势及收益。

表 7.6　石头－布－剪刀游戏的局势及收益 (u_A, u_B)

局势		收益
玩家 A 石头（R）	玩家 B 石头（R）	（0，0）
	玩家 B 剪刀（S）	（1，−1）
	玩家 B 布（P）	（−1，1）
玩家 A 剪刀（S）	玩家 B 石头（R）	（−1，1）
	玩家 B 剪刀（S）	（0，0）
	玩家 B 布（P）	（1，−1）
玩家 A 布（P）	玩家 B 石头（R）	（1，−1）
	玩家 B 剪刀（S）	（−1，1）
	玩家 B 布（P）	（0，0）

假设第一局时，玩家 A 出"石头（R）"，玩家 B 出"布（P）"。从表 7.6 可见，第一局中玩家 A 的收益 $u_A(R, P) = -1$，玩家 B 的收益为 $u_B(P, R) = 1$。从表 7.6 所给信息可计算得到玩家 A 在第一局中没有选择"布"这一策略的遗憾值 $\text{Regret}_A^1(P) = u_A(P, P) - u_A(R, P) = 0 - (-1) = 1$，玩家 A 在第一局中没有选择"剪刀"这一策略的遗憾值 $\text{Regret}_A^1(S) = u_A(S, P) - u_A(R, P) = 1 - (-1) = 2$。注意，因为玩家 A 实际选择出石头（R），所以没有选择出"石头"的遗憾值 $\text{Regret}_A^1(R) = 0$。根据遗憾匹配算法，在第一局结束后，玩家 A 在第二局选择"石头""剪刀"和"布"这三个策略的概率分别为 0、$\dfrac{2}{3}$ 和 $\dfrac{1}{3}$。

同时，从表 7.6 所给信息可计算得到玩家 B 在第一局中没有选择"石头"这一策略的遗憾值 $\text{Regret}_B^1(R) = u_B(R, R) - u_B(R, P) = 0 - 1 = -1$，玩家 B 在第一局中没有选择"剪刀"这一策略的遗憾值 $\text{Regret}_B^1(S) = u_B(R, S) - u_B(R, P) = -1 - 1 = -2$。对玩家 B 而言，$\sum\limits_{\sigma_i' \in \Sigma_i} \text{Regret}_i^{T,+}(\sigma_i') = -3 < 0$，因此下一轮中以 $\dfrac{1}{|\Sigma_i|} = \dfrac{1}{3}$ 的概率从"石头""剪刀"和"布"中选择一个策略。

假设玩家 A 在第二局按照遗憾值最大的策略选择"剪刀"，玩家 B 随机选择"石头"，根据公式 $\text{Regret}_A^2(\sigma_i) = \sum\limits_{t=1}^{2} (u_A(\sigma_i, \sigma_{-i}^t) - u_A(\sigma^t))$ 可计算得到玩家 A 的累加遗憾值，如表 7.7 所示。

表 7.7　玩家 A 在两轮后得到的遗憾值

遗憾值 / 策略	石头	剪刀	布
第一轮	0	2	1
第二轮	1	0	2
Regret_A^2	1	2	3

从表 7.7 可知，前两局结束后，在第三局时，玩家 A 选择"石头""剪刀"和"布"的概率分别为 $\dfrac{1}{6}$、$\dfrac{2}{6}\left(\dfrac{1}{3}\right)$ 和 $\dfrac{3}{6}\left(\dfrac{1}{2}\right)$。需要注意的是，玩家 A 既可以按照遗憾值最小在第三轮选择"布"这一策略，又可以随机选择"石头"或"剪刀"以防止自己的策略被对手察觉。

遗憾最小化算法在实际使用中需要反复模拟博弈多次，才能拟合近似的最优反应策略。当然，并不是所有的博弈都像石头 – 布 – 剪刀游戏这样一次决策就可以分出胜负，对于围棋和扑克等需要多轮决策（即序贯决策）才能判断胜负的博弈问题，应该如何处理呢？

为了解决这个问题，需要计算状态转移序列中每个状态的"虚拟遗憾值"，这就是**虚拟遗憾值最小化算法**（counterfactual regret minimization）（Zinkevich et al.，2007）。

对于任何序贯决策的博弈对抗，可将博弈过程表示成一棵博弈树，博弈树中的每一个中间结点都是一个信息集 I，信息集中包含该中间结点的状态及到达该结点的所有历史行动。给定博弈树的每一个结点，玩家都可以从该结点可采取的若干动作中选择一个，然后从该结点状态转换到下一结点状态，如此周而复始，直到终局状态（博弈树的叶子结点）。玩家在当前状态下可采取的策略就是当前状态下所有可能动作的一个概率分布。

具体而言，在信息集 I 下，玩家可以采取的行动集合记作 $A(I)$。玩家 i 所采取的行动 $a_i \in A(I)$ 可认为是其采取的策略 σ_i 的一部分。在信息集 I 下采取行动 a 所代表的策略记为 $\sigma_{I \to a}$。这样，要计算虚拟遗憾值的对象就是博弈树中每个中间结点在信息集下所采取的行动，并根据遗憾值匹配得到该结点在信息集下应该采取的策略 $\sigma_{I \to a}$。

在一次博弈中，所有玩家交替采取的行动序列记为 h（从根结点到当前结点的路径）。对于所有玩家的策略组合 σ，行动序列 h 出现的概率记为 $\pi^\sigma(h)$。应该注意，存在不同的信息集 I，其可依据不同的行动序列从根结点到达当前结点（即通过不同的决策路径到达博弈树中的同一个中间结点）。在策略组合 σ 下，所有能够到达该信息集的行动序列的概率累加就是该信息集的出现概率，即 $\pi^\sigma(I) = \sum\limits_{h \in I} \pi^\sigma(h)$。

博弈的终结局势集合，也就是博弈树中叶子结点的集合，记为 Z。对于任意一个终结局势 $z \in Z$，玩家 i 在此终结局势下的收益记作 $u_i(z)$。给定行动序列 h，依照策略

组合 σ 最终到达终结局势 z 的概率记作 $\pi^\sigma(h, z)$。

在策略组合 σ 下，对玩家 i 而言，从根结点到当前结点的行动序列路径 h 的虚拟价值计算如下：

$$v_i(\sigma, h) = \sum_{z \in Z} \underbrace{\pi^\sigma_{-i}(h)}_{\text{不考虑玩家} i \text{的策略而到达当前结点的概率}} \times \underbrace{\pi^\sigma(h, z)}_{\text{从当前结点到叶子结点的概率}} \times \underbrace{u_i(z)}_{\text{叶子结点} z \text{的收益}} \tag{7.4}$$

在式（7.4）中，$\pi^\sigma_{-i}(h)$ 表示从根结点出发，不考虑玩家 i 的策略，仅考虑其他玩家策略而经过路径 h 到达当前结点的概率。也就是说，即使玩家 i 有其他策略，也总是要求玩家 i 都选择路径 h 中自己先前已经实施的对应动作，使得玩家 i 在路径 h 中选择实施每个动作的概率均为 1，而其他玩家在路径 h 中所实施动作的概率按照实际情况计算，这样可保证从根结点出发按照路径 h 到达当前结点。可见，行动序列路径 h 的虚拟价值等于如下三项结果的乘积：不考虑玩家 i 的策略（仅考虑其他玩家策略）经过路径 h 到达当前结点的概率、从当前结点走到叶子结点（博弈结束）的概率和所到达叶子结点的收益。

在定义行动序列路径 h 的虚拟价值之后，就可如下计算玩家 i 在基于路径 h 到达当前结点采取行动 a 的遗憾值：

$$r_i(h, a) = v_i(\sigma_{I \to a}, h) - v_i(\sigma, h) \tag{7.5}$$

可见，该遗憾值是玩家 i 通过行动序列 h 到达当前结点采取行动 a 得到的虚拟价值减去采用策略 σ 所得路径 h 的虚拟价值。对能够到达同一个信息集 I（即博弈树中同一个中间结点）的所有行动序列的遗憾值进行累加，即可得到信息集 I 的遗憾值：

$$r_i(I, a) = \sum_{h \in I} r_i(h, a) \tag{7.6}$$

类似于遗憾最小化算法，虚拟遗憾最小化的遗憾值是 T 轮重复博弈后的累加值，即

$$\text{Regret}_i^T(I, a) = \sum_{t=1}^{T} r_i^t(I, a) \tag{7.7}$$

其中，$r_i^t(I, a)$ 表示玩家 i 在第 t 轮中于当前结点选择行动 a 的遗憾值。进一步可以定义有效虚拟遗憾值，即

$$\text{Regret}_i^{T,+}(I, a) = \max(R_i^T(I, a), 0) \tag{7.8}$$

根据有效虚拟遗憾值进行遗憾匹配，以计算经过 T 轮博弈后，玩家 i 在信息集 I 情况下于后续 $T+1$ 轮选择行动 a 的概率，即

$$\sigma_i^{T+1}(I, a) = \begin{cases} \dfrac{\text{Regret}_i^{T,+}(I, a)}{\sum\limits_{a \in A(I)} \text{Regret}_i^{T,+}(I, a)}, & \text{如果} \sum\limits_{a \in A(I)} \text{Regret}_i^{T,+}(I, a) > 0 \\[2em] \dfrac{1}{|A(I)|}, & \text{其他} \end{cases} \tag{7.9}$$

其中，$|A(I)|$ 表示当前信息集下能够采取的行动总数，在没有行动能够提升当前信息

集的虚拟价值时，可通过随机方式决定接下来要采取的行动。当然，在实际中为了防止对手知晓自己的策略，可在适当时候不按照虚拟遗憾值最小来选择策略，而是随机选择一个策略。

在虚拟遗憾值最小化算法的求解过程中，同样需要反复模拟多轮博弈来拟合最佳反应策略。算法步骤如下：

（1）初始化遗憾值和累加策略表为 0。

（2）采用随机选择的方法决定策略。

（3）利用当前策略与对手进行博弈。

（4）计算每个玩家采取每次行动后的遗憾值。

（5）根据博弈结果计算每个行动的累加遗憾值大小以更新策略。

（6）重复步骤（3）~（5）若干次，不断优化策略。

（7）根据重复博弈最终的策略，完成最终的动作选择。

为了更好地说明虚拟遗憾值最小化算法，这里以库恩扑克（Kunh's pocker）为例来详细展示虚拟遗憾最小化算法的流程。

库恩扑克（Kuhn，1950）是一种简单的有限注扑克游戏，由两名玩家进行游戏博弈，游戏中仅提供牌值为 1、2 和 3 的三张纸牌。每轮中每位玩家各持一张纸牌，每位玩家根据各自的判断决定是否追加定额赌注。摊牌阶段比较未弃牌玩家的底牌大小，底牌值最大的玩家即为胜者。

双人库恩扑克游戏的规则及游戏中定义的收益如表 7.8 所示。

表 7.8 双人库恩扑克游戏规则及定义的收益

游戏规则	收益
玩家 A 过牌—玩家 B 过牌—玩家 A 游戏结束	牌值大的玩家 +1
玩家 A 加注—玩家 B 加注—玩家 A 游戏结束	牌值大的玩家 +2
玩家 A 过牌—玩家 B 加注—玩家 A 过牌	玩家 B+1
玩家 A 过牌—玩家 B 加注—玩家 A 加注	牌值大的玩家 +2
玩家 A 加注—玩家 B 过牌—玩家 A 游戏结束	玩家 A+1

在表 7.8 的第 4 行中，可见玩家 A 过牌后，玩家 B 选择加注，然后玩家 A 也选择加注，这时根据玩家 A 和玩家 B 手中纸牌的大小来判断博弈输赢，算法给纸牌牌面值大的玩家的收益为 2。其他博弈路径的输赢规则可见表 7.8 中其他行所示结果。

根据库恩扑克的游戏规则，可以画出库恩扑克的先手玩家（A）的博弈树，如图 7.1 所示。

在初始根结点下，三条边分别代表玩家 A 拿到三张不同手牌的情况。库恩扑克的信息集（即博弈树的中间结点）有 12 个：{1，1P，1B，1PB，2，2P，2B，2PB，3，

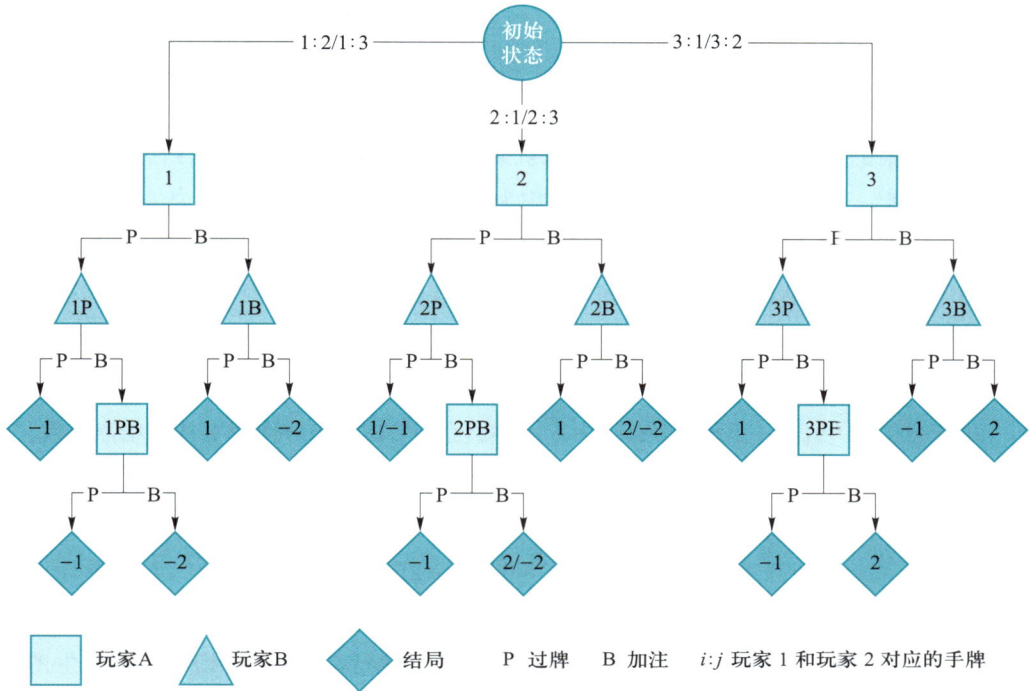

图 7.1 先手玩家 A 对应的库恩扑克博弈树

3P，3B，3PB}。在信息集中，P 表示过牌，B 表示下注。

虽然在某些问题中从根结点到达某个信息集的路径有若干条，但是在这个示例中，从根结点到达每个信息集的路径只有一条，该路径所对应的行动序列也只有一种，例如，信息集 1PB（博弈树中的一个中间结点）可通过如下路径到达：

1（玩家 A 拿到大小为 1 的纸牌）$\xrightarrow{\text{P}}$ 1P（玩家 A 选择过牌）$\xrightarrow{\text{B}}$ 1PB（玩家 B 选择加注）

假设初始情况下，两个玩家都以随机选择的策略进行决策，即在任一结点，两者都以 50% 的概率分别选择过牌或加注两个动作。按照这种策略，若第一轮中玩家 A 经历的博弈过程为 $1 \xrightarrow{\text{P}} 1\text{P} \xrightarrow{\text{B}} 1\text{PB} \xrightarrow{\text{B}} z_2$，则通过这条路径所到达的叶子结点收益为 $u_A(z_2) = -2$（见图 7.2）。

这里以信息集 {1PB} 为例，计算玩家 A 通过路径 $1 \xrightarrow{\text{P}} 1\text{P} \xrightarrow{\text{B}} 1\text{PB}$ 到达当前结点 {1PB} 后选择"过牌"行动的

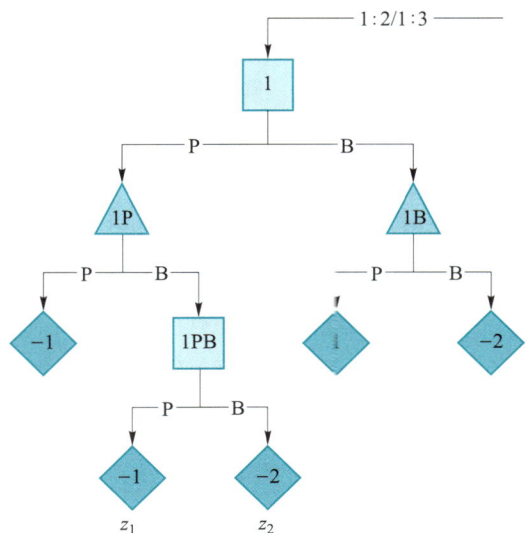

图 7.2 先手玩家手牌为 1 的库恩扑克博弈树

遗憾值。

在当前策略下，行动序列路径 $h = \{P \to B\}$ 产生的概率：

$$\pi^{\sigma}_{-A}(h) = \pi^{\sigma}_{B}(h) = 1 \times 0.5 = 0.5$$

按照先前的定义，$\pi^{\sigma}_{-A}(h)$ 表示不考虑玩家 A 的策略能够通过路径 h 到达当前结点 $\{1PB\}$ 的概率，那么玩家 A 选择过牌的概率为 1（而不管其实际以 50% 的概率选择过牌的行动），玩家 B 在玩家 A 做出选择后以 50% 的概率选择加注行动。

由于在 $\{1PB\}$ 结点选择加注和过牌的概率均为 50%，因此在当前策略下从当前结点到达终结状态 z_1 和 z_2 的概率分别为

$$\pi^{\sigma}(h, \ z_1) = 0.5, \ \pi^{\sigma}(h, \ z_2) = 0.5$$

由于已知 $u_A(z_1) = -1$ 和 $u_A(z_2) = -2$，可知玩家 A 在策略 σ 作用下从根结点出发，经过路径 $h = \{P \to B\}$ 到达当前结点后的虚拟价值为

$$v_A(\sigma, \ h) = \pi^{\sigma}_{B}(h) \times \pi^{\sigma}(h, \ z_1) \times u_A(z_1) + \pi^{\sigma}_{B}(h) \times \pi^{\sigma}(h, \ z_2) \times u_A(z_2)$$
$$= 0.5 \times 0.5 \times (-1) + 0.5 \times 0.5 \times (-2) = -0.75$$

下面计算玩家 A 在当前结点选择"过牌"行动后的虚拟价值。若玩家 A 在当前结点选择"过牌"行动，即 $\sigma_{\{1PB\} \to P}$，此时玩家 B 促使行动序列 $h = \{P \to B\}$ 发生的概率仍然为 $\pi^{\sigma_{\{1PB\} \to P}}_{B}(h) = 0.5$。由于从当前结点出发抵达的终结状态只有 z_1，因此 $\pi^{\sigma_{\{1PB\} \to P}}(h, \ z_1) = 1$，则玩家 A 在当前结点选择"过牌"行动后的虚拟价值为

$$v_A(\sigma_{\{1PB\} \to P}, \ h) = \pi^{\sigma_{\{1PB\} \to P}}_{B}(h) \times \pi^{\sigma_{\{1PB\} \to P}}(h, \ z_1) \times u_A(z_1)$$
$$= 0.5 \times 1 \times (-1) = -0.5$$

最终，在信息集 $\{1PB\}$ 上采取"过牌"的虚拟遗憾值如下计算：

$$r_A(\{1PB\}, \ P) = r_A(h, \ P)$$
$$= v_A(\sigma_{\{1PB\} \to P}, \ h) \ v_A(\sigma, \ h)$$
$$= (-0.5) - (-0.75) = 0.25$$

在第一轮博弈中，累加虚拟遗憾值与行为遗憾值相同，即

$$\text{Regret}^1_A(\{1PB\}, \ P) = \sum_{t=1}^{1} r^t_A(\{1PB\}, \ P)$$

类似地，可以计算信息集 $\{1PB\}$ 上采取"加注"策略的遗憾值，有

$$\text{Regret}^1_A(\{1PB\}, \ B) = r_A(\{1PB\}, \ B) = r_A(h, \ B) = -0.25$$

于是，根据遗憾值匹配算法的计算结果，在下一轮的策略中会选择"过牌"策略。

通过反复迭代计算，可得到每个信息集应采取行动的概率，如表 7.9 所示。

表 7.9 双人库恩扑克游戏中 12 个信息集采取行动的概率

行动	1	1B	1P	1PB	2	2B	2P	2PB	3	3P	3B	3PB
B	0.13	0	0.33	0	0	0.33	0	0.46	0.41	1.00	1.00	1.00
P	0.87	1.00	0.67	1.00	1.00	0.67	1.00	0.54	0.59	0	0	0

7.2.3 安全子博弈

7.2.2 节介绍的虚拟遗憾值最小化算法通过重复仿真博弈来模拟求解近似最优反应策略。在博弈过程中，算法如何实时地给出决策行动呢？

一个简单的想法是直接从当前已经完成的部分博弈出发，将接下来的博弈过程视为一个单独子博弈，然后找到子博弈的最优反应策略，这样可以减小计算量，以便在接近叶结点的情况下得到更加精确的结果（见图 7.3）。

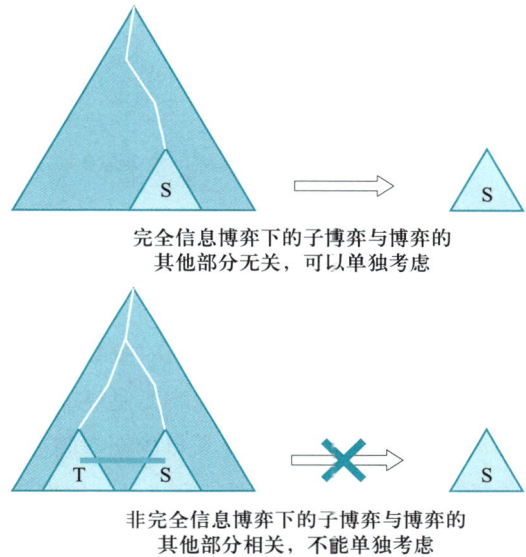

图 7.3　完全与非完全信息博弈的子博弈

当然，这种思想在完全信息博弈的过程中是适用的。例如，棋类游戏的残局可以认为是一个新游戏的初始状态，双方玩家多完成一步行动，子博弈的搜索空间就会缩小很多。类似于蒙特卡洛树搜索，每当游戏推进一步，蒙特卡洛树搜索的空间就会小很多。但是在非完全信息博弈中，这种直接搜索子博弈空间的方法并不能生效，即使是博弈树中不能到达的分支，对当前的子博弈也是有影响的。

下面以一个简单的抛硬币游戏来说明这一观点。在这个游戏中，玩家 A 随机抛一个硬币，然后根据硬币的正反面决定将硬币卖掉或者让玩家 B 来猜测硬币的正反面。如果硬币抛掷的结果是正面，玩家 A 卖掉这一硬币可以获得 0.5 元收益；如果硬币抛掷的结果是反面，则玩家 A 卖掉这一硬币会亏损 0.5 元（收益为 −0.5）。如果玩家 A 不采取售卖硬币的行动，而是让玩家 B 猜硬币的正反面，则在玩家 B 猜错正反面的前提下，玩家 A 可以获得 1 元；在玩家 B 猜对正反面的前提下，玩家 A 会亏损 1 元。玩家 A 为根结点的博弈树如图 7.4 所示。

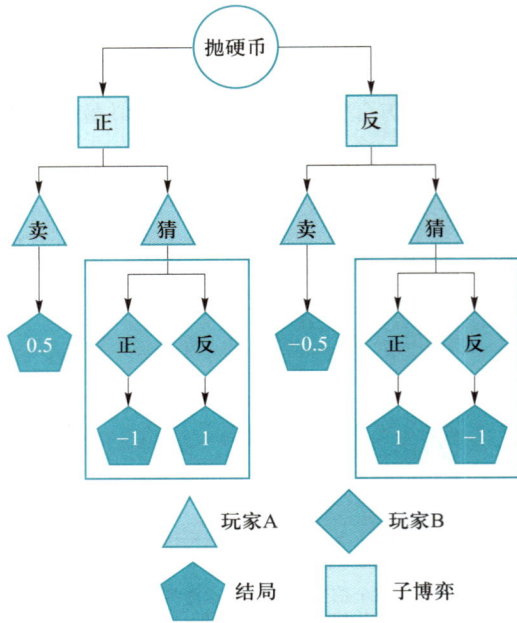

图 7.4   抛硬币游戏博弈树

在这个游戏中，由于玩家 B 在不知道硬币正反面的情况下采取决策行动，因此对玩家 B 而言，这是一个不完全信息博弈。在玩家 B 知道玩家 A 卖掉硬币所获得收益的情况下，对玩家 B 来说，他的纳什均衡策略是不论玩家 A 选择卖掉硬币还是让其进行猜测，玩家 A 的收益都一样，即在硬币为正面的情况下，期望收益总为 0.5；在硬币为反面的情况下，期望收益总为 −0.5。在这个游戏中，玩家 A 的最终期望收益为 0。

从图 7.4 可见，在硬币抛掷结果为正面的情况下，玩家 A 卖掉硬币的收益 $T_1 = 0.5$；在硬币抛掷结果为反面的情况下，玩家 A 卖掉硬币的收益 $T_2 = -0.5$。

在硬币抛掷结果为正面或反面的概率相等的情况下，要使玩家 A 选择卖硬币和猜硬币的收益相同，则玩家 B 的策略要使得玩家 A 在硬币抛掷结果为正面的情况下，选择猜硬币这一行动使得玩家 A 获得的期望收益 $T_3 = 0.5$；在硬币抛掷结果为反面的情况下，选择猜硬币这一行动使得玩家 A 获得的期望收益 $T_4 = -0.5$。

假设玩家 B 猜硬币抛掷结果为正面的概率为 a，相应地，猜硬币抛掷结果为反面的概率为 $(1-a)$，则有

$$T_3 = -a + (1-a) = 0.5, \quad T_4 = a - (1-a) = -0.5$$

从而可求得玩家 B 猜测硬币抛掷结果为正面的概率为 0.25，猜测硬币抛掷结果为反面的概率为 0.75。在玩家 B 按照这样的概率来猜测硬币抛掷结果为正面或反面的情况下，将使得玩家 A 的最终期望收益为 0。

在这场博弈中，即使玩家 A 选择让玩家 B 猜测硬币抛掷结果的正反面，玩家 B 也必须根据玩家 A 选择卖掉硬币的期望收益来计算自己纳什均衡的策略。也就是说，玩家 B 的 "子博弈" 还与图 7.4 所示博弈树的其他分支相关。

假设玩家 A 在硬币抛掷结果为正面的情况下卖掉硬币的收益 $T_1 = -0.5$，在硬币抛掷结果为反面的情况下卖掉硬币的收益 $T_2 = 0.5$，类似地，可以求出玩家 B 的纳什均衡反应策略应该是以 0.25 的概率猜测硬币抛掷结果是反面，以 0.75 的概率猜测硬币抛掷结果是正面。如果单独考虑猜硬币的情况，而不考虑卖硬币的情况，在正面和反面出现概率相同的情况下，玩家 B 应该以 0.5 的概率猜测正面，以 0.5 的概率猜测反面。

对于一个非完全信息的博弈，通常可以找到一些从全局出发的近似解法，例如，

使用 7.2.2 节介绍的虚拟遗憾值最小化算法。所谓**安全子博弈**，是指在子博弈的求解过程中，得到的结果一定不差于全局的近似解法。

在上面抛硬币的示例当中，在猜硬币的过程中，如果玩家 B 的行动是通过预测玩家 A 卖掉硬币的收益来决定的，猜硬币这个子博弈就是安全的。反之，如果玩家 B 的行动仅考虑猜硬币的过程（本例中为不考虑 A 卖硬币的收益），则猜硬币这个子博弈就是不安全的。

更一般地，可以通过虚拟价值的估计找到任意一个博弈的安全子博弈。给定双人博弈树中的一个信息集 I_1，假设玩家 1 在信息集 I_1' 采取行动 a' 可到达信息集 I_1。如果在信息集 I_1' 采取行动 a^* 进入另外一个信息集可得到更大的价值，则意味着玩家 1 所采取的行动只获得了局部最优解（在信息集 I_1）。可将采取行动 a^* 和行动 a' 所分别获得价值之间的差距作为信息集 I_1 的奖励，将这一奖励增加到信息集 I_1 的价值评估中。已经证明，只要信息集 I_1 的奖励足够小，那么信息集 I_1 所对应的子博弈就是安全的（Brown et al.，2018）。行动 a^* 和行动 a' 价值的差距如何评估呢？可以通过信息集 I_1 和信息集 I_1' 虚拟价值的下限来决定。

7.3 博弈规则设计

7.3.1 研究的问题

在现实生活中，如果所有博弈者都追求自己的利益最大化，很可能会导致两败俱伤的下场，那么应该如何设计博弈的规则，使得博弈的最终局势能尽可能达到整体利益的最大化呢？

例如，许多城市为了避免机动车过快增长造成城市拥堵，因此限制了车牌的发放量。这样，车牌的发放方式就是需要决策者经过周密考虑后决定的。通常而言，车牌的发放既要满足有紧迫需求的人，又要满足普通家庭的日常需求，因此很多城市都采取车牌竞价和随机摇号两种方式发放车牌。

利用人工智能的算法和思想可以为许多博弈规则设计问题提供帮助，例如拍卖竞价、供需匹配、名额分配等。这些规则的设计过程中往往面临着计算量大、复杂度高等问题，为复杂的问题寻找有效的算法就是博弈规则设计主要研究的问题。

7.3.2 双边匹配算法

在生活中，人们常常会碰到与资源匹配相关的决策问题（如求职就业、报考录取等），这些需要双向选择的情况称为**双边匹配问题**。在双边匹配问题中，需要双方互相满足对方的需求才会达成匹配。

　　稳定的匹配是指没有任何人能从偏离稳定状态中获益。如果将匹配问题看作一种合作博弈的话，那么稳定状态就是这个博弈问题的纳什均衡解。

　　稳定婚姻问题（stable marriage problem）就是一个典型的双边匹配问题。这个问题是指在给定成员偏好顺序的情况下，为两组成员寻找稳定的匹配。假设有 n 个单身男性构成的集合 $M=\{m_1, m_2, \cdots, m_n\}$，以及 n 个单身女性构成的集合 $F=\{f_1, f_2, \cdots, f_n\}$。对于任意一名单身男性 m_i，他都有自己爱慕的单身女性的顺序 $s_{m_i} := f_{m_{i,1}} > f_{m_{i,2}} > \cdots > f_{m_{i,n}}$，这里 $f_{m_{i,j}}$ 表示第 i 名男性所喜欢单身女性中排在第 j 位的单身女性。同理，对于任意一名单身女性 f_i，她也有自己爱慕的单身男性顺序 $s_{f_i} := m_{f_{i,1}} > m_{f_{i,2}} > \cdots > m_{f_{i,n}}$，$m_{f_{i,j}}$ 表示第 i 名女性所喜欢单身男性中排在第 j 位的单身男性。算法的最终目标是为这 n 个男性和女性匹配得到 n 对伴侣，每一对伴侣可以表示为 (m_i, f_j)。

　　这种匹配的过程并不是简单的价高者得，而是要充分考虑双方的意愿。对于两对潜在的匹配伴侣 (m_i, f_j) 和 (m_l, f_k)，如果 s_{m_i} 中有 $f_k > f_j$，且 s_{f_k} 中有 $m_i > m_l$，即对第 i 个男性来说，相比于第 j 个女性，他更喜欢第 k 个女性。同时，对第 k 个女性来说，她更喜欢第 i 个男性胜过第 l 个男性。这样 (m_i, f_j) 和 (m_l, f_k) 就都不是稳定的匹配，因为 m_i 和 f_k 都会选择其更希望的匹配。

　　稳定婚姻问题的稳定解是指不存在未达成匹配的两个人都更倾向于选择对方而不是自己当前的匹配对象。反过来讲，不稳定婚姻匹配是指存在不是伴侣的一男一女，彼此可接受对方，而且其要么单身，要么对目前自己的伴侣的好感度没有对方高。

　　对于这个问题，可能立刻会想到一种"修补"策略的匹配方式，即先对所有人按照一男一女随机匹配，如果出现不稳定的匹配，则马上重新匹配，没有匹配在一起的两人重新组成伴侣，直到不存在不稳定的匹配为止。表面上看，这种"修补"策略一定能得到稳定的匹配结果，但是在"修补"的过程中很容易陷入死循环。假设有 4 名单身男性 {1，2，3，4} 和 4 名单身女性 {A，B，C，D}，他（她）们的爱慕序列如表 7.10 所示。

表 7.10　稳定婚姻匹配偏好序列

男性	偏好	女性	偏好
1	A > D > C > B	A	3 > 4 > 2 > 1
2	A > B > C > D	B	3 > 2 > 4 > 1
3	A > C > D > B	C	1 > 3 > 4 > 2
4	B > A > D > C	D	2 > 4 > 3 > 1

按照"修补"策略，匹配和修补过程如表 7.11 所示。

表 7.11 修补策略下的稳定婚姻匹配过程

匹配 1	修补	匹配 2	修补	匹配 3	修补	匹配 4	修补	匹配 5
（1，A）		（1，B）		（1，B）		（1，A）		（1，A）
（2，B）	（2，A）	（2，A）	（4，A）	（2，D）	（4，B）	（2，D）	（2，B）	（2，B）
（3，C）		（3，C）		（3，C）		（3，C）		（3，C）
（4，D）		（4，D）		（4，A）		（4，B）		（4，D）

可以看出，最终的匹配结果与初始结果相同，算法陷入死循环。

1962 年，美国数学家大卫·盖尔和博弈论学家沙普利提出了针对双边稳定匹配问题的解决算法（也称为 Gale-Shapley 算法或 G-S 算法），并将其应用于稳定婚姻问题的求解（Gale et al., 1962）。算法过程如下：

Gale-Shapley 算法

（1）单身男性向最喜欢的女性表白。

（2）所有收到表白的女性从向其表白的男性中选择最喜欢的男性，暂时匹配。

（3）未匹配的男性继续向没有拒绝过他的女性表白。收到表白的女性如果没有完成匹配，则从这一批表白者中选择最喜欢的男性。即使收到表白的女性已经完成匹配，但是如果她认为有更喜欢的男性，则可以拒绝之前的匹配者，重新匹配。

（4）如此循环迭代，直到所有人都成功匹配为止。

这一过程中，男性使用贪心策略表白，而女性具有选择权，一旦出现不稳定的匹配，即替换当前匹配。

对于表 7.11 中的示例，匹配过程如表 7.12 所示。

表 7.12 G-S 算法的稳定婚姻匹配过程

第一轮		第二轮		第三轮		第四轮		第五轮	
表白	选择	表白	选择	表白	选择	表白	选择	表白	选择
（1，A）	\	（1，D）	（1，D）	\	（1，D）	\	\	（1，C）	（1，C）
（2，A）	\	（2，B）	（2，B）	\	（2，B）	\	（2，B）	\	（2，B）
（3，A）	（3，A）	\	（3，A）	\	（3，A）	\	（3，A）	\	（3，A）
（4，B）	（4，B）	\	\	（4，A）	\	（4，D）	（4，D）	\	（4，D）

在第一轮中，4 名男性分别向自己最喜欢的女性表白，而收到 3 人表白的女性 A 选择了自己最喜欢的男性 3，另一个收到表白的女性 B 选择了男性 4；在第二轮中，尚未匹配的男性 1 和男性 2 继续向自己第二喜欢的对象表白，收到表白的女性 B 选择了自己更喜欢的男性 2 而放弃了男性 4；同理，继续三轮表白和选择，所有人都找到了自己的伴侣，且所有匹配都是稳定的。可以看出，使用 G-S 算法得到了稳定匹配的结果。

7.3.3 单边匹配算法

在匹配问题中，除了需要双向选择的双边匹配问题，还有一种类似于以物易物方式的交换匹配问题，该问题称为**单边匹配问题**，例如室友的匹配或者座位的分配。这些问题中分配的对象都是不可分的标的物，他们只能属于一个所有者，且可以属于任何一个所有者。

1974 年，沙普利和斯卡夫提出了针对单边匹配问题的稳定匹配算法"最大交易圈算法"（top-trading cycle，TTC）（Shapley et al.，1974）。算法过程如下：

（1）首先记录每个标的物的初始占有者，或者对物品进行随机分配。

（2）每个交易者连接一条指向他最喜欢的标的物的边，并从每一个标的物连接到其占有者或者具有高优先权的交易者。

（3）此时形成一张有向图，且必存在环，这种环称为"交易圈"。对于交易圈中的交易者，将每人指向结点所代表的标的物赋予交易者，同时交易者放弃原先占有的标的物，占有者和匹配成功的标的物离开匹配市场。

（4）从剩余的交易者和标的物之间重复进行交易圈匹配，直到无法形成交易圈，算法停止。

稳定室友匹配问题就是一个典型的单边匹配问题。假设某寝室有 A、B、C、D 四位同学和 1、2、3、4 四个床位，当前给 A、B、C、D 四位同学随机分配 4、3、2、1 四个床位。已知四位同学对床位的偏好顺序如表 7.13 所示。

表 7.13　床位偏好顺序

同学	偏好
A	1>2>3>4
B	2>1>4>3
C	1>2>4>3
D	4>3>1>2

依照算法所述，在第一轮匹配中可以得到一个标的物和分配者的有向图（见图 7.5）。

从图 7.5 可以看出，A 和 D 之间构成一个交易圈，可达成交易，因此 A 得到床位 1，D 得到床位 4，之后将 A 和 D 及 1 和 4 从匹配图中移除。

在第二轮匹配中，同样可以得到一个如图 7.6 所示的有向图。

从图 7.6 可以看出，B 和 C 都希望得到床位 2，无法再构成交易圈，但是由于 C 是床位的本身拥有者，因此 C 仍然得到床位 2，B 只能选择床位 3。

最后的交易结果：A → 1，B → 3，C → 2，D → 4。

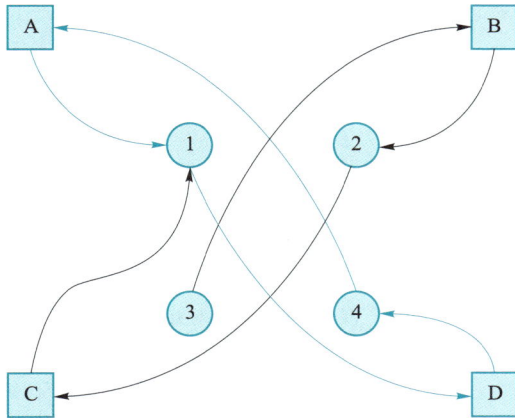

图 7.5 第一轮单边匹配图

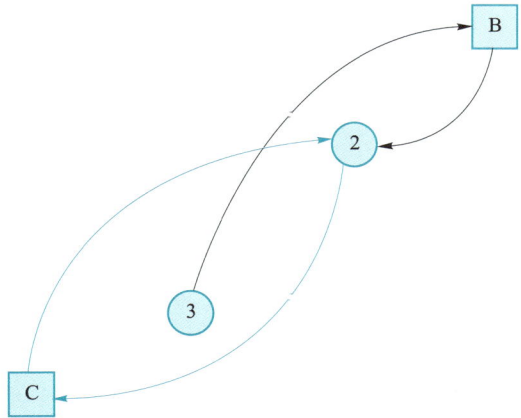

图 7.6 第二轮单边匹配图

7.4 非完全信息博弈的实际应用

前面介绍了博弈论及人工智能博弈的基本内容（见图 7.7），其中，策略求解中的虚拟遗憾值最小化算法和安全子博弈模型主要针对的是非完全信息的博弈，而完全信息的博弈可以使用前面章节中介绍过的搜索策略寻找纳什均衡解。相对于完全信息的博弈，非完全信息下的博弈更加符合实际的应用场景，能够从棋牌游戏走向人们的生活，指导人们的科学决策。

在非完全信息的纳什均衡求解中，博弈树通常规模非常大，为了缩减搜索空间，人们需要使用一些抽象算法对原有博弈问题进行压缩，即合并相关博弈树状态、压缩搜索层数及剪枝等，最终得到一个相对简单的抽象问题，然后求解这个抽象问题的纳什均衡，最后将所求解结果映射回原问题当中，于是得到原问题的纳什均衡解（Sandholm，2015）。该过程如图 7.8 所示。

此外，深度强化学习越来越多地被应用于博弈的策略求解。强化学习的主要思想是通过试错和搜索来优化自身的行动（Sutton et al.，2018），这一过程可以直接被应用于博弈的决策中。在连续动态的环境中，通过强化学习的训练，可以让参与博弈的 AI 智能体在不同情况下找到可获得最大收益的最佳策略（Racanière et al.，2017）。许多游戏中的 AI 智能体都运用这种方法来进行对战，并最终战胜人类玩家（Jaderberg et al.，2018；Arulkumaran et al.，2019）。

近年来，非完全信息下的德州扑克智能系统 Libratus 在与人类选手对弈中屡战屡捷。德州扑克就是一种典型的非完全信息博弈。在进行游戏前，Libratus 首先通过虚

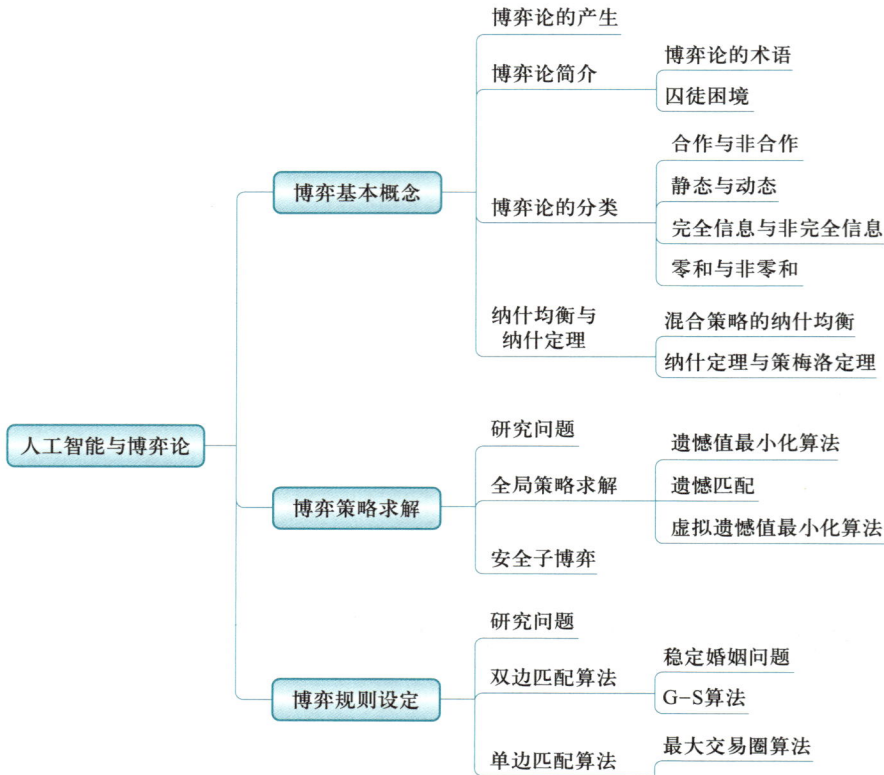

图 7.7　博弈论研究内容

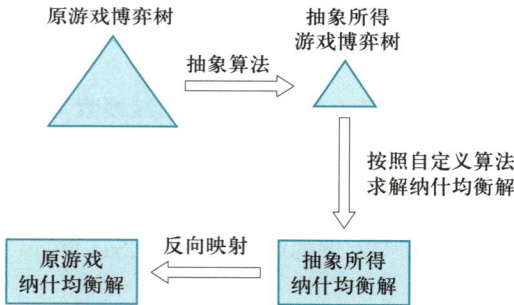

图 7.8　求解非完全信息博弈纳什均衡的一般方法

拟遗憾值最小化算法反复迭代，进行自我博弈，锻炼进行游戏的能力。在实际对局中，Libratus 在博弈中不断寻找安全子博弈，进一步缩小搜索空间，并找到子博弈的最佳策略。在每局比赛结束后，Libratus 将游戏最终结果通过强化学习反馈给决策网络以进一步优化参数（Brown et al.，2019）。

　　除了双人博弈，多智能体博弈也是目前人工智能与博弈研究的一个热点。多智能体博弈通常以多智能体的强化学习为训练手段，能够同时操控多个玩家完成合作或者在多玩家的竞争中获胜。Libratus 最初的应用就是双人无限注的德州扑克，但是实际的德州扑克游戏中有多名玩家参加。

后来 Libratus 被拓展到德州扑克多人博弈系统 Pluribus，Pluribus 在 6 人无限注德州扑克较为简单的场景下击败了人类专业选手（Brown et al.，2019）。在训练中，Pluribus 采用了蒙特卡洛虚拟遗憾最小化算法（Monte Carlo counterfactual regret minimization, MCCFR）。MCCFR 随机考虑一部分行动来选择应该采取的决定。右每一次迭代中，Pluribus 根据在场玩家已经展示出来的策略模拟一盘游戏，然后在模拟游戏中寻找适合自己的最优策略。每一回合，Pluribus 都会加入一个虚拟遗憾值，使它后悔上次没有用其他更好的策略，以保证 Pluribus 在下一轮倾向于选择上次后悔没选的策略。Pluribus 就这样在"反省"中不断提高自己的水平。在实际对决中，为了应对对手可能会改变策略这一情况，Pluribus 采用有限前瞻搜索（depth-limited search）方法，不苟求对所有可能结果进行采样，而是在搜索中可"截断搜索"，以自适应方式应对对手的策略变化，从而达到更为精细搜索的目的。

在虚拟遗憾值最小化算法的介绍中给出了多人博弈的示例。相比于双人博弈，多智能体博弈的搜索空间更大，在自由性更高的游戏中，例如刀塔 2（DOTA2）、星际争霸这些实时对抗游戏，多智能体之间同时存在竞争关系和合作关系，目前普遍采用的是深度强化学习来训练多智能体进行策略求解。

2019 年 1 月，AlphaStar 在星际争霸中战胜人类玩家，引起了人们对人工智能博弈的关注。星际争霸是一个非完全信息的博弈游戏，在游戏中玩家不能直接看到所有的信息，而是需要通过侦查获取信息，同时每局游戏持续的时间很长，较旦做出的决策可能会影响后期的游戏局势。当然，作为一款玩家实时对抗游戏，所有的行为都没有轮次限制而是各自实时决策，因此星际争霸的行动空间非常大，需要操控的智能体也非常多。AlphaStar 的决策是直接将所有需要执行操作的智能体及其属性输入深度神经网络，输出一系列可执行的指令。在训练时，AlphaStar 首先通过监督学习模仿人类选手的操作，在这一过程中，AlphaStar 学到一些宏观的游戏策略及基础的微观操作；接着，同时使用多个模型进行演化学习，即在多个模型相互博弈的过程中优胜劣汰，这一过程的训练使用强化学习的方法，不断探索广阔的策略空间，得到一些更强、更有效的策略，并最终达到近似的纳什均衡解（Arulkumaran et al.，2019）。

在非完全信息的机制设计中，一个典型的问题就是买卖双方在信息不对称的情况下，卖方应该如何进行销售，这同时也是人工智能与经济学交叉的一个研究热点。基于强化学习的优化机制设计就是一种利用人工智能的设计方法。例如，对于稀缺资源的分配问题，就可以使用强化学习来解决（Perolat et al.，2017）。此外，使用人工智能的方法，如决策树、线性模型等，也可以对经济行为进行建模，并通过求解优化得到较好的博弈机制。例如美国医疗中使用的肾交换系统，除了使用最大交易圈算法，还结合了许多分类模型，自动化地完成最优匹配（Gentry et al.，2005）。

由于现实的决策过程通常是非完全信息的，因此利用人工智能技术对非完全信息博弈进行深入研究具有重要意义，博弈论的思想也不断对人工智能的发展产生积极影响。

7.5   小结

围棋、扑克和即时战略游戏本质上都是博弈问题。人工智能在这些领域取得进展正是人工智能与博弈论相结合的结果。20 世纪 90 年代中后期，博弈论和计算科学融合形成算法博弈论，这个新的研究领域发展迅速。

人工智能正在从感知智能向决策智能转变，从集中式结构向多智能体分布式结构演进，这使得人工智能博弈成为重要的研究内容，其核心内容包括算法博弈论及计算经济学、算法与机器学习相结合的机器学习理论、博弈论与机器学习相结合的多智能体学习等。

延伸阅读：规避随机性与命运——骰子占卜到算法博弈

"给定你的策略，我的策略是我最好的策略；给定我的策略，你的策略也是你最好的策略"，这是博弈中所达成均衡态势的通俗表达。博弈论拥抱人工智能，推动人工智能从感知智能向决策智能转变，这一转变使人工智能从追求最优解向探索均衡解迈进。

古代先民在预测诸如重大战事和重要出行等超越人类能力的活动时，往往通过投骰子和占卜术来完成，从而以骰子和占卜结果来规避随机性和命运。占卜术最早诞生在商朝，其中"占"意为观察，"卜"是以火灼龟壳，即通过观察火烧之后龟壳的裂纹形状来预测吉凶福祸。

东汉马融在《围棋赋》说："三尺之局兮，为战斗场。"人为预设战争中的阵法变化、装备布局和武器对攻等真实场景，通过兵棋推演来模拟战争成败，逐渐成为一种战术谋略方式，所谓"夫未战而庙算胜者，得算多也"。春秋战国时期流传下来的墨子和公输盘（即鲁班）之间模拟云梯攻防战，以活灵活现的方式呈现了一场严谨的回合制攻防交战，打消了进攻方作战的企图，这就是历史上著名的"止楚攻宋"的故事。

现代意义上的兵棋推演起源于 19 世纪初由普鲁士人冯·莱斯维茨所创造的一种正规的作战模拟方法。该方法包括地图、代表军队的棋子、对阵人、裁判、概率表和规则手册等。

　　与骰子占卜和兵棋推演不同，人工智能和博弈论的结合开辟了以数据驱动机器学习方法来规避随机性和命运的手段，以算法博弈（algorithmic game theory）来解决复杂现实问题。

　　英国数学家布罗诺夫斯基（Jacob Bronowski）曾经巨忆过与冯·诺依曼的一次交流。冯·诺依曼认为围棋不是博弈，虽然因尢计算复杂而难以找到答案，但是在理论上围棋一定有一个最佳落子。真正的博弈就像人们的现实生活，充满虚张声势及欺骗的小伎俩，自以为别人也认为我会如此行事。

　　这就是博弈迷雾给算法博弈带来的重重挑战！

本章习题

1. 标志着现代博弈理论初步形成的事件是（　　　）。

A. 1944 年冯·诺依曼与奥斯卡·摩根斯特恩合著《博弈论与经济行为》的出版

B. 纳什均衡思想的提出

C. 囚徒困境思想的提出

D. 冯·诺依曼计算机的实现

2. 下面对博弈研究分类不正确的是（　　　）。

A. 合作博弈与非合作博弈　　　　　　　　　B. 静态博弈与动态博弈

C. 完全信息博弈与不完全信息博弈　　　　　D. 囚徒困境与纳什均衡

3. 下面对纳什均衡描述正确的是（　　　）。

A. 参与者所作出的这样一种策略组合，在该策略组合上，任何参与者单独改变策略都不会得到好处

B. 在一个策略组合上，当所有其他人都改变策略时，也无法破坏先前的博弈平衡，则该策略组合就是一个纳什均衡

C. 参与者所作出的这样一种策略组合，在该策略组合上，若干参与者攻变策略后，大家都不会得到更多好处

D. 参与者所作出的这样一种策略组合，在该策略组合上，有且只有一个参与者改变策略后，其收益会增加

4. 下面对混合策略纳什均衡描述正确的是（　　　）。

A. 博弈过程中，博弈方通过概率形式随机从可选策略中选择一个策略而达到的纳什均衡称为混合策略纳什均衡

B. 博弈过程中，博弈方通过非概率形式随机从可选策略中选择一个策略而达到的纳什均衡称为混合策略纳什均衡

C. 博弈过程中，博弈方以概率形式随机从可选收益中选择一个收益，而达到的纳什均衡称为混合策略纳什均衡

D. 博弈过程中，博弈方以非概率形式随机从可选收益中选择一个收益，而达到的纳什均衡称为混合策略纳什均衡

5. 在遗憾最小化算法中，玩家 i 计算其在每一轮产生的遗憾值的方法是（　　）。

A. 其他玩家策略不变，只改变玩家 i 的策略后，所产生的收益之差

B. 所有玩家策略均改变，所产生的收益之差

C. 至少改变一个以上玩家的策略，所产生的收益之差

D. 每个玩家策略不变，只改变收益函数，所产生的收益之差

6. 对于一个博弈问题，可以同时存在多个纳什均衡解。假设有甲和乙两名猎手一起去打猎，打猎目标可以选择兔子，也可以选择鹿。题表 7.1 中给出了在狩猎博弈中，甲和乙两名猎手获得收益的情况。由于每位猎手可以单独猎兔，而猎鹿需要两位猎手合作才能完成，因此猎兔获得的收益较小，猎鹿获得的收益较大。

题表 7.1　猎鹿博弈中采取行动及获得的收益

甲和乙采取的行动		收益
甲猎鹿	乙猎鹿	两人收益均为 5
	乙猎兔	甲收益为 0，乙收益为 3
甲猎兔	乙猎鹿	甲收益为 3，乙收益为 0
	乙猎兔	两人收益均为 3

根据题表 7.1 找出不同的纳什均衡解，分析不同纳什均衡中所有参与者收益总和是否相等。将题表 7.1 的例子与囚徒困境例子相结合，说明纳什均衡解不一定是最优解。

7. 在 7.2.2 节中，用石头 – 布 – 剪刀的游戏介绍了遗憾最小化算法和遗憾匹配。尝试计算在第二轮中，假设玩家 A 在第二局按照遗憾值最大的策略选择"剪刀"，玩家 B 随机选择"布"，游戏结束后，求玩家 B 不同行动的遗憾值，以及在第三轮中可能采取的每种行动的概率。

8. 在 7.2.2 节中，用双人库恩扑克的游戏介绍了虚拟遗憾值最小化算法和遗憾匹配。尝试计算在所有玩家都随机选择行动的状态下，当玩家 A 的手牌为 2 时，通过路径 $2 \xrightarrow{P} 2P \xrightarrow{B} 2PB$ 到达结点 {2PB} 后选择"加注"行动的虚拟遗憾值。

9*. 非完全信息博弈是生活中更常见的一种博弈方式，试找出在生活中应用非完全信息的安全子博弈思想的案例。

10. 使用 G-S 匹配算法对下列偏好的男女进行匹配（见题表 7.2）。是否稳定匹配结果是唯一存在的？使用 G-S 匹配得到的结果有什么特点？

题表 7.2   稳定婚姻匹配偏好序列

男性	偏好	女性	偏好
1	B>A>C	A	2>1>3
2	C>B>A	B	3>2>1
3	A>C>B	C	1>3>2

11. 假设某医院有七名医生负责一周的夜班值守，每人值一天夜班，但是不同医生希望值夜班的偏好有所不同（见题表 7.3）。

题表 7.3   值班日偏好顺序

医生	偏好
1	1>2>3>4>5>6>7
2	5>4>3>2>1>7>6
3	6>1>2>4>3>7>5
4	2>3>1>4>5>6>7
5	3>4>5>2>1>7>6
6	6>2>4>3>5>1>7
7	4>2>3>1>5>7>6

试给出一个尽量照顾每位医生偏好的值班表。

本章参考文献

第 8 章

人工智能伦理与安全

未雨绸缪，成己成物。

在社会中，每个人要通过保证"自律"的道德和规范"他律"的法律来约束个人行为，使得社会正常运行。道德（moral）源自拉丁语，意为风俗习惯、生活方式和风格作风。法律（law）原义为"规定下来的事情"，是立法机关制定的、国家政权保证执行的行为规则。林肯曾经说过，"法律是显露的道德，道德是隐藏的法律"。

人工智能是新一轮科技革命和产业变革的重要驱动力量，是引领这一轮科技革命和产业变革的战略性技术，具有溢出带动性很强的"头雁"效应，对经济发展、社会进步、国际政治经济格局等产生重大而深远的影响，体现出其赋能社会的技术属性。同时，人工智能正创造和形成人与机、机与机及人机共融的新的社会形态，因此必须确保把人类价值观、道德观和法律法规贯穿于人工智能的产品和服务，赋予人工智能社会属性。

8.1　人工智能伦理

可信人工智能

8.1.1　伦理概念起源

"伦理"来源于希腊语的"道德"（character，性格）和拉丁语的"风俗"（customs）这两个单词的组合。这两个单词结合在一起刻画了人和人之间的言行道德与准则，以指导个体之间的互动行为。"伦"表示各种人际关系，"理"则说明人际关系是有条有理的。有原则、有标准的伦理学就是对道德、道德问题及道德判断所作的哲学思考。

伦理一词在中国最早见于《礼记·乐记》中的"乐者，通伦理者也"。在中文语境中，"伦"主要有三重含义：其一，伦者从"人"从"仑"，许慎《说文解字》将伦解释为辈，伦即指人与人之间的辈分次第关系，讲伦起码要两人以上，单个人无所谓伦；其二，伦与乐相通，强调音乐与伦理、美与善的相通性，或者说乐是道伦理的最佳方式，伦理以愉悦与和谐为要；其三，伦表达了"类"的内涵，如郑玄在《礼记·乐记》的注释中写道，"伦，犹类也。理，分也"，强调伦的本质是对不同类的分辨。可见，"伦"在中文中表达了一种关系、一种规则及一种秩序。

8.1.2　科技的双重属性

科学技术作为人类理性实践的结晶，对人类社会发展产生越来越深刻的影响，其产生和发展始终伴随着伦理观念、社会文化的演变。近代科学技术是伴随着理性精神、人文精神的兴起和传播而崛起的，通过发现和应用新知识为人类谋幸福是近代科学兴起的原动力之一。科技以前所未有的程度渗透进人类社会，甚至对政治、文化等产生深刻影响。当科学技术的探索与应用符合伦理规范，被引导至向善、负责任的方向，会更好地促进社会发展和人类福祉提升。倘若科学技术探索和应用打破了伦理底线，则可能给社会造成巨大危害。

传统的科技发展往往采取一种所谓的"技术先行或占先行动径路"（proactionary approach）模式，以发展技术为优先原则，体现出一种强大的工具理性，即"通过缜密的逻辑思维和精细的科学计算来实现效率或效用的最大化"。这种对技术效用单一维度的追求导致了科技异化现象，技术发展逐渐时而偏离"善"的方向，进而引发了一系列伦理风险。为确保科技发展的正当性与合理方向，在科学的社会建构思潮影响下，科技伦理应运而生。

科技伦理是科技活动需要遵循的价值理念和行为规范。人类已进入科技和信息时代，相较于传统工业时期以安全性为表征的技术风险，关涉人类福祉、公正等核心价值的伦理风险正成为当代科技发展引发的主要消极后果。

随着物联网、移动终端、互联网、传感器网、车联网、穿戴设备等的流行，计算与感知已经广泛遍布世界，与人类密切相伴。网络不但遍布世界，更史无前例地连接着个体和群体，开始快速反映与聚集人们的意见、需求、创意、知识和能力。世界已从"物理世界 – 人类社会"二元空间结构（physics world-human Society）演变为"信息空间 – 物理世界 – 人类社会"三元空间结构（cyber space-physics world-human society，CPH）。在 CPH 三元空间中，伦理学讨论的内容不再只是人与人之间的关系，也不是人与自然界既定事实之间的关系，而是人类与自己发明的一种产品在社会中所构成的关联。科技呈现双重属性特点，在推动科技发展的过程中，需要既考虑其技术属性，又考虑其社会属性，形成人机共融的社会形态应遵守的道德准则和法律法规。

英国技术哲学家大卫·科林格里奇（David Collingridge）在 1980 年出版的《技术的社会控制》（*The Social Control of Technology*）一书的前言中写道：我们不能在一种技术的生命早期阶段就预言到它的社会后果。然而，当我们发现其不好的后果之时，技术通常已经成为整个经济与社会结构的一部分，以至于对它的控制变得极端困难。这就是控制的困境。当容易进行改变时，对它的需要无法得以预见；当改变的需要变得清楚明了之时，改变已经变得昂贵、困难且颇费时日。这就是对新技术进行控制的困境，也被称为"科林格里奇困境"（Collingridge's dilemma）。马克思在第二次工业革命开端时曾指出，机器体系不同于一般工具，是"人类的手创造出来的人类头脑的器官"，既是一种异己的强大的机体，也受控于全社会所共同积累和分享的"普遍智能"。

为了推动"普遍智能"更好地惠及社会和大众，必须紧紧把握人工智能技术属性和社会属性紧密结合的特点。

8.2　人工智能模型安全

人工智能模型安全

伦理可约束人工智能技术不被人进行恶意使用，但是现实世界中的人工智能模型应该足够稳健（robust），以应对恶意攻击。例如，可能在输入识别样本中人为故意添加若干人类无法察觉的细微干扰信息，导致模型以高置信度给出错误的识别结果，这一攻击人工智能模型的行为称为对抗攻击（adversarial attack）。

在诸如自动驾驶等对安全要求特别高的应用场合，如果人工智能模型不够稳健，就可能因对抗攻击产生不可忽略的危害，例如，人工智能模型将"禁止通行"图像标志错误识别为"加速通过"。

克里斯蒂安（Christian）于 2014 年首次提出对抗样本的概念（Szegedy，2014），给出了神经网络两个有趣的性质：在对视觉信息进行处理的卷积神经网络中，一组高层神经元随机线性组合所表达的语义信息与单个高层神经元表达的语义信息没有区别，也就是说，一个神经元刻画的语义解释性与一组神经元线性组合刻画的语义解释性相差不多；对抗样本是存在且可迁移的（transferability），也就是说，在输入图像中对每个像素添加肉眼不可感知的非随机扰动，可使得神经网络无法输出正确的预测结果，被扰动的图像称为对抗样本。基于任一网络模型生成的对抗样本对于其他网络模型而言仍具有对抗攻击性，即对抗样本可迁移性。

人工智能模型中的攻击除了上述提到的对抗攻击，还包括数据投毒（data poisoning）和后门攻击（backdoor attack）等典型攻击方法。不同的攻击方法在深度学习的不同阶段进行攻击：对抗样本仅影响深度模型部署后的推理阶段；数据投毒在数据收集或准备阶段进行攻击；后门攻击可以在深度学习的数据收集、模型训练、模型部署等任何阶段进行攻击。

8.2.1　攻击方法

图 8.1 所示为对抗样本工作示意。假设已训练好的模型在被攻击前可以将图像识别为正确的类别（见图 8.1（a）），为了攻击该模型，攻击者可以通过对抗攻击算法生成对抗样本（见图 8.1（b）），这些对抗样本仅仅是在原图像中添加了微小的噪声，因此不易被人眼观测到，当模型接收到这些对抗图像后，就会输出错误的分类结果（见图 8.1（c））。

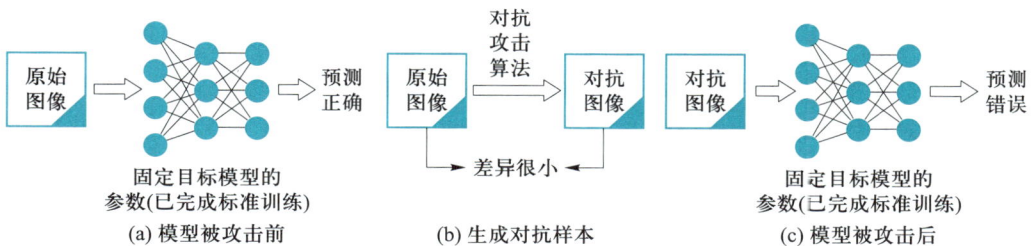

图 8.1　对抗样本工作示意

基于 L-BFGS 的对抗攻击方法是最早期的攻击算法之一（Szegedy，2014）。具体来说，假设已训练好的神经网络 f 可以准确地将由 m 个像素组成的图像 $x \in \mathbb{R}^m$ 识别为图像对应的真实类别 y，那么对抗样本 $x' = x + \delta$ 是指在原图像 x 上添加微小的扰动 δ，使得神经网络 f 将其错误地分类为非真实类别 y'，其中，生成对抗扰动 δ 的优化方式如下所示：

$$\text{Minimize} \| \delta \|_2$$
$$s.t. \, f(x+\delta) = y' \quad \text{and} \quad x+\delta \in [0, \, 1]^m$$

其中：最小化 $\| \delta \|_2$ 是希望对抗扰动 δ 尽可能小，从而使原图像 x 在添加对抗扰动 δ 后对人眼来说依然没有太大的变化；$s.t.$（subject to）表示优化约束条件；$f(x+\delta)=y'$ 是希望模型 f 将对抗样本 $x'=x+\delta$ 错误识别为非真实类别 y'；$x+\delta \in [0, \, 1]^m$ 是希望对抗样本 $x'=x+\delta$ 在优化后，所有的像素 m 依然在合法的像素空间 $[0, \, 1]$ 中。然而，直接求解上述优化问题并不容易，文献（Szegedy，2014）指出，可以将如上优化问题转换为下式并通过 L-BFGS 算法予以求解：

$$\text{Minimize} \, c|\delta| + L_{CE}(x+\delta, \, y')$$
$$s.t. x + \delta \in [0, \, 1]^m$$

其中，$L_{CE}(x+\delta, \, y')$ 表示输入为 $x'=x+\delta$ 时，分类模型 f 所输出标签 y' 与真实标签 y 之间的交叉熵（cross entropy，CE）损失函数，c 为执行线搜索找到的一个最小值。一旦优化求解完毕，人工智能模型就会将对抗样本 $x'=x+\delta$ 错误地识别为非真实类别 y'。然而，这种基于优化的对抗样本制作方法的求解复杂度较高，因此随后古德费洛（Goodfellow）等（Goodfellow et al., 2014）提出了名为快速梯度符号法（fast gradient sign method，FGSM）的攻击方法，该方法可以直接利用模型的梯度信息制作对抗样本。对抗样本 x' 的制作方法如下：

$$x' = x + \delta = x + \eta \cdot \text{sign} \, (\nabla_x f(x))$$

其中：$\nabla_x f(x)$ 表示损失函数的反向梯度；$\text{sign}(\cdot)$ 表示符号函数，当输入值大于 0 时返回 1，当输入值小于 0 时返回 -1；η 表示学习率或者步长；$+$ 表示梯度上升。该优化式的核心思想就是希望生成的对抗噪声 δ 能使原图像 x 沿着最大化损失函数的梯度方向 $\text{sign}(\nabla_x f(x))$ 移动 η 步长。注意，这里基于梯度的优化方法与传统训练分类模型的优化方法有如下明显区别：① 传统分类模型训练中使用的是梯度下降最小化损失函数，生成对抗样本使用的是梯度上升最大化损失函数；② 传统分类模型训练中更新的是模型参数，生成对抗样本更新的是对抗噪声 δ。FGSM 虽然计算很快，但由于只迭代一步，因此往往没法找到最优的对抗样本。随后，马德里（Madry）等（Madry et al., 2017）指出，可以将 FGSM 扩展为迭代 k 次的投影梯度法（project gradient descent，PGD），该方法的迭代式如下：

$$x'_{k+1} = \text{Proj} \, \{ x'_k + \alpha \cdot \text{sign} \, (\nabla_x f(x'_k)) \}$$

其中：迭代的初始状态为 $x'_0 = x$，k 表示迭代次数；$\text{Proj}(\cdot)$ 表示将生成的对抗样本投影到不同的范数空间（L_0，L_2，L_∞），例如，L_∞ 范数约束就是指对抗样本 x'_{k+1} 中每个像素相比于原图像 x 的像素变化最大值不能超过某个阈值；α 表示学习率或者步长，它通常比 FGSM 中的步长 η 小。值得一提的是，由于 PGD 算法的有效性，其至今都是对抗样本社区常用的评估基线。

上述生成对抗样本的过程需要访问模型梯度信息，这意味着攻击者需要预先知道模型参数，这类方法称为白盒攻击，如图 8.2（a）所示。但是在大多数真实世界任务中，攻击者一般无法获得待攻击模型的参数，此时需要绕过模型参数生成对抗样本，这类攻击方法称为黑盒攻击，如图 8.2（b）所示。黑盒攻击又可以分为基于迁移性的攻击和基于查询的攻击：前者的思想是尽管攻击者不知道待攻击模型的参数，但可以访问模型的输入和输出，因此攻击者可以自己训练一个替代网络，利用可访问梯度的替代模型生成对抗样本，并借助对抗样本在不同模型中的迁移性实现对原始模型的攻击（Dong et al.，2018）；后者的思想是通过访问模型的输入和输出，以类似有限差分的数值方法估计梯度并生成对抗样本（Chen et al.，2017）。

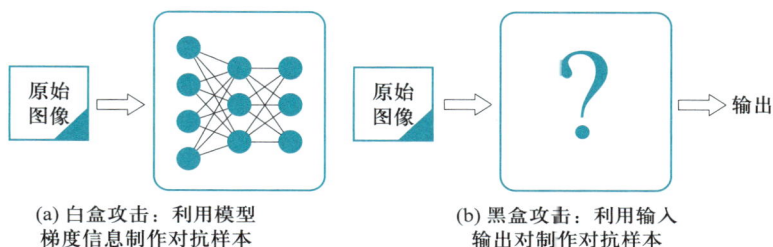

(a) 白盒攻击：利用模型梯度信息制作对抗样本

(b) 黑盒攻击：利用输入输出对制作对抗样本

图 8.2　白盒攻击和黑盒攻击

除了对抗攻击外，数据投毒攻击和后门攻击也是常见的攻击方法。数据投毒攻击一般发生在数据收集阶段，攻击者通过故意向训练数据中混入错误或有害的样本（poisoned example）来干扰机器学习模型的训练过程，导致模型的整体性能或者在部分测试样本（例如属于某个特定类别的样本）上的性能显著下降。例如，垃圾邮件制造者通过大量提交垃圾邮件并将其标记为非垃圾邮件，以此来破坏分类器对垃圾邮件的分类准确率。根据投毒样本标签是否反转，数据投毒攻击可分为标签反转投毒攻击（label-flipping poisoning attack）与干净样本投毒攻击（clean-label poisoning attack）。以标签反转投毒攻击为例，攻击者首先从训练数据集中随机选取一批样本，并将其标签更改为与真实标签不同的分类标签（例如，将垃圾邮件样本的标签更改为非垃圾邮件）。随后，攻击者将有毒数据混入正常训练数据中，得到最终的训练数据集。如果受害者不对获取的训练数据集进行安全检查，在该数据集上训练的机器学习模型将受到投毒数据的影响，模型性能出现异常（见图 8.3）。

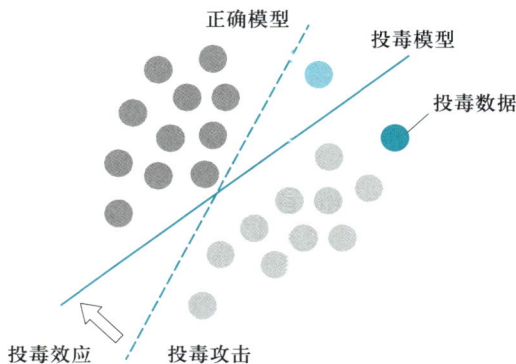

图 8.3　数据投毒攻击

不失一般性地，这里以分类模型为例形式化介绍数据投毒攻击的过程。给定干净训练数据集 $\mathbb{D}_{\text{clean}}^{\text{train}} = \{ (x_i, y_i) \}_{i=1}^{N}$，干净测试数据集 $\mathbb{D}_{\text{clean}}^{\text{test}} = \{ (x_i, y_i) \}_{i=1}^{M}$，有毒数据集 $\mathbb{D}_{\text{poison}}^{\text{train}} = \{ (x_i^*, y_i^*) \}_{i=1}^{P}$ 中的样本 (x_i^*, y_i^*) 通过如下方式构造：

$$x_i^* = f_{\text{poison}}(x_i)$$
$$y_i^* = l_{\text{poison}}(y_i)$$

其中，f_{poison} 表示对干净样本 x 进行修改的函数，l_{poison} 表示对干净样本进行标注的函数。在不同研究中，f_{poison} 有不同的实现方式。例如，Shafahi et al.（2018）提出在中毒样本上加上人类肉眼不可见的对抗噪声，用以诱导在特征空间中与中毒样本距离相近的测试样本分类错误。早期的数据投毒攻击研究假设攻击者可以控制数据标注过程，随后，Zhu et al.（2019）提出干净样本数据投毒攻击，该攻击不要求攻击者控制数据标注过程，使得攻击更隐蔽。有毒数据集 $\mathbb{D}_{\text{poison}}^{\text{train}}$ 与干净数据集 $\mathbb{D}_{\text{clean}}^{\text{train}}$ 混合在一起形成新的训练数据集 $\mathbb{D}^{\text{train}} = \mathbb{D}_{\text{clean}}^{\text{train}} \cup \mathbb{D}_{\text{poison}}^{\text{train}}$，在 $\mathbb{D}^{\text{train}}$ 上训练得到分类模型 f_M。在测试时，如果 f_M 在 $\mathbb{D}_{\text{clean}}^{\text{train}}$ 上的性能下降，则认为该次攻击成功。

后门攻击可以看作数据投毒攻击的一种特殊实现。它是指攻击者在机器学习模型中植入后门，使得该机器学习模型的输出可以被攻击者操纵：输入为正常样本时，模型的输出正常，但是当给样本添加上后门触发器时，模型则会产生恶意输出。图 8.4 展示了交通信号灯识别中的后门攻击。

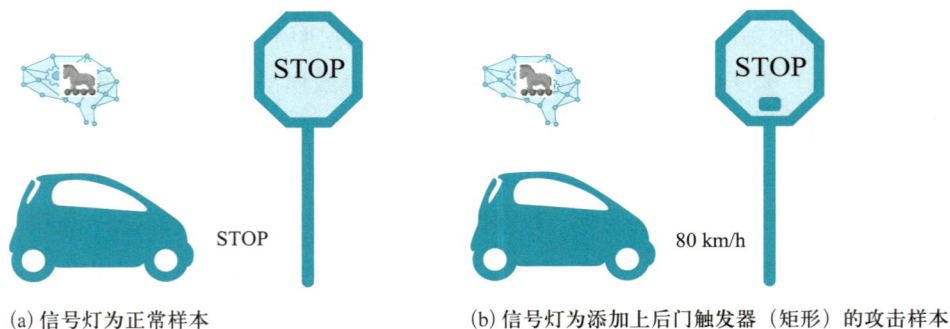

(a) 信号灯为正常样本   (b) 信号灯为添加上后门触发器（矩形）的攻击样本

图 8.4　交通信号灯识别中的后门攻击

不失一般性地，这里仍然以分类模型为例介绍后门攻击。具体而言，攻击者首先通过如下方式构建有毒数据：攻击者从干净训练数据集中随机选取一批样本，将预先设定的后门触发器作用到该批样本输入上，并将其相应的输出更改为攻击者期待模型输出的类别（例如，在交通信号灯识别任务中，将矩形后门触发器添加到选取的样本上，并将所选取样本的标签更改为"80 km/h"）。随后，有毒数据与正常训练数据合并得到最终的训练数据集。在该数据集上训练的机器学习模型即被植入一个后门，攻击者可以利用这个后门对模型进行操控。

形式化地，给定干净训练数据集 $\mathbb{D}_{\text{clean}}^{\text{train}} = \{(x_i, y_i)\}_{i=1}^{N}$，干净测试数据集 $\mathbb{D}_{\text{clean}}^{\text{test}} = \{(x_i, y_i)\}_{i=1}^{M}$，攻击者预定义的攻击目标类别 y_t，预定义的后门触发器 τ，有毒数据集 $\mathbb{D}_{\text{poison}}^{\text{train}} = \{(x_i^*, y_i)\}_{i=1}^{P}$ 中的样本 x_i^* 通过如下方式构造：

$$x^* = f_{\text{poison}}(x, \tau)$$

其中，f_{poison} 表示将后门触发器 τ 应用到干净样本 x 上的函数，在不同研究中，f_{poison} 有不同的实现方式。

有毒数据集 $\mathbb{D}_{\text{poison}}^{\text{train}}$ 与干净数据集 $\mathbb{D}_{\text{clean}}^{\text{train}}$ 混合在一起形成新的训练数据集 $\mathbb{D}^{\text{train}} = \mathbb{D}_{\text{clean}}^{\text{test}} \bigcup \mathbb{D}_{\text{poison}}^{\text{train}}$ 时，在 $\mathbb{D}^{\text{train}}$ 上训练得到植入后门的分类模型 f_M。在测试时，针对 $\forall x_i \in \mathbb{D}_{\text{clean}}^{\text{test}}$，如果模型错误地将 $x_i^* = f_{\text{poison}}(x_i, \tau)$ 分类为目标类别 y_t，则认为该次攻击成功。

8.2.2 防御方法

针对不同的攻击方法，研究者提出了许多相应的防御方法。为了抵抗对抗攻击，目前主流的防御方法分为测试阶段的防御和训练阶段的防御两类。

测试阶段的防御方法，其核心思想是考虑到对抗样本的生成过程从某种程度上可以看作针对原始图像和模型定制的噪声（即依赖于原始图像和模型梯度生成对抗样本），因此在测试阶段引入随机性，可以缓解或消除对抗噪声的负面影响。例如：Xie et al. (2017) 发现在图像输入模型前进行一些随机变化，可以有效降低模型对对抗样本的误判率；Liu et al.（2018）提出在模型的中间层添加随机噪声可以有效降低对抗样本的攻击性。

训练阶段的防御方法，其核心思想是将对抗样本以数据增强的方式纳入模型的训练过程中，从而使模型在训练过程中就看到对抗样本以自适应对抗攻击。例如，对抗训练（Madry et al., 2017）就是这类方法的典型代表。如图 8.5 所示，标准训练使用原始训练集训练模型，而对抗训练采用双层优化的方式训练模型，其中在内层优化中防御者（模型训练者）首先固定当前的模型参数，然后基于该固定模型实施对抗攻击（如

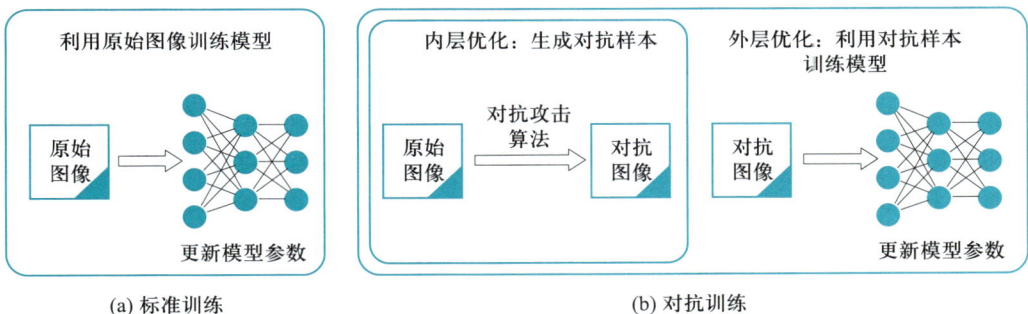

(a) 标准训练   (b) 对抗训练

图 8.5　标准训练和对抗训练的区别

PGD 算法）以生成对抗样本，在外层优化中再基于生成的对抗样本最小化模型损失以训练模型参数。在整个对抗训练过程中，这两个步骤交替进行，直到模型收敛。单从损失函数的优化上看，可以发现内层优化是最大化损失函数，外层优化是最小化损失函数，因此，对抗训练的损失是典型的最大 – 最小优化损失函数。值得一提的是，对抗训练尽管思路简单，但其已被证明是至今最有效的对抗防御方法之一（Athalye et al.，2018）。

为了抵抗数据投毒攻击，目前主流的防御方法分为基于投毒样本检测的防御和模型稳健性增强的防御两类。

基于投毒样本检测的防御方法，其核心思想是在模型训练之前对整个数据集进行检查，并从数据中筛除疑似投毒样本。例如，佩里（Peri）等（Peri et al.，2020）利用投毒样本在神经网络的较高层次上具有与其对应干净样本不同的特征分布，以及这些特征通常接近目标类别的分布的特性，提出一种基于特征空间中 k 最近邻的防御方法，该方法能够在训练之前检测出投毒样本并将其移除。塞塔拉曼（Seetharaman）等（Seetharaman et al.，2022）提出一种基于影响函数（influence function）的投毒样本检测方法，其基本思想为利用影响函数近似地评估在没有训练样本 (x_i^*, y_i^*) 的情况下模型预测如何变化，以判断训练样本是否为投毒样本。

模型稳健性增强的防御方法，其核心思想是通过增强模型的稳健性来抵御数据投毒攻击。例如，Wang et al.（2021）发现使用随机梯度下降（stochastic gradient descent，SGD）优化器训练神经网络，能够在仅仅牺牲少量性能的同时，在一定程度上防御数据投毒攻击。戈德卢布姆（Goldblum）等（Goldblum et al.，2022）提出基于差分隐私（differential privacy，DP）的随机梯度下降优化器 DP-SGD，该方法通过限制梯度大小，以及在梯度上添加随机噪声来防御数据投毒攻击。

为了抵抗后门攻击，目前主流的防御方法分为针对输入样本触发器的防御和针对模型内嵌后门的防御两类。

针对输入样本触发器的防御方法，其核心思想是在将样本输入深度机器学习之前引入预处理模块，以消除可能存在的触发器或直接过滤恶意样本。这类防御方法只允许净化过的测试样本输入被部署的模型，因此能够去除触发器，从而阻止后门的激活。例如，在基于稀有词触发器的文本后门攻击中，针对该攻击方法会降低输入文本语言流畅性的特点，Qi et al.（2021）提出一种基于语言困惑度（perplexity）的后门防御方法 ONION，它通过衡量句子中某个单词被删除后，句子所对应困惑度变化程度来检测该被删除单词是否为触发词，从而删除触发词，以达到净化测试样本的目的。

针对模型内嵌后门的防御方法，其核心思想是通过直接修改可疑模型来消除受感染模型中的隐藏后门。因此，即使触发器包含在攻击样本中，修改后的模型仍能正确预测它们，因为隐藏的后门已被彻底移除。例如，Liu et al.（2017）提出使用一些本地干净样本对已训练的可疑模型进行重新训练，以减少后门威胁。这种方法的有效性主要归因于深度机器学习的灾难性遗忘（catastrophic forgetting）（Kirkpatrick et al.，2017），即随着训练的进行，由于重新训练集中不包含恶意样本，隐藏的后门逐渐被遗忘。

8.2.3 隐私保护

隐私在不同场景下具有不同的含义，1890 年发表在《哈佛法律评论》上的《论隐私权》将隐私定义为"不受打扰的权利"。在数据密集型计算范式时代，妥善获取和使用与真人相关的数据（及数据属性），成为迫切需要解决的问题。隐私保护一般指在数据被合法访问时，采取一定的技术手段防止数据中的敏感信息被访问者以某些方式"逆向"获取，从而造成用户敏感信息被泄露和滥用。传统的隐私保护手段是对数据进行"匿名化"处理。但是，这种方法通过关联数据库交叉对比可成功解匿。

随着分布式机器学习技术在生产实践中落地，模型建模方可能在未经用户授权的情况下侵犯用户隐私。为了防止这种现象的出现，研究者先后提出了差分隐私（Xu et al.，2019）、同态加密（homomorphic encryption）（Aono et al.，2017）、安全多方计算（secure multi-party computation）（Chen et al.，2020）等技术以应对隐私泄露的挑战。

2006 年，差分隐私被提出，这一方法根植于密码学，建立在严格的数学定义上，提供了可量化评估的方法，因此是一种公认的较为严格和健壮的隐私保护机制。四位发明者于 2017 年获得了被誉为理论计算机科学界诺贝尔奖的哥德尔奖（Gödel prize）。差分隐私对数据添加干扰噪声来保护数据中潜在的用户隐私信息，使得恶意攻击者即使知道学习模型发布的结果，也无法推断出用户的敏感信息。将差分隐私应用于机器学习模型，能保证模型参数释放时训练数据不受模型逆向攻击。

一个随机算法 M 对任意相差仅一条数据的相邻数据集 D 和 D' 分别进行操作，如果其输出 O 满足如下条件：$\Pr[M(D) \in O] \leq e^{\varepsilon} \Pr[M(D') \in O] + \delta$。其中，$M(D)$ 和 $M(D')$ 表示算法 M 在数据集 D 和 D' 的输出，$\Pr$ 为算法的输出概率，ε 为隐私预算（或隐私保护强度），δ 为另外一个隐私预算（代表可容忍隐私预算超出 ε 的概率），这被称为 (ε, δ) - 差分隐私。ε 和 δ 越小，代表 M 能提供的隐私保障越强。这一公式说明，算法 M 对两个相似数据集处理所得输出的概率变化越小，则对数据的隐私保护越好。

差分隐私的机制本质上是通过添加噪声实现的，将差分隐私与机器学习结合可通过对目标函数、梯度和输出结果添加随机噪声来实现，如添加 Laplace、Gaussian 和指数等噪声。差分隐私的主要思想是在保留统计学特征的前提下去除个体特征以保护用户隐私。

同态加密技术允许数据在密文条件下进行安全计算，实现密文状态下对明文的操作，从而保证数据的隐私性。在分布式深度学习领域，同态加密技术经常被用于参数加密。

安全多方计算技术是指在无可信第三方的条件下，多方参与者如何安全地计算一个约定函数的问题，其主要目的是在计算过程中保证各方私密输入的独立性，不泄露任何本地数据。

如何在数据高速流通的当代社会有效保护用户的私有数据，从而保证个人的合法权益不被侵犯，是人工智能模型部署需要解决的重要问题。

8.3   人工智能可解释性

人工智能可解释性

一般而言，可解释人工智能（interpretable AI 或者 explainable AI）是指智能体如何有效解释自己的行为过程机制和任务结果原因，取得人类用户的信任，以便让人类可以信任模型预测的结果。可解释人工智能与黑盒式（black box）人工智能正好相反，后者无法给出过程和结果的合理性描述。

第 2 章给出了著名的苏格拉底三段论，其从"所有的人都是要死的"大前提及"苏格拉底是人"小前提，推理得到"苏格拉底是要死的"这一结论。如果要问这一结论是如何得到的，则可用三段论推理过程来解释。

但是，目前以数据驱动为代表的深度学习一般以概率输出来完成分类识别、内容合成和判断决策等任务，难以在所得任务结果与推理计算过程之间建立起清晰联系，如手机中一个 APP 软件为什么将一幅图像识别为人脸，一系列黑棋落子为什么能战胜一系列白棋落子，自动驾驶程序为什么将交通灯识别为红灯而不是斑马线，等等。深度学习以概率论为基础输出任务结果与符号主义人工智能以逻辑推理输出结果大相径庭，使得研究人工智能模型的可解释性变得更为重要。

一般来说，目前神经网络的可解释性研究主要包括但不限于如下几个方面。

第一，神经网络中层特征在语义层面的可解释性。即研究神经网络中层特征是否表达了明确的语义，是否可以将神经网络众多的中层特征拆分解构为语义清晰的基本概念，是否可以端对端地自动学习语义清晰的中层特征。

第二，神经网络决策逻辑的可解释性。即为神经网络的决策结果给予语义逻辑上的解释，包括提取因果决策逻辑、线性加和逻辑等。

第三，基于可解释性的中层对端的模型学习。不同于传统端对端的模型学习需要大量的训练样本，基于可解释性的中层对端的模型学习利用网络中层特征的语义信息，直接在语义层面上迁移预训练特征来搭建新模型，修改预训练特征来优化模型，在语义层面诊断神经网络的潜在错误表达。基于可解释性的中层对端学习往往在弱监督条件下具有良好的泛化能力。

8.4 小结

亚里士多德在《尼各马可伦理学》开篇就提到：一切技术，一切规划以及一切实践和抉择，都以某种善为目标。但是，现代科学技术发展往往采取一种所谓的"技术先行或占先行动径路"模式，在技术发展优先的原则下，体现出一种强大的工具理性，即通过缜密的逻辑思维和精细的科学计算来实现效率或效用的最大化。一旦在对技术效用单一维度的追求中无法把握技术作用结果的不确定性，将导致科技异化现象，如大语言模型以概率关联进行内容合成所产生的非事实幻觉结果，基因编辑可能导致生物种群变异而对生态环境造成不可逆的影响，等等。马克思在第二次工业革命之开端曾指出，机器体系不同于一般工具，是"人类的手创造出来的人类头脑的器官"，既是一种异己的强大的机体，也受控于全社会所共同积累和分享的"普遍智能"。因此，一方面要不断推动人工智能技术发展以赋能人类社会，另一方面也要未雨绸缪加强人工智能治理，保障人工智能安全，从而成己成物。

延伸阅读：人有人的用处

数学家和哲学家诺伯特·维纳（Norbert Wiener）在 1950 年出版了一本极具洞察力和先见之明的著作《人有人的用处：控制论与社会》（*The Human Use of Human Beings：Cybernetics and Society*），目的就是希望人在技术世界的环绕中更有尊严、更有人性，而不是相反。机器是人创造出来的，人的作用就是在人和机器共处的社会中，不断斤自己的知识让机器变得更加强大。人们需要用进化的观点看待这个过程，最大限度地发展种种可能性，而不是陷入"人机相斗"和"人机相害"的臆想中。作为精确刻画智能行为且通过机器来实现智能行为的人类，是不可能被取代的。但是，如果一味生活在昨天，那么就会被取代，这是历史发展的规律。

毋庸置疑，未来将是人和人工智能共同进化的时代，人和人造物之间将如影随形、协作共进、相得益彰。但是不论怎样，人类始终是人工智能高度、广度和深度的"总开关"和决定者，也是人和人造物的协调者，因此，一方面要警惕将人工智能等同于人类大脑的不切实际之举和"人工智能奴役人类"的杞人忧天之举，另一方面也要善于利用人工智能这一人类帮手，在人机协同中创造更加美好的未来。

1955 年，物理学家费曼（Feynman）在《科学的价值》演讲中讲到：每个人都掌握着一把开启天堂之门的钥匙，这把钥匙也同样能打开地狱之门。如果我们没有办法分辨一扇门是通向天堂还是地狱，那么手中的钥匙可是个危险的玩意儿。可是这钥匙又确实有它的价值——没有它，我们无法开启天堂之门；没有它，我们即使明辨了天堂与地狱，也还是束手无策。人工智能就像每个人手中那把奇妙的钥匙，因此需要加强人工智能伦理治理，同时为人工智能发展提供有力安全技术保障，从而为更多的奇妙"多样性"打开一扇窗户，因为"人有人的用处"。

本章习题

1. 以下关于对抗样本说法正确的是（   ）。

A. 对抗样本主要作用在深度模型推理阶段，其通常不能改变深度模型的原始参数

B. 对抗样本主要作用在深度模型训练阶段，其通常不能改变深度模型的原始参数

C. 对抗样本主要作用在深度模型推理阶段，其通常需要改变深度模型的原始参数

D. 对抗样本主要作用在深度模型训练阶段，其通常需要改变深度模型的原始参数

2. 针对对抗攻击算法的攻击有效性而言，以下排序正确的选项为（   ）。

A. L-BFGS > PGD   B. FSGM > PGD

C. PGD > FSGM   D. L-BFGS > FSGM

3. 以下关于对抗训练的描述，错误的是（   ）。

A. 通常对模型进行对抗训练的训练者是模型部署者

B. 对抗训练是目前最有效的防御方法之一

C. 对抗训练的训练速度通常比标准训练更快

D. 对抗训练借鉴了数据增强的思想

4. 关于数据投毒攻击，以下说法错误的是（   ）。

A. 数据投毒攻击发生在训练阶段

B. 数据投毒攻击的目的是改变机器学习模型的行为

C. 数据投毒攻击无法影响深度学习模型

D. 数据投毒攻击的一个例子是在训练数据中添加恶意样本

5. 后门攻击的目标是（   ）。

A. 破坏数据的完整性

B. 破坏数据的可用性

C. 在目标不知情的情况下，插入特定行为或功能

D. 盗取敏感数据

6. 在机器学习中，防止数据投毒攻击的一种策略是（　　）。

A. 增加训练数据的数量

B. 使用复杂的模型

C. 对训练数据进行严格的清洗和验证

D. 频繁地更改模型的参数

7. 试阐述对抗攻击中白盒攻击和黑盒攻击的含义。

8. 试阐述对抗防御中对抗训练的核心思想和训练方式。

9. 试详细描述后门攻击的核心思想和实现方式，以及可能的防御手段。

10. 试阐述数据投毒和后门攻击的区别与联系。

本章参考文献

第 9 章

人工智能架构与系统

君子性非异也，善假于物也。

在"数据是燃料、模型是引擎、算力是加速器"的时代，人工智能算法正快速与芯片、基础软件（如编译框架）、模型（编程框架）和应用等融合，这些层次相互关联，构成了一个完整的人工智能系统。

人工智能的特点对算力提出了不同于以往的新要求。传统的面向通用计算负载的 CPU 架构无法完全满足海量数据的并行智能计算需求，以异构计算、加速计算、可编程计算等为代表的新的计算技术和架构更适合人工智能的并行计算需求，得到了快速发展。

本章主要介绍人工智能基础软硬件框架、人工智能芯片和人工智能系统等方面的内容。

9.1　人工智能基础软硬件框架

9.1.1　智能计算支撑框架

人工智能的计算与应用需要一个综合性的智能计算框架来支撑，如图 9.1 所示。这一计算框架可分为运行系统和开发系统，前者负责部署和运行模型，后者负责开发和训练模型。

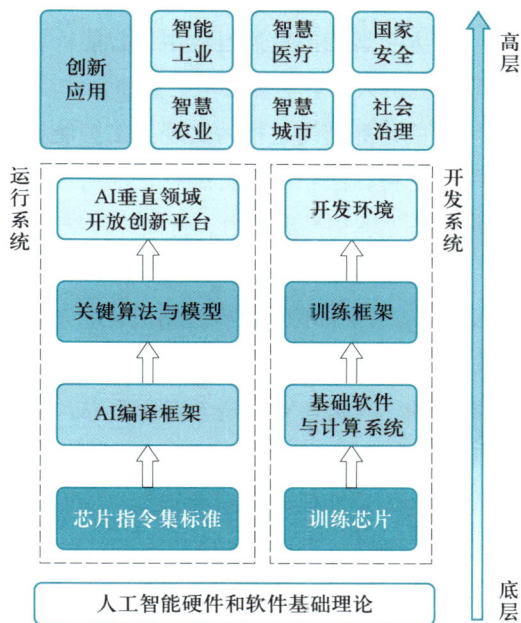

图 9.1　智能计算支持框架

在开发系统中，最基础的部分是人工智能芯片，它为人工智能提供物理上的计算支持。在芯片之上是基础软件与计算系统，例如操作系统中的文件系统和内核调度等。训练框架构建在基础的计算系统之上，用于执行人工智能所需的计算任务，如矩阵乘法、数据通信和计算图执行等。最后，开发环境对训练框架中的计算、通信和存储进行封装，给用户提供简单且可扩展的编程接口，例如使用 Python 开发 AI 模型。

运行系统可分为四个层次：芯片指令集标准、AI 编译框架、关键算法与模型及 AI 垂直领域开放创新平台。芯片指令集标准定义了硬件设备上可执行的指令集，以确保软件与硬件的兼容性。AI 编译框架负责将高级模型描述转换为底层硬件可执行的指令，以充分利用硬件的计算能力。关键算法与模型是人工智能应用中的核心部分，包括机器学习和深度学习算法，以及针对特定问题领域设计的模型。AI 垂直领域开放创新平台提供了特定领域的解决方案和开发工具，帮助开发人员在特定领域中应用人工智能技术。

通过运行系统和开发系统的完整闭环，能够完成模型的开发、部署和应用，将人工智能技术应用于实际领域，如智能工业、智慧医疗和国家安全等。这样的智能计算框架为人工智能的发展和应用提供了支撑和基础，推动着人工智能技术的不断进步和创新。

9.1.2　智能计算结构与计算架构

在人工智能的发展过程中，智能计算结构的设计和优化对于实现高效的人工智能算法至关重要。

人工智能计算架构

智能计算结构是指为实现人工智能算法而设计的计算框架和架构。它将算法和计算资源有效地结合起来，以实现高效的人工智能任务处理和推理能力。智能计算结构主要包括两个方面：计算架构和算法优化。

计算架构是指为人工智能算法设计的硬件和软件结构。在人工智能的发展过程中，计算架构经历了不断的演进和优化。最早的人工智能计算架构主要基于传统的中央处理器（CPU），但由于人工智能任务对计算算力要求较高，CPU 在处理复杂算法时存在性能瓶颈，异构计算的概念应运而生。异构计算架构将不同类型的计算设备（如 CPU、GPU、TPU 等）结合起来，以充分利用它们各自的优势。GPU 的并行计算能力使其成为处理人工智能任务的重要选择。GPU 能够并行处理大规模数据和矩阵运算，加速了深度学习等复杂算法的训练和推断过程。此外，还出现了专用的人工智能处理器，如张量处理器（TPU），它们专门针对深度学习任务进行优化，提供了更高的计算效率和能耗效率。

除了计算架构，算法优化也是实现高效人工智能算法的关键。随着人工智能算法的发展和复杂性的增加，算法的优化变得尤为重要。算法优化涉及算法的设计、参数调整、计算优化等方面。通过针对具体算法的特点优化计算过程和数据流，可以提高算法的效率和性能。例如，使用并行计算、分布式计算和异构计算等技术，可以充分利用计算资源，加速算法的执行速度。此外，还可以通过量化算法、剪枝等技术减少计算和存储需求，提高算法的效率和节能性。

智能计算结构和计算架构相互促进，通过提供更强大的计算能力和更高效的算法执行方式，推动了人工智能的快速发展。未来，随着硬件和软件技术的不断创新，智能计算结构和计算架构将继续演化，为人工智能算法的应用提供更高效和可持续的支持。

9.2　人工智能芯片

人工智能芯片（AI chip）是专门设计和优化用于人工智能计算任务的硬件。它们采用特定的芯片架构和算法加速技术，以提供高性能和高能效的计算能力。不同类型的人工智能芯片在设计和原理上有所差异。理解人工智能芯片的类型和原理对于选择合适的计算架构和优化算法至关重要。下面介绍几种主要的人工智能芯片类型及其原理。

1. 图形处理器

图形处理器（graphics processing unit，GPU）最初是为图形渲染而设计的，但由于其并行计算能力，逐渐在人工智能计算（特别是卷积计算）中扮演了重要角色。GPU采用大规模的并行计算架构，拥有成百上千个计算核心，可同时执行多个计算任务，加速数据处理和算法运算。GPU的硬件和指令集优化了矩阵运算和向量操作等常用的人工智能计算操作，使其在深度学习等任务中表现出色。

2006 年，在微软公司工作的 Kumar Chellapilla 使用英伟达公司的 GeForce 7800 显卡第一次实现了卷积神经网络，发现比使用 CPU 要快 4 倍，这是已知最早将 GPU 用于深度学习的尝试（Chellapilla et al.，2006）。2012 年，谷歌公司使用 16 000 颗 CPU、1 000 台计算机从 1 000 万幅图像中训练了一个深度神经网络完成了猫的识别；同年，来自多伦多大学的研究者提出了由 5 层卷积层和 3 层全连接层组成的神经网络 AlexNet（Krizhevsky et al.，2012），使用 4 颗英伟达公司的 Geforce GTX 580 在一个星期时间内对 1 400 万张图片完成了总计 262 千万亿次浮点运算的神经网络训练。GPU 在神经网络训练中所能取得的作用引起了众人关注。

比较有趣的是，英伟达公司的每一代 GPU 架构都以著名科学家来命名，如居里（Curie，化学家，2004 年发布）、特斯拉（Tesla，物理学家，2006 年发布）、费米（Fermi，物理学家，2010 年发布）、开普勒（Kepler，天文学家，2012 年发布）、麦克斯韦（Maxwell，物理学家，2014 年发布）、帕斯卡（Pascal，数学家和物理学家，2016 年发布）、伏特（Volta，物理学家，2017 年发布）、图灵（Turing，计算机科学家，2018 年发布）、安培（Ampere，物理学家，2020 年发布）、霍珀（Hopper，计算机科学家，2022 年发布）、埃达（Ada，计算机科学家，2023 年发布）。

2. 张量处理器

张量处理器（tensor processing unit，TPU）是一种专门用于加速人工智能计算的硬件加速器。它是由谷歌公司设计和开发的，旨在为深度学习任务提供高效的计算能力。

TPU 的设计重点是针对机器学习和深度学习工作负载进行优化。与传统的 CPU

和 GPU 相比，TPU 在高度并行的矩阵乘法和向量运算上具有显著的性能优势。这使得 TPU 能够更快地执行深度神经网络的训练和推断任务。

TPU 采用特定的硬件架构和指令集，以支持高效的张量计算。它具有高内存带宽、低功耗和低延迟的特点，可在大规模深度学习模型的训练和推断中提供出色的性能。TPU 还具有高度可编程性和灵活性，可以支持多种深度学习框架和模型。

谷歌公司将 TPU 应用于其云计算平台，使开发人员能够在云端利用 TPU 来加速他们的人工智能任务。此外，TPU 还被用于谷歌公司的各种应用和服务中，包括语音识别、图像处理和自然语言处理等。

3. 可扩展处理器

可扩展处理器（XPU）是一种灵活的人工智能芯片，可以同时支持多种类型的计算任务，如图像处理、语音识别和自然语言处理等。XPU 的设计目标是在一颗芯片上集成多种类型的处理器，如 CPU、GPU 和 DSP（数字信号处理器）等。它们通过硬件和软件的协同工作，将不同类型的计算任务分配给最适合的处理器，以实现高效的计算和优良的能效。

4. 类脑芯片

类脑芯片（neuromorphic chip）是受人脑神经元结构和功能启发而设计的人工智能芯片，旨在模拟人脑思维计算模式和学习机制，因此采用了神经元模型和突触连接的特殊架构。它们通过并行计算和事件驱动的方式进行运算，模拟神经网络的行为。类脑芯片的设计旨在提供高能效和低延迟，使其在模式识别、感知和自适应学习等任务中具有优势。

5. 特定领域芯片

特定领域芯片（domain-specific chip）是为特定的人工智能应用场景而设计的芯片，如自动驾驶、机器人和物联网等。特定领域芯片在硬件设计上针对特定的计算任务进行了优化。它们通常结合了定制化的硬件加速器、专用指令集和优化的算法，以实现高效的计算和推理。这些芯片能够满足特定应用场景对于实时性、低功耗和高性能的需求。

9.3 人工智能系统

9.3.1 人工智能编程框架

当前，人工智能算法和模型变得越来越复杂，为了让编程人员更容易开发新的应用，降低算法研发门槛，一些人工智能编程框架，特别是深度学习框架应运而生。
TensorFlow（Abadi et al.，2016）是谷歌公司开源的端到端机器学习框架，拥有相当
全面而灵活的生态系统，其中包含各种工具、库和社区资源。PyTorch（Paszke et al.，
2019）由原脸书（Facebook）公司主导，定位为从学术研究走向生产部署的深度学习
框架，其独特的动态图执行模式提供了极佳的调试易用性。PaddlePaddle（Ma et al.，
2019）是以百度公司多年的深度学习技术研究和业务应用为基础的开源的产业级深度
学习框架，它集深度学习核心训练和推理框架、基础模型库、端到端开发套件和丰富的
工具组件于一体。MindSpore（Chen，2021）是华为公司面向端云协同、全场景部署
的 AI 计算框架，结合华为公司自有的昇腾 AI 处理器实现软硬协同优化，并提供大规模
训练自动并行等特有能力。深度学习编程框架将算法模型、硬件系统、编程人员和场景
应用等要素有机联系起来，使得人工智能迸发"使能"之力。

9.3.2　分布式神经网络训练算法与系统

分布式训练算法与系统

随着人工智能算法的不断发展，神经网络模型不断增大和复杂化。例如大语言模
型 GPT 系列，从 2018 年 1.17 亿参数的 GPT-1，2019 年 15 亿参数的 GPT-2，到
2020 年 1750 亿参数的 GPT-3，再到当前火热的 ChatGPT 及 GPT-4，模型参数量越
来越大。在此场景下，单个计算设备的计算能力可能无法满足训练大规模神经网络的
需求，例如，用单个 NVIDIA 高性能科学计算 GPU V100 完成 GPT-3 预训练大约需要
288 年。

为此，分布式神经网络训练算法和系统应运而生，它们通过将训练任务分布到多
个计算设备上，利用并行计算和通信来加速训练过程。数据并行、张量并行和流水线并
行是常见的分布式训练算法策略。分布式训练系统依赖于多种技术来支持其实现，包括
分布式计算框架、通信和同步机制、资源管理和调度及容错和恢复机制等。针对大规
模模型训练，目前业界提出了 Megatron-LM（Shoeybi et al.，2019）系统、DeepSpeed
（Rasley et al.，2020）系统等高性能分布式训练框架，相比于传统的通用框架如
PyTorch、TensorFlow 等，能够显著加速模型训练。这些分布式算法和系统的应用使得
大规模神经网络的训练变得可行，并推动了人工智能技术的进一步发展。

1. 分布式神经网络训练算法

分布式神经网络训练算法是一种将神经网络训练任务分布在多台计算设备上并协
同工作的方法。它通过将数据和计算任务划分为多个部分，分配给不同的计算节点并利
用并行计算能力，加快神经网络的训练速度和性能。目前主流的并行算法主要包括数据
并行、张量并行和流水线并行几种。

（1）数据并行。当训练数据量无法放入一个计算节点时，需要把训练数据分配到不同的计算节点上，每个计算节点均有一份完整的模型，在其本地存放的数据上进行训练，如图 9.2 所示。数据并行的代价是计算节点之间需要高频率地通信传输梯度或同步模型，使得每个计算节点都能在每次迭代中使用全局模型，以便在此基础上计算梯度。梯度或模型的更新需要大量的网络传输，容易导致传统网络通信的高延时、低带宽，成为整个模型训练的性能瓶颈。此外，数据并行下计算节点的数量不能无限扩张。假设所有计算节点的批大小（batch size）大小一定，随着计算节点的增加，整体系统的数据总量会越来越大，导致模型收敛性能受到影响；假设数据总量一定，则随着计算节点的增加，每个节点的批大小会越来越小，从而使得节点内计算资源的利用率降低。

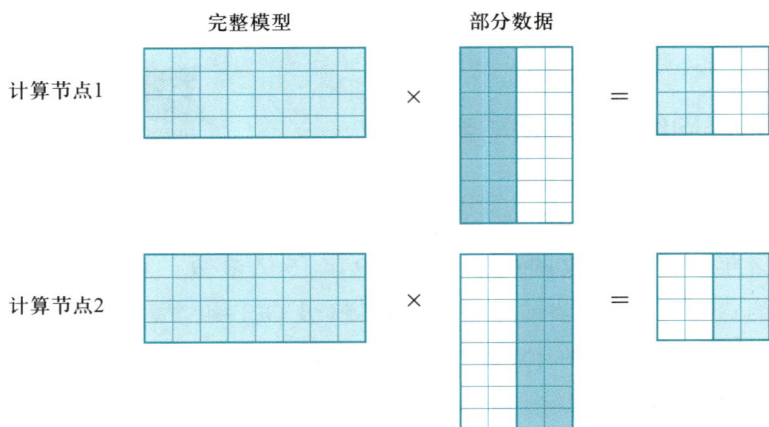

图 9.2   数据并行（以前向传播为例）

（2）张量并行。当机器学习模型太大时，无法存储于一个计算节点，张量并行策略按神经元进行划分，每一个计算节点存储一小块模型、神经元，以达到并行计算的目的，如图 9.3 所示。模型并行的代价是在训练的每次迭代过程中需要共享神经元的结果，这个共享对网络通信的要求是低延时、高带宽，而目前基于传统网络设备的计算节点之间的延时比较高，导致共享神经元的代价特别大，因此一般只在节点内部的多加速器之间才能高效完成张量并行训练。

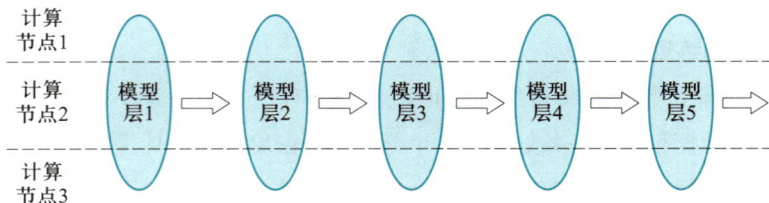

图 9.3   张量并行

（3）流水线并行。流水线并行策略将训练过程按网络层分成数个阶段，每个阶段映射到一个 GPU，每个阶段由一组连续的神经网络层组成，该阶段神经网络层的前向、后向传递均在该 GPU 上完成，如图 9.4 所示。流水线并行须保证每个阶段的计算负载均衡，以减少短板效应带来的负面影响。相邻阶段之间须传递神经元，要减少阶段之间跨节点的通信开销，需要低延时、高带宽的网络通信，因此如何降低通信延时、提高通信带宽是充分发挥流水线并行训练潜能的关键。

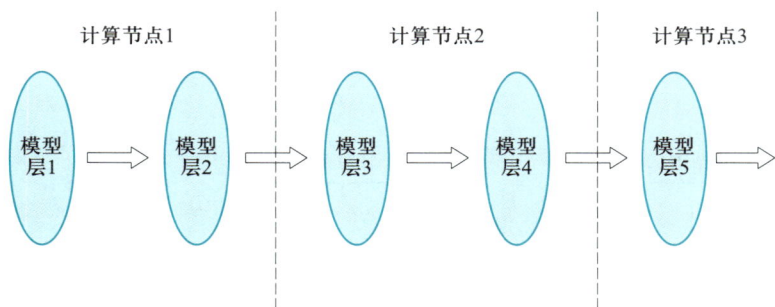

图 9.4　流水线并行

2. 分布式神经网络训练系统

分布式神经网络训练系统如 Megatron-LM、DeepSpeed 等，立足于传统通用分布式训练框架，如 TensorFlow、PyTorch，综合运用最先进的并行技术，通过优化硬件配置等措施，实现高效的大规模神经网络训练。这些框架既提供了传统分布式训练的基本功能，包括计算设备之间的通信、参数同步和数据分发等，也引入了最先进的深度学习优化策略。

传统的分布式神经网络训练系统包含以下几个关键要素。

（1）通信和同步机制。在分布式训练中，不同计算设备之间需要进行通信和同步，以确保模型参数（或激活值）的一致性。以数据并行为例，通信和同步机制通常使用参数服务器或 Ring AllReduce 来实现，如图 9.5 和图 9.6 所示。这些机制确保不同设备上的模型参数在训练过程中进行更新和同步。参数服务器的核心思想是维护一个集中的参数存储，用于保存整个模型的参数。这个参数存储可以是分布式的，以支持大规模模型和高吞吐量的训练。参数存储节点负责接收和分发参数更新。计算节点可以向参数存储节点发送梯度更新，参数存储节点根据接收到的梯度更新对参数进行更新，并将更新后的参数广播给其他计算节点。参数服务器的优点是计算节点之间的同步和通信开销较低，缺点是参数存储节点的网络通信压力较大。Ring AllReduce 的核心思想是将计算节点组织成一个环形的通信拓扑结构，每个节点与其相邻节点进行通信。在进行全局归约操作时，数据通过环形路径在节点之间传递，每个节点对接收到的数据进行局部归约操作，然后将结果传递给下一个节点，直到最终结果回到起始节点。通过使用环形路径进行通信，Ring AllReduce 可以实现高效的数据交换和归约操作，保证计算节点之间的网络负载均衡，集群内网络的利用率高。

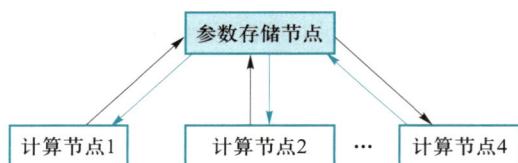

图 9.5   参数服务器

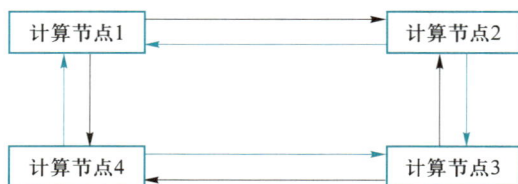

图 9.6   Ring AllReduce

（2）资源管理和调度。分布式神经网络训练系统需要管理和调度多个计算设备的资源，这涉及设备的分配、任务调度和负载均衡等问题。常见的资源管理工具包括 Kubernetes 和 Apache Mesos 等，它们能够有效地管理分布式训练任务的资源需求。

（3）容错和恢复。由于分布式训练涉及多个计算设备和网络通信，系统的容错和恢复机制显得至关重要。当某个设备或通信链路发生故障时，系统应具备自动检测和处理异常情况的能力，以保证训练任务的连续进行。

在这些要素的基础上，Megatron-LM、DeepSpeed 结合分布式训练算法和分布式硬件结构进行软硬件协同设计，进一步加速了大规模神经网络训练。

在 Megatron-LM、DeepSpeed 中，用户可以综合使用各种优化技术来训练他们的大模型，例如采用不同的并行方式。但是如前面所提到的，每种并行方式都有其适合的场景，每种方式都有不同的权衡因素。多种并行方式也可以结合起来使用，然而，这不仅要依据算法特征对模型做合理切分，还需要进行软硬件协同系统设计，以获得良好的性能。那么，应该如何组合并行技术，从而尽可能地提高大模型的训练吞吐量呢？

针对以上问题，Megatron-LM、DeepSpeed 采用 3D 并行技术，结合了流水线并行、张量并行和数据并行。这项技术利用跨多 GPU 服务器的流水线并行、多 GPU 服务器内的张量并行和数据并行的组合，充分利用了各项并行技术的优势。具体来说，由于多 GPU 服务器机器之间的网络互连带宽通常远低于机器内部的高速互连带宽，机器间的网络通信很有可能成为系统性能瓶颈，因此，采用机器间的流水线并行能够尽可能减少网络通信量，优化网络性能；在机器内部，数据并行和张量并行混合的方式在内存和计算效率之间进行权衡，尽可能提高 GPU 的利用率，同时保证模型的收敛性能。

然而，面临复杂多变的大模型结构及不同的分布式机器硬件架构，Megatron-LM 和 DeepSpeed 仍然需要计算机系统专家级别的手动调优才能获得最优性能。对于上层的算法开发者来说，大模型的高效训练部署依旧困难重重。因此，在 Megatron-LM 和 DeepSpeed 之后，研究者们提出了能够自动化进行并行大模型训练的 Colossal-AI （Li et al., 2022）、Alpa（Zheng et al., 2022）等系统，这些系统能够自动根据硬件架构和模型结构划分模型，同时实现与专家调优相近的性能。

另外值得一提的是，DeepSpeed 除了提供分布式训练优化之外，还支持在少量 GPU 上训练大模型。针对 GPU 内存不足的问题，DeepSpeed 引入 ZeRO-Offload （Ren et al., 2021）、ZeRO-Infinity（Rajbhandari et al., 2021）技术，将参数、梯度、优化器 （如 Adam）状态卸载到 CPU 内存或者 SSD 中，从而可以支持几百 GB 到 TB 级别的大模型存储。有了这项技术，用户可以轻松在少量 GPU 上对大模型进行训练，例如对大模型进行微调（fine-tuning）。

9.3.3 分布式训练系统网络通信的异构硬件优化

在分布式训练系统中，计算、存储、网络通信都是决定系统性能的关键因素。然而，通过观察过去 20 年中处理器性能的变化可以发现，存储和网络的发展速度是滞后于算力发展的。例如，在过去的 20 年中，以 GPU 为代表的 AI 芯片的计算能力几乎每两年增长 3.1 倍（20 年增长了约 9 万倍），然而动态随机存储器（DRAM）带宽和网络互连带宽每两年仅增长 1.4 倍（20 年增长了约 30 倍），形成了"剪刀型"发展曲线。换言之，神经网络分布式训练越来越成为网络瓶颈的负载。因此，分布式训练中的网络优化越来越重要。为了克服网络瓶颈，业界越来越多地关注异构硬件加速网络的研究，例如利用智能网卡（SmartNIC）、智能交换机来实现网络的硬件卸载及网内计算，从而降低通信开销。

图 9.7 所示为计算机硬件每秒执行浮点操作数（floating-point operations per second, FLOPS）、访存能力、通信能力及晶体管数目（摩尔定律）的增长对比。

回顾前面介绍的分布式训练的知识，参数服务器架构在参数存储节点数量远小于计算节点数量的情况下，存储节点端的网络压力会非常大；而 Ring AllReduce 架构完成一次集合通信，需要执行 $2N$（N 为计算节点的个数）个相邻节点间传输的步骤，在计算节点数量增多时，完成一次集合通信的延时将会明显增加，同时同步开销也会显著增大。总之，网络的性能瓶颈导致现有的分布式神经网络训练系统的扩展性较差。为此，研究者们想到，如果能够在网络传输的同时对梯度进行规约，那么可以极大降低

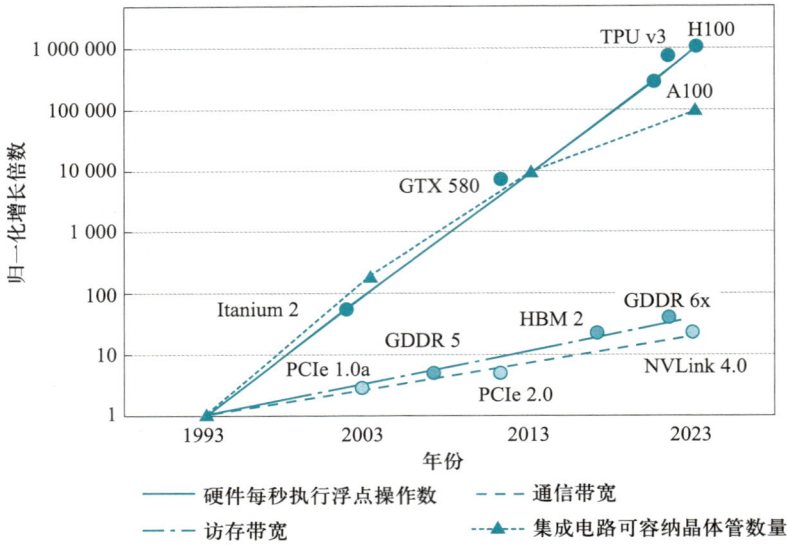

图 9.7　计算机体系中各方面性能发展速度

网络通信量。随着智能交换机（例如 Intel P4 可编程交换机）的兴起，这一设想成为可能。其中最典型的研究工作是 SwitchML（Sapio et al.，2021）。在 SwitchML 中，每个计算节点计算完成后，将数据上传给交换机，交换机进行规约计算，当交换机计算完成后，再将结果返回给计算节点。这种方式有点类似于用可编程交换机代替参数服务器的功能，但是网内规约的优势在于只需要每个计算节点的上行和下行带宽即可。因此，SwitchML 可以说结合了参数服务器和 Ring AllReduce 的优势。当然，现阶段智能交换机还存在一定的局限性，其网内计算的资源仍然有限，因此还需要未来硬件和软件的协同发展，从而使能高效的大模型训练。

9.3.4　大规模机器学习系统部署

随着深度学习的发展，现在已经有越来越多的算法在实际场景中得到落地应用，例如，图神经网络被广泛应用于电商平台的搜索推荐业务，卷积神经网络被广泛应用于故障检测、人脸识别，生成式人工智能正在逐渐改变动画产业、电影工业等领域。在深度学习大范围落地应用的背后，需要分布式机器学习系统的大规模部署。本节将简单介绍在工业场景中，大规模分布式机器学习系统部署需要考虑的因素及面临的挑战。

目前，工业界往往将大规模分布式机器学习系统部署在云服务器中。在云场景下，存在多个用户或任务共享同一组 GPU 资源的情况，即 GPU 多租环境。为了满足用户的 GPU 资源使用需求，同时提高云服务器中的 GPU 资源利用率，降低云服务器的成本，需要实现公平的资源分配和高效的任务调度，需要有效的 GPU 资源管理机制。

为了提高云上 GPU 资源的利用率，首先需要对 GPU 资源进行分配。GPU 资源分配可以分为静态分配与动态分配两种方式。静态分配是指在系统启动或用户提交任务时，预先将 GPU 资源分配给每个用户或任务。这种分配方式可以根据用户需求和优先级来确定资源分配比例，但可能导致资源浪费和低效利用。动态分配是指根据实时需求和资源可用性，在运行时动态分配 GPU 资源给用户或任务。这种分配方式可以根据任务的负载情况和资源利用率来调整资源分配比例，以实现更高的资源利用效率。

其次需要考虑 GPU 资源的合理调度问题。GPU 资源调度主要有公平调度和优先级调度两种方式。公平调度是指在 GPU 多租环境中公平地分配资源给每个用户或任务。常见的调度策略包括时间片轮转、公平队列和公平分享等，以确保每个用户或任务都能获得一定的 GPU 资源。优先级调度是指根据用户或任务的优先级来分配 GPU 资源。高优先级的用户或任务可以获得更多的 GPU 资源，以确保重要任务的及时完成。

除了对 GPU 资源进行分配与调度，还需要对 GPU 资源进行监控和管理。资源监控是指实时监测 GPU 资源的利用率、负载情况和性能指标等。通过资源监控，可以了解系统的资源使用情况，以便进行合理的资源分配和调度决策。资源管理涉及 GPU 资源的分配、释放和回收等操作。合理的资源管理策略可以最大限度地提高资源利用率，避免资源浪费和冲突。

实践中面临纷繁复杂的模型训练场景，在保证作业任务调度公平性及作业任务训练速度的同时提升集群资源利用率是一个很大的挑战。研究者们观察到很多多租户场景下 GPU 的利用率很低，同时许多作业等待资源需要很长的时间。深度学习集群的低利用率主要是由两个方面的原因引起的：一方面，训练任务不能充分利用所有的 GPU 资源；另一方面，深度学习任务的资源通常需要"组调度"，这导致许多任务为了获得足够的资源数量而需要等待很长时间。为此，有研究（Xiao et al., 2020）提出 GPU 内存和计算单元两个方面的细粒度动态控制机制，并设计了集群调度器和深度学习框架进行协同作业管理，从而极大提高了集群中 GPU 的利用率。

总而言之，随着人工智能的发展，云上大规模机器学习系统部署及云上资源的合理利用将受到越来越多的关注。同时，在万物智联、移动优先、智能赋能的时代，既提升云上机器学习系统的泛化服务能力和端侧推理模块的个性化送达能力，又推动云上系统和端侧模型的协同进化，犹如突破天文学领域洛希极限一般，从云计算和端智能向端云协同进化计算模式进行跨越，充分发挥出云上、端侧和端云链中各类计算资源的最佳效用是当前面临的重大挑战。

9.4　小结

在"数据是燃料、模型是引擎、算力是加速器"的时代，人工智能算法、芯片、基础软件（如编译）、模型（编程框架）和应用等融合在一起，正在形成技术生态。

这一技术生态博大恢宏、精彩纷呈，具有"至小有内、至大无外"的特点，它不单纯是一门课程、一类技术、一项产品或一个应用，而是理论博大深厚、技术生机勃勃、产品落地牵引、应用赋能社会的综合协同体。

因果学习在解释干预算子（即赫赫有名的 do 算子）的意义时曾如下描述：改变一个变量所依赖的条件变量让我们转换了看世界的角度，而干预算子则改变了世界本身。人工智能基础软硬件与芯片等浑然一体所构成的系统，在当今语境下就是改变世界本身的工具。

延伸阅读：咸与维新——计算机体系架构的黄金时代

2018 年 3 月 21 日，ACM 授予约翰·亨尼西（John L. Hennessy）和戴维·帕特森（David A. Patterson）2017 年度图灵奖，以奖励他们开创的用系统的、定量的方法来设计和评估计算机体系结构，该方法对微处理器行业产生了持久而深远的影响。两位获奖者在 ISCA-2018（2018 年计算机体系结构国际研讨会）会议期间做了题为《计算机体系结构的黄金时代：领域专用的软硬件协同设计、增强安全性、开放的指令集及敏捷芯片开发》的图灵学术报告。这个报告中提及了摩尔定律放缓、登纳德缩放定律（Dennard scaling）结束及阿姆达尔定律正当其时对计算机体系架构创新的影响。下面介绍报告中提及的三个定律。

摩尔定律（Moore's law）：1975 年，加州理工学院教授卡弗·米德（Carver Mead）第一次使用"摩尔定律"这一单词来表示计算机的发展速度。当价格不变时，计算机集成电路上可容纳的晶体管数目，每隔 18 个月或 24 个月便会增加一倍，相应地，计算机性能也会提升一倍。

登纳德缩放定律（Dennard scaling）：晶体管不断变小，但芯片的功率密度不变。随着晶体管密度的增加，每个晶体管的能耗将降低，因此硅芯片上每平方毫米的能耗几乎保持恒定。由于每平方毫米硅芯片的计算能力随着技术的迭代而不断增强，计算机将变得更加节能。不过，登纳德缩放定律从 2007 年开始大幅放缓，大概在 2012 年接近失效。登纳德缩放定律的终结意味着架构师必须找到更加高效的方法利用并行性。

阿姆达尔定律（Amdahl's law）：对计算机系统的某一部分加速时，该加速部分对系统整体性能的影响取决于该部分的重要性和加速程度。

人工智能模型训练和推理是数据密集型计算模式，使用存算分离架构的"冯·诺依曼结构计算机"运行动辄包含千亿参数的人工智能模型时，往往限于计算墙、内存墙、通信墙、能耗墙的桎梏。

2012 年，在 ImageNet 竞赛中取得优异成绩的 AlexNet 神经网络模型由 5 个卷积层和 3 个全连接层构成，仅包含 6 000 万个参数，而 OpenAI 公司推出的 GPT-3 大模型包含 1 750 亿个参数。据估计，对神经网络模型算力的需求平均每 3.4 个月就会增长 1 倍。这种令人望而却步的网络规模对模型训练和推理的软硬件高效计算提出了巨大挑战。显然，在"数据是燃料、模型是引擎、算力是加速器"的时代，从算法顶层、编译器、体系结构到芯片，以及高性能计算、硬件加速器和分布式系统将咸与推动计算机体系架构进入黄金时代的创新。

本章习题

1. 在大规模分布式机器学习系统中，参数服务器的主要功能是（　　）。

A. 存储和更新模型参数

B. 运行训练算法

C. 数据预处理

D. 运行模型推理

2. 以下属于深度学习分布式训练中模型并行的主要优点的是（　　）。

A. 可以训练更大的模型

B. 降低计算资源需求

C. 降低网络带宽需求

D. 降低输入数据存储开销

3. 数据并行、模型并行和流水线并行是分布式深度学习训练中的重要概念。下列对这三种并行方式的描述准确的是（　　）。

A. 数据并行：每个工作节点对整个模型进行操作，但是只处理数据的一部分

B. 模型并行：每个工作节点对整个数据进行操作，但是只处理模型的一部分

C. 流水线并行：工作节点同时处理模型不同阶段的任务，一个节点完成的任务将作为下一个节点的输入

D. 以上所有描述都准确

4. 以下选项中属于 GPU 相比于 CPU 在深度学习计算中的优势的是（　　）。

A. 更高的时钟频率

B. 大量的计算单元，适合并行计算

C. 更好的串行计算能力

D. 更大的内存空间

5. 摩尔定律的概念是（   ）。

A. 计算速度每 18 个月翻一番

B. 存储容量每 18 个月翻一番

C. 处理器功耗每 18 个月翻一番

D. 集成电路上可容纳的晶体管数约每 18 个月翻一番

6. 试简述人工智能编程框架生态的重要性。

7. 试简述在大规模部署分布式机器学习系统时可能遇到的主要挑战。

8. 试阐述数据并行在分布式机器学习中的优点和局限性。

9. 试简述在人工智能的发展浪潮中，GPU 能够发挥重要作用并取得成功的原因。

10. 试解释为什么随着人工智能的发展，异构硬件在人工智能系统中扮演越来越重要的角色。

本章参考文献

第 10 章

人工智能应用

凡贵通者，贵其能用之也。

回顾人工智能发展历程中的主要挫折，不难发现，当人工智能与外部信息环境的变化趋势不符时，往往就使得人工智能的发展遭遇羁绊。促使人工智能发展变化的动力既有来自人工智能研究的内部驱动力，也有来自信息环境与社会需求的外部驱动力，两者都很重要。但是相比较而言，往往后者的动力更加强大。人工智能与外部环境相互影响、相互促进，在人工智能赋能社会发展的同时，社会的发展也推动着人工智能不断进步。

当前，人工智能的目标正从"用计算机模拟人的智能"走向"赋能社会"。在新一轮科技革命的背景下，人工智能充当着推动社会经济发展的重要驱动力，人工智能技术获得了蓬勃的发展。

"行之力则知愈进，知之深则行愈达。"本章主要介绍语言大模型、机器翻译、视觉理解、语音识别与合成、科学计算、跨媒体智能及机器人控制等内容。

10.1　语言基础模型（大模型）

大语言模型

10.1.1　语言基础模型的发展历程

维特根斯坦（Wittgenstein）从逻辑思考的角度在《逻辑哲学论》中写道："语言的界限意味着我的世界的界限。"随着人工智能技术的快速发展，自然语言处理模型在过去时间里经历了巨大的范式转变：从早期偏重语言学的方法，到偏重计算学习的方法（以浅层学习和深度学习为主）、到"预训练模型＋微调"（pretraining＋fine-tuning）范式，再到目前"预训练模型＋提示学习＋预测"（pretraining＋prompt＋predict）范式，自然语言处理发生着"计算为大、语言式微"的转变（见图 10.1）。

在机器学习的浅层模型和深度模型的处理范式中，针对不同的语言分析任务（如情感分析、句法分析、语义角色标注和实体识别等），通常会为每个任务分别设计一个机器学习模型，并用针对这一任务的数据进行模型训练。这一范式的优点是模型针对性强，可为特定任务量身定制数据和模型。然而，其局限性也较为明显，即需要为每个碎片化任务单独训练模型，导致了不必要的重复劳动和资源浪费。

一个自然而然解决上述问题的思路是训练一个预训练模型（即基础模型），然后将预训练模型的能力迁移到众多下游碎片化任务中，这就是"预训练模型＋微调"范式。在这个范式中，先基于大规模语料库训练一个预训练模型，然后针对特定的下游任务微调模型参数，提升模型泛化能力，以适应各种自然语言任务，从而减少资源消耗，如 BERT 和 GPT 等预训练模型已在各种自然语言任务中取得了显著效果。

然而，现有预训练模型正从包含 1 亿多参数的 BERT，跃升到包含千亿级别参数的 GPT-3 模型，不要说预训练一个全新的语言模型，即使是对现有大模型的微调，也是一个巨大的任务。在此背景下，一种不需要对预训练模型参数进行调整，不需要通过收集下游任务的大量标注数据进行学习的"提示学习（prompt-based learning）＋预测"方法越来越得到研究者的关注。在这一方法中，研究者认为语言基础模型（也称为大模型）已经从大规模语料中学习到了足够的知识储备，可用来完成未来的下游具体任务，因此通过设计提示样例来帮助语言基础模型理解下游任务的要求，激活其储备的知识，从而迸发出完成下游任务的能力。提示学习的优势在于，在给定一系列合适的补全提示任务的前提下，在无监督学习训练得到的语言大模型基础上，通过完成预测任务来微调模型能力，从而能够完成众多下游任务。

但是，人工设计的补全提示样例难以使模型对所有任务游刃有余，因此指令微调（instruction fine-tuning）技术应运而生，这一技术的核心思想是让模型更好地遵循人类指令完成不同的下游任务。通过理解所输入的提示样例，模型给出相应结论。随后，模

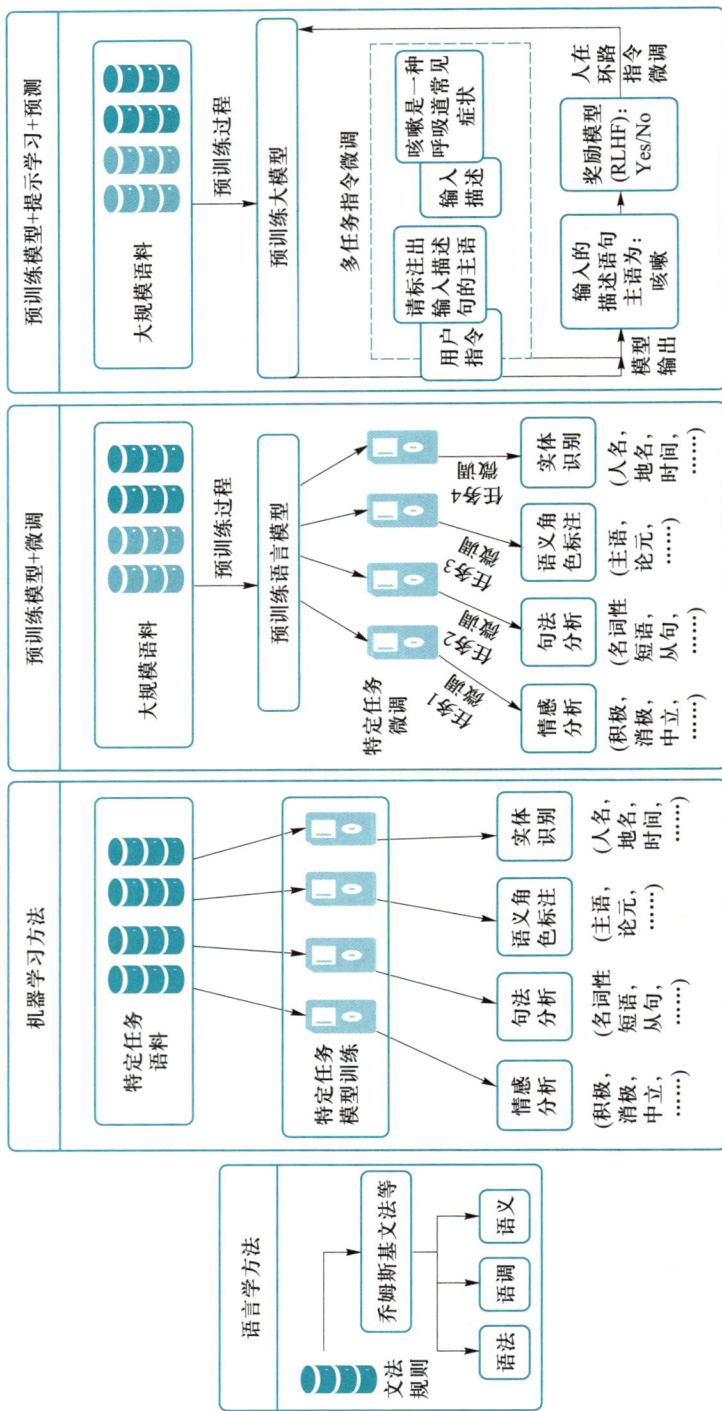

图 10.1 自然语言处理范式的变化

型根据人类给出的反馈进一步调整自身并适应不同任务的需求。

提示学习和指令微调使得语言大模型在各种复杂任务中表现出更高的准确性和可靠性，形成少样本学习甚至零样本学习的能力（Brown et al., 2020; Ouyang et al., 2022）。这种"我说你学"机制犹如委派了一位高超娴熟的人工智能模型调教师，让模型呈现"涌现能力"，正所谓"经师易得、人师难求"。

下面介绍语言大模型的建模、训练及适应性等内容。

10.1.2 语言大模型的建模

给定长度为 N 的单词序列 $x = (w_1, w_2, \cdots, w_T)$，$w_i$ 表示第 i 个单词 传统的语言模型任务通过下一个词预测（next word prediction，NWP）任务，建模文本联合概率分布：

$$P(w_1, w_2, \cdots, w_T) = \prod_{i=1}^{T} P(w_i | w_1, w_2, \cdots, w_{i-1})$$

经典 N-gram 算法采用马尔可夫假设近似统计语言模型：序列中下一个单词出现的概率仅与有限的上文序列有关。随着神经网络技术的兴起，神经网络语言模型（neural network language model，NNLM）被提出。循环神经网络因其可处理不同长度的输入序列，更好地捕捉到序列中的上下文信息和依赖关系的优势，成为语言模型的主流网络架构。随着具有高效并行计算能力和长程记忆能力的 Transformer（Vaswani et al., 2017）的兴起，Transformer 逐渐代替循环神经网络作为语言模型建模的神经网络架构。

以本书 5.6 节"注意力机制"给出的"项庄舞剑、意在沛公"为例。在 Transformer 模块中（见图 10.2），每个单词均被表达为 12 288 维的内嵌词向量。在自然语言序列

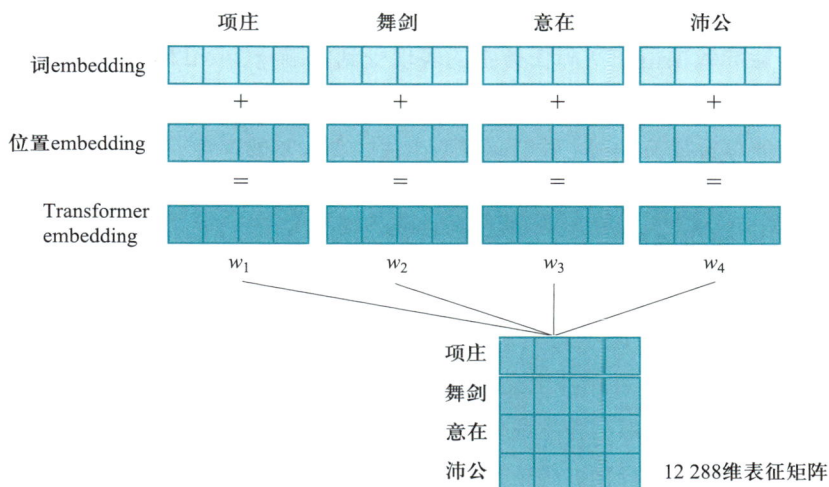

图 10.2　句子中单词向量的表示

中，每个单词在其固定位置出现后，与其相邻单词一起来刻画上下文语义（in-context），因此 Transformer 还将每个单词在序列中出现的位置编码进内嵌向量。这样，每一个单词所对应的 12 288 维内嵌向量从若干个维度刻画了单词与其他单词的上下文概率关联。

近年来，随着语言模型预训练技术的发展，涌现出有别于传统语言模型的不同变种。按照模型适用的不同场景，可将当前不同类别的语言模型的不同变种分为编码模型、解码模型和编码 – 解码模型。下面分别介绍这三种预训练模型，最后介绍基于 Transformer 的 GPT–3 模型。

1. 编码模型

编码模型（encoder-only，如 BERT、RoBERTa 等）使用掩码语言模型（masked language modelling, MLM）作为预训练目标函数，如图 10.3（a）所示。在掩码语言模型中，输入文本序列的一部分单词会被随机替换为特殊的掩码标记（如"[MASK]"）。模型的任务是预测这些被掩码的单词，从而学习到词汇之间的依赖关系和上下文信息。这种类似"完形填空"的建模方式能够有效利用单词左右两侧的双向上下文信息，在文本编码方面具有优势，更适用于文本分类、命名实体识别等自然语言理解任务。具体地，编码模型通过如下目标函数进行预训练：

$$L_{\mathrm{LM}}\left(\theta;\ x\right) = -\sum_{t=1}^{T} \log P\left(w_t \mid x_{\backslash t};\ \theta\right)$$

其中，w_t 为当前模型需要预测的单词，$x_{\backslash t}$ 表示文本中第 t 个单词被掩码后的文本，θ 为需要优化的参数。

虽然掩码语言模型在学习双向上下文信息和词汇表示方面具有优势，但它仍然存在一些缺点：① 在预训练阶段，MLM 通过预测被掩码单词来学习上下文信息，然而在微调阶段的实际应用中并不存在这些掩码标记，这种预训练与微调两个阶段存在的不一致可能导致模型在实际任务中的表现受到影响；② MLM 在预训练阶段学习预测被掩码的单词，而不像自回归模型（如 GPT）那样根据前面的单词生成下一个单词，因此，这可能导致基于 MLM 的编码模型生成的文本不够连贯。

2. 解码模型

解码模型（decoder-only，如 GPT–2、GPT–3 等）是一种常见的自回归语言模型，其根据输入的前词序列 $x_{<t}$，给出下一个单词 $P\left(w_t \mid x_{<t}\right)$ 的预测结果。通过递归式迭代，解码模型会自动补全文本序列 $w_{1:L}$ 中缺失的单词，如图 10.3（b）所示。解码模型主要适用于自然语言生成任务，如对话、摘要和故事生成等。具体地，解码模型根据如下目标函数进行预训练：

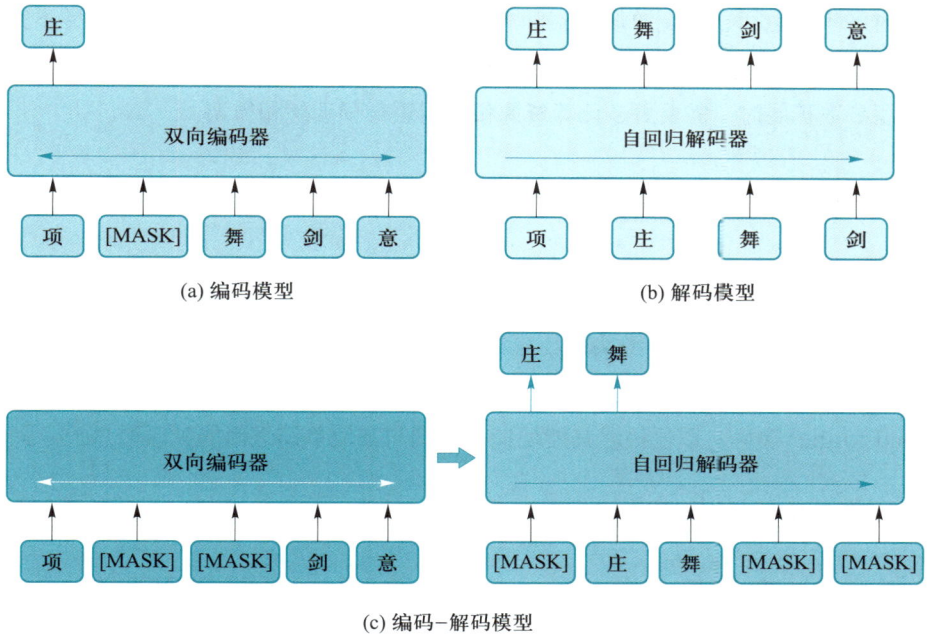

(a) 编码模型　　　　　　　　　　　　　　　　　　　(b) 解码模型

(c) 编码－解码模型

图 10.3　编码模型、解码模型及编码 − 解码模型

$$L_{\mathrm{LM}}\left(\theta;\ x\right)=-\sum_{t=1}^{T}\log P\left(w_{t}\mid x_{<t};\ \theta\right)$$

其中，T 为文本 x 的长度，$x_{<t}$ 表示前词序列，w_t 为当前模型需要预测的单词，θ 为需要优化的参数。基于自回归语言模型的解码模型在生成下一个单词对只考虑左侧上下文。这种单向上下文捕获限制了模型在某些需要双向上下文信息的任务中的性能。

3. 编码 − 解码模型

为了使预训练语言模型可同时完成自然语言理解和生成任务，具有编码器与解码器的编码 − 解码（encoder-decoder，如 BART、T5 等）模型被提出。编码 − 解码模型的基本思想是对输入文本中的某些单词或单词序列进行"掩藏"，以对输入文本进行破坏，再采用序列到序列的方式重建"被掩码信息"，如图 10.3（c）所示。其训练目标一般可用如下公式表示：

$$L_{\mathrm{LM}}\left(\theta;\ x\right)=-\sum_{t=1}^{|u-v|}\log P\left(w_{t}\mid x_{<t}^{u:v},\ x^{\backslash u:v};\ \theta\right)$$

其中，$x^{\backslash u:v}$ 表示被破坏的文本，$|u-v|$ 为需要重建的文本长度，w_t 为当前模型需要预测的单词，θ 为需要优化的参数。

虽然编码 − 解码模型兼具上述两种模型的能力，但也存在如下缺点：① 在预训练阶段，BART 和 T5 使用不同的任务和目标进行训练，如掩码语言建模、文本生成、文本对齐等，然而在微调阶段，实际应用中的任务可能与预训练阶段的任务不完全一致，导致模型在实际任务中的表现受到影响；② 编码 – 解码模型同时包含编码器与解码器，模型参数扩展时，需要更多计算资源和时间进行预训练和微调。

10.1.3 语言模型案例

以图 10.4 所示的 GPT-3 模型框架为例，基于 Transformer 网络的语言大模型往往包含两个主要模块：（多头）注意力模块及前馈神经网络模块。其中，注意力模块在 Transformer 模型中起着重要的作用，其参数约占模型总参数的 30%。GPT 包含 96 个 Transformer 模块，以便极尽其能地捕获单词与其他单词之间的关联信息。

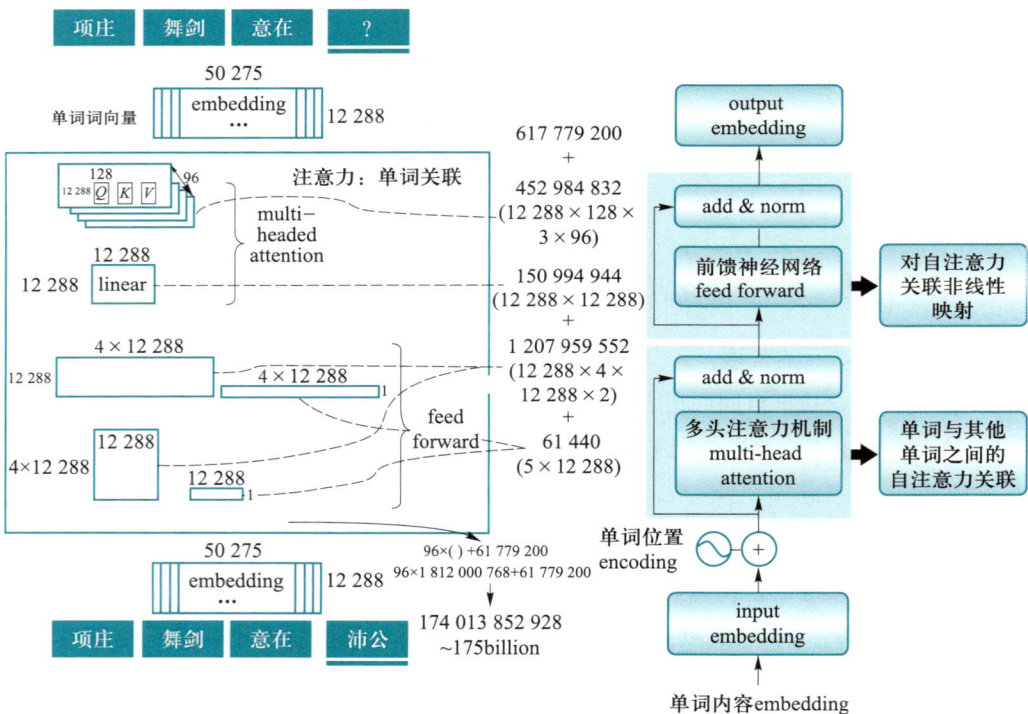

图 10.4 语言基础模型算法框架（以 GPT-3 为例）

此外，Transformer 模型中前馈神经网络的参数约占模型总参数的 60%。在输入自然语言句子后，注意力机制模块挖掘每个单词和其他单词在句子级或篇章级的概率关联，再通过前馈神经网络以非线性映射逐步细化"概率关联"，从而体现了计算独大、表示丰富、机理式微的特点。

图 10.5 所示为由四个单词组成的句子"项庄舞剑、意在沛公"被 Transformer 处理的示意。首先生成每个单词的内嵌向量（包含单词在句子中位置编码的向量信息），

记为 $w_i(1 \leqslant i \leqslant 4)$；然后如下计算每个单词 w_i 的查询向量（query）、键向量（key）和值向量（value）：

查询向量：$q_i = W_{query} \times w_i$；键向量：$k_i = W_{key} \times w_i$；值向量：$v_i = W_{value} \times w_i$

对于包含 L 个单词的自然语言句子，如何计算句子中第 i 个单词 w_i 与其他单词因为上下文共同出现而呈现的概率关联呢？

首先计算单词 w_i 查询向量和单词 w_j 键向量之间的内积，作为这两个单词在句子中的关联度：$score_{i,\,j} = w_i^{\mathsf{T}} W_{query}^{\mathsf{T}} W_{key} w_j$。通过 softmax 函数对关联度进行归一化处理，得到 w_i 与其他单词（包括自己）的关联概率分布：

$$[\alpha_1, \cdots, \alpha_L] = \mathrm{softmax}\left([\,score_1, \cdots, \, score_L\,]\right)$$

用归一化的关联度乘以句子中每个单词的值向量，加权累加所得就是单词 w_i 与句子中其他单词（包括自己）的自注意力分数（self-attention score）。

$$\sum_{i=1}^{L} \alpha_i \left(W_{value} x_i\right)$$

基于如上描述，可知 GPT-3 的大致架构如下：对 50 275 个单词进行词向量建模（词向量包含单词的位置信息），然后用 96 个堆叠的 Transformer 极尽其能对句子中每个单词与其他单词的自注意力关联进行挖掘，最后通过前馈神经网络对所得关联进行非线性映射。

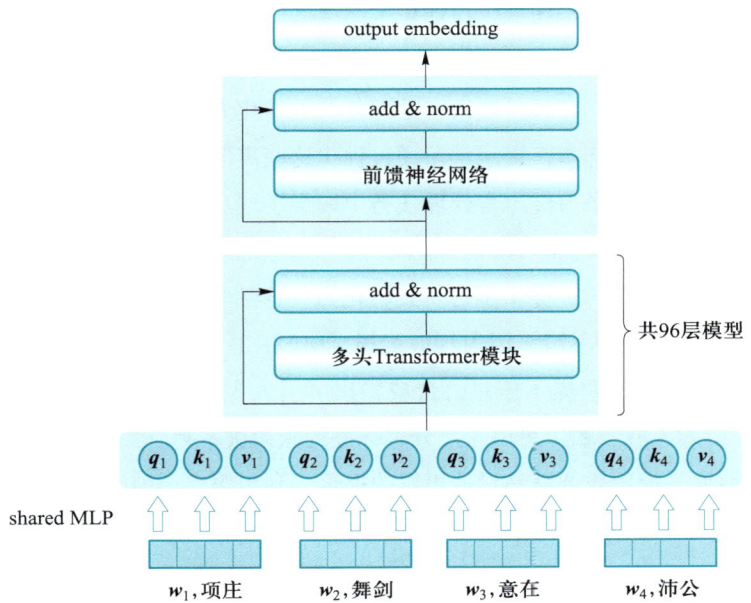

图 10.5　Transformer 机制示意

1. 语言基础模型参数优化与训练

如前所述，GPT-3 是一个解码模型，即给出一个单词，GPT-3 可犹如文字接龙一般产生后续单词。当给出前序 $i-1$ 个单词后，可如下使用自回归语言模型定义后续第 i 个单词产生的概率：

$$P(\pmb{w}_i \mid \pmb{w}_{1:i-1})$$

在优化中，先得到 $\pmb{w}_{1:i-1}$ 中每个单词的内嵌上下文向量 $\phi(\pmb{w}_{1:i-1})$，应用嵌入矩阵 $\pmb{E} \in \pmb{R}^{V \times d}$ 来获得每个单词的自注意力关联大小 $\pmb{E}\phi(\pmb{w}_{1:i-1})_{i-1}$，接着对自注意力关联大小通过 softmax 函数进行归一化处理，计算产生单词 $\pmb{w}_i$ 的概率，即

$$P(\pmb{w}_{i+1} \mid \pmb{w}_{1:i}) = \mathrm{softmax}(\pmb{E}\phi(\pmb{w}_{1:i})_i)$$

然后采用最大似然估计对语言大模型参数 θ 进行优化。令 D 是由一系列句子组成的训练数据，根据最大似然原则，定义以下负对数似然目标函数：

$$O(\theta) = \sum_{\pmb{w}_{1:L} \in D} -\log P_\theta(\pmb{w}_{1:L}) = \sum_{\pmb{w}_{1:L} \in D} \sum_{i=1}^{L} -\log P_\theta(\pmb{w}_i \mid \pmb{w}_{1:i-1})$$

上述 GPT-3 目标函数一般可通过梯度下降算法来优化，从而使得语言大模型能够根据前序输入逐次完成文字接龙任务。

2. 提示学习与指令微调

将语言基础模型应用于下游自然语言处理任务时，虽然可以根据下游任务对模型所有的参数进行微调，以适应下游任务，但是这会带来巨大困难。

因此，在 GPT-3 中，一种名为提示学习（prompt learning）的新学习范式被提出。在该范式中，各种自然语言处理任务被转化为语言模型预训练任务。给定一组离散文本提示和示例样本，提示学习通过优化这些离散文本提示及示例样本，提高任务性能。提示学习在许多自然语言处理任务中取得了成功，例如文本分类、命名实体识别和问答任务。例如，在情感分析任务中，对"这部电影很精彩"及"这家餐馆很不错"等评论语句进行分类时，提示学习将其转化为"这部电影很精彩，因为其剧情很 [MASK1]"及"这家餐馆很不错，因为其饭菜很 [MASK2]"。一旦输入这个提示，模型就可"依葫芦画瓢"去理解提示信息，合成输出"引人入胜"和"可口"这样的内容。随后，根据"引人入胜"和"可口"及分类标签的映射关系得到最后的预测结果"正向情感"。简单地说，提示微调就是设计更好的提示，利用语言模型的生成能力输出所需要的内容，从而完成各种任务。

然而，提示学习也存在如下缺点：① 提示学习依赖设计高质量的任务提示，可能需要针对每个任务或领域进行多次迭代以实现最佳性能；② 提示学习难以完成零样本（zero-shot）学习任务。

为了减少构造提示模板的成本及提高零样本提示学习效果，指令微调（instruction

tuning）被提出。具体地，指令微调将各种自然语言处理任务转化为生成式的指令数据集，然后基于指令数据集微调大模型。通过指令微调，模型会对人类意图和自然语言内容进行对齐，让模型更好地理解输入语句中的人类意图，有助于提升模型零样本性能。指令（instruction）指的是指导模型执行特定操作或完成任务的命令。

图 10.6 展示了提示学习（GPT–3）与指令微调的区别。两者的核心区别是指令微调可基于指令数据集微调模型参数，从而减少构造提示模板的成本，以及提高零样本提示学习效果。图 10.7 展示了如何将自然语言推断数据集转化为生成式的指令数据集。为了增强对指令理解的泛化能力，图中使用了若干不同模板。

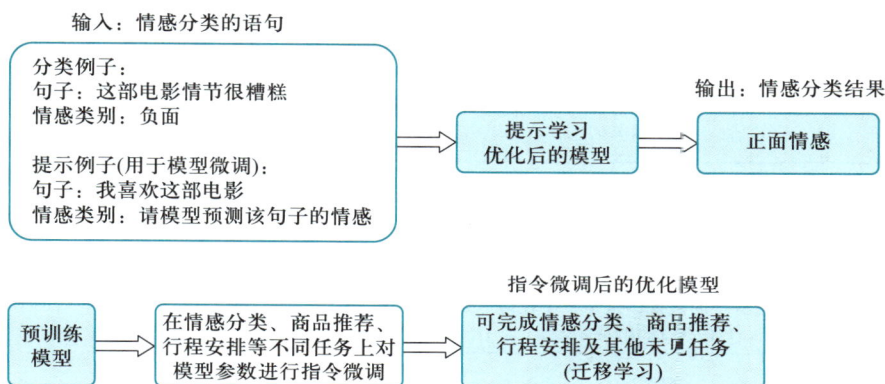

图 10.6 提示学习（GPT–3）与指令微调的区别

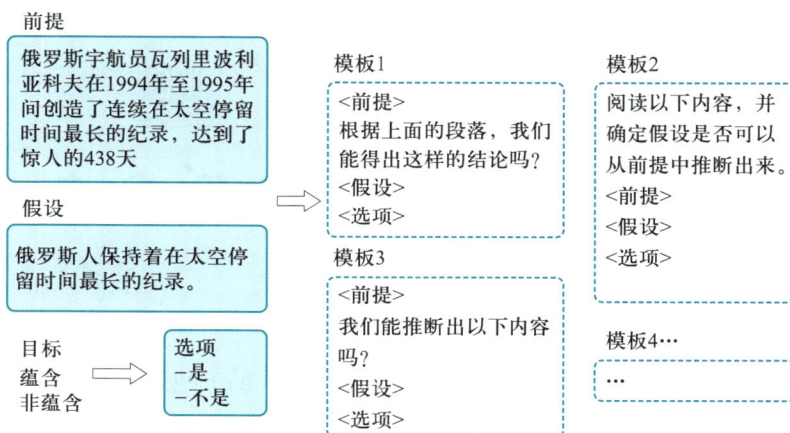

图 10.7 指令数据集构造示意

3. 人在回路微调

上述提示学习或指令微调通过预测下一个单词并使用相应的损失函数进行建模，仍然无法保证所生成文本整体上与人类意图对齐，同时模型可能会合成非事实内容。

为了使得模型能够"安全且有效地"合成内容，后续研究（例如 InstructGPT（Ouyang

et al.，2022)) 引入人在回路反馈信息 (reinforcement learning with human feedback，基于人类反馈的强化学习，RLHF) 来纠正语言大模型的错误输出，以便模型的输出与人类价值对齐。RLHF 方法采用强化学习，直接优化模型对人类反馈信号的响应，以提升语言模型的性能。优化目标既包括明确的意图 (例如遵循指示)，也包括隐含的意图 (例如，保持诚实，不带有偏见、有毒或其他有害信息)。

　　假设通过指令微调后的模型记为 SFT (supvised fine-tuning) 模型，人在回路微调通过如下过程继续对该策略模型进行微调。

　　第一阶段：训练奖励模型 (reward model，RM)。

　　收集所需回答问题作为训练数据的问题，使用 SFT 模型回答相应问题并收集模型合成的若干不同回答结果，接着人工对所有回答结果进行标注排序。排序结果用来训练奖励模型，即从排序结果中学习理解人类偏好 (见图 10.8)。

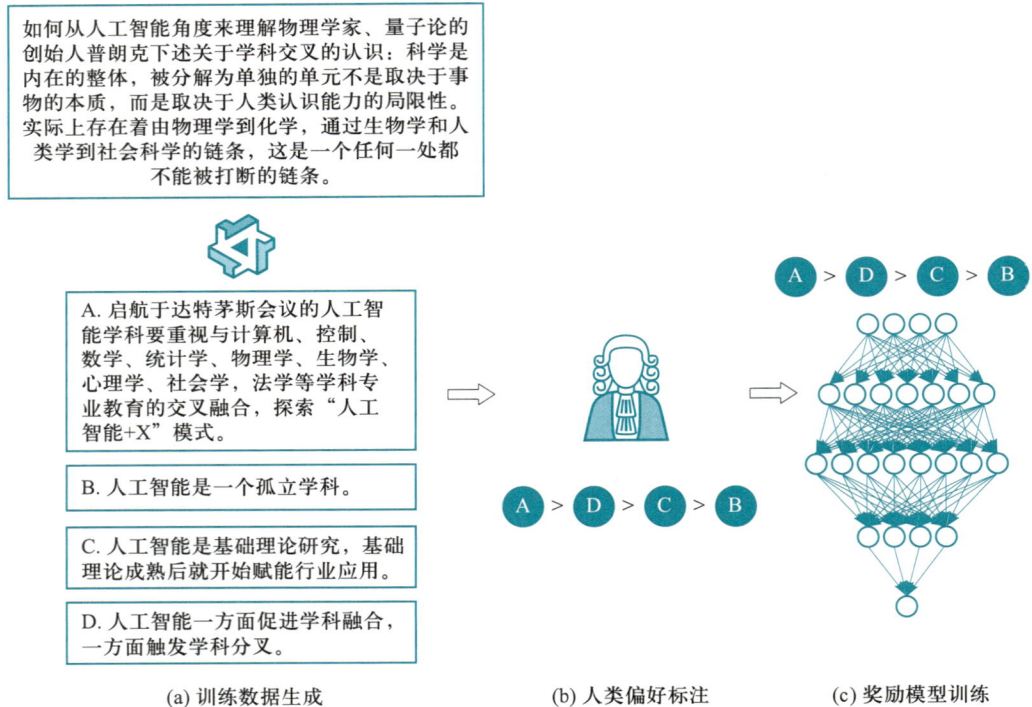

(a) 训练数据生成　　　　**(b) 人类偏好标注**　　　　**(c) 奖励模型训练**

图 10.8　奖励模型训练

　　具体地，假设收集每个问题的 K 个回答结果，为了让奖励模型学到人类偏好 (即排序)，对这 K 个回答进行两两组合，分别计算损失函数 (loss) 再相加取均值，即

$$\text{loss}(\theta) = -\frac{1}{C_K^2} E_{(x, y_w, y_l) \sim D} \left[\log \left(\sigma \left(r_\theta(x, y_w) - r_\theta(x, y_l) \right) \right) \right]$$

其中，x 是提示输入，y_w、y_l 是 SFT 模型的输出，且人类偏好 $\text{RANK}_{y_w} > \text{RANK}_{y_l}$，$\sigma$ 为

sigmoid 函数，$r_\theta(x, y)$ 表示参数为 θ 的奖励模型输出的奖励分，D 是标注的数据集。

RLHF 中的人类偏好排序就好比监督学习中的弱标注——它并不提供直接的监督信号，但通过学习简单的排序，奖励模型可以学到人类的偏好。为何这里使用排序，而不是直接对回答结果打分呢？因为排序相比打分更容易接近客观事实，即不同标注员的打分结果会存在很大差异。在损失函数计算中，$r_\theta(x, y_w) - r_\theta(x, y_l)$ 表示一种答案比另一种答案更受人类标注者青睐的程度，这个值越大越好。

第二阶段：奖励模型预测结果且通过 PPO 算法优化 SFT 模型。

首先，让 SFT 模型回答来自训练数据中没有人类对答案结果排序的问题，然后让训练好的奖励模型对策略模型的预测结果进行打分进而排序，再通过 PPO（proximal policy optimization，近端策略优化）算法基于奖励模型的奖励分对 SFT 模型进行微调（见图 10.9）。

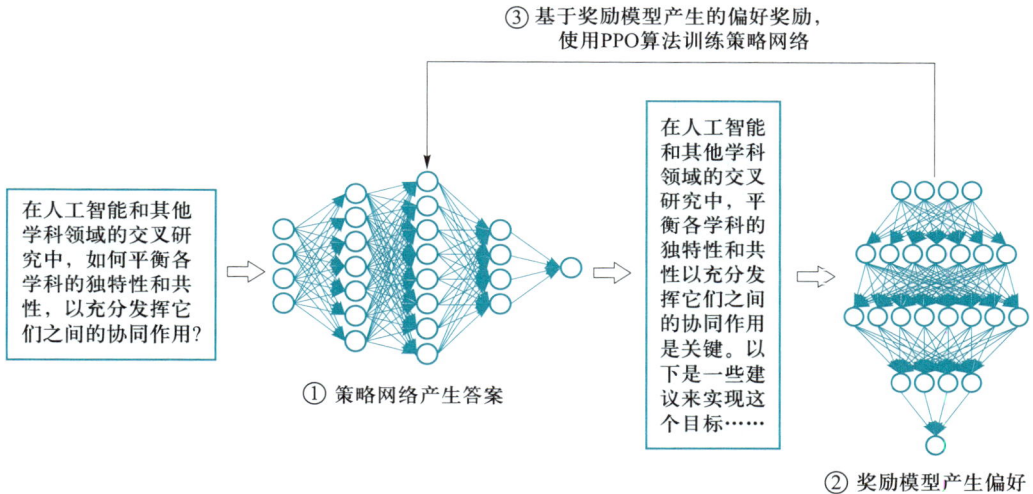

图 10.9　基于奖励模型产生的偏好奖励，使用 PPO 算法训练策略网络（SFT 模型）

上述过程反复循环，直至优化完成。优化目标函数如下：

$$\text{objective}(\phi) = E_{(x, y) \sim D_{\pi_\phi^{RL}}}\left[r_\theta(x, y) - \beta \log\left(\frac{\pi_\phi^{RL}(y \mid x)}{\pi^{SFT}(y \mid x)}\right)\right] + \gamma E_{x \sim D_{pretrain}}[\log(\pi_\phi^{RL})]$$

其中：$r_\theta(x, y)$ 为训练所得的参数为 θ 的奖励模型；π_ϕ^{RL} 表示学习到的 RL 策略；π^{SFT} 是先前阶段已经训练完毕的策略；系数 β 用于控制 KL 散度（KL divergence，也称相对熵）的惩罚效果；$D_{pretrain}$ 是 GPT-3 预训练数据分布；预训练损失系数 γ 用于控制预训练梯度的强度，且 γ 设置为 0 时称为 PPO 模型，否则称为 PPO-ptx 模型。

目标函数的第二项是通过 KL 散度约束 RL 在最大化奖励模型的目标下学到的策略 π_ϕ^{RL} 和基线策略 π^{SFT} 的差距，避免不断优化的当前策略与基线策略偏离太远，防止奖励模型话语权过重。之所以引入目标函数的第三项，主要是防止 InstructGPT 在训练过程中过度优化，以某种不必要的方式刻意贴近人类偏好，从而损失 GPT-3 原有的核心性能。

10.2   自然语言中的机器翻译

自然语言中的机器翻译

机器翻译是人工智能领域中的一个重要应用，它旨在通过计算机自动将一种自然语言的文本转换为另一种自然语言的文本，实现跨语言的沟通和信息传递（Poibeau，2017）。

机器翻译的应用非常广泛，涵盖跨国企业的商务沟通、科学研究的文献阅读、旅游和文化交流等多个领域。传统上，这项任务是由人工翻译员完成的，但在全球化的今天，不同国家和文化之间的交流变得日益频繁，语言的多样性和翻译量的庞大，使得人工翻译已经无法满足需求，而机器翻译的出现正是为了解决这一问题。通过利用自然语言处理、机器学习等技术，机器翻译系统可以在保持一定准确性的前提下，处理大规模自然语言翻译任务，提高翻译速度，降低翻译成本。

机器翻译任务可如下描述：给定一个源语言句子（例如中文句子），将其翻译为目标语言句子（例如英文句子）。

在过去几十年中，主要出现了非深度学习和基于深度学习的两类机器翻译方法。

1. 非深度学习方法

非深度学习方法主要包括基于文法和基于统计的两种方法。

（1）基于文法的机器翻译

基于文法的机器翻译（grammar-based machine translation）主要利用语言学和语法规则来实现源语言和目标语言之间的单词替换，以完成自动翻译（Riezler et al.，2006）。其通常有两个主要步骤：解析（parsing）和生成（generation）。在解析阶段，源语言句子会被解析成语法结构树或其他形式的中间表示。在生成阶段，根据目标语言的文法规则，利用解析得到的中间表示，生成对应的目标语言句子。

基于文法的机器翻译方法具有如下优点：首先，它能够对翻译过程进行较好的控制和规范，因为文法规则明确定义了源语言和目标语言之间的严格转换方式；其次，基于文法的机器翻译可以灵活地处理一些语言现象和结构，例如长距离依赖和语法复杂性。此外，由于文法规则的存在，基于文法的机器翻译方法通常能够产生比较准确和合理的翻译结果。

　　但是在基于文法的机器翻译中，形成大规模文法规则是一项复杂和耗时的工作，需要领域专家和语言学家关于语言的深入知识。同时，有限文法规则难以覆盖所有语言现象和细节，特别是难以处理语言变体和单词歧义性等现象。

　　（2）基于统计的机器翻译

　　基于统计的机器翻译（statistical machine translation，SMT）的核心思想是基于统计模型来进行翻译（Lopez，2008）。这种方法利用大规模的双语语料库，学习源语言中单词和目标语言中单词之间所具有的统计规律和概率模型，以实现自动翻译。与基于文法的机器翻译方法不同，基于统计的机器翻译并不依赖于手动编写的规则，而是通过机器学习来建模语言之间的转换。

　　基于统计的机器翻译主要有训练和解码两个阶段。

　　训练阶段：整理形成大规模的双语平行语料库，语料库中包括源语言和目标语言一一对齐的句子对。通过对对齐的源语言句子和目标语言句子进行学习，获取源语言单词和目标语言单词句子级的对应关系。然后利用统计模型（如隐马尔可夫模型，hidden markov model）来学习刻画了源语言和目标语言之间翻译概率的语言模型。

　　解码阶段：对于给定的源语言句子，基于训练阶段所得的语言模型来计算源语言句子与目标语言句子之间的出现概率，找到概率最大的匹配目标语言句子。常用的解码算法包括贪婪搜索和束搜索（beam search）等。

2. 深度学习方法

　　基于深度学习的机器翻译（neural machine translation，NMT）是一种利用深度神经网络模型进行机器翻译的方法，其在大规模对齐语料库上训练端到端的神经网络模型，一旦给定输入的源语言句子，神经网络模型可直接生成目标语言句子。这一方法能从大规模的双语语料中学习语言的潜在特征和语义表示，从而更好地捕捉语言之间的复杂关系和长距离依赖（Stahlberg，2020）。

　　编码器 – 解码器模型是一种常见的 NMT 框架。编码器将源语言文本单词转换为词向量表示，解码器则根据编码器的输出生成目标语言单词文本。这种端到端的框架可让模型学习源语言单词和目标语言单词之间的映射关系，从而提高翻译质量。

　　下面通过"我爱弹钢琴"英汉互译示例来介绍编码器 – 解码器模型（见图 10.10）。

　　在英汉互译前，英语和中文中每个单词都要转换为词向量表示　这是为了将文字变成计算机能够理解的形式。

　　（1）编码器

　　编码器的作用是将输入源语言中的每个单词及其所具有的上下文信息编码为固定维度的向量表示。常用的编码器模型是本书第 5 章所介绍的循环神经网络，如长短时记忆网络。

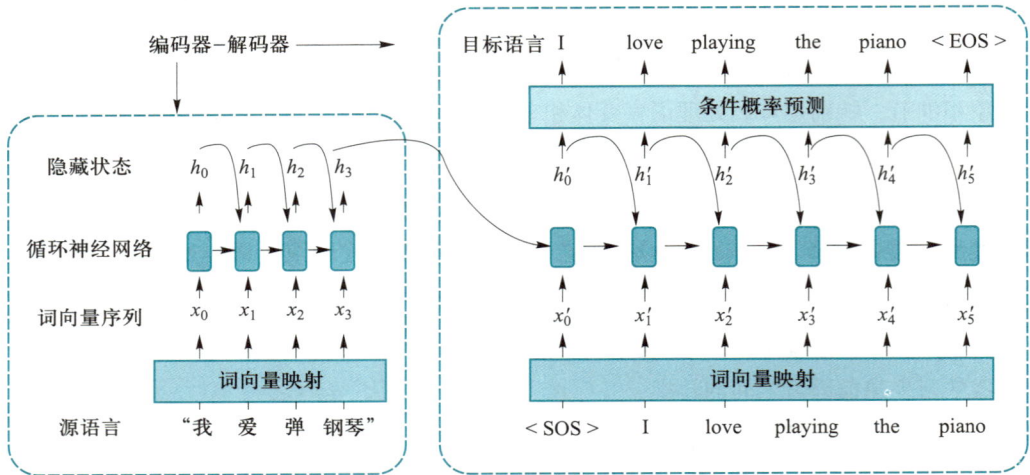

图 10.10 基于编码器－解码器模型的机器翻译示意

具体来讲，编码器在每个时刻根据当前输入单词向量和前一时刻单词隐藏状态来生成当前单词的隐藏状态。这个隐藏状态可以看作对当前输入单词及其上下文语境的表示。编码器逐一处理源语言句子中的每个单词，直到处理完所有单词。一旦编码器处理完源语言中的所有单词，则将最后时刻得到的隐藏状态视为对源语言句子的表示。这个隐藏状态作为解码器的初始隐藏状态，传递给解码器开始生成对应目标语言中第一个单词。

（2）解码器

解码器将编码器在处理完源语言句子中所有单词后给出的隐藏状态作为输入，逐步生成目标语言中的每个单词。在每个时刻，解码器根据前一时刻的隐藏状态及前一时刻的输出单词（前序词）得到当前时刻的隐藏状态。然后，解码器根据当前时刻的隐藏状态计算条件概率，得到目标语言词表中每个候选单词的概率分布，选择概率值最大的单词作为当前时刻的输出单词。在生成目标语言第一个单词前，会给定一个开始标记 <SOS> 作为第一个单词的前序词。为了控制解码器的生成过程，通常引入一个特殊的终止符号（例如，结束标记 <EOS>）作为生成过程的结束标志。当解码器生成终止符号时，所输入源语言句子"我爱弹钢琴"就被翻译为"I love playing the piano"，整个翻译过程结束。

（3）模型训练

为了训练编码器－解码器这一机器翻译模型，需要准备对齐的源语言和目标语言语料。在模型训练中，将解码器每一时刻生成的单词与目标语言中的真实单词进行对比，通过交叉熵损失（cross-entropy loss）函数来衡量模型生成的译文与真实译文之间的差异。根据所计算损失的大小，使用误差反向传播算法来优化（如随机梯度下降）模型参数。

10.3 图像分类与视觉对象定位

作为计算机视觉领域的两大经典且重要的任务，图像分类和视觉对象定位要求人工智能模型分析和识别图像中的关键物体。图像分类任务是通过对图像进行特征提取与判别，将图像中的关键物体自动划分到不同类别中。例如，将一张照片中的鸟类识别为鹦鹉、猎鹰或者蜂鸟等。视觉对象定位任务与之有所不同，该任务目标是识别出图像中的关键物体，同时确定该物体在图像中的位置。例如，在给定的一幅照片中输出鹦鹉的具体视觉位置。这两个任务在人工智能领域都有着非常广泛的应用 涵盖自动驾驶、图像检索、监控安防等实际应用场景。

视觉理解中的图像分类

不同于以往的方法需要人工辅助，随着人工智能相关技术的发展，现阶段利用神经网络等方法可实现对大量图像数据的自动分析，从而精确且快速完成视觉目标分类和定位，极大提升了任务完成的效率。

下面对这两个任务进行如下定义：

图像分类：人工智能模型将一幅图像识别归属为 K 个类别中的某一个类别。

视觉对象定位：人工智能模型输出图像中存在的若干视觉对象的位置信息。

解决图像分类和视觉对象定位的典型深度学习技术是卷积神经网络。这类模型的设计结构大体相同，即通过卷积层以层层递进、逐层抽象的方式学习目标物体的特征表示，随后产生预测结果。图 10.11 展示了一个卷积神经网络采用多任务的形式，同时完成图像分类和视觉对象定位两个任务的示例。

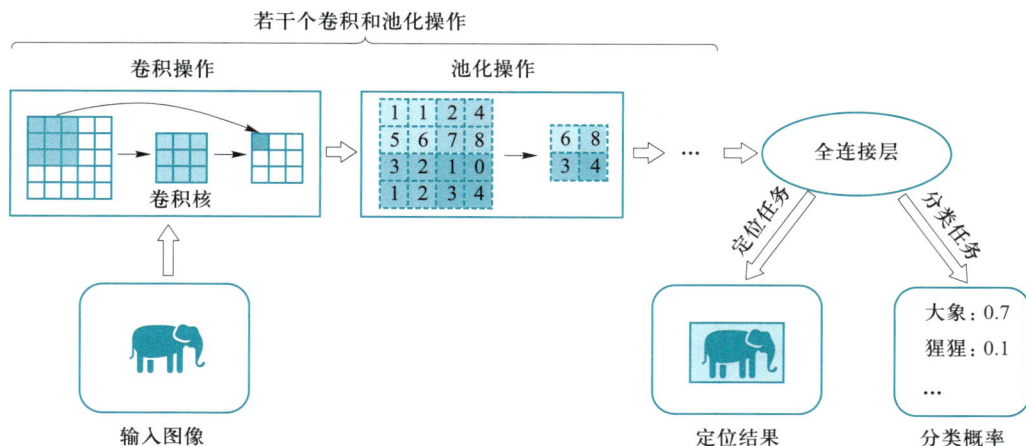

图 10.11 基于卷积神经网络的图像分类和视觉对象定位示意

1. 卷积操作

输入图像属于高度非结构化的信息，需要使用卷积操作提取图像中的关键特征。卷积操作包含三个步骤：① 卷积核与输入图像的每一区域对齐，计算以某一像素点为中心位置的对应元素之间的乘积；② 将所得乘积累加，得到这一位置的卷积结果；③ 重复①和②两个步骤，对整个图像矩阵中的每个像素点进行卷积操作。卷积操作可用来提取图像各种类型的视觉特征，如纹理、边缘和角点等。通过逐层卷积的方式，神经网络可逐步析取图像不同粒度的语义信息，提高模型对图像的理解能力。

2. 池化操作

池化有最大池化和平均池化两种实现方式。最大池化操作将所输入的卷积结果矩阵划分为不重叠子块区域（如 3×3 或者 5×5），随后在每个子块区域选取最大值作为该子块的池化结果。平均池化操作则是将不重叠子块区域所包含信息的平均值作为该子块的池化结果。

3. 全连接层

经过若干卷积层和池化层之后，图像信息被高度压缩为一个固定长度的特征向量，送入全连接层。全连接层的主要计算包括线性变换和激活函数变换。线性变换使用权重矩阵和偏置（bias）处理输入特征向量，输出新的特征向量。激活函数负责对输出特征向量进行非线性投影，增强模型的非线性表达能力。

4. 分类任务

全连接层投影得到新的特征向量后，将该向量送入 softmax 激活函数，用于完成目标物体类别的预测。softmax 激活函数负责将输入的特征向量映射为所有类别的概率分布，即该输入特征向量隶属于每个类别的概率大小，并将概率值最高的对应类别作为图像分类的输出结果。

5. 视觉对象定位任务

在视觉对象定位任务中，模型将全连接层所得到的特征向量作为输入，预测视觉物体的定位信息。参考 Faster R-CNN 模型（Stahlberg，2020）的实现方式，通过区域候选网络（region proposal network，RPN）可得到多个候选区域。随后利用感兴趣区域池化层（region of interest pooling，简称为 RoI pooling）提取每个候选区域的特征和对该区域的分类。感兴趣区域池化层可将不同面积大小的候选区域投影为固定大小的特征矩阵。与分类问题类似，模型采用全连接层和 softmax 层对所得固定大小的特征矩阵进行分析，推断出视觉对象的类别和位置信息。

10.4　语音识别与合成

语音是人类最自然、最直接、最有效的交流方式。语音处理（speech processing）是对语音信号及其处理方法的研究，是衔接人与机器的重要研究方向。语音信号通常以数字序列形式进行记录，因此语音处理可以看作数字信号处理的一个特例。语音处理领域包含许多不同的任务，包括语音增强、语音分离、说话人识别、语音识别、语音合成等。语音处理技术能够让机器"听懂"和"说出"人类的语言，实现更为自然的人机交互，提高用户体验和便利性。

本节将着重介绍语音处理领域中最为核心的两项任务：语音识别和语音合成。

10.4.1　语音识别技术

语音识别（automatic speech recognition，ASR）是将语音信号自动翻译为文本单词的技术。语音识别有着悠久的历史，并有着多次重大的创新。近年来，得益于深度学习技术的进步，语音识别技术也得到了飞速发展。

1. 早期发展

语音识别技术最早可以追溯到 20 世纪中叶。1952 年，来自贝尔实验室的研究者设计出了首个语音识别系统 Audrey（Davis et al.，1952），该系统通过记录不同发音的共振峰变化实现声音片段和文本单词之间的匹配。在 1962 年举行的西雅图世界博览会上，IBM 公司展示了具备语音识别功能的计算机 Shoebox，其根据音高变化来识别对应单词。然而，当时的语音识别技术还存在巨大的局限性，Audrey 只能识别同一说话者读出的 10 个不同数字的发音，Shoebox 仅仅能区分 16 个不同单词。1970 年，名古屋大学的研究者提出了线性预测编码（linear predictive coding，LPC）方法，用压缩形式表示数字语音信号频谱包络（spectral envelope）。LPC 通过若干个先前时刻语言信号的加权线性组合来逼近当前语言信号的取值，并使用加权系数作为预测器系数（Itakura，1970）。

这一时期，语音识别主要采用简单模板匹配方法，即先提取语音信号特征构建参数模板，然后将测试语音与模板进行一一比较和匹配，选取距离最近、最相似样本所对应的单词完成识别任务。这一类方法只能对有限少量孤立的词语进行语音识别，无法处理较大词汇量及连续语句的语音识别。

2. 基于隐马尔可夫链的语音识别

1970 年前后，美国数学家鲍姆（Baum）等人建立起了马尔可夫链（Markov chain）的数学基础，后来有学者将隐马尔可夫模型（hidden Markov model，HMM）应用于语音识别任务（Baker，1975），实现了从单个单词语音识别到连续单词语音识别的飞跃。

该方法通过马尔可夫过程来刻画模拟语音发声机理，每一个语音序列相当于状态转移图中的一条路径（见图 10.12）。在这一模型中，语音识别任务就是从所有可能的语句序列中选择出最可能的状态转移序列。模型通过 EM 算法进行迭代优化训练，预测时则使用维特比算法（Viterbi algorithm）完成解码。

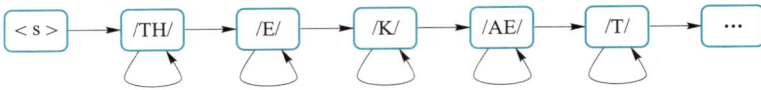

图 10.12　语句"The cat…"的状态转移过程

这类方法主要结合高斯混合模型（Gaussian mixture model，GMM）对每个状态输出进行建模，这类模型被称为 GMM-HMM 模型。随着深度学习技术的发展，后续也开始出现使用神经网络替代高斯混合模型的工作（Bourlard et al.，1996）。

3. 基于神经网络模型的语音识别

随着神经网络相关技术的发展，从 2009 年起，完全基于神经网络的语音识别模型逐渐在不同规模的任务中崭露头角。随着擅长处理序列数据的循环神经网络相关技术的发展，基于神经网络的语音识别模型逐渐成为主流。

语音识别任务可用机器翻译任务中常用的序列 – 序列（sequence to sequence，seq2seq）框架完成。然而，语音识别任务中输入和输出之间具有单调对齐性质，即输入语音和输出文本单词在次序上须保持完全一致，而不像翻译等任务中会出现不同语种间单词在表达相同语义时发生单词次序调换的现象。为了充分利用这一性质，研究者提出了基于连接时序分类（connectionist temporal classification，CTC）的语音模型训练方法（Graves et al.，2014）。

在传统语音识别模型中，训练数据中的语音片段与文字序列需要按照单词级别甚至音素级别进行对齐，才能进行有效训练。但是，基于神经网络的语音识别方法只要进行句子级别的文本序列和音频片段对齐，即可完成端到端的模型训练，如图 10.13 所示。为此，需要将语音识别任务中原本不定长的序列 – 序列问题转化为完全对齐的帧到帧问题。

为了实现这一目的，连接时序分类首先在输出序列所有符号中的不同位置增加一

个空白符 ϵ，对输出序列进行扩充，从而使得扩充后的输出序列与输入音频特征序列具有相同长度。例如，对于短句 the cat，下面两条增加了若干空白符 ϵ 的序列都是对原有序列的合理扩充：

$$t, \epsilon, \epsilon, h, \epsilon, e, \epsilon, \epsilon, \backslash b, \epsilon, \epsilon, c, \epsilon, \epsilon, a, \epsilon, \epsilon, \epsilon, t, \epsilon$$

$$t, h, \epsilon, \epsilon, \epsilon, e, \epsilon, \epsilon, \epsilon, \backslash b, c, \epsilon, \epsilon, \epsilon, a, \epsilon, \epsilon, \epsilon, t, \epsilon$$

最终，模型通过最大化所有这些合理序列的输出概率之和来进行训练。

CTC 方法聚焦于一个输入序列（如语音序列）到一个输出序列（如单词序列）的结果，只关心模型预测的输出序列是否与真实序列接近（相同），而不用关心所预测输出序列中的每个结果在某些时间点上是否与输入的序列正好对齐。

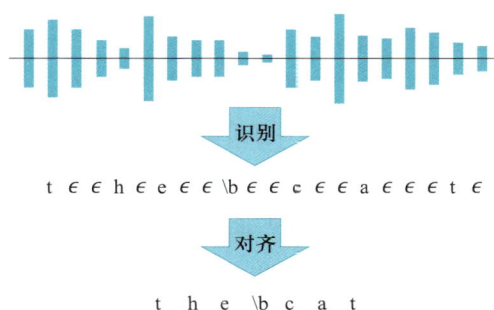

识别

t ε h ε ε ε \b ε c ε ε a ε ε ε t ε

对齐

t h e \b c a t

图 10.13　连接时序分类模型的语音识别过程

10.4.2　语音合成技术

语音合成（speech synthesis）是一种通过机器合成人声的技术。将文本转换为声学特征的系统称为声学模型（acoustic model），将声学特征输入转换为音频输出的系统则称为声码器（vocoder），完整的从文本到语音的转换系统称为 TTS（text-to-speech）系统。

1. 基于拼接的语音合成

最传统的语音合成方法通过将预录制的语音片段拼接在一起，以形成完整的语音。由于原始音频来自真人的录制，因此合成的语音通常具有较为真实的发音效果。但是，这类方法往往缺少语音、语调之间的自然变化，且在语音连贯性上有所欠缺。基于拼接的合成方法又根据基本单位的不同分为三种主要类型：① 单元选择合成，其将每段录音按照音素、音节、单词、短语或句子划分记录为不同粒度的单元，在合成过程中从数据库中寻找最佳单元链进行拼接；② 双音素合成，其建立一个由语言中所有双音素结构发音组成的最小数据库，所有的合成都用最小的基本单元拼接完成；③ 特定领域合成，其将预录制的单词和短语连接起来创建完整的话语，常见于各种固定播报系统中。

2. 基于隐马尔可夫链的语音合成

隐马尔可夫链模型同样被用于语言合成领域（Falaschi et al., 1989）。在语言合成任务中，语音的频谱（声道）、基频（声源）和持续时间（韵律）都由 HMM 进行统一建模，最终根据最大似然准则生成输出波形。

基于隐马尔可夫链的语音合成方法的主要流程包括文本预处理、音素划分、上下文相关性建模、参数生成和声码器合成等步骤。其中，上下文相关性建模是核心，它通过引入上下文信息来提高语音合成的自然度和准确度。

3. 基于神经网络的语言合成

随着深度学习相关技术的进一步发展，以神经网络为核心的语音识别技术目前也逐渐成为主流。

不同于常规的序列数据，声音数据的一个显著特点是长度极长，如电话音质音频数据的采样率是 8 000 帧每秒。2016 年，首个基于神经网络的声码器模型 WaveNet（Oord et al., 2016）使用了层次化的膨胀卷积（atrous convolution），使得模型的感受野能以指数级速度扩张，解决了生成超长语音序列的难题。

2017 年，Tacotron（Wang et al., 2017）使用 RNN 模型实现了基于神经网络的语言模型，后续的 Tacotron 2 进一步与 WaveNet 结合，实现了完全端到端训练的基于神经网络的 TTS 系统。

然而，传统基于序列 – 序列的深度学习模型在进行合成时必须按序以自回归方式逐帧生成合成音频，这使得合成的实时性大打折扣。为了解决这一问题，全并行非自回归架构合成模型 FastSpeech（Ren et al., 2019）被提出。FastSpeech 利用了文本和语音单调对应的性质，通过长度适配模块预测并控制语音速度和韵律，可并行完成语音合成。如图 10.14 所示，短句 the cat 中的每个字母根据 "3, 2, 3, 3, 3, 4, 2" 的要求被扩充，然后对扩充后的序列进行处理，合成得到对应的语音结果。从图中可见，输入序列的每一帧均与输出序列的每一帧一一对应，因此可对整个序列进行并行处理，而不像序列 – 序列任务的输出需要自回归地依序预测。

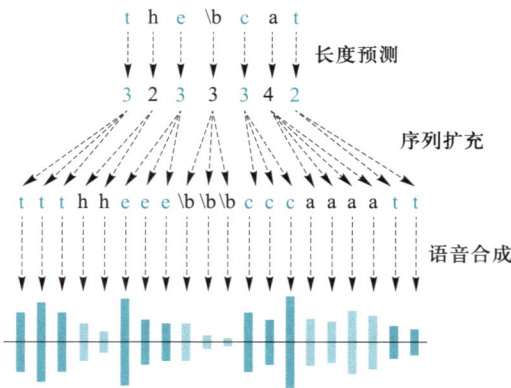

图 10.14   非自回归模式下的语音合成

上述方法需要用到音频短时帧（音素）与文本字符级别的对齐信息，导致人工标注成本非常高。为了解决这一问题，FastSpeech 使用预训练的基于 Transformer 的自回归语音合成模型，通过自回归模型中文本和语音序列的互注意力矩阵信息，自动生成音素和字符级别之间的对齐标注信息，用于非自回归模型的训练。

10.5　科学计算

科学计算

近年来，科学智能（AI4Science）成为机器学习和自然科学的一个重要交叉领域。将深度学习模型作为科学计算的一个模拟器，利用现有的数学物理方程对模拟的结果进行约束和训练，成为将机器学习应用于自然科学研究的一种新方式。

科学智能具有两个显著特点：首先，数据本身来源于采样与模拟，因此需要的额外标注信息较少，数据的规模取决于模拟所消耗的计算开销；其次，训练完成的深度学习模型在新数据上的计算速度相比传统数值方法大幅度提升，甚至高出几个数量级（Huerta et al.，2021）。如图 10.15 所示，知识与数据在科学智能中相辅相成（Karniadakis et al.，2021），通过数据驱动与知识引导相结合的方式，人工智能方法能够解决大量科学问题。

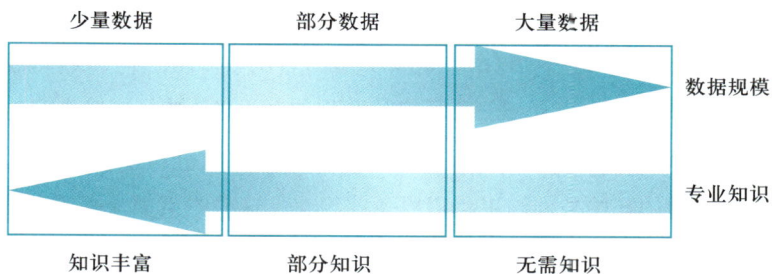

图 10.15　科学计算中的数据与知识

在这种知识与数据结合的科学研究新范式下，无论是物理仿真（List et al.，2022）、化学合成（Guan et al.，2020）、蛋白质结构预测（Jumper et al.，2021）等基础科学问题，还是药物虚拟筛选（Martin et al.，2019）、新材料合成（Raccug.ia et al.，2016）、天气预测（Ravuri et al.，2021）等应用科学问题，都在机器学习的帮助下开拓了新的研究道路，找到了新的解决思路。

本节主要介绍科学计算中常用的深度学习模型——物理约束下的神经网络（physical informed neural networks，PINN）等将专业知识引入深度学习模型的方法，并简单列举了物理、化学、生物领域中深度学习模型发挥的作用。

1. 物理约束下的神经网络

微分方程是描述某一函数及其导数之间关系的数学方程，常常被用作复杂系统的数学模型，例如波动方程、热传导方程等。

如图 10.16 所示，物理约束下的神经网络由 Raissi 等人在 2017 年提出，其用一个神经网络拟合微分方程的解函数，以数据与物理驱动的方法解决非线性偏微分方程的求解问题（Raissi et al.，2017）。

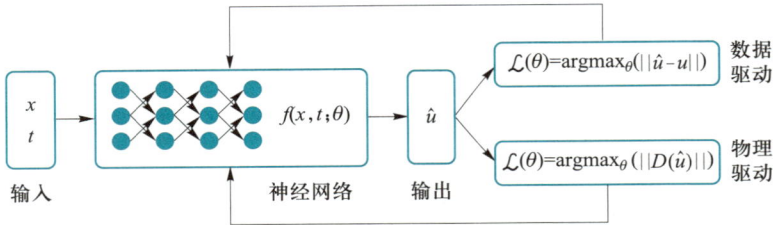

图 10.16　神经网络求解偏微分方程的两种范式

任意给定一个微分方程 $D(u)$，其初始条件（initial conditions，IC）和边界条件（boundary conditions，BC）等约束可如下定义：

$$\begin{cases} \mathcal{N}\left(t, x; u\left(t, x; \theta\right)\right) = 0, & t \in [0, T], \ x \in \Omega \\ \mathcal{I}\left(x; u\left(0, x; \theta\right)\right) = 0, & x \in \Omega \\ \mathcal{B}\left(t, x; u\left(t, x; \theta\right)\right) = 0, & t \in [0, T], \ x \in \partial\Omega \end{cases}$$

上式中，$u(t, x; \theta)$ 表示微分方程的解，θ 是神经网络拟合的近似解参数，$\mathcal{N}(\cdot)$ 表示包含线性或非线性时间微分和空间微分的微分算子，$\mathcal{I}(\cdot)$ 和 $\mathcal{B}(\cdot)$ 分别表示该微分方程的初始条件约束和边界条件约束，这些约束通常来源于物理模型，蕴含了任务相关的物理知识。

PINN 可同时从数据和知识两个维度训练用于拟合微分方程解函数的神经网络，其训练目标可以分为如下四个部分：

$$\mathcal{L}(\theta) = w_{\text{PDE}}\mathcal{L}_{\text{PDE}}(\theta; \mathcal{T}_u) + w_{\text{IC}}\mathcal{L}_{\text{IC}}(\theta; \mathcal{T}_i) + w_{\text{BC}}\mathcal{L}_{\text{BC}}(\theta; \mathcal{T}_b) + w_{\text{Data}}\mathcal{L}_{\text{Data}}(\theta; \mathcal{T}_d)$$

根据微分方程约束可得微分算子损失：

$$\mathcal{L}_{\text{PDE}}(\theta; \mathcal{T}_u) = \frac{1}{|\mathcal{T}_u|} \sum_{(t,x) \in \mathcal{T}_u} \| \mathcal{N}\left(t, x; \hat{u}\left(t, x; \theta\right)\right) \|_2^2$$

初始条件损失：

$$\mathcal{L}_{\text{IC}}(\theta; \mathcal{T}_i) = \frac{1}{|\mathcal{T}_i|} \sum_{x \in \mathcal{T}_i} \| \mathcal{I}\left(x; \hat{u}\left(0, x; \theta\right)\right) \|_2^2$$

边界条件损失：

$$\mathcal{L}_{\text{BC}}(\theta; \mathcal{T}_b) = \frac{1}{|\mathcal{T}_b|} \sum_{(t,x) \in \mathcal{T}_b} \| \mathcal{B}\left(t, x; \hat{u}\left(t, x; \theta\right)\right) \|_2^2$$

根据有标注的数据样本可以计算真实数据损失：

$$\mathcal{L}_{\text{Data}}(\theta; \mathcal{T}_d) = \frac{1}{|\mathcal{T}_d|} \sum_{(t,x) \in \mathcal{T}_d} \| u - \hat{u}(t, x; \theta) \|_2^2$$

其中，w_{PDE}、w_{IC}、w_{BC} 和 w_{Data} 分别表示微分算子、初始条件、边界条件和真实数据损失的权重，$\mathcal{T}_u$、$\mathcal{T}_i$ 和 $\mathcal{T}_b$ 分别表示在微分算子、初始条件、边界条件的自变量范围内采样得到的残差点集，$\mathcal{T}_d$ 表示来自现实世界的标注数据点集，其数据标签为 u。

在实际应用中，有了微分方程和约束函数所描述的物理知识，只需在定义域范围内进行采样，即可推算出物理驱动下的模型损失函数，进而在只需要少量真实标注数据或不需要标注数据的场景下也能完成科学问题的求解。

除此之外，PINN 的物理约束大大增强了深度学习的稳定性和可靠性，在可靠的物理约束下，模型预测的结果将遵从基本的物理定律，避免了无效结果的产生，因此 PINN 能被广泛应用于分子动力学模拟、流体力学模拟等领域。

2. 引入专业知识的其他方法

除了 PINN 这种通过数理方程约束引入专业知识的方式外，利用领域知识对模型结构进行定制化设计，也能使深度学习模型在科学计算问题中有更好的表现。

例如，化学分子本身就是一种无向图结构的数据，构成分子的各个原子可以视为图的结点，而原子之间形成的化学键可以认为是图的边，因此，能够对图结构进行编码的图神经网络（graph neural networks, GNN）与化学分子相关的任务非常契合。在图神经网络的帮助下，人工智能模型在分子性质预测（Fang et al., 2022）、分子设计（Shi et al., 2020）、化学反应预测（Guan et al., 2020）等领域都表现出了出色的性能。

相比于传统实验的方法，利用深度学习模型的方法节约了大量的人力物力，大大降低了新药发现、新材料设计等领域的成本。

自监督训练也是引入专业知识的一种有效手段。利用专业知识设计合理的自监督训练任务，可以帮助模型从弱标注数据或无标注数据中学习专业知识，并将这些知识蕴含在模型的参数中。自监督训练任务的设计一方面要融合专业知识以符合当前任务的需求，另一方面也要保证训练数据容易获得。在解决了蛋白质结构预测这一世纪难题的 AlphaFold 模型（Jumper et al., 2021）中，多序列比对（multiple sequence alignment, MSA）中的掩码恢复被作为训练任务之一。此外，在药物－蛋白质相互作用预测模型 Uni-Mol（Zhou et al., 2023）中，模型也将人工构造的分子动力学模拟中间结果作为训练数据。

科学计算作为一种全新的科学发现工具，已经在众多科学研究领域崭露锋芒，这种数据驱动与知识引导相结合的深度学习模式，也将引领人工智能在更多领域应对更多前所未有的挑战。

10.6　跨媒体智能

"兼听则明、偏听则暗"，现实生活中，每个人通过听觉、视觉和触觉等手段对所处环境中的各种信息进行融合处理，达到"眼观六路、耳听八方"的效果，体现了人脑指挥不同媒体数据，协同完成感知、认知、决策、行动和控制等"大合唱"任务，这就是跨媒体计算。

1976 年，英国萨里大学（University of Surrey）心理学家哈里·麦格克（Harry McGurk）和约翰·麦克唐纳（John MacDonald）发现了一个有趣现象：在一段视频中，配音演员在没有改变表演者口型的前提下，将表演者用嘴巴发音的一个音节有意用另外一个不同音节来代替，也就是说，将相互不匹配的口型和音型"硬揉"在一起。然后，将这一"硬揉"在一起的音视频播放出来让志愿者观看，结果志愿者声称听到的音节既不是表演者发音的音节，也不是配音演员发音的音节，而是一个全新的音节。在这个实验中，未改变口型的视觉信息和更改过的听觉信息合并在一起，让志愿者听到了一个全新的声音，确实给人以"闻其音、见其颜、悟错意"的感慨，这个过程叫作"麦格克效应"（McGurk effect）。

"麦格克效应"是大脑对来自眼睛和耳朵所提供的矛盾信息的一种猜测结果，验证了人类对于外界信息，需要对听觉和视觉等不同感官信息进行整体处理后才能正确理解，任何感官信息的缺失或不准确将导致大脑对外界信息的理解产生偏差。当人们感知的视觉信息和听觉信息相互矛盾时，对这些信息理解的结果既不符合视觉信息也不符合听觉信息。

当前，文本、图像和视频等不同类型的媒体数据紧密耦合，以跨媒体这一形式从不同侧面表达高层语义，对不同类型媒体数据之间模态互补的机理进行探究，挖掘其语义关联，实现其内容跨越，从而克服"异构鸿沟"和"语义鸿沟"，是"跨媒体计算"要解决的核心问题（吴飞等，2010）。

为了达到这一目的，统计关联建模（如典型相关性分析及其扩展）、概率图模型（如隐狄利克雷分布模型）等方法被采用。在这些方法中，一般通过底层特征或单词词袋来学习不同模态数据之间的关联，或通过隐狄利克雷分布来刻画不同媒体数据之间在主题这一隐性结构层面的关联。随着深度学习这一"端到端特征学习"在自然语言、视觉等领域得到成功应用，深度学习也被用于学习不同类型媒体数据之间的关联，出现了 Deep CCA（canonical correlation analysis，典型相关分析）、多模态玻尔兹曼机、多模态自编码机等方法，这些方法较好弥补了早期基于手工构造特征进行跨媒体关联学习的不足。

不同于传统的逻辑推理，综合推理是一种生成式推理，其借鉴了人类认知方式中形象思维的理念（潘云鹤，1996）。在综合推理中，一个综合推理场由一系列相关的部件与这些部件在综合推理场中的场强共同定义。综合推理场将原来点到点离散的逻辑推理，松弛到连续变化的场空间中，是一种典型的生成式模型，具有天然的想象力与模糊推理的能力。

跨媒体计算与综合推理相互结合，可从一种类型数据陈述的若干已知判断（前提）出发，推断出由另一类型数据陈述的若干结论，如跨媒体检索、图文生成、图像（视频）问答和音乐驱动视频生成等。这些研究重点围绕如何打通逻辑、语言、听觉和视觉等之间的异构鸿沟而展开，以在不同类型数据之间形成深层次的推理。

10.7　机器人控制

机器人（robot）包括一切模拟人类行为、思想或模拟其他生物的机械，如应用于车间生产、涂装和焊接的机械臂，应用于货物分派运输的轮式机器人，应用于科学研究和人机交互的仿人机器人等。广义的机器人还包括无实体的自动化设施程序，如语音聊天机器人等。

机器人中的行为控制

第一台通用移动机器人 Shakey 于 1972 年在斯坦福大学面世，配有用于规划（planning）的无线电天线、板载逻辑、相机控制单元，用于感知（detection）的距离传感器、电视相机、碰撞检测器，用于动作（acting）的脚轮、驱动电机和驱动轮。近年来，越来越多的机器人产品被众人所知，如美国波士顿动力公司（Boston Dynamics）的仿人机器人 Atlas、动力平衡四足机械狗 BigDog，以及美国特斯拉公司（Tesla）的 Tesla Bot 等。

研制机器人是一项复杂的系统工程，涉及机械、电子、控制、人工智能等多学科交叉领域。机器人技术按模块可分为感知、规划和操作（manipulation）三个主要模块（Thrun，2002）。人工智能特别是深度学习技术在计算机视觉领域的蓬勃发展，大大促进了机器人向智能化和通用化迈进。概括而言，人工智能在机器人技术中的应用涉及方方面面，一些典型的应用包括医疗服务机器人（healthcare）、农业机器人（agriculture）、工业自动化机器人（automotive process）、仓储和物流机器人（warehousing）、仿人机器人（humanoid）、水下机器人（automated underwater vehicles）等，如图 10.17 所示。

传统机器人的诸多任务可大致归类为导航（navigation）和操作。典型的经典机器人完成一项任务的流程（pipeline）如图 10.18 所示。

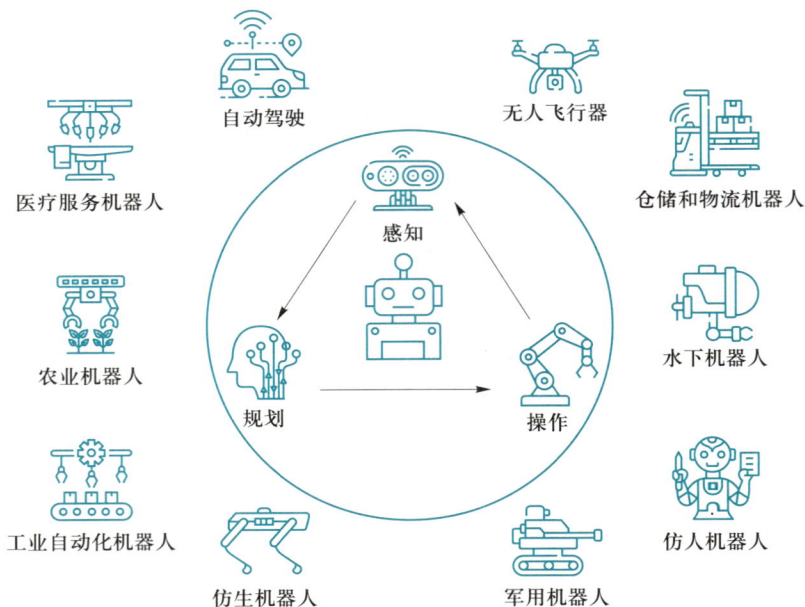

图 10.17　不同类型的机器人

图 10.18　机器人完成任务的基本流程

　　机器人通过多种传感器（sensor）得到对环境（environment）的感知，进而得到对智能体和环境的状态估计（state estimation），根据具体任务和规划算法实现基本的规划，进而调动低阶控制器控制机器人的自身机械结构、操作单元（manipulator）执行相应动作，最后通过一系列高阶控制器（controller）实现整体状态控制直到完成任务（Lynch et al.，2017）。

　　由于机器人在处理真实世界任务时要面临诸多挑战，如环境部分可感知、复杂系统难以精确控制、环境和环境－智能体（environment-agent）交互难以建模等。以学习为基础（learning-based）的人工智能算法可在不同任务中的任一阶段介入，大大降低机器人处理复杂任务的难度。

1. 机器人操作任务

　　以机器人操作中的机械臂物体抓取为例，通常需要机器人通过多种感知设备和传感器得到感知图像（observed images），进行状态估计得到物体的姿态（6 DoF pose），将图像中识别的物体位置和姿态转化为真实世界中的坐标（coordinates），通过机械臂控制算法规划机械臂和末端夹具进行抓取动作（grasp motion planning），以完成任务。

机器人操作任务流程如图 10.19 所示。

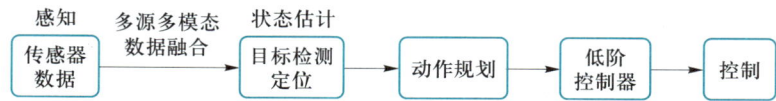

图 10.19　机器人操作任务流程

机器人通常通过多源传感器获得不同形式的感知数据：单目相机和多目相机（camera）获得图像信息，深度相机获得含有深度距离特征的图像，激光雷达（LiDAR）获得物体和环境的三维点云信息，毫米波雷达（radar）获得物体的位置、速度、到达角度（angle of arrival，AoA）和热力图（heatmap），惯性测量单元（inertial measurement unit，IMU）获得物体的三轴姿态角度及加速度，GPS 获得机器人自身定位位置、速度等信息。获得感知数据后，通过计算机视觉中的图像检测、识别、定位和姿态估计算法（Szeliski，2022）感知机器人周围环境。随后，将多源多模态信息应用于传统融合算法或深度学习方法进行数据融合，估计机器人在环境中的状态。

在得到环境、机器人和目标物体的状态估计后，需要进行动作规划来生成路径（path）和轨迹（trajectory），指导机器人及其执行机构进行动作。常见的动作规划方法包括状态完全可建模的控制方法、基于采样的方法（如快速扩展随机树算法，也称 RRT 算法）、非线性最优控制等（LaValle，2006）。得到智能体移动的路径规划，进而就可以通过低阶控制器控制机械臂、末端操作单元和机器人自身移动以完成任务。

2. 机器人导航任务

机器人的导航任务强调机器人整体和环境的交互，机器人通过传感器的数据对周围世界的环境和状态进行感知，建立真实世界模型（world model），通过动作（action）改变自身和环境的状态得到奖励，循环迭代，如图 10.20 所示。

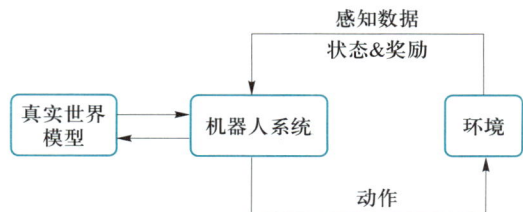

图 10.20　机器人导航任务示意

以机器人导航中的室内定位和移动为例，导航任务流程通常需要机器人通过前述感知设备得到感知图像后，进行建图（mapping）以得到空间的重建信息，最终通过路径规划（path planning）完成任务。

传统的路径规划需要在建图后重建的空间中得到有障碍物的配置空间（configuration

space），结合初始状态（initial configuration）和目标状态（goal configuration）得到可行状态轨迹（feasible state trajectory），实施轨迹移动（trajectory execution），最后通过动作与环境实现交互（Sutton et al.，2018）。

除传统的规划算法外，强化学习方法与机器人的路径规划联系非常紧密。端到端的学习算法通过将传统方法中建图到规划部分用神经网络代替，助力机器人在特定目标指引下与环境进行交互，如图 10.21 所示。

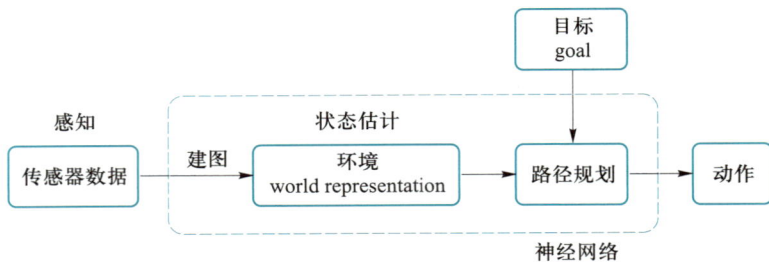

图 10.21　机器人强化学习

10.8　小结

德国数学家大卫·希尔伯特（David Hilbert）在 20 世纪初提出的 23 个数学问题开启了"可计算思想"研究。大卫·希尔伯特去世时，仍然有很多问题尚未解决，在他的墓碑上用德文刻下了"我们必须知道，我们必将知道"这句话。我们相信，"可认知"乐观主义态度将鼓舞人工智能研究者和实践者不断推动对人工智能的无尽探索。

如今，人工智能犹如历史上蒸汽机、电力、计算机和互联网等通用技术一样，正深刻地以史无前例的速度改变着人类社会和经济发展，在语言基础模型（大模型）、自然语言中的机器翻译、图像分类与视觉对象定位、语音识别与合成、科学计算、跨媒体智能和机器人控制等领域为释放人类创造力和促进经济增长提供了巨大机会。

延伸阅读：人工智能效应之奇怪悖论

图灵奖获得者麦卡锡曾经自嘲到：一样东西一旦用人工智能实现了，人们就不再叫它人工智能了（as soon as it works, no one calls it AI any more），因为这只是计算。这被称为人工智能效应（AI effect）或奇怪悖论（odd paradox）。

"社会一旦有技术上的需要，则这种需要就会比十所大学更能把科学推向前进。"人工智能天然具有应用驱动特点，具有增强任何领域的技术的潜力，是类似于内燃机或电力的一种"使能"技术（enabling technology）。人类历史上曾出现过蒸汽机、电力、计算机、半导体和互联网等通用目的技术（general purpose technologies）。这些通用目的技术具有普遍适用性、动态演进性和创新互补性等特点。通用目的技术是使能技术，但不是完整的最终解决方案。瓦特在 1768 年改良了蒸汽机，使得蒸汽机与纺织、交通和冶金等工业紧密结合，直至百年后，蒸汽机对劳动生产率的贡献才达到顶峰，机械动力迅速取代了人力、风力、水力和畜力，推动人类迈入工业革命时代。美国历史学家斯塔夫里亚诺斯（Leften Stavros Stavrianos）在《全球通史》一书中赞誉"蒸汽机的历史意义，无论怎样夸大也不为过"。

人工智能也应如此，只有与农业、制造、经济、运输和医疗等领域紧密结合，才能发挥很强的"头雁效应"，推动人类社会迈向智能化时代。

1911 年，梁启超写过一篇文章《学与术》，其中有一段写道："学也者，观察事物而发明其真理者也；术也者，取所发明之真理而致诸用者也。"对人工智能理论与模型的研究与让人工智能赋能社会两者息息相关，相互促进。

"其作始也简，其将毕也必巨。"人工智能 1956 年从达特茅斯启航，如今正在对经济发展、社会进步产生重大而深远的影响，以润物细无声之势潜入寻常百姓家，"凡贵通者，贵其能用之也"。

本章参考文献

附录 A

进阶知识点

　　为了更加全面了解人工智能，计算机领域本科教育教学改革试点工作计划（简称"101计划"）"人工智能引论"课程组按照"厚算法基础、养伦理意识、匠工具平台、促赋能应用"的培养目标，设置了由 10 个模块及 63 个知识点构成的课程知识图谱，在 63 个知识点中包含了若干进阶知识点。

　　由于进阶知识点内容较为复杂，本书以"卡片式"风格来介绍 Ada Boosting 算法、非负矩阵分解、主题建模、隐马尔可夫模型、朴素贝叶斯概率图模型、生成式对抗学习、图神经网络和多智能体博弈等进阶知识点。在介绍中先阐述相应知识点拟解决的问题，然后概略介绍知识点的内容。关于进阶知识点的算法核心流程及用来解决实际问题的示例内容，可访问相关数字资源进一步了解。

附录 A.1 Ada Boosting 算法

问题提出：对于一个复杂的分类任务，是否可以将其分解为一系列子任务，通过设计一系列仅能完成对应子任务的"弱模型"，然后将这些"弱模型"组合起来形成"强模型"？

Ada Boosting（自适应提升）算法通过集成（ensemble）手段来达到提升（boosting）算法性能的目的。该算法的核心思想是（Freund et al., 1996）：对于一个复杂的分类任务，可将其分解为若干个子任务，然后将若干个子任务综合构建到一起，最终完成该复杂分类任务。由于每一个子任务只能完成整体任务的"部分"，因此是一个弱分类器（weak classifier），将若干个弱分类器组合起来，就形成了一个强分类器（strong classifier），从而可完成复杂分类任务。这里，所谓弱分类器是指那些错误率略低于 50% 的算法。

这种思想古代哲人有所提及，如"能用众力，则无敌于天下矣；能用众智，则无畏于圣人矣"（《三国志·吴志·孙权传》），以及"积力之所举，则无不胜也；众智之所为，则无不成也"（《淮南子·主术训》）。

Ada Boosting 算法可将一系列弱分类器组合起来，从而将其提升构成一个强分类器。Ada Boosting 算法需要解决两个核心问题：① 在每个弱分类器的学习过程中，如何提高在上一轮中被错误分类样本的权重，即关注目前尚未被正确分类的样本；② 如何将一系列弱分类器组合成强分类器，给分类误差小的弱分类器赋予更大权重，同时降低分类误差大的弱分类器的权重。

进阶阅读：

FREUND Y, SCHAPIRE R E, 1996. Experiments with a new boosting algorithm[C]// Proceedings of the Thirteenth International Conference on International Conference on Machine Learning (ICML'96). San Francisco: Morgan Kaufmann Publishers Inc.: 148−156.

附录 A.2 非负矩阵分解

问题提出：对图像像素点矩阵、单词 – 单词共生矩阵或用户 – 商品点击矩阵进行分解时，是否可以保证分解结果的"物理可解释"，如像素点色度值、单词共生概率或用户 – 商品点击频率不能为负数？

非负矩阵分解（non-negative matrix factorization，NMF），顾名思义，即将非负的大矩阵分解成两个非负的小矩阵。该方法于 1999 年由 Lee 和 Seung 发表于《自然》（*Nature*）上（Lee et al.，1999）。矩阵分解的一般目标为将原始矩阵 D 表示为矩阵 W 和矩阵 H 相乘的形式，即 $D = WH$。在很多实际情况中，在分解过程中需要保证分解得到的矩阵中的每个行列的取值均为非负值。

令人惊奇的是，对若干非负矩阵分解结果进行观测，发现分解结果具有"对整体的感知是由对组成整体的部分进行感知而构成的（纯加性的）"这一特点，即"部分组成整体"（part-of-the-whole）。这也符合直观的理解：整体是由部分组成的。该算法要求分解后的所有分量均为非负值（即纯加性描述），并且同时实现非线性的维数降维。

进阶阅读：

LEE D D, SEUNG H S, 1999. Learning the parts of objects by non-negative matrix factorization [J]．Nature, 401(6755): 788–791.

附录 A.3   主题建模

问题提出：给定一篇严肃或活泼的文章，是否可以计算挖掘出这篇文档蕴含的主题呢？如果能够让万千单词背后的主题显山露水，就可以知道每个单词在文章中因何而生、因何而聚，从而使对文档的表达从浅薄的单词词袋表达，跨越到内涵式的主题词袋表达。

给定包含若干单词的文章语料库，可以用单词词袋（bag of words）来表示每一篇文章。但是，这一表示方法忽略了文章语料库中所蕴含的主题（topics）。因此，一个直观的想法是挖掘单词 – 单词、单词 – 文档和文档 – 文档中所蕴含的主题，通过主题词袋（bag of topics）来分别表示单词和文档，将单词和文档映射到主题这一隐性空间，从单词词袋跨越到主题词袋，这一方法称为主题建模（topic modeling）。主题建模是一种对数据进行分析、理解、组织和索引的有效方法，这里介绍其中代表性的方法——隐性语义分析（latent semantic analysis/indexing，LSA/LSI）（Deerwester et al.，1990）。

隐性语义分析方法的基本思想是综合考虑某些单词在哪些文档中同时出现，以此来决定该单词的含义及与其他单词的相似度。隐性语义分析先构建一个单词 – 文档（term-document）矩阵，进而寻找该矩阵的低秩逼近（low rank approximation），以挖掘单词 – 单词、单词 – 文档及文档 – 文档之间的关联关系。

隐性语义分析就是这样的一种技术，它通过对由大规模文本语料库构建的单词 –

文档矩阵进行分解，来挖掘隐藏在海量文本中的上下文关联关系。

进阶阅读：

DEERWESTER S, DUMAIS S T, FURNAS G W, et al., 1990. Indexing by latent semantic analysis [J]. Journal of the American Society for Information Science, 41(6): 391-407.

附录 A.4　隐马尔可夫模型

问题提出：古人云"授之以鱼，不如授之以渔"，是否可以设计一个模型，以概率形式来推断"昨天、今天和明天"等这样存在前后依赖变量之间的关系？更进一步，观测变量所刻画的"真谛"往往会被纷杂数据隐而藏之，因此需要在观测数据和预测结果之间增添一个"隐式状态"来作为桥梁以打通"任督二脉"，这就是隐马尔可夫链中"隐"的来源。隐马尔可夫模型提供了一种对语音等时序数据进行分析和处理的强大工具。

起源于 20 世纪 60 年代末的隐马尔可夫链，由于其坚实的数学基础，被广泛用于信号处理领域（Rabiner, 1989）。在时刻 T 内，为了完全描述这个随机时序序列，在每个时刻 t，就要知道当前状态和它之前所有状态的信息。也就是说，如果时刻 t 系统位于状态 q_t，为了知道系统在时刻 t 的所有信息，还需要知道系统在时刻 t 前所有状态的情况。这样描述的动态随机过程虽然十分精确，但是计算量相当惊人，同时也是不必要的，因为当前状态至多和前面有限个状态相关，而不是和前面所有的状态相关。这种当前状态与至多前面有限个状态相关的假设构成了隐马尔可夫随机过程的基础。

一阶离散隐马尔可夫链描述了如下所示的随机时间序列：

$$P[\,q_t = j\,|\,q_{t-1} = i,\ q_{t-2} = k,\ \cdots\,] = P[\,q_t = j\,|\,q_{t-1} = i\,]$$

这里，任何时候，当前状态 q_t（状态 j）只与前面相邻的一个状态 q_{t-1}（状态 i）有关，而与其他状态无关。因此，一阶离散隐马尔可夫链又叫作"无记忆随机过程"。另外，假定两个相邻状态 q_{t-1} 和 q_t 发生转换的概率 a_{ij} 与时间无关，也就是说，这种转换概率一旦用样本数据训练好，就不再随时间发生变化，即

$$a_{ij} = P[\,q_t = j\,|\,q_{t-1} = i\,],\ 1 \le i,\ j \le N,\ a_{ij} \ge 0,\ \forall i,\ j$$

其中，N 是系统中状态总数，并且满足如下所规定的标准随机约束条件：

$$\sum_{j=1}^{N} a_{ij} = 1,\qquad \forall i$$

上述所描述的随机过程又叫作可观测马尔可夫过程（observable Markov process），

因为每个时刻的随机变量就是状态本身。如在时刻 T 内得到的随机变量序列是 $(q_1 q_2 \cdots q_t \cdots q_T)$，这里 $q_t \in \{s_1, s_2, s_3, s_4\}$（$1 \leqslant t \leqslant T$），也就是每个 q_t 就是状态集合中的一个状态，因此得到的随机变量序列就是状态序列。隐马尔可夫过程所谓的"隐"，是指得到的随机变量序列不是状态序列，要从随机变量序列得到状态序列，需要进行其他的变化运算。

需要指出的是，马尔可夫过程并不一定要求当前状态只能与前一个状态相关，而与其他状态不相关。如果当前状态与前面两个状态相关，则称这种模型为二阶马尔可夫过程。如果当前状态与前面 n 个状态相关，则称为高阶马尔可夫过程（high-order Markov）。由于一阶以外的马尔可夫过程模型复杂，计算量大，不容易优化，因此在实际中很少得到应用推广。

进阶阅读：

RABINER L R, 1989. A tutorial on hidden Markov models and selected applications in speech recognition [J]. Proceedings of the IEEE, 77(2): 257–286.

附录 A.5　朴素贝叶斯概率图模型

问题提出：古代"烽火戏诸侯"故事说明了一个人在进行决策时既依赖于当前情势（似然概率），又依赖于已有经验（先验概率），如当前狼烟四起意味着边关战事已起的似然概率很大，但从已有经验又可知周幽王戏弄诸侯的概率很大（即边关有战事的先验概率低），于是狼烟四起意味着战事爆发的概率就不大了。这个故事中的概率推理就是贝叶斯定理，即后验概率等于先验概率与似然概率的乘积。朴素贝叶斯则在计算后验概率中要求所观测变量之间相互条件独立，即互不影响。因此这里的朴素（naive）可理解为观测变量之间没有关联、简简单单、朴素万分。

假设样本集为 $D = \{(\boldsymbol{x}_i, y_i)\}_{i=1}^{n}$，样本 $\boldsymbol{x}_i \in \mathbb{R}^d$ 的类别标签为 y_i。其中，y_i 的取值范围是 $\{C_1, C_2, \cdots, C_K\}$，即共有 K 类样本。

显然有 $P(\boldsymbol{x}_i, y_i) = P(y_i) P(\boldsymbol{x}_i \mid y_i) = P(\boldsymbol{x}_i) P(y_i \mid \boldsymbol{x}_i)$，因此有

$$P(y_i \mid \boldsymbol{x}_i) = \frac{P(y_i) P(\boldsymbol{x}_i \mid y_i)}{P(\boldsymbol{x}_i)}$$

在朴素贝叶斯中，由于假设样本 $\boldsymbol{x}_i \in \mathbb{R}^d$ 中每一维特征相互独立，因此 $P(\boldsymbol{x}_i \mid y_i) = \prod_{j=1}^{d} P(x_{ij} \mid y_i)$。

这样，将 $\boldsymbol{x}_i$ 分类为类别 C_i 的概率如下计算：

$$P\left(C_i \mid \boldsymbol{x}_i\right)=\frac{P\left(C_i\right)\prod\limits_{j=1}^{d}P\left(x_{ij}\mid C_i\right)}{P\left(\boldsymbol{x}_i\right)}=\frac{P\left(C_i\right)\prod\limits_{j=1}^{d}P\left(x_{ij}\mid C_i\right)}{\prod\limits_{j=1}^{d}P\left(x_{ij}\right)}$$

即

$$\underbrace{P\left(C_i \mid \boldsymbol{x}_i\right)}_{\text{后验概率}}=\frac{\underbrace{P\left(\boldsymbol{x}_i\,C_i\right)}_{\text{联合概率}}}{P\left(\boldsymbol{x}_i\right)}=\frac{\underbrace{P\left(\boldsymbol{x}_i\mid C_i\right)}_{\text{似然概率}}\times\underbrace{P\left(C_i\right)}_{\text{先验概率}}}{P\left(\boldsymbol{x}_i\right)}$$

一般地，对于每个类别而言，每个输入数据 $\boldsymbol{x}_i$ 的概率 $P\left(\boldsymbol{x}_i\right)$ 是固定的，因此仅计算分子取值即可。

也就是说，输入数据 $\boldsymbol{x}_i$ 属于类别 C_i 的后验概率等于"似然概率（从类别 C_i 模型中能够产生 $\boldsymbol{x}_i$ 的概率）"与"先验概率（类别 C_i 出现的概率）"之积，选取"似然概率"与"先验概率"乘积最大的取值所对应的类别作为分类结果。这个公式就是著名的贝叶斯公式。似然概率显然"编码"了输入数据被类别模型产生的关系。

泰坦尼克号沉船事件是历史上最为著名的海难之一。1912 年 4 月 15 日，在首次航行期间，泰坦尼克号与一座冰山相撞并沉没，造成船上 2 224 名乘客和船员中有 1 500 多人丧生。虽然幸存与否在某种程度上取决于运气，然而对泰坦尼克号上具有"男性、头等舱、老年、非独自乘船、出发港为 C 港"等不同属性的乘客通过朴素贝叶斯方法分析可知，乘客的不同属性与最后是否幸存之间存在一定程度的相关性。

进阶阅读：

BAYES T, 1763. An essay towards solving a problem in the doctrine of chances [J]. Philosophical Transactions, 53: 370−418.

附录 A.6　生成式对抗学习

问题提出："以子之矛，攻子之盾"形象表示了攻击方和防卫方之间此消彼长、永不止息、频繁转换的循环过程。是否存在一种算法能够让模型在自我博弈中不断演化进步？生成式对抗学习就是这样一种方法，让生成网络和判别网络相互博弈进行学习，以增强模型的稳健性，避免输入值小的波动造成输出值大的波动。生成网络从潜在空间中随机取样作为输入，其输出结果需要尽量模仿训练集中的真实样本。判别网络的输入则为真实样本或生成网络的输出，其目的是将生成网络的输出从真实样本中尽可能分辨出来，而生成网络则要尽可能地欺骗判别网络。两个网络相互对抗，不断调整参数，最终目的是使判别网络无法判断生成网络的输出结果是否真实。

生成对抗网络是由伊恩·古德费洛（Ian Goodfellow）等人于 2014 年提出的一种生成模型（Goodfellow et al., 2014），该模型可视为两个神经网络相互竞争的零和博弈（zero-sum game），"以子之矛，陷子之盾"，最终达到纳什均衡。

生成对抗网络（GAN）由一个生成器（generator，简称 G）和一个判别器（discriminator，简称 D）组成。其核心是通过生成器和判别器两个神经网络之间的竞争对抗，不断提升彼此的水平，以使得生成器所生成的数据（人为伪造数据）与真实数据相似，判别器无法区分真实数据和生成数据。

生成器接收一个简单的噪声并输出一份合成数据，判别器对所接收数据的真实性进行评价，输出一个 0~1 的数值。在模型初始阶段，生成器所产生的合成数据与真实数据之间差异相当明显，因此判别器可以很容易地分辨出真实数据和合成数据。在随后的对抗中，生成器会产生更高质量的合成数据来欺骗判别器，判别器也将会进一步提升能力以区分合成数据和真实数据。如此往复数轮之后，生成器将能够习得真实数据的分布规律，并能够生成与真实数据差别细微的数据。

进阶阅读：

GOODFELLOW I, POUGET-ABADIE J, MIRZA M, et al., 2014. Generative adversarial nets [J]. Advances in Neural Information Processing Systems 27.

附录 A.7   图神经网络

问题提出：随着物联网感知、移动通信、在线服务和科学计算的迅猛发展，工业制造、信息推荐、交通出行和物质合成等应用场景以不同形式不断涌现出海量数据，这些海量数据以图式结构刻画了复杂现象中的演化机制。由亿级结点、百亿级边及众多属性描述所构成的超大规模图具有规模巨大、点边异质（结点千类、边关系百类、属性丰富）、稀疏分布（结点幂律分布）、动态演化（每日交互过亿，节点和边涌现及消逝变化）等特点，如何通过机器学习方法对图中结点及结点所构成的结构进行表示，是图神经网络（graph neural network，GNN）要解决的问题。

近年来，随着图神经网络在各个领域的广泛应用，它成为继网络嵌入（network embedding）后图机器学习的热点。现有的 GNN 大多基于消息传递神经网络（message passing neural network，MPNN）这一计算架构，在图数据结构上进行消息传播和聚合。具体而言，为了得到保留了图中网络拓扑结构和内容信息的结点低维向量表示，以便使用简单的机器学习算法进行结点分类或链接预测等处理，可以采用矩阵分解、随机游走和深度学习等无监督方法。

在 GNN 中，一个结点的低维向量表示通过不断迭代汇聚其邻居结点的表示向量而形成，这一过程分为如下两步：首先从领域结点获取向量表示；接着计算该结点与领域结点的表示向量均值，将表示向量均值作为该结点的表示向量，继续迭代直至收敛。

进阶阅读：

KIPF T N, WELLING M, 2017. Semi-supervised classification with graph convolutional networks[C]//5th International Conference on Learning Representations (ICLR 2017).

附录 A.8　多智能体博弈

问题提出：合作是进化过程的架构师，是人类社会的最大成功。2005 年，在纪念 *Science* 创刊 125 周年之际，科学家们将"合作行为如何进化"列为 21 世纪亟待解决的最为重要的 25 个科学问题之一，这也是不同学科研究者关注的热点。在多智能体博弈场景中，不同智能体通过激励、合作或对抗参与复杂任务。这一思想在中国古代有所提及，如"能用众力，则无敌于天下矣；能用众智，则无畏于圣人矣"（《三国志·吴志·孙权传》），以及"积力之所举，则无不胜也；众智之所为，则无不成也"（《淮南子·主术训》）。

一般采用强化学习来解决多智能体博弈问题，即多智能体强化学习（multi-agent reinforcement learning，MARL）。有两种训练框架可以完成 MARL 任务，即去中心化和中心化。在去中心化框架中，每个智能体的训练独立于其他智能体，其根据局部观测结果来决定所采取的策略。中心化训练框架对所有智能体联合建模，学习一个统一策略函数，该策略函数的输入是所有智能体的联合观测，输出是所有智能体的联合动作。

进阶阅读：

SHOHAM Y, LEYTON-BROWN K, 2008. Multiagent systems: algorithmic, game-theoretic, and logical foundations [M]. Cambridge: Cambridge University Press.

附录 A.9   人工智能体

问题提出：人工智能体（AI agent）是能够感知自身所处环境、自主规划和自我决策并采取行动以完成特定任务的人工智能模型。agent 这一单词的首次使用，可以追溯到被誉为遗传算法先驱的密西根大学的约翰·霍兰（John Holland）和卡耐基－梅隆大学的约翰·米勒（John Miller）于 1991 年合作论文的《经济学理论中的人工自适应智能体》（"Artificial Adaptive Agents in Economic Theory"）。大模型在知识获取、指令理解、泛化、规划和推理方面都表现出了强大的能力，因此大模型支撑下的自主智能体技术被视为迈向通用人工智能（AGI）的一条有前途的道路。

在早期智能体研究中，指导智能体行动的策略往往以启发式规则为主，智能体在与环境交互中逐步完善行动策略。但是，当智能体处于开放环境时，智能体难以按照预设策略开展行动，因此行动结果难以达到类人水平。随着大语言模型（LLM）取得成功，LLM 越来越成为创建自主智能体的核心协调者，对子目标分解的规划模块、以探索与利用为核心的试错（trial and error）反思与迭代完善模块、长期记忆和短期记忆组成的记忆模块、调用外部 API 的工具模块等进行有机协同。人工智能体在科学实验、内容合成和概念验证等方面具有广泛用途。

进阶阅读：

HOLLAND J H, MILLER J H, 1991. Artificial adaptive agents in economic theory [J]. The American economic review, 81(2): 365-370.

附录 B

人工智能知识点演变

为了更好地了解人工智能知识点形成的历史脉络，本附录介绍了在计算机课程体系中人工智能知识点的演变过程、计算机领域本科教育教学改革试点工作计划（即"101 计划"）中"人工智能引论"课程的知识点构成等内容。

附录 B.1　计算机课程体系

为了规范计算机专业课程的教与学，美国计算机学会（Association for Computing Machinery，ACM）于 1968 年和 1978 年发布了计算机科学（computer science）课程体系 Curriculum 68 和 Curriculum 78。1985 年，ACM 和 IEEE 计算机协会（IEEE-CS）针对计算机科学课程体系成立了一个工作组（task force），共同制定计算机科学的课程体系。这个工作组几乎每隔 10 年发布一个新的计算机课程体系，目前已经发布了 Computing Curricula 1991、Computing Curricula 2001、Computer Science Curricula 2013、Computing Curricula 2020 等重要版本。

在 1968 年首次发布的计算机课程体系中，"人工智能与启发式规划"（AI，heuristic programming）这一知识点就已经出现。回顾历史不由让人心生感叹，睿智学者在计算机专业课程体系形成之初就将人工智能作为重要的知识领域，让后来人能够沿着这一跑道犹如马拉松一样"接力前行"。正如 ACM 和 IEEE-CS 联合工作组在 2021 年修订人工智能知识领域及知识点时所指出的：鉴于人工智能与其他领域知识交叉渗透，需要让计算机专业的每个学生都掌握人工智能的基本知识和思维。

1985 年，ACM 和 IEEE 计算机协会联合成立了一个工作组，共同制定计算机课程体系。这个工作组认为，计算机专业是研究信息描述和转换的系统性算法过程，包括理论、分析、设计、效率、执行和应用。同时，工作组提出计算科学的根本问题是"什么可以（有效地）自动化"（what can be efficiently automated）。1991 年，这个工作组发布了计算机课程体系 Computing Curricula 1991。

ACM 和 IEEE-CS 发布的 1991 版课程体系将计算机课程体系分为 11 个知识领域，其中将人工智能与机器人（artificial intelligence and robotics，AI）单列为一个知识领域，这说明人工智能在计算机课程体系中从此成为一个独立的知识领域。在 2001 年版和 2013 年版的计算机课程体系中，"智能系统"这一术语取代了"人工智能与机器人"。1991 版、2001 版、2013 版计算机课程体系的对比如附表 B.1 所示。

附表 B.1　ACM 和 IEEE-CS 发布的 1991 版、2001 版、2013 版计算机课程体系

1991 版（11 个知识领域）	2001 版（14 个知识领域）	2013 版（18 个知识领域）
算法与数据结构（algorithms and data structures）	离散数学（discrete structures）	算法与复杂度（algorithms and complexity）
计算机体系（architecture）	人机交互（human-computer interaction）	计算机体系结构与组织（architecture and organization）

续表

1991 版 （11 个知识领域）	2001 版 （14 个知识领域）	2013 版 （18 个知识领域）
人工智能与机器人 （artificial intelligence and robotics）	编程基础 （programming fundamentals）	计算科学 （computational science）
数据库和信息检索 （database and information retrieval）	图形学与可视计算 （graphics and visual computing）	离散数学 （discrete structures）
人机交流 （human-computer communication）	算法与复杂性 （algorithms and complexity）	图形与可视化 （graphics and visualization）
数字和符号计算 （numerical and symbolic computing）	智能系统 （intelligent systems）	人机交互 （human-computer interaction）
操作系统 （operating systems）	体系与组织 （architecture and organization）	信息保障与安全 （information assurance and security）
编程语言 （programming languages）	信息管理 （information management）	信息管理 （information management）
编程语言导论 （introduction to a programming language）（optional）	操作系统 （operating systems）	智能系统 （intelligent systems）
软件方法学和工程 （software methodology and engineering）	社会问题与专业实践 （social and professional issues）	网络与通信 （networking and communications）
社会、伦理和专业实践 （social, ethical, and professional issues）	网络计算 （net-centric computing）	操作系统 （operating systems）
	软件工程 （software engineering）	基于平台的开发 （platform-based development）
	编程语言 （programming languages）	并行与分布式计算 （parallel and distributed computing）

续表

1991 版 （11 个知识领域）	2001 版 （14 个知识领域）	2013 版 （18 个知识领域）
	计算科学 （computational science）	程序设计语言 （programming languages）
		软件开发基本原理 （software development fundamentals）
		软件工程 （software engineering）
		系统基本原理 （systems fundamentals）
		社会问题与专业实践 （social issues and professional practice）

附录 B.2　计算机课程体系中人工智能知识点

2001 年，ACM 和 IEEE-CS 联合工作组发布了计算机课程体系 Computing Curricula 2001。Computing Curricula 2001 将计算机课程体系分为 14 个知识领域，其中用"智能系统"（intelligent systems）来指代人工智能。在这版计算机课程体系中，人工智能知识领域相关内容被分为智能系统基础、搜索与优化、知识表述和推理、学习、智能体、计算机视觉、自然语言处理、模式识别、先进机器学习、机器人、知识系统、神经网络和遗传算法等 13 个知识点。从这 13 个知识点可以看出，人工智能知识领域内容基本成型。

ACM 和 IEEE-CS 发布的 2001 版和 2013 版人工智能领域所涵盖的知识点如附表 B.2 所示。

附表 B.2　ACM 和 IEEE-CS 发布的 2001 版和 2013 版人工智能领域所涵盖的知识点

人工智能知识领域涵盖的 13 个知识点 （2001 版）	人工智能知识领域涵盖的 12 个知识点 （2013 版）
智能系统基础 （fundamental issues in intelligent systems）	智能基本问题 （fundamental issues）

续表

人工智能知识领域涵盖的 13 个知识点 （2001 版）	人工智能知识领域涵盖的 12 个知识点 （2013 版）
搜索与优化 （search and optimization methods）	搜索策略基础 （basic search strategies）
知识表达和推理 （knowledge representation and reasoning）	知识表示和推理基础 （basic knowledge representation and reasoning）
学习 （learning）	机器学习基础 （basic machine learning）
智能体 （agents）	高级搜索 （advanced search）
计算机视觉 （computer vision）	高级知识表达和推理 （advanced representation and reasoning）
自然语言处理 （natural language processing）	不确定下推理 （reasoning under uncertainty）
模式识别 （pattern recognition）	智能体 （agents）
先进机器学习 （advanced machine learning）	自然语言处理 （natural language processing）
机器人 （robotics）	高级机器学习 （advanced machine learning）
知识系统 （knowledge-based systems）	机器人 （robotics）
神经网络 （neural networks）	感知与机器视觉 （perception and computer vision）
遗传算法 （genetic algorithms）	

　　2013 年，ACM 和 IEEE-CS 联合工作组发布了计算机课程体系 Computing Science Curricula 2013。在 Computing Science Curricula 2013 中，计算机课程体系被称为一个"大篷"（big tent），其知识领域被拓展为 18 个。在这个课程体系中，用来描述人工智能知识领域的"智能系统"包括智能基本问题、搜索策略基础、知识表示和推理基础、机器学习基础、高级搜索、高级知识表达和推理、不确定下推理、智能体、自然语言处理、高级机器学习、机器人、感知与机器视觉等 12 个知识点。

附录 B.3　ACM 和 IEEE-CS 制定的新版人工智能知识点

ACM 和 IEEE-CS 联合工作组从 2021 年开始修订人工智能知识领域及知识点。在这次修订中，ACM 和 IEEE-CS 联合工作组对人工智能知识领域进行了较大幅度修改，出现了如下趋势：

将智能系统（intelligent systems）修改为人工智能（artificial intelligence），以回应目前人工智能这一术语被广泛使用的客观情况。

神经网络和表示学习越来越受到重视，反映了该领域的最新进展。由于搜索在整个人工智能中的关键作用，它仍然被强调，但符号主义人工智能方法略有减少，以增加有关神经网络等内容。

应该越来越重视人工智能在诸多方面的实际应用（如医学、可持续性、社交媒体等）。

关注人工智能技术对社会产生的广泛影响，包括人工智能伦理、公平、可信和可解释等问题。

考虑到人工智能与其他知识领域在实践中的广泛联系，每个计算机科学专业的学生都应有明确目标来培养基本的人工智能素养和批判性思维。

附表 B.3　ACM 和 IEEE-CS 联合工作组正在制定的人工智能知识模块及知识点

知识模块	知识点
基本问题 （fundamental issues）	人工智能问题概述，最近成功的 AI 应用示例；什么是智能行为；图灵测试；理性推理与非理性推理；智能体本质；人工智能的哲学问题
基本搜索策略 （basic search strategies）	问题的状态空间表示；无信息搜索；启发式搜索（爬山，最佳优先搜索，A* 搜索）；搜索算法的空间和时间复杂度；最小最大搜索；alpha-beta 剪枝搜索
基础知识表示和推理 （basic knowledge representation and reasoning）	知识表达类型；概率推理回顾；贝叶斯定理与贝叶斯推理
基础机器学习 （basic machine learning）	机器学习任务的定义和示例；基于统计的监督学习（朴素贝叶斯和决策树）；机器学习优化（如最小二乘回归）；过拟合问题和正则化；机器学习评估；基本神经网络
应用和社会影响 （applications and societal impact）	人工智能在广泛问题和不同领域的应用（如医学、可持续发展、社交媒体等）；人工智能的社会影响

知识模块	知识点
高级搜索 （advanced search）	构建搜索树、动态搜索空间、搜索空间的组合爆炸；随机搜索；模拟退火算法；遗传算法；蒙特卡洛树搜索；实现束搜索（beam search）、最小最大搜索、alpha-beta 剪枝搜索；期望最大搜索（MDP 求解）
高级表示和推理 （advanced representation and reasoning）	命题逻辑和谓词逻辑的回顾（交叉引用 DS/ 基本逻辑）；分辨率和定理证明（仅限命题逻辑）；知识表示问题；描述逻辑；本体工程；非单调推理（例如，非经典逻辑、默认推理）；论证；关于行动和变化的推理（例如，情况和事件演算）；时空推理；基于规则的专家系统；语义网络；基于模型和案例的推理；规划
不确定下的推理 （reasoning under uncertainty）	基本概率回顾；随机变量和概率分布；概率公理；概率推理；贝叶斯法则；条件独立；知识表示；精确推理及其复杂度；随机抽样（蒙特卡洛）方法（如吉布斯采样）；马尔可夫网络；关系概率模型；隐马尔可夫模型；决策理论
智能体 （agents）	智能体定义；智能体结构（如反应、分层和认知）；智能体理论；理性与博弈论；智能体决策理论；马尔可夫决策过程；软件智能体、个人助理；学习智能体；多智能体系统
自然语言处理 （natural language processing）	确定性语法和随机语法；解析算法；CFG 和图表解析器（例如 CYK）；概率 CFG 和加权 CYK；基于语料库的方法；N-gram 和 HMM；自然语言应用示例；词性标注和语言形态学；信息检索；TF-IDF；查准率和查全率；信息抽取；语言翻译；文本分类
高级机器学习 （advanced machine learning）	通用统计学习；参数估计（最大似然）；归纳逻辑程序设计（ILP）；监督学习；学习决策树；学习简单的神经网络 / 多层感知器；支持向量机；集成学习；最近邻算法；深度学习；无监督学习和聚类；半监督学习；学习图模型；性能评估（例如交叉验证和 ROC 曲线）；学习理论；过拟合的问题，维度灾难问题；强化学习；机器学习算法在数据挖掘中的应用
机器人 （robotics）	当前机器人系统（包括传感器和传感器处理等）；机器人控制架构；世界空间建模和世界空间模型；感和控制中的固有不确定性；轨迹规划和环境地图；解释传感器数据中的不确定性；定位；导航和控制；运动规划；多机器人协作
感知和计算机视觉 （perception and computer vision）	计算机视觉；图像采集、表示和处理；形状表示、对象识别和分割；运动分析；音频和语音识别；识别中的模块化；模式识别

附表 B.3 给出了 ACM 和 IEEE-CS 联合工作组正在制定的人工智能知识点，包括基本问题、基本搜索策略、基础知识表示和推理、基础机器学习、应用和社会影响、高级搜索、高级表示和推理、不确定下的推理、智能体、自然语言处理、高级机器学习、机器人、感知和计算机视觉等 13 个模块。

附录 B.4 "101 计划"中人工智能课程知识点体系

2021 年年末，教育部在北京大学启动实施计算机领域本科教育教学改革试点工作（简称"101 计划"）。"101 计划"启动以来，教育部计算机科学类基础学科拔尖学生培养基地建设高校中 15 所高校的 40 余位老师参与了"人工智能引论"课程建设（附表 B.4）。参与建设教师认为人工智能具有多学科交叉综合、渗透力和支撑性强、高度复杂等特点，呈现技术属性和社会属性高度融合特色。

附表 B.4 "101 计划"中"人工智能引论"课程建设高校和教师（排名不分先后）

参与高校	参与教师
浙江大学	吴飞、况琨、王东辉、赵洲、陈立萌
北京大学	李文新、刘家瑛
清华大学	刘洋、李建民
北京理工大学	黄河燕、毛先领、李侃、史树敏
哈尔滨工业大学	李钦策、李海峰、张宇
上海交通大学	张丽清、高岳
电子科技大学	李文、宋井宽
西安交通大学	鲍军鹏、相明、朱晓燕、辛景民、魏平
同济大学	苗夺谦、张红云、赵才荣、武妍、王俊丽
武汉大学	谢榕、彭敏
西安电子科技大学	焦李成、慕彩红、刘若辰、李阳阳
中国人民大学	宋睿华
复旦大学	危辉、邱锡鹏
华中科技大学	何琨
湖南大学	许莹

以"厚基础、强交叉、养品行、促应用"为理念，按照"厚算法基础、养伦理意识、匠工具平台、促赋能应用"的培养目标，"人工智能引论"课程设置了 10 个模块和 63 个知识点（含 9 个进阶知识点）。

具体内容如下（见附图 B.1）：

模块 1 人工智能基础模型与历史发展：可计算理论、图灵机模型和图灵测试、人工智能主流算法（符号主义、连接主义和行为主义）、国内外人工智能发展重要事件。

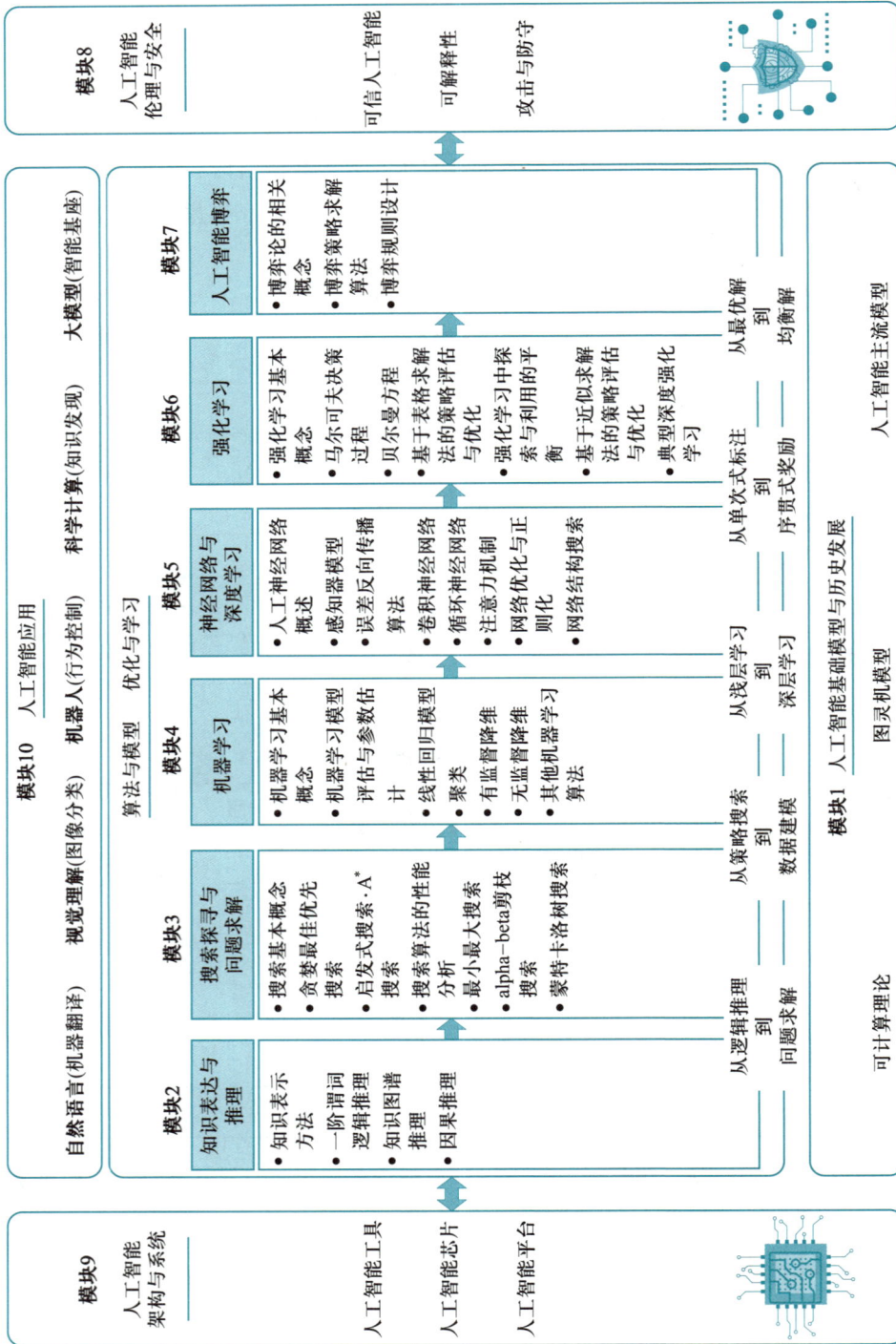

附图 B.1　"人工智能引论"课程知识点构成

模块 2 知识表达与推理：知识表示方法、命题逻辑和谓词逻辑及其推理方法、知识图谱推理、贝叶斯网络与概率推理、因果推理。

模块 3 搜索探寻与问题求解：贪婪最佳优先搜索、A* 搜索、搜索算法的性能分析、最小最大搜索、alpha-beta 剪枝搜索和蒙特卡洛树搜索。

模块 4 机器学习：机器学习模型评估与参数估计、线性回归模型、决策树、聚类、特征降维、演化学习和进阶机器学习等。

模块 5 神经网络与深度学习：感知器模型、梯度下降和误差反向传播算法、卷积神经网络、循环神经网络、注意力机制、网络优化与正则化、进阶深度学习算法等。

模块 6 强化学习：马尔可夫决策过程、贝尔曼方程、基于表格求解法的策略评估与优化、强化学习中探索与利用的平衡、基于近似求解法的策略评估与优化，以及基于策略的强化学习。

模块 7 人工智能博弈：博弈论概念与纳什均衡、虚拟遗憾最小化算法、Gale-Shapely 算法、多智能体博弈算法。

模块 8 人工智能伦理与安全：可信公平人工智能、人工智能可解释性和算法攻击与防守。

模块 9 人工智能架构与系统：人工智能算法支撑技术链、人工智能芯片（GPU、XPU 和类脑芯片等）和分布式深度学习优化等内容。

模块 10 人工智能应用：利用人工智能模型和算法来实现自然语言中的机器翻译、视觉理解中的图像分类、机器人中的行为控制和科学计算及大模型等具体例子。

人工智能 10 个知识点模块之间相互支撑、互为一体，将算法、模型、系统、应用和伦理规范等有机结合，在算法和模型方面，强调了从逻辑推理到问题求解，从策略搜索到数据建模，从浅层学习到深层学习，从学习结果误差评价到序贯式反馈收益评估，从最优解优化到均衡解博弈。

郑重声明

高等教育出版社依法对本书享有专有出版权。任何未经许可的复制、销售行为均违反《中华人民共和国著作权法》，其行为人将承担相应的民事责任和行政责任；构成犯罪的，将被依法追究刑事责任。为了维护市场秩序，保护读者的合法权益，避免读者误用盗版书造成不良后果，我社将配合行政执法部门和司法机关对违法犯罪的单位和个人进行严厉打击。社会各界人士如发现上述侵权行为，希望及时举报，我社将奖励举报有功人员。

反盗版举报电话 （010）58581999 58582371

反盗版举报邮箱 dd@hep.com.cn

通信地址 北京市西城区德外大街 4 号
高等教育出版社知识产权与法律事务部

邮政编码 100120

读者意见反馈

为收集对教材的意见建议，进一步完善教材编写并做好服务工作，读者可将对本教材的意见建议通过如下渠道反馈至我社。

咨询电话 400-810-0598

反馈邮箱 gjdzfwb@pub.hep.cn

通信地址 北京市朝阳区惠新东街 4 号富盛大厦 1 座
高等教育出版社总编辑办公室

邮政编码 100029

防伪查询说明

用户购书后刮开封底防伪涂层，使用手机微信等软件扫描二维码，会跳转至防伪查询网页，获得所购图书详细信息。

防伪客服电话 （010）58582300

图书在版编目（CIP）数据

人工智能引论 / 吴飞，潘云鹤编著. -- 北京 ： 高
等教育出版社，2025. 4. -- ISBN 978-7-04-063246-0

Ⅰ. TP18

中国国家版本馆CIP数据核字第20244SG448号

Rengong Zhineng Yinlun

策划编辑	王　康	出版发行	高等教育出版社
责任编辑	王　康	社　　址	北京市西城区德外大街 4 号
封面设计	王凌波	邮政编码	100120
版式设计	徐艳妮	购书热线	010-58581118
责任校对	吕红颖	咨询电话	400-810-0598
责任印制	张益豪	网　　址	http://www.hep.edu.cn
			http://www.hep.com.cn
		网上订购	http://www.hepmall.com.cn
			http://www.hepmall.com
			http://www.hepmall.cn
		印　　刷	北京利丰雅高长城印刷有限公司
		开　　本	787mm×1092mm　1/16
		印　　张	22.5
		字　　数	420 千字
		版　　次	2025 年 4 月第 1 版
		印　　次	2025 年 4 月第 1 次印刷
		定　　价	88.00 元

本书如有缺页、倒页、脱页等质量问题，
请到所购图书销售部门联系调换

版权所有　侵权必究
物 料 号　63246-00